"十四五"技工教育规划教材

广东省"十四五"职业教育规划教材

高职高专土建专业"互联网+"创新规划教材

地基处理

主　编◎王仙芝

副主编◎姚丽芳

参　编◎王龙飞　熊　旺　马筱欢

北京大学出版社
PEKING UNIVERSITY PRESS

内 容 简 介

本书结合现行《建筑地基处理技术规范》（JGJ 79—2012）及公路、铁路、水利等行业中地基处理技术相关规范的要求，较系统地介绍了国内外常用的地基处理方法和新技术应用成果，包括换填垫层法、强夯法和强夯置换法、排水固结法、砂桩法、碎石桩法、石灰桩法、夯实水泥土桩法、灰土挤密桩法和土挤密桩法、水泥粉煤灰碎石桩（CFG 桩）法、水泥土搅拌法、高压喷射注浆法、多桩型复合地基、微型桩法、灌浆法、加筋法、特殊岩土地基等地基处理方法。

本书是根据高职高专培养技能型人才的教学目标，为任务驱动式、项目化教学而编写的教材。本书力求内容全面充实，文字通俗易懂、简明扼要，结构布局合理，以体现精练理论、突出实用、项目化教学的特点。书中各章节在讲清基本概念和原理的基础上，着重阐述各类地基处理方法的设计计算、施工技术、质量检验和工程应用实例等内容，并附有能力训练。

本书主要作为高职高专建筑工程、地下与隧道工程、道路与桥梁工程、岩土工程、水利工程、市政工程等专业的教学用书，也可供其他相关专业的师生及工程技术人员学习参考。

图书在版编目（CIP）数据

地基处理/王仙芝主编. —北京：北京大学出版社，2020.1
高职高专土建专业“互联网+”创新规划教材
ISBN 978-7-301-30666-6

Ⅰ. ①地… Ⅱ. ①王… Ⅲ. ①地基处理—高等职业教育—教材 Ⅳ. ① TU472

中国版本图书馆 CIP 数据核字（2019）第 181394 号

书　　名	地基处理 DIJI CHULI
著作责任者	王仙芝　主编
策划编辑	商武瑞　杨星璐
责任编辑	伍大维
数字编辑	蒙俞材
标准书号	ISBN 978-7-301-30666-6
出版发行	北京大学出版社
地　　址	北京市海淀区成府路 205 号　100871
网　　址	http://www.pup.cn　新浪微博：@北京大学出版社
电子邮箱	编辑部 pup6@pup.cn　总编室 zpup@pup.cn
电　　话	邮购部 010-62752015　发行部 010-62750672　编辑部 010-62750667
印 刷 者	北京虎彩文化传播有限公司
经 销 者	新华书店
	787 毫米×1092 毫米　16 开本　22 印张　510 千字
	2020 年 1 月第 1 版　2023 年 1 月修订版　2025 年 1 月第 3 次印刷
定　　价	54.00 元

前言

本书密切结合现行《建筑地基处理技术规范》（JGJ 79—2012）及公路、铁路、水利等行业中地基处理技术相关规范的要求，较系统地介绍了国内外常用地基处理方法和新技术应用成果。书中各章节在介绍基本概念和地基加固原理的基础上，着重阐述了各类地基处理方法的设计计算、施工技术、质量检验和工程应用实例等方面的内容。除主要章节后附有能力训练外，本书还通过二维码链接了拓展学习资料，读者通过手机的“扫一扫”功能，即可在课堂内外进行相应知识点的学习，节约了搜集、整理资料的时间。编者根据行业发展情况，采用校企合作方式进行编写，及时更新书中二维码所链接的资源，使书中内容与行业发展结合得更为紧密。本书在修订过程中，融入党的二十大精神，突出职业素养的培养，全面贯彻党的二十大内容。

本书由广东水利电力职业技术学院王仙芝任主编，广州航海学院姚丽芳任副主编，参编人员有甘肃省交通规划勘察设计院股份有限公司王龙飞、广东水利电力职业技术学院熊旺、马筱欢。具体编写分工如下：王仙芝编写绪论、情境 2、情境 3、情境 6、情境 9、情境 12、情境 14，姚丽芳编写情境 7、情境 8、情境 10 和情境 11，王龙飞编写情境 13 和情境 16，熊旺编写情境 4 和情境 5，马筱欢编写情境 1 和情境 15；王仙芝修改情境 4 和情境 5 的部分内容，姚丽芳修改情境 1、情境 14 的部分内容，王龙飞修改情境 15 的部分内容。王仙芝负责编写大纲并对全书统稿，王仙芝、王龙飞负责最终整体修改。

本书在编写过程中得到了有关专家、学者的指导，同时在编写过程中还参阅了大量相关教材和文献，在此对有关人员及作者一并表示感谢。限于编者水平，书中如有疏漏之处，恳请广大读者批评指正。

编　者

电子课件

资源索引

本书课程思政元素

本书课程思政元素从“格物、致知、诚意、正心、修身、齐家、治国、平天下”的中国传统文化角度着眼，再结合社会主义核心价值观“富强、民主、文明、和谐、自由、平等、公正、法治、爱国、敬业、诚信、友善”设计出课程思政的主题，然后紧紧围绕“价值塑造、能力培养、知识传授”三位一体的课程建设目标，在课程内容中寻找相关的落脚点，通过案例、知识点等教学素材的设计运用，以润物细无声的方式将正确的价值追求有效地传递给学生，以期培养学生的理想信念、价值取向、政治信仰、社会责任，全面提高学生缘事析理、明辨是非的能力，把学生培养成为德才兼备、全面发展的人才。

每个思政元素的教学活动过程都包括内容导引、展开研讨、总结分析等环节。在课堂教学中，教师可结合下表中的内容导引，针对相关的知识点或案例，引导学生进行思考或展开讨论。

页码	内容导引	思考问题	课程思政元素
2	典型工程案例 比萨斜塔	比萨斜塔纠偏处理方法、过程进行讨论，最终如何成功纠偏的？	创新意识 团队合作精神
3	苏州虎丘塔 拓展讨论	对苏州虎丘塔人文历史、虎丘塔纠偏过程展开讨论。如何体现我们的“历史自信、文化自信”和“中国人的智慧”？	文化自信 创新精神
4	垃圾填埋地基	讨论垃圾填埋地基存在的问题，如何解决？	环保意识 绿色低碳发展 可持续发展
9	地基处理方法的选用原则	如何选用合适的地基处理方法？	辩证思想 综合分析方法 可持续发展
20	粉煤灰、干渣	举例还有哪些废物可在我们工程中变废为宝？	适应发展 回收利用 变废为宝 环保意识
44	深圳光明新区”12·20”滑坡灾害	这起事故暴露出中国在工程建设和监管方面存在哪些严重问题？针对建筑工程质量和安全，我们有哪些反思？以本事故为例如何理解党的二十大报告中“坚持安全第一、预防为主，建立大安全大应急框架”？	安全第一 预防为主 责任与使命

续表

页码	内容导引	思考问题	课程思政元素
71	质量检测 拓展讨论	讨论质量检测人员素质要求有哪些？在检测活动中应遵守哪些规定？质量检测人员的失职会有哪些后果？	职业道德 质量第一 法律责任
124	工程实例	1. 通过石灰桩加固，对造价影响如何？ 2. 通过石灰桩加固，加固效果如何？	创新意识 他山之石
168	复合地基设计及设计参数确定	复合地基设计考虑的因素有哪些？	辩证思想 专业能力 实战能力
170	CFG 桩施工技术发展简介	CFG 桩施工工艺如何不断改进的？	实战能力 创新精神 终身学习
177	施工中的常见问题及质量控制	长螺旋钻管内泵压 CFG 桩施工中的常见问题及质量如何控制	专业能力 社会责任 实战能力
192	质量检验	1. 现场质量检验方法有哪些？ 2. 进行现场质量检查时需要注意哪些问题？	专业能力 求真务实 安全意识
217	工程实例	加固效果分析	专业能力 实战能力
226	多桩型复合地基概述	多桩型复合地基有何优点？	辩证思想 综合分析方法 专业能力
242	工程实例	加固效果分析	专业能力 实战能力
250	近期发展	灌浆法发展动态分析	创新精神 终身学习
258	防渗标准	防渗标准有哪些？	责任与使命 规范意识
262	灌浆法施工	施工注意事项分析	质量意识 责任与使命

注：教师版课程思政内容可以联系北京大学出版社索取。

目录

绪　论

学习目标

掌握地基处理的概念和目的，明确地基处理的对象有哪些，了解地基处理方法的分类及应用范围，掌握地基处理方法的选用原则和地基处理方案的确定步骤。

学习要求

知识要点	技能要点
(1) 地基处理的概念 (2) 地基处理的目的 (3) 地基处理的对象	(1) 掌握各种软弱地基和特殊土地基的特性 (2) 了解地基处理方法的分类及其应用范围 (3) 掌握地基处理方法的选用原则和地基处理方案的确定步骤

典型工程案例：加拿大特朗斯康谷仓

1. 地基处理的概念

地基是指承受建(构)筑物荷载的地层，其面临的问题涉及以下几方面。

(1) 承载力及稳定性问题。当地基的抗剪强度不足以支承上部结构的自重及外荷载时，地基会产生局部或整体剪切破坏。

(2) 沉降、水平位移及不均匀沉降问题。当地基在上部结构的自重及外荷载作用下产生过大的变形时，会影响结构物的正常使用，特别是超过建(构)筑物所能容许的不均匀沉降幅度时，可能会导致结构开裂破坏。沉降量较大，不均匀沉降往往也较大。湿陷性黄土遇水而发生剧烈的变形，也可包括在这一类地基问题中。

(3) 地基的渗透量或水力比降问题。当这些量超过容许值时，会发生水量损失，或因潜蚀和管涌而导致失事。

(4) 动力荷载问题。如地震、机器及车辆振动、海浪作用和爆破等动力荷载可能引起地基土特别是饱和无黏性土的液化、失稳和震陷等。这类地基问题也可分别概括于上述稳定和变形问题中，只不过是由动力荷载引起的。

在土木工程建设中，当天然地基不能满足建(构)筑物对地基的要求时，就需对天然地基进行加固改良，形成人工地基来满足相应要求，以保证建(构)筑物的安全与正常使用。这种地基的加固改良即称为地基处理。

典型工程案例：比萨斜塔

2. 地基处理的目的

地基处理的目的，是利用换填、夯实、挤密、排水、胶结、加筋和热学等方法对地基土进行加固，以改良地基土的工程特性，具体表现在以下几方面。

(1) 提高地基土的抗剪强度。地基的剪切破坏表现在：建(构)筑物的地基承载力不够，偏心荷载及侧向土压力的作用使建(构)筑物失稳，填土或建(构)筑物荷载使邻近的地基土产生隆起，土方开挖时边坡失稳，基坑开挖时坑底隆起。地基的剪切破坏反映了地基土的抗剪强度不足，因此为了防止剪切破坏，就需要采取措施增加地基土的抗剪强度。

典型工程案例：苏州虎丘塔

(2) 降低地基土的压缩性。地基土的压缩性表现在：建(构)筑物的沉降和差异沉降较大；填土或建(构)筑物荷载使地基产生固结沉降；作用于建(构)筑物基础的负摩擦力引起建(构)筑物的沉降；大范围地基的沉降和不均匀沉降；基坑开挖引起邻近地面沉降；由于降水，地基产生固结沉降。地基的压缩性反映为地基土的压缩模量指标的大小，因此需要采取措施提高地基土的压缩模量，以减少地基的沉降或不均匀沉降。

(3) 改善地基土的透水性。地基土的透水性表现在：堤坝等基础产生的地基渗漏；基坑开挖工程中，因土层为粉土或内夹薄层粉土而产生流砂或管涌。以上都是地下水的运动导致的问题，为此必须采取措施降低地基土的透水性和减少其上的水压力。

(4) 改善地基土的动力特性。地基土的动力特性表现在：地震时饱和松散粉细砂(包括部分粉土)将产生液化；由于交通荷载或打桩等原因，使邻近地基产生振动下沉。为此应采取措施防止地基液化并改善其动力特性，以提高地基的抗震性能。

(5) 改善特殊土的不良地基特性。主要是消除或减弱黄土的湿陷性和膨胀土的胀缩特性等。

拓展讨论

结合党的二十大报告中所提到的，我们必须坚定历史自信、文化自信，坚持古为今用、推陈出新，谈一谈苏州虎丘塔如何体现中国古代人民智慧和建筑造诣，其纠偏过程是如何开展的？

3. 地基处理的对象

天然地基是否需要进行地基处理，取决于地基土的性质和建(构)筑物对地基的要求两个方面。地基处理的对象是软弱地基和特殊土地基，在土木工程建设中经常遇到的软弱土和不良土，主要包括软黏土，人工填土，部分砂土和粉土，湿陷性土，有机质土和泥炭土，膨胀土，多年冻土，盐渍土，岩溶和土洞，山区地基及垃圾填埋地基等。

(1) 软黏土：是软弱黏性土的简称，有时也简称为软土。它主要是第四纪后期形成的海相、潟湖相、三角洲相、溺谷相和湖沼相的黏性土沉积物或河流冲积物，也有的属于新近淤积物，大部分是饱和的，其天然含水率大于液限，孔隙比大于 1.0。当天然孔隙比大于或等于 1.5 时，称为淤泥；当天然孔隙比大于 1.0 而小于 1.5 时，称为淤泥质土。软黏土的特点是天然含水率高(40%～90%)、天然孔隙比大(1.0～2.0)、抗剪强度低(不排水抗剪强度约为 5～25kPa)、压缩系数高(0.5～2.0MPa^{-1})、压缩模量低(1～5MPa)、渗透系数小(10^{-6}～10^{-8}cm/s)，因而软黏土地基承载力低，在荷载作用下，地基沉降变形大，不均匀沉降也大，而且由于软黏土具有流变性，除了固结应力引起的固结变形之外，在剪应力作用下，土体还会处于长期变形过程中，沉降稳定历时较长，一般需要几年甚至几十年。软黏土地基是工程建设中遇到最多的需要处理的软弱地基，广泛分布在我国沿海及内地河流两岸和湖泊地区，如天津、连云港、上海、杭州、宁波、温州、福州、厦门、湛江、广州、深圳、珠海等沿海地区，以及昆明、武汉、南京、九江、南通、马鞍山等内陆地区。

(2) 人工填土：按照物理组成和堆填方式，可分为素填土、杂填土和冲填土三类；按照堆填时间，可分为老填土和新填土两类，堆填时间超过 10 年的黏性土和堆填时间超过 5 年的粉土均称为老填土。人工填土一般会产生较大的固结沉降。

① 素填土是由碎石、砂、粉土、黏性土等一种或几种材料组成的填土，其中不含杂质或含杂质较少。若分层压实，则称为压实填土，其性质取决于填土性质、压实程度及堆填时间。

② 杂填土是由人类活动形成的无规则堆积物，由大量建筑垃圾、工业废料或生活垃圾组成，其成分复杂，性质各不相同且无规律性。在大多数情况下，杂填土是比较疏松且不均匀的，在同一场地的不同位置，相应的地基承载力和压缩性也可能有较大差异。

③ 冲填土是由水力冲填泥沙形成的，其性质与冲填泥沙的来源及冲填时的水力条件有密切关系。含黏土颗粒较多的冲填土往往是欠固结的，其强度和压缩性指标都比同类天然沉积土差。以粉细砂为主的冲填土，其性质基本上和粉细砂相同。

(3) 部分砂土和粉土：主要指饱和的粉细砂和砂质粉土。处于饱和状态的粉细砂及砂质粉土虽然在静载作用下具有较高的强度，但在机器振动、车辆荷载、波浪或地震力的反复作用下有可能产生液化或较大的震陷变形，地基会因此而丧失承载能力。如需要考虑动力荷载，这种地基也经常需要进行处理。

(4) 湿陷性土：包括湿陷性黄土、粉砂土和干旱、半干旱地区具有崩解性的碎石土等。是否属于湿陷性土，可根据野外浸水载荷试验确定。当在 200kPa 压力作用下，土体的附加变形量与承压板宽度之比大于 0.015 时，即为湿陷性土。

在工程建设中遇到较多的是湿陷性黄土。湿陷性黄土是指在覆盖土层的自重应力或自重应力与建(构)筑物附加应力的综合作用下，受水浸湿后土的结构迅速破坏，发生显著的附加下沉，其强度也迅速降低的黄土。黄土湿陷引起的建(构)筑物不均匀沉降是造成黄土地区工程事故的主要原因。黄土在我国特别发育，其地层多、厚度大，广泛分布在甘肃、陕西、山西大部分地区，以及河南、河北、山东、宁夏、辽宁、新疆等部分地区。当黄土作为建(构)筑物地基时，首先要判断它是否具有湿陷性，然后才考虑是否需要进行地基处理及如何处理。

(5) 有机质土和泥炭土：有机质含量大于 5%的土称为有机质土，有机质含量大于 60%的土称为泥炭土。土中有机质含量高，强度往往降低，压缩性增大，特别是泥炭土，其含水率极高，压缩性很大且不均匀，一般不宜作为天然地基，需要进行地基处理。

(6) 膨胀土：指黏粒成分主要由亲水性黏土矿物组成的黏性土，在环境温度和湿度变化时会产生强烈的胀缩变形。利用膨胀土作为建(构)筑物地基时，如果没有采取必要的措施进行处理，常会给建(构)筑物造成危害。膨胀土在我国分布范围很广，广西、云南、湖北、河南、安徽、四川、河北、山东、陕西、江苏、内蒙古、贵州和广东等地均有不同范围的分布。

(7) 多年冻土：指温度连续 3 年或 3 年以上保持在 0℃或 0℃以下，并含有冰的土层。多年冻土的强度和变形有许多特殊性，如冻土中因有冰和未结冰的水存在，故在长期荷载作用下具有强烈的流变性。以多年冻土作为建(构)筑物的地基须慎重考虑，并需要采取处理措施。

(8) 盐渍土：指易溶盐含量超过 0.3%的土。盐渍土中的盐遇水溶解后，物理和力学性质均会发生变化，导致土的强度降低。盐渍土地基浸水后，会因盐溶解而产生地基溶陷；某些盐渍土(如含 Na_2SO_4 的土)在温度或湿度变化时，会发生体积膨胀；盐渍土中的盐溶液还会导致地下设施的材料腐蚀。我国盐渍土主要分布在西北干旱地区的新疆、青海、甘肃、宁夏、内蒙古等地势低平的盆地和平原中。

(9) 岩溶和土洞：岩溶又称“喀斯特”，是对石灰岩、白云岩、泥灰岩、大理石、岩盐、石膏等可溶性岩层受水的化学和机械作用而形成的溶洞、溶沟、裂隙，以及由于溶洞的顶板塌落使地表产生的陷穴、洼地等现象和作用的总称；土洞是岩溶地区上覆土层被地下水冲蚀或潜蚀而形成的洞穴。岩溶和土洞对建(构)筑物的影响很大，可能造成地面变形、地基陷落，发生渗水和涌水现象。在岩溶地区修建建(构)筑物时，要特别重视岩溶和土洞的影响。

(10) 山区地基：山区地基地质条件比较复杂，相关问题主要表现在地基的不均匀性和场地的不稳定性两个方面。山区基岩表面起伏大，且可能有大块孤石，这些因素常会导致建(构)筑物基础产生不均匀沉降；另外，在山区常可能遇到滑坡、崩塌和泥石流等不良地质现象，给建(构)筑物造成直接或潜在的威胁。在山区修建建(构)筑物时，要重视地基的稳定性和避免过大的不均匀沉降，必要时需进行地基处理。

(11) 垃圾填埋地基：近年来垃圾填埋地层的处理问题逐渐引起人们的重视。垃圾填埋地基非常复杂，其性质主要取决于填埋的垃圾类别和性质。垃圾填埋地层地基处理的目的主要有两方面：一是防止其对周围环境的影响，特别是防止对地下水的污染；二是实现对垃圾填埋地层的利用，响应节约集约、绿色低碳发展[①]。

① 党的二十大报告第十条推动绿色发展，促进人与自然和谐共生“推进生态优先、节约集约、绿色低碳发展”。

除了在上述各种软弱和不良土质上建造建(构)筑物时需要考虑地基处理外，当旧房改造或加层、工厂设备更新和道路加宽等造成荷载增大，对原地基提出更高要求而原地基不能满足时，或在开挖深基坑建造地下商场、地下车库、地下铁道等工程中有土体稳定、变形或渗流问题时，也需要进行地基处理。地基处理也常用于减小或消除施工扰动对周围环境的影响。

随着我国现代化建设事业的发展，越来越多的土木工程需要对地基进行处理，采用人工地基以满足建(构)筑物对地基的要求。各种各样的建(构)筑物对地基的要求是不同的，各地区天然地基的情况也有很大的差别，即使在同一地区，地质情况也可能有较大差异，这就决定了地基处理问题的复杂性。是采用天然地基还是人工地基？采用人工地基时应选取何种地基处理方案？这些是建造建(构)筑物前首先需要解决的问题，其处理是否恰当，不仅影响建(构)筑物的安全和使用，而且对建设速度、工程造价也有不小的影响，有时甚至成为工程建设中的关键问题。

在土木工程领域中，与上部结构相比，地基的不确定因素多、问题复杂、难度大，地基若处理不好，后果非常严重。据调查统计，世界各国发生的各种土木工程建设中的工程事故，地基问题常常是主因。地基问题处理得好，不仅能让工程更安全可靠，而且能获得更好的经济效益。

需求促进发展，近些年来我国地基处理技术发展很快，地基处理队伍不断壮大，处理水平不断提高，地基处理已成为土木工程领域中非常活跃的一个热点。总结国内外地基处理方面的经验教训，推广和发展各种地基处理技术、提高地基处理水平，对加快工程建设速度、节约建设投资等具有特别重要的意义。

4. 地基处理方法的分类及应用范围

现有的地基处理方法很多，新的地基处理方法还在不断发展，要对各种地基处理方法进行完全精确的分类是比较困难的。但根据地基处理的加固原理，地基处理方法可分为以下八类。

1) 换填垫层法

换填垫层法的基本原理是挖除浅层软弱土或不良土，分层碾压或夯实换填材料。垫层按换填的材料，可分为砂(或砂石)垫层、碎石垫层、干渣垫层、粉煤灰垫层、土(或灰土)垫层等。干渣分为分级干渣、混合干渣和原状干渣；粉煤灰分为湿排灰和调湿灰。换填垫层法可提高持力层的承载力、减小沉降量，消除或部分消除土的湿陷性和胀缩性，防止土的冻胀作用及改善土的抗液化性，常用机械碾压、平板振动和重锤夯实等方法进行施工。

该法常用于基坑面积宽大和开挖土方较大的回填土方工程，适用于处理浅层软弱土层(淤泥质土、松散素填土、杂填土、浜填土及已完成自重固结的冲填土等)与低洼区域的填筑，可处理浅层非饱和软弱土层、湿陷性黄土、膨胀土、季节性冻土、素填土和杂填土。一般处理深度为2～3m。

2) 振密、挤密法

振密、挤密法的基本原理是采用一定的手段，通过振动、挤压使地基土体孔隙比减小、强度提高，达到地基处理的目的。振密、挤密法一般可分为以下几种方法。

(1) 表层压实法。即采用人工(或机械)夯实、机械碾压(或振动)对填土、湿陷性黄土、松散无黏性土等软弱或原来比较疏松的表层土进行压实，也可采用分层回填方法压实加固。

这种方法适用于含水率接近于最佳含水率的浅层疏松黏性土、松散砂性土、湿陷性黄土及杂填土等。

(2) 重锤夯实法。即利用重锤自由下落时的冲击能来击实浅层土，使其表面形成一层较为均匀的硬壳层。此法适用于无黏性土、杂填土、非饱和黏性土及湿陷性黄土。

强夯法

(3) 强夯法。即利用强大的夯击能，迫使深层土产生液化和动力固结，使土体密实，用以提高地基土的强度并降低其压缩性，消除土的湿陷性、胀缩性和液化性。此法适用于碎石土、砂土、素填土、杂填土、低饱和度的粉土与黏性土及湿陷性黄土。

振冲挤密法

(4) 振冲挤密法。即一方面依靠振冲器的强力振动使饱和砂层产生液化，颗粒重新排列，孔隙比减小；另一方面依靠振冲器的水平振动力形成垂直孔洞，在其中加入回填料，使砂层挤压密实。此法适用于砂性土和粒径小于0.005mm 的黏粒含量低于 10%的黏性土。

(5) 土桩与灰土桩法。即利用打入钢套管(或振动沉管、炸药爆破)在地基中成孔，通过挤压作用使地基土变得密实，然后在孔中分层填入素土(或灰土)后夯实而形成土桩(或灰土桩)。此法适用于地下水位以上的湿陷性黄土、新近堆积黄土、素填土和杂填土。

(6) 砂桩。在松散砂土或人工填土中设置砂桩，能对周围土体产生挤密作用或同时产生振密作用，可以显著提高地基强度，改善地基的整体稳定性，并减小地基沉降量。此法适用于松砂和杂填土。

(7) 爆破法。即利用爆破产生振动使土体产生液化和变形，从而获得较大的密实度，用以提高地基承载力和减小沉降量。此法适用于饱和净砂，非饱和但经灌水饱和的砂、粉土和湿陷性黄土。

3) 排水固结法

排水固结法的基本原理是让软土地基在附加荷载的作用下，逐渐排出孔隙水，减小孔隙比，产生固结变形。在这个过程中，随着土体超静孔隙水压力的逐渐消散，土的有效应力增加，地基抗剪强度相应增加，并使沉降提前完成或提高沉降速度。

排水固结法包括排水和加压两个系统。排水可以利用天然土层本身的透水性，也可设置普通砂井、袋装砂井和塑料排水板之类的排水体；加压主要采用地面堆载法、真空预压法和井点降水法，为加固软弱的黏性土，在一定条件下采用电渗排水井点也是合理、有效的。该方法可进而分为以下类型。

(1) 堆载预压法。即在建造建(构)筑物以前，通过临时堆填土石等方法对地基加载预压，预先完成部分或大部分地基沉降，并通过地基土固结提高地基承载力，然后撤除荷载，再建造建(构)筑物。临时的预压堆载一般等于建(构)筑物的荷载，但为了减小由于次固结而产生的沉降，预压荷载也可大于建(构)筑物荷载，这称为超载预压。此法适用于软黏土地基。

(2) 砂井法。即在软黏土地基中，设置一系列普通砂井(或袋装砂井、塑料排水板等)，在其之上铺设砂垫层或砂沟，人为地增加土层固结的排水通道，缩短排水距离，从而加快固结，并加速强度增长。砂井法通常辅以堆载预压，称为砂井堆载预压法。此法适用于透水性低的软弱黏性土，但对于含有机质沉积物的泥炭土等不适用。

(3) 真空预压法。即在黏性土层上铺设砂垫层，用薄膜密封砂垫层，然后用真空泵对砂垫层及砂井抽气和抽水，使地下水位降低，同时在大气压力作用下加速地基固结。此法适用于能在加固区形成(包括采取措施后形成)稳定负压边界条件的软土地基。

(4) 降低地下水位法。即通过降低地下水位使土体中的孔隙水压力减小，从而增大有效应力，促进地基固结。此法适用于地下水位接近底面而开挖深度不大的工程，特别适用于饱和粉砂、细砂地基。

(5) 电渗排水法。即在土中插入金属电极并通以直流电，由于直流电场作用，土中的水从阳极流向阴极，然后将水从阴极排出，且不让水在阳极附近补充，借助此种电渗作用可逐渐排除土中的水。在工程上常利用它来降低黏性土的含水率或降低地下水位，以提高地基承载力或边坡的稳定性。此法适用于饱和软黏土地基。

4) 置换法

置换法的基本原理是以砂、碎石等材料置换软土，使之与未加固部分形成复合地基，达到提高地基强度的目的。该法可进而分为以下类型。

(1) 振冲置换法(碎石桩法)。即利用一种单向或双向振动的振冲器，在黏性土中边喷高压水流边下沉成孔，随之边填入碎石边振实，形成碎石桩，使桩体和原来的黏性土构成复合地基，从而达到提高地基承载力和减小沉降量的目的。此法适用于地基土的不排水抗剪强度大于 20kPa 的淤泥、淤泥质土、砂土、粉土、黏性土和人工填土等地基。对不排水抗剪强度小于 20kPa 的软黏土地基，采用碎石桩时必须慎重。

(2) 石灰桩法。即在软弱地基中利用机械或人工成孔，填入作为固化剂的生石灰(或生石灰与其他活性掺合料如粉煤灰、煤渣等)并压实形成桩体，利用生石灰的吸水、膨胀、放热作用，以及土与石灰的物理化学作用，改善桩体周围土体的物理化学性质；由于石灰与活性掺合料的化学反应，导致桩体强度提高，桩体与土形成复合地基，从而达到地基加固的目的。此法适用于软弱黏性土地基。

(3) 强夯置换法。即对厚度小于 7m 的软弱土层，边强夯边填碎石，形成深度为 3～7m、直径为 2m 左右的碎石墩体，碎石墩体与周围土体形成复合地基。此法适用于软黏土地基。

(4) 水泥粉煤灰碎石桩(CFG 桩)法。即将碎石、石屑、粉煤灰和少量水泥加水拌和，用振动沉管桩机或其他成桩机具制成一种具有一定黏结强度的桩，在桩顶铺设褥垫层，桩、桩间土和褥垫层共同形成复合地基。此法适用于黏性土、粉土、砂土和已自重固结的素填土等地基。

(5) 可发性聚苯乙烯(EPS)超轻质料填土法。可发性聚苯乙烯重度只有土的 1/100～1/50，并有较好的强度和压缩性能，用作填料可有效减小地基土上的荷载，也可减小作用在挡土结构上的侧压力，需要时还可置换部分地基土，以达到更好的效果。

5) 加筋法

加筋法的基本原理是通过在土层中埋设强度较高的土工合成材料、拉筋、受力杆件等来提高地基承载力，以减小沉降量、维持建(构)筑物或土坡稳定。该法可进而分为以下类型。

(1) 土工合成材料法。利用土工合成材料的高强度、高韧性等力学性能，可扩散土中应力，增大土体的抗拉强度，改善土体性能，或构成加筋土及各种复合土工结构。此法适用于砂土、黏性土和填土。此外，土工合成材料还可用作反滤、排水和隔离材料。

(2) 加筋土法。即把抗拉能力很强的拉筋埋置在土层中，通过土颗粒和拉筋之间的摩擦力使拉筋和土体形成一个整体，以提高土体的稳定性。此法适用于人工填土的路堤和挡土墙结构。

(3) 土层锚杆法。土层锚杆法是依赖于土层与锚固体之间的黏结强度来提供承载力的。此法适用于一切需要将拉应力传递到稳定土体中去的工程结构，如边坡稳定与基坑围护的支护、地下结构的抗浮、高耸结构的抗倾覆等。

(4) 土钉法。土钉法是在土体内放置一定长度和分布密度的土钉，使其与土体共同作用，以弥补土体自身强度的不足，这不仅提高了土体的整体刚度，而且弥补了土体抗拉强度和抗剪强度低的弱点，显著提高了土体的整体稳定性。此法适用于开挖支护和天然边坡的加固。

(5) 树根桩法。即在地基中沿不同方向设置直径为75～250mm的小直径桩，它们可以是竖直桩，也可以是斜桩，形成如树根状的群桩，以支撑结构物，或用以挡土、稳定边坡。此法适用于软弱黏性土和杂填土地基。

6) 胶结法

胶结法的基本原理是在软弱地基的部分土体内掺入水泥、水泥砂浆及石灰等固化物，以形成加固体，通过与未加固部分形成复合地基来提高地基承载力和减小沉降量。该法可进而分为以下类型。

灌浆法

(1) 灌浆法。即用压力泵把水泥或其他化学浆液灌入土体，以达到提高地基承载力、减小沉降量、防渗、堵漏等目的。此法适用于处理岩基、砂土、粉土、淤泥质土、粉质黏土、黏土和一般人工填土，也可加固暗浜或在托换工程中应用。

(2) 高压喷射注浆法。即将带有特殊喷嘴的注浆管通过钻孔置入要处理土层的预定深度，然后用水泥浆液以高压冲切土体，在喷射浆液的同时以一定的速度旋转、提升，形成水泥土圆柱体；若喷嘴只提升而不旋转，则形成墙状固结体。该法可以提高地基承载力，减小沉降量，防止砂土液化、管涌和基坑隆起，适用于淤泥、淤泥质土、黏性土、粉土、黄土、砂土、人工填土等地基。对既有建(构)筑物可以用该法进行托换加固。

(3) 水泥土搅拌法。即利用水泥、石灰或其他材料作为固化剂的主剂，通过特制的深层搅拌机械，在地基深处就地将软土和固化剂(水泥或石灰的浆液或粉体)强制搅拌，形成坚硬的拌和柱体，与原地基土共同形成复合地基。此法适用于正常固结的淤泥、淤泥质土、粉土、饱和黄土、素填土、黏性土及无流动地下水的饱和松散砂土等地基。

7) 冷热处理法

典型工程案例：润扬大桥冻结法施工

该法可分为以下两种。

(1) 冻结法。即通过人工冷却，使地基温度降低到孔隙水的冰点以下，使之冷却，从而获得理想的截水性能和较高的承载能力。此法适合作为饱和砂土或软黏土地层的临时处理措施。

(2) 烧结法。即通过渗入压缩的热空气和燃烧物，并依靠热传导，将细颗粒土加热到100℃以上，从而增加土体的强度，减小变形。此法适用于非饱和黏性土、粉土和湿陷性黄土。

8) 植物、生化加固法

该法可分为以下两种。

植物加固法

(1) 植物加固法。即栽植灌木林带，在林带间播种多年生草本植物以加固边坡的方法。此法既能加固公路、堤坝的边坡，又能美化环境，实现人与自然和谐共生[①]。

(2) 生化加固法。进入 21 世纪以来，随着微生物学与地基处理工程科学的相互渗透，基于生化原理的砂土灌浆加固技术在土木工程中的应用在国际上得到的关注越来越多，并逐渐将微生物的生物矿化这一特性应用于岩土处理或建(构)筑物等工程中。微生物灌浆技术(MICP)是一种低压、非扰动、生态环保的地基原位加固新方法，具有施工扰动小、灌注压力低、扩散距离远、施工周期短、生态相容性好等优势，而且所用的灌浆材料与传统胶凝材料相比也有低能耗、低污染和低排放等特点。作为一种可持续发展的土体加固新方法，微生物灌浆技术具有潜在的工程实用价值和广泛的应用前景，如可用于加固软弱地基、防治砂土液化、稳定路堤边坡和防治土体侵蚀等。

5. 地基处理方法的选用原则

选用地基处理方法时，要力求做到技术先进、经济合理、安全适用、确保质量。

我国地域辽阔，工程地质和水文地质条件千变万化，各地施工机械条件、技术水平、经验积累，以及建筑材料品种、价格差异很大，所以在选用地基处理方法时一定要因地制宜，充分发挥各地的优势，有效利用地方资源。地基处理的核心在于处理方法的正确选择与实施。对于某一具体工程来讲，在选择处理方法时需要综合考虑各种影响因素，如建(构)筑物的体型、刚度、结构受力体系、建筑材料和使用要求，荷载大小、分布和种类，基础类型、布置和埋深，基底压力、天然地基承载力、稳定安全系数、变形容许值，地基土的类别、加固深度、上部结构要求、周围环境条件，材料来源，施工工期，施工队伍技术素质与施工技术条件，设备状况和经济指标等。对地基条件复杂、需要应用多种处理方法的重大项目，还要详细调查施工区内地形及地质成因、地基成层状况、软弱土层厚度、不均匀性及分布范围、持力层位置及状况、地下水情况及地基土的物理和力学性质等，施工中还需考虑对场地及邻近建(构)筑物可能产生的影响、占地大小、工期及用料等。只有综合分析上述因素，坚持“技术先进、经济合理、安全适用、确保质量”的原则拟定处理方案，才能获得最佳的效果。

6. 地基处理方案的确定步骤

地基处理方法很多，没有一种方法是万能的，因此对每一个具体工程均应进行具体细致的分析，从地基条件、处理要求(处理后地基应达到的各项指标、处理的范围、工程进度等)、工程费用，以及材料、机具来源等各方面来进行综合考虑，以确定合适的地基处理方案。具体方案的确定可按下列步骤进行。

(1) 搜集详细的工程地质、水文地质及地基基础的设计资料。

(2) 根据结构类型、荷载大小及使用要求，结合地形地貌、地层结构、土质条件、地下水特征、周围环境和相邻建(构)筑物等因素，初步选定几种可供考虑的地基处理方案。

① 党的二十大报告第十条推动绿色发展，促进人与自然和谐共生。

在选择地基处理方案时，应同时考虑上部结构、基础和地基的共同作用，也可选用加强结构措施(如设置圈梁和沉降缝等)与地基处理相结合的方案。

(3) 对初步选定的各种地基处理方案，分别从处理效果、材料来源及消耗、机具条件、施工进度、环境影响等方面进行认真的技术经济分析和对比，根据“技术先进、经济合理、安全适用、确保质量”的原则，因地制宜地选择最佳的地基处理方案。值得注意的是，每一种类地基处理方法都有一定的适用范围、局限性和优缺点，必要时也可选择两种或多种地基处理方法组成的综合方案。

(4) 对已选定的地基处理方案，应按建(构)筑物重要性和场地复杂程度，在有代表性的场地上进行相应的现场试验和试验性施工，并进行必要的测试，以验算设计参数、检验处理效果。如达不到设计要求，应查找原因、采取措施或修改设计。

能力训练

一、名词解释

地基处理，淤泥，淤泥质土，湿陷性黄土，有机质土，泥炭土。

二、选择题

1. 地基处理所面临的问题有(　　)。
   A. 强度及稳定性问题　　B. 压缩及不均匀沉降问题
   C. 渗漏问题　　D. 液化问题
   E. 特殊土的特殊问题
2. 地基处理的目的包括(　　)。
   A. 提高地基承载力　　B. 提高土层抗渗透变形能力
   C. 防止地基液化、震陷、侧向位移　　D. 减少地基变形
   E. 防治滑坡
3. 对于饱和软黏土，适用的处理方法有(　　)。
   A. 表层压实法　　B. 强夯法　　C. 降水预压法
   D. 堆载预压法　　E. 搅拌桩法
4. 对于松砂地基，适用的处理方法有(　　)。
   A. 强夯法　　B. 预压法　　C. 振冲碎石桩法
   D. 碾压法　　E. 高压喷射注浆法
5. 对于液化地基，适用的处理方法有(　　)。
   A. 强夯法　　B. 预压法
   C. 表层压实法　　D. 高压喷射注浆法
   E. 振冲法

三、简答题

1. 简述地基处理的目的。

2. 地基处理方法的选用原则是什么？

3. 排水固结法有哪些类型？

四、论述题

1. 根据地基处理的加固原理，对地基处理方法进行分类，并简述其应用范围。

2. 某海港扩建码头，地基为海相沉积淤泥，厚达40m。规划在一年后修建公路、办公楼与仓库，因而需要大面积进行地基加固。试选择具体的地基处理方案。

在线答题

情境1 换填垫层法

学习目标

掌握换填垫层法的概念、垫层的作用及土的压实原理，掌握换填垫层法的加固原理及设计计算方法，并可据此进行地基处理方案设计，解决实际工程中的问题。

学习要求

知识要点	技能要点
(1) 换填垫层法的概念	(1) 掌握垫层设计计算方法，并能进行垫层材料的合理选择
(2) 垫层的作用	(2) 掌握垫层施工方法及要点
(3) 土的压实原理	(3) 掌握垫层质量检验方法

引例

重庆市南岸区某多层住宅楼，上部结构采用砖混结构，基础采用钢筋混凝土墙下条形基础，填土层由于结构松散，承载力和变形均无法满足要求。拟采用换填垫层法处理地基，需要对垫层的厚度、宽度、承载力、沉降及垫层材料等进行设计计算和确定。

任务 1.1　换填垫层法概述

1.1.1 换填垫层法的概念

当软弱土地基的承载力和变形满足不了设计要求，而软弱土层的厚度又不是很大时，可将基础底面下处理范围内的软弱土层部分或全部挖除，然后分层换填强度较大的砂[砂(碎)石、素土、灰土、干渣、粉煤灰]或其他性能稳定、无侵蚀性的材料，并压实至要求的密实度为止，这种地基处理方法称为换填垫层法，简称换填法。换填垫层法多用于公路构筑物的地基处理，在建筑工程中也有一定范围的应用。换填垫层法的加固原理是根据土中附加应力分布规律，让垫层承担上部较大的应力，软弱土层承担较小的应力，以满足设计对地基的要求。

机械碾压、重锤夯实、平板振动可作为压(夯、振)实垫层的不同施工方法，这些施工方法不但可处理分层回填，还可加固地基表层土。

一般按换填材料的类型命名垫层，如砂垫层、砂(碎)石垫层、素土垫层、灰土垫层、干渣垫层和粉煤灰垫层等。虽然不同材料的垫层应力分布稍有差异，但从试验结果来看，其极限承载力还是比较接近的。通过沉降观测资料发现，不同材料垫层的特点基本相似，故都可以近似按砂垫层的计算方法进行计算。但对湿陷性黄土、膨胀土、季节性冻土等某些特殊土，采用换填垫层法处理地基时，因主要处理目的是消除或部分消除地基土的湿陷性、胀缩性和冻胀性，所以在设计时考虑问题的关键也应有所不同。

换填垫层法适用于淤泥、淤泥质土、湿陷性黄土、素填土、杂填土地基，以及暗沟、暗塘等浅层软弱地基和不均匀地基的处理，常用于轻型建筑、地坪、堆料场和道路等地基处理工程中。

1.1.2 垫层的作用

垫层的作用表现为以下方面。

(1) 提高持力层的承载力。通过垫层的扩散作用，使传到垫层下软弱土层的应力减小。

(2) 减小沉降量。一般地基浅层部分的沉降量在总沉降量中所占的比例是较大的。以条形基础为例，在相当于基础宽度的深度范围内的沉降量约占总沉降量的 50%，如果用密实砂或其他填筑材料代替上部软弱土层，就可以减小这部分地基的沉降量。砂垫层或其他垫层对应力的扩散作用，使作用在下卧层上的压力减小，这样也会相应减小下卧层的沉降量。

(3) 加速软弱土层的排水固结。当不透水基础直接与软弱土层接触时，在荷载作用下，软弱土层地基中的水被迫沿基础两侧排出，因而使基底下的软弱土层不易固结，形成较大的孔隙水压力，还可能导致地基因强度降低而产生塑性破坏。砂垫层和碎石垫层等垫层材料透水性大，软弱土层受压后，垫层可作为良好的排水面，使基础下面的孔隙水压力迅速消散，从而加速垫层下软弱土层的固结并提高其强度，避免地基产生塑性破坏。

(4) 防止冻胀。因为粗颗粒的垫层材料孔隙大，不易产生毛细现象，因此可以防止寒冷地区土中的冰所造成的冻胀。这时砂垫层的底面应满足当地冻结深度的要求。

(5) 消除膨胀土的胀缩作用。在各类工程中，垫层所起的主要作用不尽相同，对膨胀土地基而言，主要是消除膨胀土的胀缩作用。

1.1.3 土的压实原理

当黏性土的土样含水率较小时，粒间引力较大，在一定的外部压实功作用下，如不能有效克服粒间引力而使土粒相对移动，其压实效果就比较差；当增大土样含水率时，结合水膜逐渐增厚，使粒间引力减小，土粒在相同压实功条件下易于移动而被挤密，所以压实效果较好；但当土样含水率增大到一定程度后，孔隙中就出现了自由水，结合水膜的扩大作用就不大了，因而引力的减小效果也就不显著了，此时自由水填充在孔隙中，阻止了土粒的移动，所以其压实效果又趋于下降。以上就是土的压实原理。

在工程实践中，对垫层碾压质量的检验，要求能获得填土的最大干密度。填土的最大干密度可用室内击实试验确定。在标准的击实试验条件下，对不同含水率ω的土样，可得到不同的干密度ρ_d，从而可绘制干密度ρ_d和含水率ω的关系曲线。在曲线上ρ_d的峰值即为最大干密度$\rho_{d,max}$，与之相应的含水率为最优含水率ω_{opt}。图 1.1 表明理论曲线高于试验曲线，原因在于理论曲线的导出是假定土中空气全部排出，而孔隙完全被水占据，但事实上空气不可能完全排出，因此实际的干密度值比理论值小。如果改变击实功，则曲线的基本形状不变，但曲线的位置却发生了移动，如图 1.2 所示。当加大击实功时，$\rho_{d,max}$增大，ω_{opt}却减小，即击实功越大，越容易克服粒间引力，因此在较低含水率下可达到更大的密实程度。

相同的击实功对不同粒径的土的压实效果不完全相同，黏粒含量较多的土，土粒间引力较大，只有在比较大的含水率时才能达到最大干密度的压实状态。

击实试验是用击实的方法使土体密度增加，模拟现场土的压实试验。实际上击实试验是土样在有侧限的击实筒内进行的，不可能发生侧向位移，外力作用在有侧限的土体上则夯实会均匀，且能在最优含水率状态下获得最大干密度。但现场施工的土料，其土块大小不一，含水率和铺填厚度又很难控制均匀，所以实际压实土的均匀性会稍差。因此，对现场土的压实，应以压实系数 γ_0(土的控制干密度 ρ_d 与最大干密度 $\rho_{d,\max}$ 之比)与施工含水率(最优含水率 ω_{opt} ±2%)来进行验证。

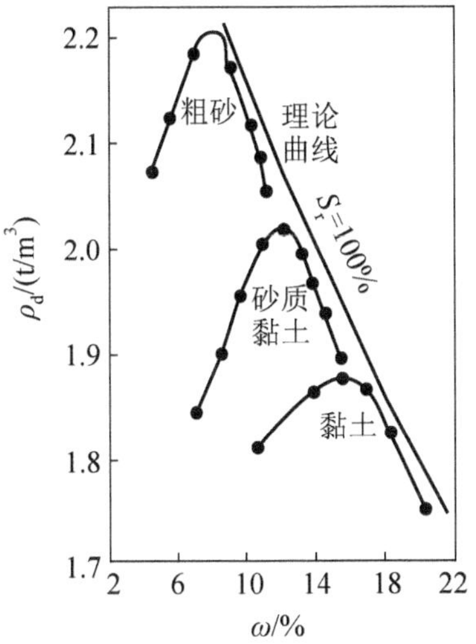

图 1.1 砂土与黏土的压实曲线

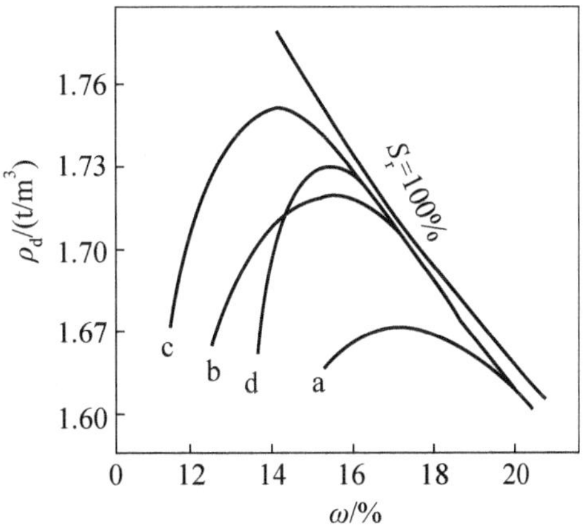

图 1.2 工地试验与室内击实试验的比较

a—碾压 6 遍；b—碾压 12 遍；
c—碾压 24 遍；d—室内击实试验

任务 1.2 垫 层 设 计

垫层设计时，既要使建筑地基的强度和变形满足要求，还要使设计尽量经济合理。尽管垫层地基可以采用不同的材料，但大量的工程实践表明，各种垫层地基的变形特性基本相似，因此均可依照砂垫层进行垫层设计。

对砂垫层的设计，既要求垫层有足够的厚度，以置换可能被剪切破坏的软弱土层，又要求其有足够的宽度，以防止砂垫层向两侧挤出。砂垫层的设计方法有很多种，这里只介绍一种常用的方法。

1.2.1 垫层厚度的确定

如图 1.3 所示，垫层的厚度应根据需要置换的软弱土层的深度或垫层底部软弱下卧层的承载力来确定，并符合式(1-1)的要求。

$$p_z + p_{cz} \leqslant f_{az} \tag{1-1}$$

式中 p_z——相应于荷载效应标准组合时，垫层底面处的附加压力值(kPa)；

p_{cz}——垫层底面处土的自重压力值(kPa)；

f_{az}——垫层底面处经深度修正后的地基承载力特征值(kPa)。

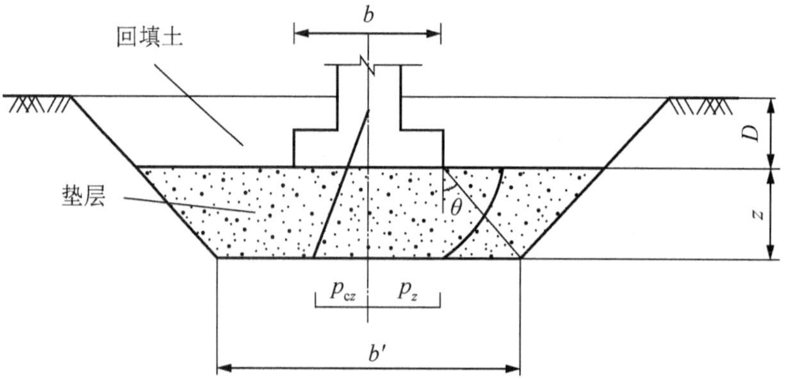

图 1.3 垫层内的应力分布

垫层底面处的附加压力值 p_z，除了可采用弹性理论的土中应力公式求得外，也可按压力扩散角 θ 进行简化计算。

条形基础的计算公式为

$$p_z = \frac{b(p_k - p_c)}{b + 2z\tan\theta} \tag{1-2}$$

矩形基础的计算公式为

$$p_z = \frac{bl(p_k - p_c)}{(b + 2z\tan\theta)(l + 2z\tan\theta)} \tag{1-3}$$

式中 b——矩形或条形基础底面的宽度(m)；

l——矩形基础底面的长度(m)；

p_k——相应于荷载效应标准组合时，基础底面处的平均压力值(kPa)；

p_c——基础底面处土的自重压力值(kPa)；

z——基础底面下垫层的厚度(m)；

θ——垫层(材料)的压力扩散角(°)，宜通过试验确定，当无试验资料时，可按表 1-1 选用。

进行垫层厚度设计计算时，一般是先初步拟定厚度，再用式(1-1)进行复核。垫层厚度一般不宜大于 3m，因厚度太大，施工困难；也不宜小于 0.5m，因厚度太小，垫层的作用不明显。

表 1-1 垫层(材料)的压力扩散角 θ

压力扩散角 θ	换填材料				
	中砂、粗砂、砾砂、圆砾、角砾、卵石、碎石、干渣、石屑	粉质黏土、粉煤灰	灰土	一层加筋	二层及二层以上加筋
z/b=0.25	20°	6°	28°	25°～30°	28°～38°
$z/b \geqslant 0.5$	30°	23°			

注：① 当 $z/b<0.25$ 时，除灰土取 $\theta=28°$、一层加筋取 $\theta=25°$、二层及二层以上加筋取 $\theta=28°$ 外，其他材料均取 $\theta=0°$，必要时宜由试验确定。

② 当 $0.25<z/b<0.5$ 时，θ 值可内插求得。

③ 土工合成材料加筋垫层的压力扩散角，宜由现场静载荷试验确定。

1.2.2 垫层宽度的确定

垫层的宽度既要满足基础底面应力扩散的要求，又要满足垫层侧面土的强度条件，防止垫层材料向侧面挤出而增大垫层的竖向变形量。当基础荷载较大，或对沉降要求较高，或垫层侧面土的承载力较差时，垫层宽度应适当加大。

垫层的宽度 b' 应满足基础底面应力扩散的要求，可以按式(1-4)确定。

$$b' \geqslant b + 2z\tan\theta \tag{1-4}$$

式中 b'——垫层的宽度(m)；

b——基础的宽度(m)；

z——基础底面下垫层的厚度(m)；

θ——垫层(材料)的压力扩散角(°)，按表 1-1 选用。

各种垫层的宽度在满足式(1-4)的前提下，当基础底面标高以下所开挖的基坑侧壁呈直立状态时，垫层顶面每边比基础底边缘多出的宽度不应小于 300mm；若按当地开挖基坑经验的要求，基坑须放坡开挖，则垫层的设计断面应呈现下宽上窄的梯形，或呈阶梯形。整片垫层的宽度可以根据施工的要求适当加宽。

1.2.3 垫层承载力的确定

垫层的承载力宜通过现场试验确定，当无资料时，可选用表 1-2 中的数值，并应验算下卧层的承载力。

表 1-2　各种垫层的压实标准及承载力

施工方法	换填材料类别	压实系数 λ_c	承载力特征值 f_{ak} / kPa
碾压、振密或夯实	碎石、卵石	≥0.97	200～300
	砂夹石(其中碎石、卵石占全重的 30%～50%)		200～250
	土夹石(其中碎石、卵石占全重的 30%～50%)		150～200
	中砂、粗砂、砾砂、角砾、圆砾		150～200
	粉质黏土		130～180
	灰土	≥0.95	200～250
	粉煤灰	≥0.95	120～150
	石屑	—	120～150
	干渣	—	200～300

注：① 压实系数小的垫层，承载力标准值取低值，反之取高值；原状干渣垫层取低值，分级干渣或混合干渣垫层取高值。

② 压实系数 λ_c 为土的控制干密度 ρ_d 与最大干密度 $\rho_{d,max}$ 的比值；土的最大干密度采用击实试验确定，碎石或卵石的最大干密度可取 2.1～2.2t/m^3。

③ 表中压实系数 λ_c 系使用轻型击实试验测定的土最大干密度 $\rho_{d,max}$ 时给出的压实控制标准；当采用重型击实试验时，对粉质黏土、灰土、粉煤灰及其他材料的压实控制标准应为压实系数 $\lambda_c \geqslant 0.94$。

【例 1-1】某砌体结构承重住宅，墙下条形基础宽 1.2m，如图 1.4 所示，基础承受上部结构传来的荷载效应 $F_k = 150\text{kPa}$，基础深度为 1.0m。地基土表层为黏土层，厚度为 1.0m，重度为 17.6kN/m^3；其下为较厚的淤泥质黏土，重度为 18.0kN/m^3；地基承载力特征值为 65kPa。拟采用换填砂垫层法处理基础，砂料为粗砂，最大干密度 $\rho_{d,max} = 1.6\text{t/m}^3$。试确定垫层厚度及宽度，并进行垫层软弱下卧层验算。

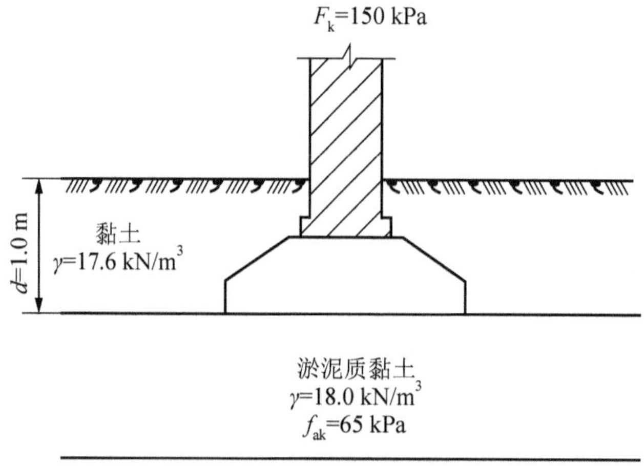

图 1.4　墙下条形基础示意

【**解**】(1) 计算基底平均压力 p_k 及自重应力 p_c。

$$p_k = \frac{F_k + G_k}{A} = \frac{F_k + \gamma_G bd}{A} = \frac{150 + 20 \times 1.2 \times 1.0}{1.2} = 145(\text{kPa})$$

$$p_c = 17.6 \times 1.0 = 17.6(\text{kPa})$$

(2) 确定垫层厚度及宽度。设垫层厚度为 2.0m，$z/b = 2.0/1.2 \approx 1.67 > 0.5$，查表得 $\theta = 30°$，则垫层宽度为

$$b' \geqslant b + 2z\tan\theta = 1.2 + 2 \times 2.0 \times \tan 30° \approx 3.5(\text{m})$$

(3) 垫层承载力计算。垫层顶面以上土的平均重度为

$$\gamma_m = \frac{1.0 \times 17.6 + 2.0 \times 18.0}{3.0} \approx 17.9(\text{kN/m}^3)$$

修正后的地基承载力特征值计算，其中深度修正系数 $\eta_d = 1.0$，宽度修正系数 $\eta_b = 0$，则可得

$$f_a = f_{ak} + \eta_b\gamma(b-3) + \eta_d\gamma_m(d-0.5) = 65 + 1.0 \times 17.9 \times (3.0 - 0.5) \approx 110.0(\text{kPa})$$

垫层底面处的附加应力为

$$p_z = \frac{b(p_k - p_c)}{b + 2z\tan\theta} = \frac{1.2 \times (145 - 17.6)}{1.2 + 2 \times 2.0 \times \tan 30°} \approx 43.57(\text{kPa})$$

验算垫层底面处的自重应力为

$$p_z + p_c = 43.57 + 17.6 = 61.17(\text{kPa}) < f_a = 110.0\text{kPa}$$

可知满足要求。

1.2.4 沉降计算

对比较重要的建(构)筑物，如果垫层下存在软弱下卧层，还需要验算其基础的沉降，以便使建(构)筑物基础的最终沉降值小于其容许沉降值。此时沉降计算可由两部分组成：一是垫层自身的沉降，二是在垫层下压缩层范围内的软弱土层的沉降。

垫层自身的沉降在施工期间已基本完成，其值很小；在垫层下压缩层范围内的软弱土层的沉降较大，可以按照《建筑地基处理技术规范》(JGJ 79—2012)的有关规定计算。

对超出原地面标高的垫层或换填材料的重度大于天然土层重度的垫层，宜早换填并应考虑其附加的荷载对所建造的建(构)筑物及邻近建(构)筑物的影响。

1.2.5 垫层材料

1. 砂、砂(碎)石

垫层材料

宜选用碎石、卵石、角砾、圆砾、砾砂、粗砂、中砂或石屑(粒径小于 2mm 的部分不应超过总重的 45%)，应级配良好，不含植物残体、垃圾等杂质。当使用粉细砂或石粉(粒径小于 0.075mm 的部分不应超过总重的 9%)时，应掺入不少于总重的 30%的碎石或卵石。砂、砂(碎)石的最大粒径不应大于 50mm。对湿陷性黄土或膨胀土地基，不得选用砂、砂(碎)石等透水性材料。

2. 粉质黏土

土料中的有机物含量不得超过 5%，且不得含有冻填土和膨胀土。当含有碎石时，其粒径不宜大于 50mm。用于湿陷性黄土或膨胀土地基的粉质黏土垫层，土料中不得夹有砖、瓦或石块等。

3. 素土(或灰土)

素土是天然沉积形成的土层中没有掺杂白灰、河流带来的砂石的土，其密度均匀，有一定的黏稠度。灰土是中国北方传统的建筑材料之一，用黏土、石灰加水拌和夯实而成，是具有灰化淀积层的矿质土壤。

素土垫层和灰土垫层统称土垫层，是一种以土治土处理湿陷性黄土地基的传统方法，处理深度一般为 1～3m。

其中灰土垫层中石灰与土的体积配合比宜为 2∶8 或 3∶7，土料宜选用粉质黏土，不宜使用块状黏土，且不得含有松软杂质，并应过筛，且其颗粒不得大于 15mm。石灰宜选用新鲜的消石灰，其颗粒不得大于 5mm。

素土垫层或灰土垫层按垫层布置范围，可分为局部垫层和整片垫层。在压力扩散角满足要求的前提下，前者仅布置在基础(单独基础、条形基础)底面以下一定范围内，而后者则布置于整个建筑物范围内。为了保护整个建筑物范围内垫层下的湿陷性黄土不致受水浸湿，整片垫层超出外墙基础外缘的宽度不宜小于垫层的厚度，且不得小于 1.5m。当仅要求消除基底下处理土层的湿陷性时，宜采用素土垫层。除了上述要求以外，若还要求提高地基土的承载力或水稳性，则宜采用灰土垫层。

4. 粉煤灰

经研究证实，作为燃煤电厂废弃物的粉煤灰，也是一种良好的地基处理材料。由于该材料的物理、力学性能能满足地基处理工程设计的技术要求，利用粉煤灰作为地基处理材料已成为岩土工程领域的一项新技术。

粉煤灰类似于砂质粉土，粉煤灰垫层的压力扩散角 $\theta = 22^\circ$。粉煤灰垫层的最大干密度和最优含水率在设计和施工前，应按照《土工试验方法标准》(GB/T 50123—1999)的击实试验法测定。粉煤灰的内摩擦角 φ、黏聚力 c、压缩模量 E_s 和渗透系数 k 随粉煤灰的材料性质和压实密度而变化，应通过室内土工试验确定。

粉煤灰填料级配状况单一且具有遇水后强度降低的特点，以上海地区的经验数值为例，对压实系数 $\lambda_c = 0.9 \sim 0.95$ 的浸水粉煤灰垫层，其承载力特征值可采用 120～200kPa，但仍应满足软弱下卧层的强度与地基变形要求。

5. 干渣

干渣也称矿渣或高炉重矿渣，是高炉冶炼生铁过程中所产生的固体废渣经自然冷却而形成的，也可以作为一种垫层材料。

干渣在力学性质上最重要的特点是：当垫层压实效果符合标准时，荷载与变形的关系具有线性变形体的一系列特点；如果垫层压实不佳、强度不足，则会引起显著的非线性变形。

其他各类垫层的设计，可以根据砂垫层的设计原则，再结合各自垫层的特点、场地条件和施工机械条件，确定合理的施工方法和各种设计计算参数，并可参照有关的技术和文献资料。

任务1.3 垫层施工

1.3.1 垫层施工方法

垫层施工方法可按密实土体的不同方法和垫层材料进行分类。

1. 按密实土体的不同方法分类

1) 机械碾压法

本法是采用如表 1-3 所列的各种压实机械来压实地基土的，此法常用于基础面积较大和开挖土方量较大的工程。

表 1-3 垫层的每层铺填厚度及压实遍数

压实机械	每层铺填厚度/mm	每层压实遍数
平碾(8～12t)	200～300	6～8
羊足碾(5～16t)	200～350	8～16
蛙式夯(200kg)	200～250	3～4
振动碾(8～15t)	500～1200	6～8
振动压实机(2t，振动力 98kN)	1200～1500	10
插入式振动器	200～500	—
平板式振动器	150～250	—

对垫层碾压质量进行检验，要求获得填土最大干密度。当垫层为黏性土或砂性土时，其最大干密度宜采用击实试验确定。击实试验所采用的击实仪锤重为 2.5kg，锤底直径为 50mm，落距为 460mm，击实筒内径为 92.15mm，容积为 $1\times10^6\,mm^3$，土料粒径小于 5mm，分三层夯实，每层击数一般为：砂土和粉土 20 击，粉质黏土 30 击。为了将室内击实试验的结果用于设计和施工，必须研究室内击实试验和现场碾压的关系(图 1.2)。所有施工参数(如施工机械、铺筑厚度、碾压遍数与施工含水率等)都必须由工地试验确定。在施工现场相应的压实功下，施工现场所达到的干密度一般都低于击实试验所得到的最大干密度。由于现场条件终究与室内试验条件不同，因而对现场应以压实系数 λ_c 与施工含水率进行控制。在不具备试验条件的场合，也可按表 1-3 选用。

2) 重锤夯实法

重锤夯实法是用起重机械将夯锤提升到一定高度，然后自由落锤，不断重复夯击以加固地基，一般适用于地下水位距地表 0.8m 以上稍湿的黏性土、砂土、湿陷性黄土、杂填土和分层回填土。

重锤夯实法的主要设备为起重机械、夯锤、钢丝绳和吊钩等。

当直接用钢丝绳悬吊夯锤时，吊车的起重能力一般应大于锤重的 3 倍；采用脱钩夯锤时，起重能力应大于锤重的 1.5 倍。夯锤(图 1.5)宜采用圆台形，锤重宜大于 2t，锤底面单位静压力宜为 15～20kPa。夯锤落距宜大于 4m。重锤夯实宜一夯挨一夯按顺序进行。在独立柱基基坑内，宜按先外后里的顺序夯击。同一基坑底面标高不同时，应按先深后浅的顺序逐层夯实。累计夯击 10～15 次，最后两击平均夯沉量，对砂土不能超过 5～10mm，对细颗粒土不应超过 10～20mm。重锤夯实的现场试验应确定最少夯击遍数、最后两击平均夯沉量和有效夯实深度等。一般重锤夯实的有效夯实深度可达 1m 左右，并可消除 1.0～1.5m 厚土层的湿陷性。

3) 平板振动法

平板振动法是使用振动压实机(图 1.6)来处理无黏性土或黏粒含量少、透水性较好的松散杂填土地基的一种方法。振动压实机的工作原理是由电动机带动两个偏心块以相同速度反向转动而产生很大的垂直振动力，这种振动机的频率为 1160～1180r/min，振幅为 3.5mm，质量为 2t，振动力可达 50～100kN，并能通过操纵机械使之前后移动或转弯。振动压实的效果与填土成分、振动时间等因素有关，一般振动时间越长效果越好，但振动时间超过某一值后，振动引起的下沉基本稳定，再继续振动也不能起到进一步压实的作用了。

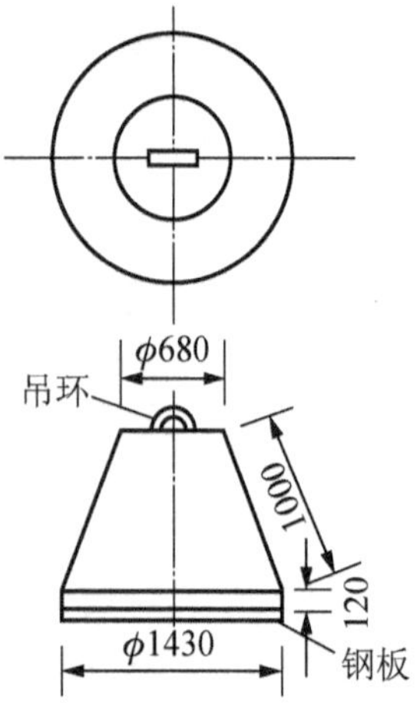

图 1.5　夯锤(单位：mm)

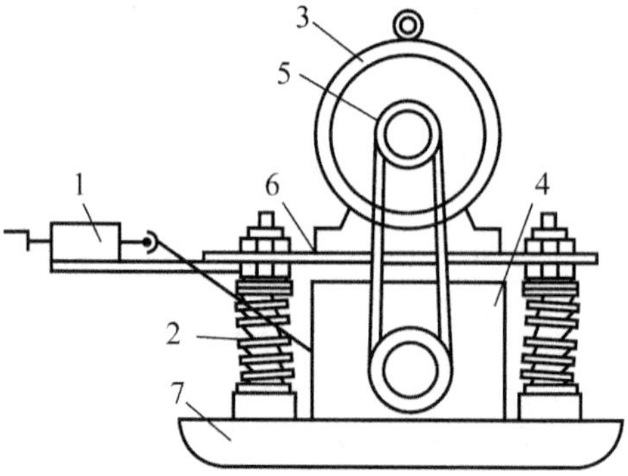

图 1.6　振动压实机构造示意

1—操纵机械；2—弹簧减振器；3—电动机；4—振动器；5—振动机械轮；6—减振架；7—振动板

为此需要在施工前进行试振，得出稳定下沉量和时间的关系。对主要由干渣、碎砖、瓦块组成的建筑垃圾，振实时间约在 1min 以上；对含炉灰等细颗粒的填土，振实时间约为 3～5min，有效振实深度为 1.2～1.5m。振实范围应从基础边缘放出 0.6m 左右，基槽两边先振实，中间部分后振实。振实的标准是以振动机原地振实时不再继续下沉为合格，并辅以轻便动力触探试验检验其均匀性及影响深度。振实后地基承载力宜通过现场载荷试验确定，一般振实的杂填土地基承载力可达 100～120kPa。

以上三种处理方法的原理、作用及适用范围见表 1-4。

表 1-4 三种处理方法的原理、作用及适用范围

处理方法	原理及作用	适用范围
机械碾压法	挖除浅层软弱土或不良土，分层碾压或夯实土，按回填的材料可分为砂垫层、碎石垫层、粉煤灰垫层、干渣垫层、灰土垫层和素土垫层等。它可提高持力层的承载力，减小沉降量，消除或部分消除土的湿陷性和胀缩性，防止土的冻胀作用及可改善土的抗液化性	常用于基坑面积较大和开挖土方量较大的回填土方工程，一般适用于处理浅层软弱地基、湿陷性黄土地基、膨胀土地基、季节性冻土地基、素填土和杂填土地基
重锤夯实法		一般适用于地下水位以上稍湿的黏性土、砂土、湿陷性黄土、杂填土及分层回填土地基
平板振动法		适用于处理无黏性土或黏粒含量少和透水性较好的松散杂填土地基

2. 按垫层材料分类

1) 砂[或砂(碎)石]垫层的施工方法

砂垫层材料应选用级配良好的中粗砂，含泥量不超过 3%，并应除去树皮、草皮等杂质。若用细砂，应掺入 30%～50%的碎石，碎石最大粒径不宜大于 50mm，并应通过试验确定铺填厚度、振捣遍数、振捣器功率等技术参数。

开挖基坑时应避免扰动坑底土层，可保留 20mm 厚土层暂不挖去，待铺砂前再挖至设计标高，如有浮土必须清除。当基底为饱和软土时，需在与土面接触处铺一层细砂起反滤作用，其厚度不计入砂垫层设计厚度内。

砂垫层施工一般可采用分层振实法，压实机械宜采用 1.55～2.2kW 的平板振捣器。

第一分层(底层)松砂铺填厚度宜为 150～200mm，应仔细夯实并防止扰动坑底原状土，其余分层铺填厚度可取 200～250mm。

施工时应重叠平板往复振实，宜由四周逐步向中间推进。每层压实量以 50～70mm 为宜。同座建筑物下砂垫层设计厚度不同时，顶面标高应相同。厚度不同的砂垫层交接处或分段施工的交接处，应做成踏步或斜坡，加强振实，并酌情增加质量检查点。

基础做好后应立即回填基坑，建(构)筑物完工后，在邻近处进行低于砂垫层顶面的开挖工作时，应采取措施保证砂垫层的稳定。

对砂垫层可用环刀法或钢筋贯入法检验垫层质量。使用环刀法检验砂垫层质量时，环刀容积不应小于 $200cm^3$，以减少其偶然误差。砂垫层干密度控制标准，中砂为 $1.6t/m^3$，粗砂为 $1.7t/m^3$。用钢筋贯入法检验砂垫层质量时，通常可用直径为 20mm 的平头钢筋，钢筋长 1.25m，垂直举离砂面 0.7m 再自由落下，测其贯入度，检验点的间距应小于 4m。对于砂(碎)石垫层，可设置纯砂检验点，再按环刀法取样检验。垫层质量检验点，对大基坑每 $50～100m^2$ 应不少于一个检验点，对基槽每 10～20m 应不少于一个检验点，每个单独柱基应不少于一个检验点。

2) 素土(或灰土)垫层的施工方法

素土(或灰土)垫层的施工含水率宜控制在最优含水率 $\omega_{opt} \pm 2\%$ 的范围内。

素土(或灰土)垫层分段施工时不得在柱基、墙角及承重窗间墙下接缝。上下两层的缝距不得小于 500mm。灰土应拌和均匀，应当日铺填夯压，压实后 3 天内不得受水浸泡。

素土(或灰土)垫层可用环刀法或钢筋贯入法检验垫层质量。垫层的质量检验必须分层进行，每夯完一层，应检验该层的平均压实系数，当压实系数符合设计要求后，才能铺填上层。当采用环刀法取样时，取样点应位于每层 2/3 的深度处。当采用环刀法或钢筋贯入法检验垫层质量时，其检验点数量与砂垫层检验标准相同。

3) 粉煤灰垫层的施工方法

粉煤灰垫层可采用分层压实法，压实可用压路机、平板振动器、蛙式打夯机。压实机械的选用应根据工程性质、设计要求和工程地质条件等确定。

对过湿的粉煤灰应滤干装运，装运时含水率以 15%～25%为宜。底层粉煤灰宜选用较粗的灰，并使含水率稍低于最佳含水率。

施工压实参数 $\rho_{d,\max}$、ω_{opt} 可由室内击实试验确定。压实系数一般为 0.9～0.95，可根据工程性质、施工工具、地质条件等因素确定。

填筑应分层铺筑与碾压，并设置泄水沟或排水盲沟。虚铺厚度、碾压遍数应通过现场小型试验确定，若无试验资料时，可选用铺筑厚度为 200～300mm、压实厚度为 150～200mm。

小型工程可采用人工分层铺筑，整平后再用平板振动器或蛙式打夯机进行压实。施工时须一板压 1/3～1/2 板，往复压实，由外围向中间进行，直至达到设计密实度要求。

大中型工程可采用机械铺筑，整平后再用履带式机具碾压两遍，然后用中型或重型压路机碾压。施工时须一轮压 1/3～1/2 轮，往复碾压，后轮必须超过两施工段的接缝，碾压次数一般为 4～6 遍，直至达到设计密实度要求。

施工时宜当天铺筑、当天压实。若压实时呈松散状，则应洒水湿润再压实。洒水的水质要求：水中应不含油质，pH 应为 6～9。若出现“橡皮土”现象，应暂缓压实，采取开槽、翻开晾晒或换灰等方法处理，施工压实含水率可控制在 $\omega_{opt}\pm 4\%$ 范围内。施工最低气温应不低于 0℃，以防止粉煤灰含水冻胀。

每一层粉煤灰垫层经验收合格后，应及时铺筑上层或采用封层措施，以防其干燥松散起尘而污染环境，并应禁止车辆在其上行驶通行。

粉煤灰垫层的质量检验可用环刀法或钢筋贯入法。对大中型工程，环刀法按每 100～400m^2 布置 3 个检验点，钢筋贯入法按每 20～50m^2 布置 1 个检验点。

4) 干渣垫层的施工方法

干渣垫层可根据工程的具体条件选用分级干渣、混合干渣或原状干渣。小面积铺筑时，一般用 8～40mm 与 40～60mm 的分级干渣，或 0～60mm 的混合干渣；大面积铺筑时，可采用混合干渣或原状干渣，原状干渣最大粒径不大于 200mm 或不大于碾压分层虚铺厚度的 2/3。

用于垫层的干渣技术条件应符合下列规定：稳定性合格；松散密度不小于 1.1t/m^3；泥土与有机杂质含量不大于 5%。对用于一般场地平整的干渣，其质量可不受上述指标限制。

施工采用分层压实法，压实可用平板振动法或机械碾压法。小面积施工宜采用平板振动器振实，电动机的功率大于 1.5kW，每层虚铺厚度为 200～250mm，振捣遍数由试验确定，以达到设计密实度为准。大面积施工宜采用 8～12t 压路机，每层虚铺厚度不大于 300mm；也可采用振动压路机碾压，碾压遍数均可由现场试验确定。

1.3.2 各类垫层的施工要点

工程中砂、砂(碎)石垫层较多，本节以砂、砂(碎)石垫层的施工要点为例进行阐述。

1) 对材料的要求

砂和砂(碎)石垫层，宜采用级配良好、质地坚硬的材料，其颗粒的不均匀系数最好不小于 10，以中、粗砂为好，可掺入一定数量的碎(卵)石，但要分布均匀。细砂也可作为垫层材料，但不易压实，而且强度也不高，使用时也宜掺入一定数量的碎(卵)石。砂垫层的用料虽然不是很严格，但含泥量不应超过 5%，也不得含有草根、垃圾等有机杂物。如用作排水固结地基的砂、砂(碎)石材料，含泥量不宜超过 3%，并且不应夹有过大的碎(卵)石，因为碎(卵)石过大会导致垫层本身的不均匀压缩，一般要求碎(卵)石最大粒径不宜大于 50mm。

2) 施工要点

(1) 砂垫层施工中的关键是将砂加密到设计要求的密实度，加密方法常用的有振动法(包括平振法、插振法、夯实法)、水撼法、碾压法等，见表 1-5。这些方法均要求在基坑内的分层铺筑厚度不宜超过表 1-5 所规定的数值。分层铺筑厚度可用样桩控制。施工时，下层的密实度经检验合格后，方可进行上层施工。

表 1-5　砂垫层分层铺筑厚度及最优含水率

序号	捣实方法	分层铺筑厚度/mm	施工时最优含水率/%	施 工 说 明	备注
1	平振法	150～200	15～20	用平板式振捣器往复振捣	不宜使用细砂或含泥量较大的砂所铺设的砂垫层
2	插振法	振捣器插入深度	饱和	(1) 用插入式振捣器； (2) 插入间距可根据机械振幅大小决定； (3) 不应插至下卧黏性土层； (4) 插入式振捣器振捣完毕后所留的孔洞应用砂填实	
3	夯实法	150～200	8～12	(1) 用木夯或机械夯； (2) 木夯重 400N，落距 400～500mm； (3) 一夯压半夯，全面夯实	—
4	水撼法	250	饱和	(1) 注水高度应超过每次铺筑面； (2) 钢叉摇撼捣实，插入点间距为 100mm； (3) 钢叉分四齿，齿的间距为 80mm，长 300mm，木柄长 90mm，重 40N	湿陷性黄土、膨胀土地区不得使用

续表

序号	捣实方法	分层铺筑厚度/mm	施工时最优含水率/%	施工说明	备注
5	碾压法	250～350	8～12	60～100kN 压路机往复碾压	(1) 适用于大面积砂垫层； (2) 不宜用于地下水位以下的砂垫层

注：在地下水位以下的垫层，其最下层的铺筑厚度可比本表增加 50mm。

(2) 铺筑前，应先行验槽。浮填土应清除，边坡必须稳定，防止塌方。基坑(槽)两侧附近如有低于地基的孔洞、沟、井和墓穴等，应在未做垫层前加以填实。

(3) 开挖基坑铺设砂垫层时，必须避免扰动软弱土层的表面，否则坑底土的结构在施工时遭到破坏后，其强度会显著降低，以致在建(构)筑物荷重的作用下产生很大的附加沉降。因此，基坑开挖后应及时回填，不应暴露过久或浸水，并应防止践踏坑底。

(4) 砂、砂(碎)石垫层底面宜铺设在同一标高上，如深度不同，基坑地基土面应挖成踏步或斜坡搭接，各分层搭接位置应错开 0.5～1.0m 的距离，搭接处应注意捣实，施工应按先深后浅的顺序进行。

(5) 人工级配的砂(碎)石垫层应将砂(碎)石拌和均匀后再进行铺填捣实。

(6) 捣实砂(碎)石垫层时，应注意不要破坏基坑底面和侧面土的强度。因此，基坑中对压力反应大的地基土应在垫层下先铺设一层 15～20cm 厚的松砂，且只用木夯夯实，不得使用振捣器，以免破坏基底土的结构。

(7) 采用细砂作填层的填料时，应注意地下水的影响，且不宜使用平振法、插振法和水撼法。

(8) 水撼法施工时，应在基槽两侧设置样桩，控制铺砂厚度，每层为 25cm。铺砂后灌水与砂面齐平，然后用钢叉插入砂中摇撼十几次，如砂沉实，便将钢叉拔出，然后在相距 10cm 处重新插入摇撼，直至这一层全部结束，经检查合格后再铺第二层(不合格时需再插入摇撼)；每铺一次，灌水一次进行摇撼，直至达到设计标高为止。

任务1.4 质量检验

在垫层施工过程中和施工完成后，应进行质量检验，以检验垫层设计是否合理、施工质量是否达到要求。

砂、砂(碎)石垫层的质量检验应采用下列方法进行。

(1) 环刀取样法。在夯(压、振)实后的砂垫层中用容积不小于 200cm^3 的环刀取样，测定其干土重度，以不小于该砂料在中密状态时的干土重度数值为合格。例如，中砂在中密状态时的干土重度一般为 15.5～16.0kN/m^3。

对砂(碎)石垫层的质量检验，可以在垫层中设置纯砂检查点，在不同施工条件下按上述砂垫层的质量检验方法检验，或用灌砂法进行检查。

(2) 贯入测定法。检验时应先将垫层表面的砂刮去 30mm 左右，并用贯入仪、钢筋或钢叉等以贯入度大小来检查砂垫层的质量，以不大于通过试验所确定的贯入度为合格。

钢筋贯入测定法是将直径20mm、长1.25m的平头钢筋垂直举离砂面0.7m处自由落下，插入深度应根据该砂的控制干土重度确定；钢叉贯入测定法是采用水撼法使用的钢叉，将钢叉垂直举离砂面 0.5m 处自由落下，同样，其插入深度应根据此砂的控制干土重度确定。

质量检测仪器

另外，土体原位测试的一些方法，如载荷试验、标准贯入试验、静力触探试验和旁压试验等也可用来进行垫层的质量检验，这些内容可参考相关文献和资料。

工程实例

重庆市南岸区某多层住宅楼地基处理工程

1. 工程概况

某多层住宅楼位于重庆市南岸区，上部结构采用砖混结构，基础采用钢筋混凝土墙下条形基础，基础宽度为 1.5～2.0m，基础埋深为 1.3m。

2. 地基条件

拟建场地地貌单元属构造剥蚀丘陵山坡地貌，根据现场钻探揭露，原地貌大致西北高东南低，场地现已经人工随机堆填，地面标高为 251～252m，地势较平坦。场地位于川黔南北向(经向)构造体系的南温泉背斜东翼，岩层呈单斜状产出，产状为125°∠19°。区内及附近未发现断层及破碎带通过，地质构造简单。综合分析，场地岩体裂隙不发育。

场地地层结构为上覆第四系全新人工填土层、残坡积粉质黏土层，下伏侏罗系砂质泥岩、砂岩石层。由新到老分述如下。

(1) 填土(Q_4^{ml})；杂色，主要由强风化至中等风化砂质泥岩、砂岩碎块石、卵石及可塑状黏性土等组成，粒径绝大部分为 5～300mm，最大超过 450mm，硬质砂岩碎块石含量大部分超过 50%，稍湿，松散至稍密，厚度为 10～15m，分布于整个场地，为新近随机抛填，堆填时间 1～2 年。填土上部松散，下部稍密，天然重度为 18kN/m^3，综合内摩擦角为 22°～26°，压缩模量为 4.0MPa，地基承载力特征值为 80kPa。

(2) 粉质黏土(Q_4^{dl+el})：灰褐色、可塑状，表层为耕土，摇振反应中等，无光泽，干强度中等、韧性中等。分布于场地大部分地带，厚度为 1.0～3.0m。

(3) 砂质泥岩(J_{21})：紫褐色，由黏土矿物组成，粉砂泥质结构，局部含灰绿色砂质斑团，局部相变为粉砂岩，薄层至中厚层状构造。

(4) 砂岩(J_{22})：灰褐色，成分主要为石英、长石，其次为岩屑，见少量白云母，粗粒结构，钙质胶结，中厚层至厚层状。

经工程地质调查测绘及钻探揭露，该场地地势较平坦，未发现滑坡、危岩崩塌等不良地质作用，其地质剖面图如图 1.7 所示。

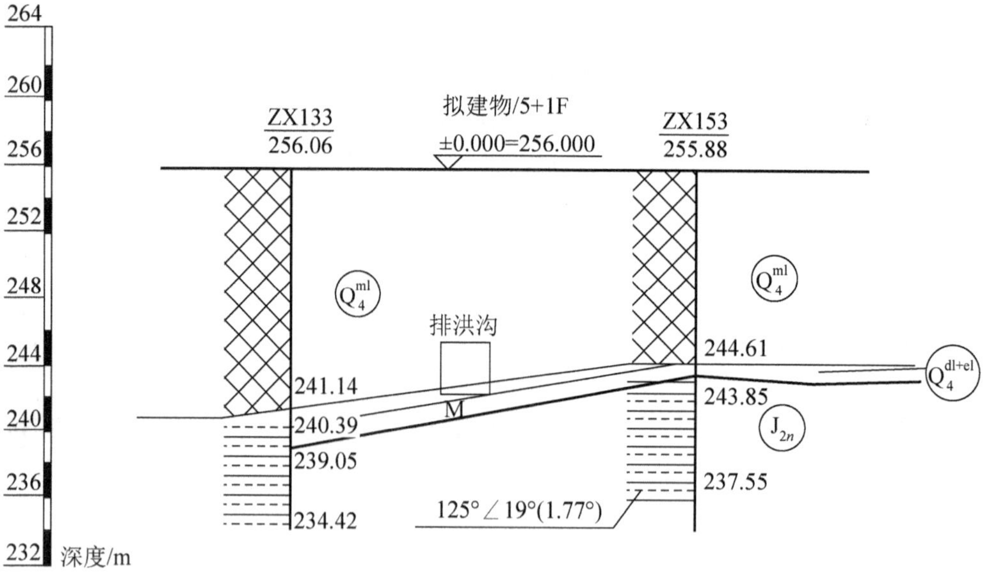

图 1.7 场地地质剖面图

3. 垫层设计

1) 设计要求

该建筑共 6 层，第 1 层为商业用房，第 2～5 层为住宅。填土层由于结构松散，承载力和变形均无法满足要求。原设计对地基进行强夯处理后，基础采用钢筋混凝土条形基础，要求地基承载力特征值不小于 200kPa。由于该幢房屋底部埋有一市政排洪沟，为避免强夯对排洪沟的不利影响，故改用换填垫层法处理，采用压实填土地基，处理后的地基要求地基承载力特征值为 200kPa。

2) 设计计算

以其中一承重墙下条形基础为例，基础宽度为 2.0m，基础埋深为 1.3m。承重墙传到基础顶面的荷载 $F_k = 310\text{kN/m}$。

(1) 垫层材料选用碎石土，$\gamma = 20.0\text{kN/m}^3$，设垫层厚度 $z = 2.5$m，$z/b = 2.5/2.0 = 1.25 > 0.5$，则垫层的压力扩散角为 $\theta = 30°$。

(2) 垫层厚度的验算。根据题意，基础底面深处的平均压力值为

$$p_k = \frac{F_k + G_k}{b} = \frac{310 + 2.0 \times 1.3 \times 20}{2.0} = 181(\text{kPa})$$

基础底面处土的自重应力为

$$p_c = 18.0 \times 1.3 = 23.4(\text{kPa})$$

垫层底面处的附加压力值为

$$p_z = \frac{(p_k - p_c)b}{b + 2z\tan\theta} = \frac{(181 - 23.4) \times 2.0}{2.0 + 2 \times 2.5 \times \tan 30°} \approx 64.5(\text{kPa})$$

垫层底面处土的自重应力为

$$p_{cz} = 18.0 \times 1.3 + 20.0 \times 2.5 = 73.4(\text{kPa})$$

取深度修正系数 $\eta_d = 1.0$，则经深度修正后填土的承载力特征值为

$$f_{az} = f_{ak} + \eta_d \gamma_{mz}(d-0.5) = 80.0 + 1.0 \times (3.8-0.5) \times 18 = 139.4(\text{kPa})$$

则可得

$$p_z + p_{cz} = 64.5 + 73.4 = 137.9(\text{kPa}) < f_{az} = 139.4\text{kPa}$$

满足强度要求，所以垫层厚度选定为 2.5m 合适。

(3) 确定垫层底面宽度 b'。

$$b' = b + 2z\tan\theta = 2.0 + 2 \times 2.5 \times \tan 30^\circ \approx 4.9(\text{m})$$

取 b' 为 5.0m，按 1∶1.5 放坡开挖。

4. 工程施工

开挖到垫层底部设计标高后，采用分层振动碾压法压实填土，填土每层的铺设厚度及碾压遍数由现场试验确定，其参数见表 1-6。

表 1-6　分层振动碾压填土参数

振动碾自重/t		12
振动碾振动力/kN		500
填料	粒径/mm	＜200
	含水率范围/%	8～12
	铺土厚度/mm	400
碾压遍数		7～9
碾压方法		外压半轮
机械行驶速度/(km/h)		＜2.0

在施工开始时，由设计人员、甲方及监理人员根据现场试验情况做适当调整。

5. 质量检验

垫层在填土施工过程中，应严格分层检验填土的干密度及相应的含水率。垫层填土的密实程度检验方法以灌砂法或灌水法为准，每间隔 10～15m 设 1 个检验点，且每幢单体建筑物范围内不少于 5 个检验点。

垫层的承载力和压缩变形模量，根据现场静载荷试验确定，同时采用动力触探等现场原位测试技术配合确定。从现场静载荷试验结果来看，地基承载力特征值达到了 250kPa，变形模量为 25MPa，满足设计要求。竣工验收时建筑物没有出现异常情况，使用后主体结构未发现明显裂缝。

能 力 训 练

一、选择题

1. 用换填垫层法处理软土地基，应满足地基的承载力和变形要求，垫层设计时要求(　　)。

A. 垫层厚度越厚越好

B. 垫层厚度不应小于 0.25 倍基础宽度

C. 垫层压力扩散角不大于 28°

D. 浅层软土厚度不大的工程，应置换掉全部软土

2. 某中砂换填垫层的性质参数为天然孔隙比 $e_0 = 0.7$，最大干密度 $\rho_{d,max} = 1.8g/cm^3$，现场检测控制干密度 $\rho_d = 1.7g/cm^3$，则该换填垫层的压实系数 λ_c 约等于(　　)。

A. 0.94　　B. 0.89　　C. 0.85　　D. 0.80

3. 用于换填垫层的土工合成材料，在地基中起的主要作用是(　　)。

A. 换填作用　　B. 排水作用　　C. 防渗作用　　D. 加筋作用

4. 换填垫层法不适用于(　　)。

A. 湿陷性黄土　　B. 杂填土　　C. 深层松砂地基　　D. 淤泥质土

5. 作为换填垫层法的填土垫层的压实标准，压实系数的定义为(　　)。

A. 土的最大干密度与天然干密度之比

B. 土的控制干密度与最大干密度之比

C. 土的天然干密度与最小干密度之比

D. 土的最小干密度与控制干密度之比

二、简答题

1. 什么是换填垫层法？它适用于什么范围？
2. 换填垫层有什么作用？
3. 垫层厚度如何确定？
4. 垫层宽度如何确定？
5. 垫层材料有哪些？这些材料如何使用？
6. 垫层施工用什么方法？施工要点是什么？
7. 砂垫层用什么方法检验？

三、案例题

某工程采用换填垫层法处理地基，基底宽度为 10m，基底下铺厚度为 2.0m 的灰土垫层，为了满足基础底面应力扩散要求，试求垫层底面宽度。

在线答题

情境2 强夯法和强夯置换法

学习目标

掌握强夯法和强夯置换法的加固原理，掌握其设计、施工和质量检验方法，并要求灵活运用强夯法和强夯置换法处理实际工程问题。

学习要求

知识要点	技能要点
(1) 强夯法和强夯置换法的加固范围 (2) 强夯法和强夯置换法的加固原理 (3) 强夯法和强夯置换法的设计参数	(1) 掌握强夯法和强夯置换法的设计方法 (2) 掌握强夯法和强夯置换法的施工和质量检验方法 (3) 能灵活运用强夯法和强夯置换法处理实际工程问题

引例

某学院处于陕北地区，邻近关中地区，地貌单元为黄土高原，由下而上依次为早更新世、中更新世、晚更新世及全新世四个时期的黄土及黄土状土，表层为以马兰黄土(Q_3)为主的湿陷性黄土。

场地工程地质条件如下：①场地地表以下 20m 以内的马兰黄土中，黄土层、古土壤层交叉分布。黄土层呈褐黄色，坚硬，具虫孔、大孔，土质均匀，可见蜗牛壳、钙质结核；古土壤层呈褐红色，坚硬，可见虫孔，具团粒结构，含较多钙质结核。场地地表以下 20m 以内土层均为湿陷性黄土，湿陷等级为Ⅳ级，地基土承载力标准值 f_k 介于 180～190kPa 之间。②场地地下水水位约在地面下 80.0m 处。

据此采用强夯法进行地基处理，可消除地基一定深度范围内的湿陷性，提高其承载力，降低地基压缩性。

重锤夯实法

任务 2.1　强夯法和强夯置换法概述

夯锤图

强夯法是 20 世纪 60 年代末、70 年代初首先在法国发展起来的，国外称之为动力固结法，以区别于静力固结法。它一般是将 10～40t 的重锤以 10～40m 的落距，对地基土加以强大的冲击能，在地基土中形成冲击波和动应力，使地基土压实和振密，达到加固地基土、提高强度、降低压缩性、改善砂土的抗液化条件、消除湿陷性黄土的湿陷性等目的。

强夯法经过 40 多年的发展，已广泛应用于一般工业与民用建筑、仓库、油罐、公路、铁路、飞机场跑道及码头的地基处理中，主要适用于加固砂土和碎石土、低饱和度粉土与黏性土、湿陷性黄土、杂填土和素填土等地基，以其适应性强、效果好、造价低、工期短等优点，成为我国地基处理中的一项重要技术。图 2.1 所示为用强夯法处理地基的施工现场。

图 2.1　用强夯法处理地基的施工现场

对于饱和黏性土地基，近年来发展了强夯置换法，即利用夯击能将碎石、矿渣等材料强力挤入地基，在地基中形成碎石墩，并与墩间土形成碎石墩复合地基，以提高地基承载力和减小沉降量。强夯置换法适用于高饱和度的粉土与软塑至流塑的黏性土等地基上对变形要求不严的工程。强夯置换法在设计前必须通过现场试验确定其适用性和处理效果。

2.1.1 强夯法加固原理

关于强夯法加固原理，虽然国内外学者从不同角度进行了大量的研究，但至今尚未形成完善和成熟的理论。首先可将强夯法加固原理分为宏观原理和微观原理。宏观原理通过加固区土所受冲击力、应力波的传播、土的强度对土加密的影响等做出解释，微观原理则通过对冲击力作用下土微观结构的变化(如土颗粒的重新排列、连接等)做出解释；宏观原理是外部表现，微观原理则是内部依据。其次应对饱和土和非饱和土加以区别，因饱和土存在孔隙水排出土才能压实固结这一问题。最后还应区分黏性土和无黏性土，因为它们的渗透性不同，黏性土存在着固化内聚力，无黏性土则不然。另外有一些特殊土如湿陷性黄土、填土、淤泥等，由于具有各自的特殊性能，其加固原理也存在着特殊性。强夯法加固原理中还有一个必须研究的内容，就是夯击能的传递，即确定夯击能中真正用于加固地基的那部分能量和该部分能量加固地基的原理。

目前普遍一致的看法认为，经强夯后，土强度提高过程可分为四个阶段：第一个阶段，夯击能转化，同时伴随强制压缩或振密(包括气体排出、孔隙水压力上升)；第二个阶段，土体液化或土体结构破坏(表现为土体强度降低或抗剪强度丧失)；第三个阶段，排水固结压密(表现为渗透性能改变、土体裂隙发展、土体强度提高)；第四个阶段，触变恢复并伴随固结压密(包括部分自由水又变成薄膜水，土的强度继续提高)。其中第一个阶段是瞬时发生的，第四个阶段是强夯终止后经过很长时间(可长达几个月以上)才能达到的，中间两个阶段则介于上述两者之间。

1. 强夯法加固宏观原理

1) 饱和土的加固原理

对于饱和黏性土，目前主要采用梅纳德(Menard)提出的动力固结模型来分析夯击能的传递原理、土强度的增长过程原理、孔隙水压力的变化原理等。

(1) 动力固结模型。

梅纳德提出的动力固结模型主要有以下几方面的特点(图 2.2 所示为太沙基模型和动力固结模型对比)。

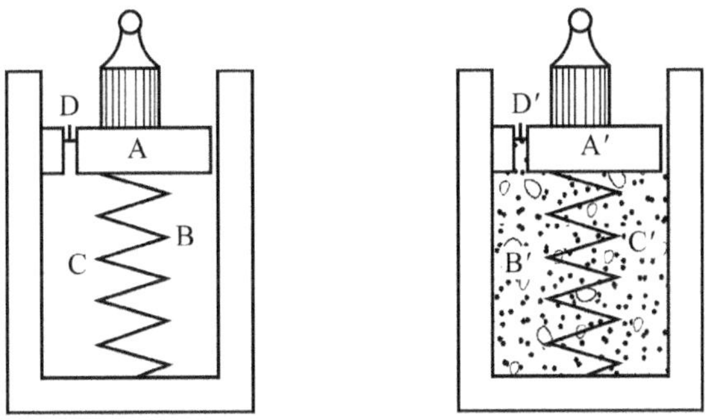

(a)太沙基模型　　(b)动力固结模型

图 2.2　太沙基模型和动力固结模型对比

A—有摩擦的活塞；A′—有摩擦的活塞；B—不可压缩的液体；
B′—含有少量气泡，可压缩的液体；C—定比弹簧；C′—不定比弹簧；
D—不变孔径排水活塞；D′—变孔径排水活塞

① 有摩擦的活塞。夯击土被压缩后，含有空气的孔隙水具有滞后现象，气相体积不能立即膨胀，也就是夯坑较深的压密土被外围土体约束而不能膨胀，这一特征用有摩擦的活塞表示。

② 可压缩的液体。由于土体中有机物的分解，土中总是有微小气泡，其体积约为总体积的 1%～3%，这是强夯时土体产生瞬间压密变形的条件。

③ 不定比弹簧。夯击时土体结构破坏，土颗粒周围弱结合水由于振动和温度影响变成自由水，孔压上升，土的强度降低。随着孔隙水压力的降低，土体结构恢复，强度增加，因此“弹簧”强度是可变的。

④ 变孔径排水活塞。夯击能主要转换成波的形式向土中传递，使土中的应力场重新分布。当土中某点的拉应力大于土体的抗拉能力时，该点将出现裂隙，形成树根状的排水网络，使孔隙水得以顺利溢出，这是变孔径排水的理论基础。强夯时夯坑及邻近夯坑的涌水冒砂现象说明了这一点。

(2) 夯击能的传递原理。

由弹性波的传播理论知，强夯法产生的巨大能量将转化为压缩波(P 波)、剪切波(S 波)和瑞利波(R 波)在土中传播，如图 2.3 所示。体波(压缩波与剪切波)沿着一个半球波阵面径向地朝外传播，而瑞利波则沿着一个圆柱波阵面径向地朝外传播。

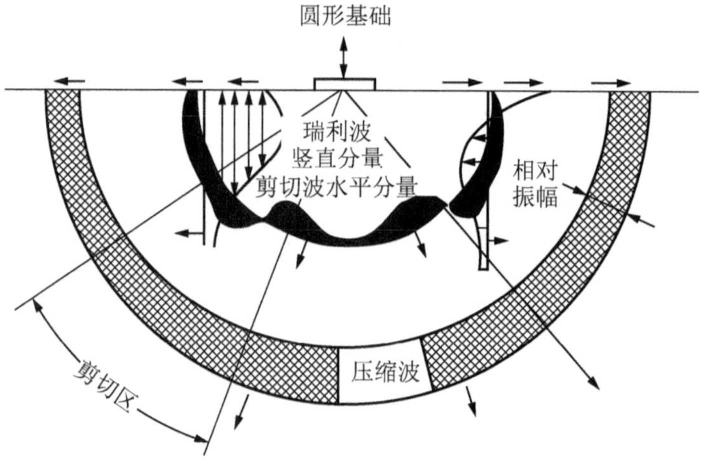

图 2.3　强夯法在地基中产生的波场

压缩波传播速度最快，但它携带的能量仅占振动能量的 7%左右，其质点运动是属于平行于波阵面方向的一种推拉运动，这种波使孔隙水压力增大，同时还使土粒错位；随后到达的剪切波携带的能量占振动能量的 26%，其质点运动引起与波阵面方向正交的横向位移；瑞利波传播速度最慢，携带的能量占振动能量的 67%，瑞利波的质点运动由水平分量和竖向分量所组成。剪切波和瑞利波的水平分量使土颗粒间受剪，可使土体密实。

对于位于均质各向同性弹性半空间表面上竖向振动的、均布的圆形振动源，由于瑞利波占了来自竖向振动的总输入能量的 2/3，且其随距离的增加衰减要比体波慢得多，所以对位于或接近地面的地基土，瑞利波的竖向分量起到了松动作用。但最新研究表明，瑞利波的传播也有利于深层地基土的压实。

(3) 土强度的增长过程原理。

在重复夯击作用下，施加于土体的夯击能迫使土体结构破坏，孔隙水压力上升，使孔隙水中的气体逐渐受到压缩，因此土体的沉降量与夯击能成正比。当气体按体积百分比接近于零时，土体便变得不可压缩。当施加相应于孔隙水压力上升到与覆盖压力相等的能量时，土体即产生液化。图 2.4 所示为强夯阶段土的强度增长过程，图中表明，当土体出现液化或接近液化时，土体中将产生裂隙，土的渗透性骤增，孔隙水得以顺利排出；随着孔隙水压力的消散，土中裂隙闭合，土颗粒间的接触将较夯击前紧密，土的抗剪强度和变形模量会有较大幅度的增长；孔隙水压力完全消散后，土的抗剪强度与变形模量仍会缓慢增加，此阶段为触变恢复阶段。经验表明，如以孔隙水压力消散后测得的数值作为新的强度基值(一般在夯后 1 个月)，则 6 个月后，土体强度平均增加 20%～30%，变形模量增加 30%～80%。实际上这一现象对所有细颗粒土都是明显的，仅是程度不同而已。

(4) 孔隙水压力的变化原理。

在强大夯击能的作用下，土中孔隙水压力逐渐上升，但随着时间的推移，土中孔隙水压力又会逐渐消散。

在孔隙水压力消散过程中，土的渗透性是不断变化的。图 2.5 所示为土的渗透系数与液化度关系曲线，图中液化度为孔隙水压力与总压力之比。当液化度小于或等于 a_1 时，渗透系数随液化度按比例增长；当液化度超过 a_1 时，渗透系数骤增，这是因为当出现的孔隙水压力大于颗粒间的侧向压力时，土颗粒间会出现裂隙，从而形成良好的排水通道。故在布置有规则网格夯击点的现场，通过积聚的夯击能，在夯坑四周会形成有规则的垂直裂隙，夯坑附近会出现涌水现象。因此现场夯击前测定的渗透系数并不能反映夯击后孔隙水压力迅速消散的特性。

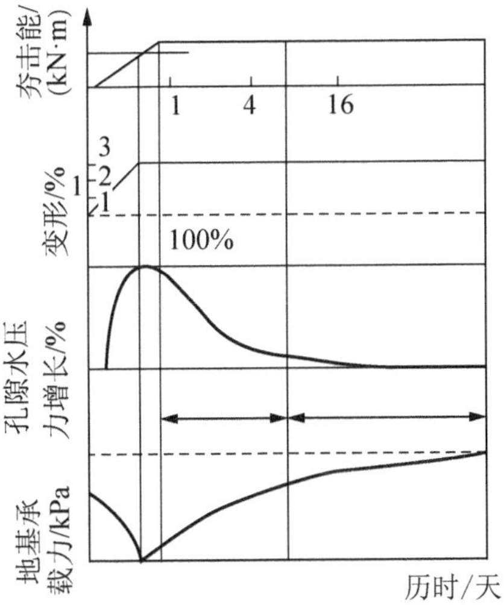

图 2.4 强夯阶段土的强度增长过程

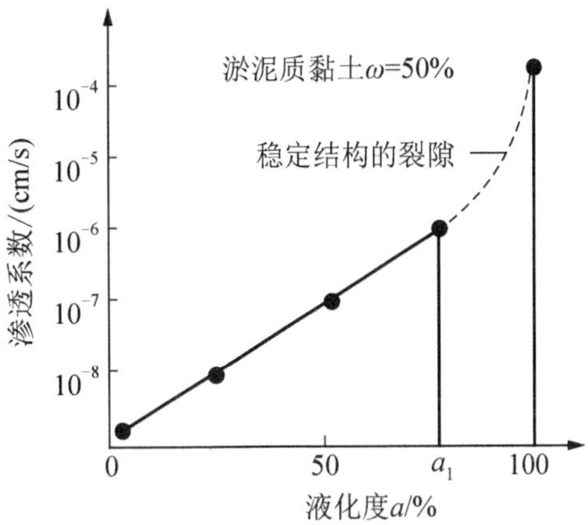

图 2.5 土的渗透系数与液化度关系曲线

当孔隙水压力消散到小于颗粒间的侧向压力时，裂隙即自行闭合，土中水的运动重新恢复常态。据国外资料报道，夯击时出现的冲击波也会将土颗粒间的吸附水转化为自由水，因而促进了毛细管通道横截面的增大。

综上所述，动力固结理论与静力固结理论相比有如下不同之处。

① 荷载与沉降的关系具有滞后效应。

② 由于土中气泡的存在，孔隙水具有压缩性。

③ 土颗粒骨架的压缩模量在夯击过程中不断改变，渗透系数也随时间变化。

此外，甘比恩(Gambin)认为，强夯法与一般固结理论不同之处还在于强夯作用下(冲击荷载下)土的应力-应变曲线也是不同的。图 2.6 所示为静荷载(预压荷载)作用下的应力-应变曲线，图 2.7 所示为冲击荷载(强夯)作用下的应力-应变曲线。

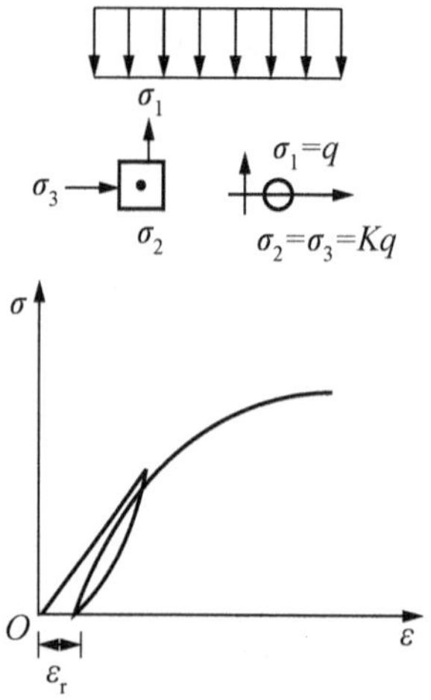

图 2.6　静荷载(预压荷载)作用下的应力-应变曲线

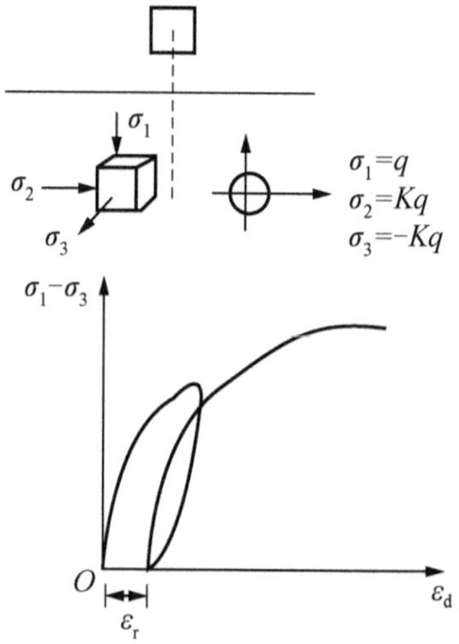

图 2.7　冲击荷载(强夯)作用下的应力-应变曲线

2) 非饱和土的加固原理

采用强夯法加固多孔隙、粗颗粒、非饱和土是基于动力密实的原理，即冲击型动力荷载使土体的孔隙体积减小，土体变得密实，从而提高地基土的强度。非饱和土的夯实过程就是土中空气被挤出的过程，其夯实变形主要是由土颗粒的相对位移引起的。

砂土、粉土及粉质黏土的内聚力低，在振动波的作用下，土粒受剪而错动，落入新的平衡位置，松砂类土可振密，而密砂却可能变松。因此这类土除夯击点加固深度较大外，还可能使邻近的地面震陷，甚至危及邻近建筑，使之产生震陷或裂缝。

2. 强夯法加固微观原理

1) 饱和黏性土的加固原理

关于饱和黏性土，梅纳德提出的动力固结模型是可以作为理论根据的，但他对饱和黏性土在强夯作用下渗透系数的变化及强夯作用下饱和黏性土的触变原理只做了宏观上的解释，而未做深入的微观探讨。

奥西波夫(Osipov)做了一系列试验来观察高岭土和蒙脱土试样微观结构的变化规律。试验内容包括：①压缩试验，观察在不同条件下的压缩所引起的各向异性；②直剪试验，表明要使微观结构充分发挥作用，就需要另外附加能量；③触变试验，研究发现，触变后强度恢复过程中伴随着微观结构的重新组合。

图 2.8 所示为饱和黏性土在静荷载和动荷载条件下抗剪强度与时间的关系，其中 *OA*

段为静荷载作用下不扰动土样的抗剪强度；*AB* 段为土体在结构破坏时的抗剪强度(即残余强度)；*BC* 段为振动时急剧下降(触变)的抗剪强度；*CD* 段为土体在结构破坏情况下，有附加振动荷载的抗剪强度； *DE* 段为振动停止后恢复(触变恢复)的抗剪强度；*EF* 段为触变恢复后(在振动停止后)土体结构的抗剪强度。

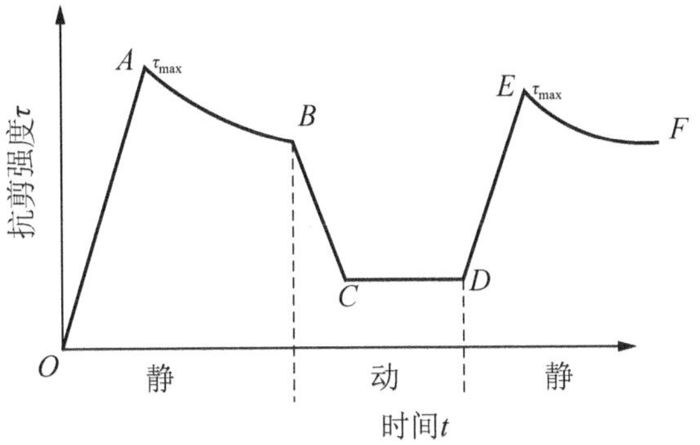

图 2.8　饱和黏性土在静荷载及动荷载条件下抗剪强度与时间的关系

2) 非饱和土的加固原理

陈东佐通过 X 光衍射和扫射电子显微镜试验，分析研究了山西潞城湿陷性黄土的矿物成分及其强夯前后主要物理力学指标的变化规律，提出黄土湿陷是包括架空孔隙的存在和胶结程度差等在内的各种内因和外因共同作用的结果。通过微观结构的研究发现，强夯所产生的冲击能打破了土颗粒间的连接，因而也就破坏了原来的土体结构，改变了土中各类孔隙的分布状态及它们之间的相对含量，土颗粒由夯前的任意排列变成明显的定向排列，并且垂直剖面上土颗粒排列的定向性似乎更强些，形成片麻状构造，这也反映了垂直向的压缩变形大于水平向的挤压变形这一宏观现象的本质。进一步观察还可以看到，垂直剖面上的一些粉粒和砂粒等较大的颗粒由于刚性大，在强大夯击能的作用下切入周围刚性较小的细小颗粒，使得这些细小颗粒在侧围土体的挤压下，沿着这些大颗粒呈环向排列，从而形成一个个旋涡状结构。几个漩涡状结构通过外层土粒连接起来，形成马鞍状图形。土颗粒定向排列后，较夯前更为密实。随着土体强度的恢复，处于更密实状态中的黏粒、胶粒和结晶盐胶结物由于粒间距离的缩小，能更好地发挥它们的胶结作用，其结果是使土体的抗变形能力和剪切强度得以提高。这或许是强夯法加固原理在微观方面较为恰当的解释。

2.1.2 强夯置换法加固原理

强夯置换法是指利用强夯能量将碎石、矿渣等物理力学性能较好的粗颗粒材料强制挤入地基，主要通过置换作用来达到加固地基的目的的方法。该法主要用于处理饱和黏性土。

强夯置换法可分为桩式置换法和整式置换法，如图 2.9 所示。其中用得较多的是桩式置换法，其作用原理类似于砂石桩；在桩式置换法加固过程中，土体结构破坏，地基土体中产生超静孔隙水压力，随着时间的发展土体强度恢复，同时由于碎石墩具有较好的透水性，利用超静孔隙水压力消散而产生固结，这样通过置换挤密及排水固结作用，碎石墩和墩间土形成碎石墩复合地基，从而提高地基承载力和减小沉降量。整式置换法是面积置换率要求较大时，以密集的群点进行置换，使被置换土体整体向两侧或四周排出，置换体连成统一的整体，构成置换层，其作用原理类似于换土垫层；整式置换法加固后的双层状地基，其强度和变形性能既取决于置换材料的性质，又取决于置换层的厚度和下卧层的性质。

(a)桩式置换法　　(b)整式置换法

图 2.9　强夯置换法类型

任务 2.2　强夯法和强夯置换法设计

2.2.1 强夯法设计

1. 有效加固深度

梅纳德曾提出用式(2-1)估算有效加固深度。

$$H = \alpha\sqrt{Mh} \tag{2-1}$$

式中　H——有效加固深度(m)；

M——夯锤重(kN)；

h——落距(m)；

α——系数，根据所处理地基土的性质而定，对软土可取 0.5，对黄土可取 0.34～0.5。

由式(2-1)估算的有效加固深度较实测值大。影响有效加固深度的因素包括单击夯击能、地基土的性质、不同土层的厚度、埋藏顺序和地下水位等，实际的有效加固深度应根据现场试夯或当地经验确定。在缺少试验资料或经验时，《建筑地基处理技术规范》(JGJ 79—2012)建议了其取值范围，见表 2-1。

表 2-1　强夯法的有效加固深度　　单位：m

单击夯击能/(kN · m)	碎石土、砂土等粗颗粒土	粉土、黏性土、湿陷性黄土等细颗粒土
1000	4.0～5.0	3.0～4.0
2000	5.0～6.0	4.0～5.0
3000	6.0～7.0	5.0～6.0
4000	7.0～8.0	6.0～7.0
5000	8.0～8.5	7.0～7.5

续表

单击夯击能/(kN · m)	碎石土、砂土等粗颗粒土	粉土、黏性土、湿陷性黄土等细颗粒土
6000	8.5～9.0	7.5～8.0
8000	9.0～9.5	8.0～8.5
10000	9.5～10.0	8.5～9.0
12000	10.0～11.0	9.0～10.0

注：强夯法的有效加固深度应从最初起夯面算起，单击夯击能 E 大于 12000kN · m 时，强夯法的有效加固深度应通过试验确定。

2. 单击夯击能

在设计中，根据需要加固深度初步确定采用的夯击能，然后再根据机具条件确定起重设备、夯锤尺寸及自动脱钩装置。

(1) 起重设备可用履带式起重机、轮胎式起重机，也可采用专门制作的三脚架和轮胎式强夯机。由于 1000kN 起重机的卷扬机能力只有 200kN 左右，所以当锤重超过起重机的卷扬机能力时，就不能使用单缆锤施工工艺了，而需要利用滑轮组，并借助脱钩装置来起落夯锤。

(2) 夯锤的平面一般为圆形和方形，又分气孔式和封闭式。带有气孔的圆形锤较好，可克服方形锤由于两次夯击落地不完全重合而造成的能量损失。气孔宜上下贯通，孔径宜为 300～400mm，它可减小起吊夯锤的吸力和夯锤着地的能量损失。锤底面积宜按土的性质确定，对砂性土一般为 3～4m^2，对黏性土不宜小于 6m^2。锤底静接地压力可取 25～80kPa。锤重一般为 10～60t，落距为 8～25m。对相同的夯击能，常选用大落距方案，这样能获得较大的接地速度，可将大部分能量有效地传到地下深处，增加深层夯实效果，减小消耗在地表土层塑性变形的能量。

(3) 自动脱钩装置由工厂定型生产。夯锤挂在自动脱钩装置上，当起重机将夯锤吊到既定高度时，自动脱钩装置使夯锤自由下落进行夯实。

3. 最佳夯击能

从理论上讲，在某一数值的夯击能作用下，地基土中出现的孔隙水压力达到土的自重压力，这样的夯击能称为最佳夯击能。在黏性土中，由于孔隙水压力消散缓慢，当夯击能逐渐增大时，孔隙水压力相应地叠加，因此可根据孔隙水压力的叠加来确定最佳夯击能；在砂性土中，孔隙水压力增长及消散过程仅为几分钟，因此孔隙水压力不能随夯击能增大而叠加，一般可根据最大孔隙水压力增量与夯击次数关系来确定最佳夯击能。

夯击点的夯击次数，可按现场试夯得到的夯击次数和夯沉量的关系曲线确定，并应同时满足下列条件。

(1) 最后两击的平均夯沉量不宜大于下列数值：当单击夯击能小于 4000kN · m 时为 50mm，当单击夯击能为 4000～6000kN · m 时为 100mm，当单击夯击能大于 6000kN · m 时为 200mm。

(2) 夯坑周围地面不应发生过大的隆起。

(3) 不因夯坑过深而发生提锤困难。

也可参照夯坑周围土体隆起的情况予以确定，当夯坑的竖向压缩量最大而周围土体的隆起量最小时的夯击次数，即为该点的夯击次数。夯坑周围地面隆起量太大，说明夯击效率降低，则夯击次数要适当减少。对于饱和细粒土，夯击次数可根据孔隙水压力的增长和消散来决定；当被加固的土层将发生液化时，此时的夯击次数即为该遍夯击次数，以后各遍夯击次数也可按此确定。

4. 夯击遍数

夯击遍数应根据地基土的性质确定。一般来说，由粗颗粒土组成的渗透性强的地基，夯击遍数可少些；由细颗粒土组成的渗透性弱的地基，夯击遍数要求多些，根据工程实践经验，一般可采用点夯 2～4 遍，对于渗透性较差的细颗粒土，必要时夯击遍数可适当增加，最后再以低能量满夯 2 遍，满夯可采用轻锤或低落距锤多次夯击、锤印搭接的方式，其夯实效果好，可减小建(构)筑物的沉降和不均匀沉降。

5. 间隔时间

两遍夯击之间的间隔时间，取决于土中超静孔隙水压力的消散时间。但土中超静孔隙水压力的消散速度与土的类别、夯击点间距等有关，有条件时最好能在试夯前埋设孔隙水压力传感器，通过试夯确定超静孔隙水压力的消散时间，从而决定两遍夯击之间的间隔时间。当缺少实测资料时，可根据地基土的渗透性确定：对于渗透性较差的黏性土地基，间隔时间不应少于 2～3 周；对于渗透性较好的地基，超静孔隙水压力消散很快，夯完一遍，第二遍可连续夯击。

6. 夯击点布置

夯击点布置是否合理，与夯实效果有直接的关系。夯击点可根据基底平面形状，采用等边三角形、等腰三角形或正方形布置。对于某些基础面积较大的建(构)筑物，为便于施工，可按等边三角形或正方形布置夯击点；对于办公楼、住宅建筑等，可根据承重墙位置布置夯击点，一般可按等腰三角形布置夯击点，这样可保证横向承重墙及纵墙与横墙交接处的墙基下均有夯击点；对于工业厂房来说，也可按柱网来布置夯击点。

夯击点间距，一般根据地基土的性质和要求处理的深度而定。对于细颗粒土，为便于超静孔隙水压力的消散，夯击点间距不宜过小。当要求处理深度较大时，第一遍的夯击点间距更不宜过小，以免夯击时在浅层形成密实层而影响夯击能往深层传递。此外，若各夯击点之间的距离太小，在夯击时上部土体易向周围已夯成的夯坑中挤出，从而造成坑壁坍塌、夯锤歪斜或倾倒，影响夯实效果。第一遍夯击点间距可取夯锤直径的 2.5～3.5 倍，第二遍夯击点位于第一遍夯击点之间，以后各遍夯击点间距可适当减小。对加固深度较大或单击夯击能较大的工程，第一遍夯击点间距宜适当增大。

7. 处理范围

由于基础的应力扩散作用，强夯法处理范围应大于建(构)筑物基础范围，具体放大范围可根据建筑结构类型和重要性等因素考虑确定。对于一般建(构)筑物，每边超出基础外缘的宽度宜为基底下设计处理深度的 1/2～2/3，并不宜小于 3m。

8. 承载力确定

强夯地基承载力特征值应通过现场载荷试验确定，初步设计时也可根据夯后原位测试和土工试验指标按现行《建筑地基基础设计规范》(GB 50007—2011)的有关规定确定。

9. 现场测试

现场测试主要包括下述内容。

(1) 地面沉降观测。每夯击一次，应及时测量夯击坑及其周围地面的沉降、隆起，通过每次夯击后夯击坑的沉降量控制夯击次数。通过地面沉降观测，我们可以估计强夯处理地基的效果。

(2) 孔隙水压力观测。沿夯击点等距离不同深度及等深度不同距离埋设孔隙水压力测头，测量在夯击和间隔过程中地基土体中孔隙水压力沿深度和水平距离变化的规律，从而确定夯击点的影响范围，合理选用夯击点间距和夯击间隔时间等。

(3) 强夯振动影响范围观测。通过测试地面振动加速度，可以了解强夯振动的影响范围。通常将地表的最大振动加速度等于 $0.98m/s^2$(即认为相当于地震烈度 7 度)的位置，作为设计时振动影响的安全距离。强夯振动的周期比地震周期短得多，强夯振动作用范围也远比地震小，因此强夯对建筑物的振动影响肯定比地震小，采用上述设计标准是偏于安全的。一般建议夯坑离建筑物的最小距离为 15～20m，目前也有距离只有 3m(单击夯击能 1000kN · m)进行强夯法处理的报道。为了减小强夯振动对建筑物的影响，可在夯区周围设置隔振沟。

(4) 深层沉降和侧向位移测试。为了了解强夯法加固过程中深层土体的位移情况，可在地基中设置深层沉降标，测量不同深度土体的竖向位移；还可在夯坑周围埋设测斜管，测量土体侧向位移沿深度的变化。通过对地基深层沉降和侧向位移的测试，可以有效地了解强夯法加固的有效加固深度和夯击的影响范围。

2.2.2 强夯置换法设计

1. 处理深度

强夯置换墩的深度由土质条件决定。除厚层饱和粉土外，一般应穿透软弱土层，到达较硬土层上，但深度不宜超过 10m。

2. 单击夯击能

强夯置换法的单击夯击能应根据现场试验确定。强夯置换法宜选取同一夯击能中锤底静压力较高的夯锤施工。强夯置换法的夯锤底面宜采用圆形，夯锤底静接地压力值可取 100～200kPa。

3. 墩体材料

墩体材料可采用级配良好的块石、碎石、矿渣、建筑垃圾等坚硬粗颗粒材料，粒径大于 300mm 的颗粒含量不宜超过全重的 30%。墩体材料级配不良或块石过多过大，均易在墩体中留下大孔，在后续墩体施工或建(构)筑物使用过程中使墩间土挤入孔隙，使沉降量增加。

4. 夯击次数

夯击点的夯击次数应通过现场试夯确定，且应同时满足下列条件。

(1) 墩底穿透软弱土层，且达到设计墩长。

(2) 累计夯沉量为设计墩长的 1.5～2.0 倍。

(3) 最后两击的平均夯沉量不大于本节强夯法设计第 3 条“最佳夯击能”中的规定。

5. 墩位布置

墩位宜采用等边三角形或正方形布置。对独立基础或条形基础，可根据基础形状与宽度相应布置。

墩间距应根据荷载大小和天然地基土的承载力确定，当满堂布置时，可取夯锤直径的2～3倍；对独立基础或条形基础，可取夯锤直径的1.5～2.0倍。墩的计算直径可取夯锤直径的1.1～1.2倍。

墩顶应铺设一层厚度不小于500mm的压实垫层，垫层材料可与墩体相同，粒径不宜大于100mm。

6. 处理范围

处理范围应大于基础范围。每边超出基础外缘的宽度宜为基底下设计处理深度的1/2～2/3，并不宜小于3m。

7. 承载力确定

在确定软黏土中强夯置换墩地基承载力特征值时，可只考虑墩体，而不考虑墩间土的作用，其承载力应通过现场单墩载荷试验确定；对饱和粉土地基，当处理后形成2.0m以上厚度的硬层时，其承载力可通过现场单墩复合地基载荷试验确定。

任务 2.3　强夯法和强夯置换法施工

强夯法施工过程

2.3.1 强夯法施工

1. 施工机具

(1) 吊车。采用单缆起吊，吊车起重量应为锤重的3倍以上，此法施工效率高，但需大吨位吊车，国外已设计了各种强夯法专用吊车。采用多缆起吊可使用小型吊车，但需采用自动脱钩装置，这时吊车起重量应大于锤重的1.5倍。为了实现小吊车大能级的强夯，许多部门还增设龙门架以支撑稳定吊臂，或以缆绳稳定吊臂。

(2) 夯锤。夯锤可采用铸钢(铸铁)锤、外包钢板的混凝土锤。铸钢锤可制作为组合式，以便调整锤重。夯锤排气孔不宜过小，若过小，夯锤入坑时会产生气垫，使其下落阻力增大，影响夯击效果，且容易堵孔，造成清孔难、起锤困难。

(3) 自动脱钩装置。当起重机将夯锤吊至设计高度时，要求夯锤自动脱钩，使夯锤自由下落夯击地基。自动脱钩装置有两种：一种是利用吊车副卷扬机的钢丝绳，吊起特制的锁卡焊合件，使锤自动脱钩下落；另一种是采用定高度自动脱锤锁。

强夯法施工现场

(4) 辅助机械。辅助机械包括推土机、碾压机等。

2. 主要操作方法

强夯法施工可按下列步骤进行。

(1) 清理并平整施工场地。

(2) 标出第一遍夯击点位置，并测量场地高程。

(3) 起重机就位，夯锤置于夯击点位置。

(4) 测量夯前锤顶高程。

(5) 将夯锤起吊到预定高度，开启脱钩装置，待夯锤脱钩自由下落后，放下吊钩，测量锤顶高程。若发现因坑底倾斜而造成夯锤歪斜时，应及时将坑底整平。

(6) 重复步骤(5)，按设计规定的夯击次数及控制标准，完成一个夯击点的夯击。

(7) 换夯击点，重复步骤(3)～(6)，完成第一遍全部夯击点的夯击。

(8) 用推土机将夯坑填平，并测量场地高程。

(9) 在规定的间隔时间后，按上述步骤逐次完成全部夯击遍数，最后用低能量满夯将场地表层松土夯实，并测量夯后场地高程。

2.3.2 强夯置换法施工

强夯置换法施工可按下列步骤进行。

(1) 清理并平整施工场地，当表土松软时可铺设一层厚度为 1.0～2.0m 的砂石施工层。

(2) 标出第一遍夯击点位置，并测量场地高程。

(3) 起重机就位，夯锤置于夯击点位置。

(4) 测量夯前锤顶高程。

(5) 夯击并逐击记录夯坑深度。当夯击过深而发生起锤困难时，应停夯向坑内填料直至与坑顶平齐，并记录填料数量，如此重复，直至满足规定的夯击次数及控制标准即完成一个墩体的夯击。当夯击点周围软土挤出影响施工时，可随时清理，并在夯击点周围铺垫碎石，继续施工。

(6) 按照“由内向外、隔行跳打”的原则完成全部夯击点的施工。

(7) 推平场地，用低能量满夯将场地表层松土夯实，并测量夯后场地高程。

(8) 铺设垫层，并分层碾压密实。

2.3.3 施工监测

施工过程中应有专人负责下列监测工作。

(1) 开夯前应检查夯锤质量和落距，以确保单次夯击能符合设计要求。

(2) 每一遍夯击前，应对夯击点放线进行复核，夯完后检查夯坑位置，发现偏差或漏夯应及时纠正。

(3) 按设计要求检查每个夯击点的夯击次数和每击的夯沉量。对强夯置换法施工，尚应检查置换深度。

2.3.4 施工建议

施工建议如下。

(1) 强夯施工前，应查明场地范围内的地下构筑物和地下管线的位置及标高等，采取必要的措施，以免因强夯施工而造成损坏。当强夯施工产生的振动对邻近建筑物或设备产生有害影响时，应采取防振或隔振措施。

(2) 对强夯法效果造成影响的关键因素是地下水位。若地基土的地下水位较低，强夯法就会取得较好的效果；若地基土的地下水位较高，则强夯法效果不佳。所以强夯法处理地基若在水位较高的地区进行，以直接换为强夯置换法或采取降水措施使地下水位不高于预期加固深度为宜。

(3) 强夯法是否适用的重点在于地基土的类型。砂性土、非饱和及粗粒的黄土、粉性土，能取得较为显著的加固效果；而饱和黏性土的加固效果则不佳，对于这类地基土，采取强夯置换法效果更显著。

深圳光明新区“12·20”滑坡灾害

(4) 强夯法加固处理黏性土特别是饱和黏性土地基，均需要合理的间隔时间。强夯后，高含水率的黏性土由于触变，结构遭到破坏，相关力学指标可能反而下降。因此对要求地基土强度迅速提高的情形，不宜采用强夯法。

(5) 在饱和软弱土地基上施工，应保证吊车的稳定，因此有一定厚度的砂砾石等粗粒料垫层是必要的，应根据需要设置粗粒料垫层，且粗粒料粒径不应大于 10cm，宜用粉细砂。

拓展讨论

2015 年 12 月 20 日，深圳市华南城一座建筑工地发生滑坡事故，导致 73 人死亡、4 人失踪，直接经济损失人民币 8.8 亿余元。这起事故暴露出中国在工程建设和监管方面存在哪些严重问题？针对建筑工程质量和安全，我们有哪些反思？以本事故为例如何理解党的二十大报告所提出的坚持安全第一、预防为主，建立大安全大应急框架？

任务 2.4 质 量 检 验

强夯处理后的地基竣工验收时，承载力检验应在施工结束后间隔一定时间方能进行：对于碎石土和砂土地基，其间隔时间可取 7～14d；对于粉土和黏性土地基，其间隔时间可取 14～28d；对于强夯置换地基，其间隔时间可取 28d。

强夯处理后的地基竣工验收时，承载力检验应采用原位测试和室内土工试验。强夯置换后的地基竣工验收时，承载力检验除应采用单墩载荷试验外，尚应采用超重型或重型圆锥动力触探等有效手段，查明强夯置换墩着底情况及承载力与密度随深度的变化；对饱和粉土地基，允许采用单墩复合地基载荷试验代替单墩载荷试验。

对简单场地上的一般建(构)筑物，每个建筑地基的载荷试验检验点不应少于 3 点；对复杂场地或重要建筑地基，应增加检验点数。强夯置换地基载荷试验检验和强夯置换墩着底情况检验数量均不应少于墩点数的 1%，且不应少于 3 点。

工程实例一

强夯法施工工程

1. 前湾港煤堆场轨道吹填砂土地基强夯法处理

该工程地质情况如下：自上而下第 1 层为含贝壳的松散黄色细砂，厚度为 1.5m；第 2 层为含贝壳的黄色粗砂，厚度为 2.5m；第 3 层为含少量小石子和贝壳的灰黄色粗砂，厚度为 3.0m；第 4 层为含有机质的黑色亚黏土，厚度为 2.6m；第 5 层为风化岩。

本例强夯法施工要素：夯锤重 160kN，落距 12～14m；铺设 300mm 山皮石和 500mm 片石垫层，并用 90kN 振动碾压机将垫层碾压四遍；夯击点布置以轨道轴线为中线，向两侧均匀布点，夯击点布置及每遍夯击顺序示意如图 2.10 所示；分三遍夯击，每夯击点分别夯 14 击、12 击和 10 击，以最后两夯下沉小于 100mm 为标准；最后以振动碾压机碾压四遍。

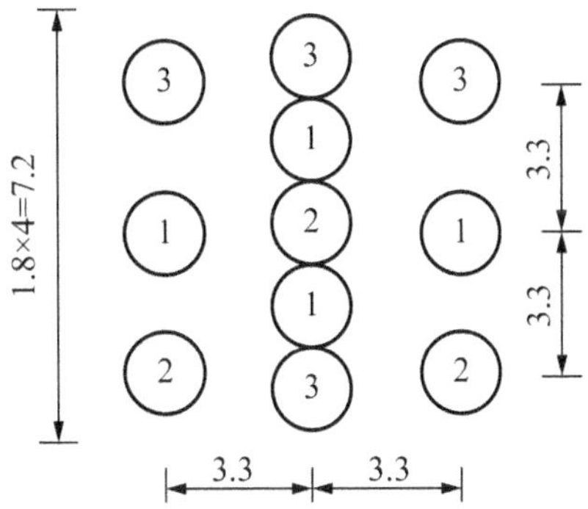

图 2.10　夯击点布置及每遍夯击顺序示意(单位：m)

加固效果检验：采用载荷试验，当 p = 560kPa 时，p-s 曲线未出现拐点，地基未破坏。夯击点上的地基变形模量 E_0 = 48.3MPa，夯击点间的 E_0 = 41.3MPa。分层沉降观测发现表面吹填砂层中的压缩量占总沉降量的 80%左右，下卧软弱土层的压缩量占总沉降量的 20%左右。标准贯入试验贯入击数夯后比夯前平均提高了 167%。

2. 河北藁城热电厂松砂地基强夯法处理

该工程地质情况如下：自上而下第 1 层为黄褐色的粉质黏土和粉土，夹有粉砂透镜体，层厚一般为 1.5～3.0m；第 2 层由灰褐色的粉细砂、中砂组成，夹有粉土透镜体，层厚一般为 4.4～7.4m；第 3 层为黄褐色至灰褐色的粉质黏土、粉土，夹粉细砂透镜体，层厚一般为 2～6m；第 4 层由灰褐色的粉细砂、中砂组成，层厚一般为 2～5m。地基承载力为 110～130kPa，在洪水期，6m 以上产生液化。

本例强夯法施工要素：夯锤直径 2.1m，高 1.2m，重 105kN，落距 10～12m；夯击点采用三角形布置，夯击点距离 5m；夯击点夯击次数由最后三夯沉降量控制在 30～50mm 确定；采用一遍连夯方法施工。

加固效果检验：采用标准贯入试验和静力触探试验。标准贯入锤击数，处理前为 7～12 击，处理后为 15～25 击，表明加固效果显著；静力触探试验 p_s 值处理后比处理前增加 23%～64%。加固深度达到 6m，消除了砂土地基液化，地基承载力提高到 170～190kPa。

工程实例二

强夯置换法施工工程

1. 广东番禺莲花山软黏土地基强夯置换法处理

该工程地质情况如下：自上而下共有四层土，第 1 层为耕植土填土层，其中耕植土厚度为 1m，呈灰黑色，饱和，软塑状；填土层为吹填细砂，厚度为 1.5～2.0m。第 2 层为灰黑色淤泥，饱和，软塑至流塑状，含有一定量的细砂、贝壳，含水率高达 60%～80%，厚 5～8m。第 3 层为砂土，上部 3m 为中砂，下部 8m 为中密状粗砂。第 4 层为坚实的亚黏土，直至红色砂岩。

本例强夯置换法施工要素：夯锤重 130kN，夯锤直径 2.1m，落距 15.5m，夯击点间距为 2.5m。一厂房柱基下夯击点布置及夯击顺序如图 2.11 所示，施工时按 1～9 号顺序进行夯实。第一遍控制落坑深度在 1.5～2.0m，此时一般夯 6 击，然后在夯坑内充填石渣，石渣最大的粒径小于 30cm；将夯坑填满后，进行第二遍夯击(夯 6 击)；在第二遍夯击后，夯坑深度约 1.5～2.0m，此时再充填石渣至与地面平齐，再进行第三遍夯击(夯 3 击)，此时夯坑深度接近 1m，再用石渣充填与地面平齐后，停止夯击。如此将 9 个点夯填完成后由振动碾进行 3 遍碾压，即完成强夯置换法加固施工。

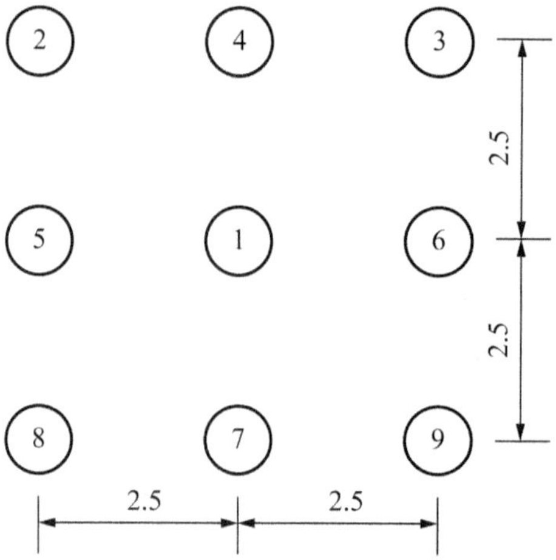

图 2.11　一厂房柱基下夯击点布置及夯击顺序(单位：m)

强夯置换法处理效果：处理前天然地基承载力为 40kPa，处理后复合地基承载力为 220kPa。

2. 秦皇岛港戊己码头堆场地基强夯置换法处理

秦皇岛港戊己码头堆场原位于浅海滩，后经人工吹填形成陆地，面积为 293500m^2，其中利用强夯置换方法处理的地基面积为 157200m^2。该场地地形起伏较大，地质情况较为复杂，分布着较大面积的淤泥，其地质情况如下：自上而下共有四层土，第 1 层为人工填土，厚 0.70～2.90m，中密；第 2 层为淤泥质粉质黏土，厚 3.20～6.10m，饱和，软塑；第 3 层为细砂，厚 3.60～4.80m，饱和，中密；第 4 层为中粗砂，厚 4.60～6.10m，饱和，中密。

为保证施工顺利进行，满足竣工后正常使用，必须对含有淤泥质粉质黏土的地基进行加固处理。通过多方案的比较论证，最终确定采用强夯置换法进行该项处理。强夯置换法的加固效果非常明显，强夯置换区域强度很高，硬壳厚度达 2.90～3.50m，处理后地基承载力达 150～160kPa，满足了地基承载力的设计要求。

能力训练

一、名词解释

强夯法；强夯置换法；最佳夯击能。

二、简答题

1. 强夯法适用于何种土类？强夯置换法适用于何种土类？
2. 强夯法设计包含哪些内容？
3. 强夯置换法设计包含哪些内容？
4. 采用强夯法施工后，对于不同的土质地基，为什么进行质量检测的间隔时间不同？

三、选择题

1. 强夯法不适用于(　　)地基土。

   A. 湿陷性黄土　　B. 杂填土　　C. 饱和软黏上　　D. 松散砂土

2. 利用 1000kN · m 能量强夯挤密砂土层，其有效加固深度为(　　)。

   A. 15m　　B. 10m　　C. 8m　　D. 5m

3. 强夯法处理地基时，其处理范围应大于建筑物基础范围，每边应超出基础外缘的宽度宜为设计处理深度的(　　)，并不宜小于 3m。

   A. 1/4～3/4　　B. 1/2～2/3　　C. 1/5～3/5　　D. 1/3～1.0

4. 当采用强夯法施工时，两遍夯击之间时间间隔的确定主要取决于(　　)。

   A. 土中有效应力的增长时间

   B. 夯击设备的起落时间

   C. 土压力的恢复时间

   D. 土中超静孔隙水压力的消散时间

四、计算题

某新建大型企业，经岩土工程勘察，地表为种植土，层厚 0.8m；第 2 层为粉砂，松散，层厚 6.5m；第 3 层为卵石，层厚 5.8m。地下水位埋深 2.00m。考虑用强夯法加固地基，试设计锤重与落距。

在线答题

情境3 排水固结法

学习目标

掌握排水固结法的加固范围及原理，掌握堆载预压法、砂井法、真空预压法、真空-堆载预压法的设计、施工和质量检验方法，能灵活运用各种排水固结法处理实际工程问题。

学习要求

知识要点	技能要点
(1) 排水固结法的加固范围 (2) 排水固结法的加固原理 (3) 堆载预压法、砂井法、真空预压法、真空-堆载预压法的区别	(1) 掌握堆载预压法、砂井法、真空预压法、真空-堆载预压法的设计方法 (2) 掌握堆载预压法、砂井法、真空预压法、真空-堆载预压法的施工和质量检验方法 (3) 能灵活运用各种排水固结法处理实际工程问题

引例

浙江炼油厂位于浙江省镇海县境内，整个厂区坐落在杭州湾南岸的海滩上，厂区内大小油罐 60 余个，其中 10000m^3 的油罐 10 个，罐体采用钢制焊接固定拱顶的结构。10000m^3 的油罐直径 $D = 31.28$m，采用钢筋混凝土环形基础，环形基础高度取决于油罐沉降大小和使用要求，本设计环形基础高 $h = 2.30$m，其中填砂。罐区地基土属第四系滨海相沉积的软黏土，土质十分软弱，而油罐基底压力达 191.4kN/m^2，所以油罐地基需采用砂井法充水预压处理。

而某海滩度假村一期工程加固区顺海堤向约 1450m，横向约 300～830m，总面积为 576200m^2，场地是近年新淤积的海滩。该场地自地表以下约 19～20m 为淤泥或淤泥质土层，含水率高(普遍大于 30%，最高达 85.2%)，压缩性大，抗剪强度低，天然地基承载力低，不能满足构筑物场地的设计要求，需进行真空预压法地基加固处理。

任务 3.1　排水固结法概述

3.1.1 排水固结法的概念

排水固结法是处理饱和软黏土地基的有效方法之一。对于天然地基，该法或是先在地基中设置砂井、塑料排水板等竖向排水体，然后利用建(构)筑物的自重分级逐渐加载，或是在建(构)筑物建造以前在场地先行加载预压，使土体中的孔隙水排出、逐渐固结，地基发生沉降，同时逐步提高地基强度。

排水固结法可解决以下两个问题。

(1) 沉降问题。该法加速地基的沉降，使地基的沉降在加载预压期间大部分或基本完成，使建(构)筑物在使用期间不致产生不利的沉降和沉降差。

(2) 稳定问题。该法加速地基土抗剪强度的增长，从而提高地基的承载力和稳定性。

排水固结法适用于处理淤泥质土、淤泥和冲填土等饱和软黏土地基。对沉降要求较高的建(构)筑物，如冷藏库、机场跑道等，常采用超载预压法处理地基。待预压期间的沉降达到设计要求后，再移去预压荷载建造建(构)筑物。对于主要应用排水固结法来加速地基土抗剪强度增长、缩短工期的工程，如路堤、土坝等，则可利用自重分级施加，使地基土强度不断提高以适应上部荷载的逐步增加，最后达到设计荷载。

排水固结法由排水系统和加压系统两部分共同组成。

(1) 排水系统由水平排水垫层和竖向排水体构成。竖向排水体可选用普通砂井、袋装

袋装砂井图

塑料排水板图

砂井或塑料排水板。设置排水系统的目的主要是改变地基原有的排水边界条件，增加孔隙水排出的途径，缩短排水距离。当软土层较薄或土的渗透性较好而施工期较长时，可仅在地面铺设一定厚度的砂垫层，然后加载，使土层中的水竖向流入砂垫层而排出。当工程上遇到深厚的、透水性很差的软黏土层时，可在地基中设置普通砂井、袋装砂井或塑料排水板等竖向排水体，地面连以排水砂垫层，构成排水系统。

(2) 加压系统即起固结作用的荷载，它使地基土的固结压力增加而产生固结。

工程上广泛使用且行之有效的增加固结压力的方法是堆载预压法，此外还有真空预压法、降低地下水位法、电渗法和联合法等。采用真空预压法、降低地下水位法、电渗法等不会像堆载预压法那样可能引起地基土的剪切破坏，所以较为安全，但操作技术比较复杂。

3.1.2 排水固结的原理

饱和软黏土地基在荷载作用下，孔隙中的水被慢慢排出，孔隙体积慢慢减小，地基发生固结变形，同时随着超静孔隙水压力的消散，有效应力逐渐提高，地基土的强度逐渐增加。现以图 3.1 为例加以说明。设土样的天然固结压力为σ_0'，孔隙比为e_0，在e-σ_c'曲线上其相应的点为A点；当压力增加$\Delta\sigma'$，固结终了时变为C点，孔隙比减小Δe，曲线ABC称为压缩曲线，与此同时抗剪强度与固结压力成比例地由A点提高到C点。所以土体在受固结压力时，一方面孔隙比会减小而产生压缩，另一方面抗剪强度也会得到提高。如从C点卸除压力$\Delta\sigma'$，则土样会发生膨胀，图中曲线CEF(e-σ_c'曲线)即为卸荷膨胀曲线，如从F点再加压$\Delta\sigma'$，土样将再次发生压缩，沿虚线变化到C'点，其相应的强度包线如图 3.1 所示。从再压缩曲线FGC(e-σ_c'曲线)可清楚地看出，固结压力同样从σ_0'增加$\Delta\sigma'$，而孔隙比减小值为$\Delta e'$，$\Delta e'$比Δe小得多。这说明如果在建筑物场地上先加一个和上部建筑物相同的压力进行预压，使土层固结(相当于压缩曲线上由A点变化到C点)，然后卸除荷载(相当于膨胀曲线上由C点变化到F点)，再建造建筑物(相当于再压缩曲线上由F点变化到C'点)，则建筑物所引起的沉降即可大大减小。如果预压荷载大于建筑物荷载，即所谓的超载预压，则效果更好。因为经过超载预压，当土层的固结压力大于使用荷载下的固结压力时，原来的正常固结黏土层将处于超固结状态，从而使土层在使用荷载作用下的变形大为减小。

土层的排水固结效果与它的排水边界条件有关。图 3.2(a)所示的排水边界条件，土层厚度相对荷载宽度来说比较小，这时土层中的孔隙水向上下面透水层排出而使土层发生固结，这种排水固结方式称为竖向排水固结。根据固结理论，黏性土固结所需的时间与排水距离的平方成正比，土层越厚，则固结延续的时间越长。为了加速土层的固结，最有效的方法是增加土层的排水途径，缩短排水距离。砂井、塑料排水板等竖向排水体就是为此目的而设置的，如图 3.2(b)所示。这时土层中的孔隙水一部分从水平向通过砂井排出，一部分从竖向排出。砂井缩短了排水距离，因而大大加速了地基的固结速度(或沉降速度)，这一点无论从理论上还是从工程实践中都得到了证实。

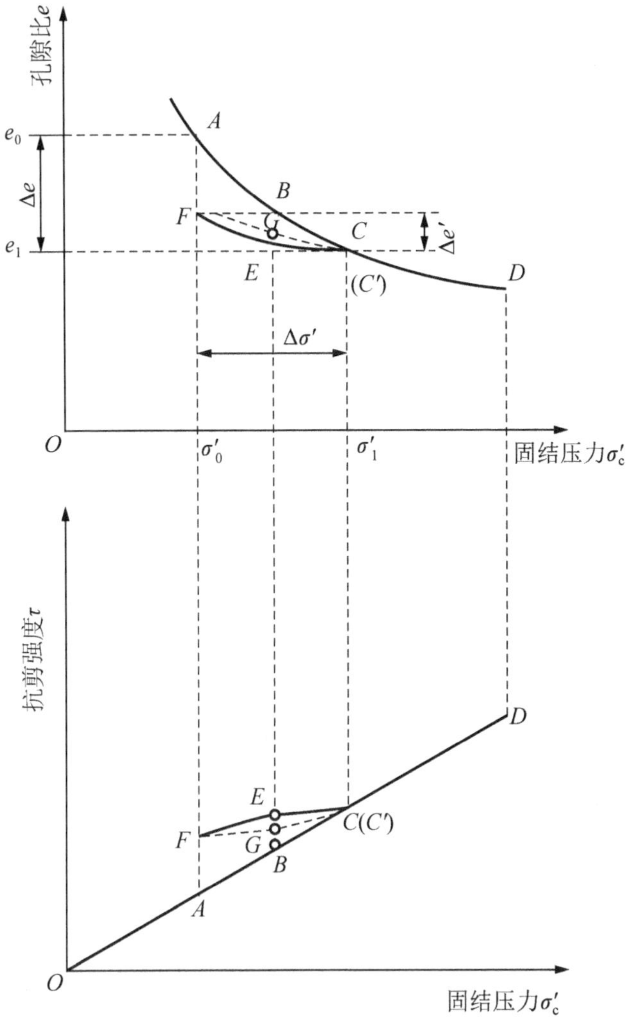

图 3.1　排水固结法增大地基土强度的原理

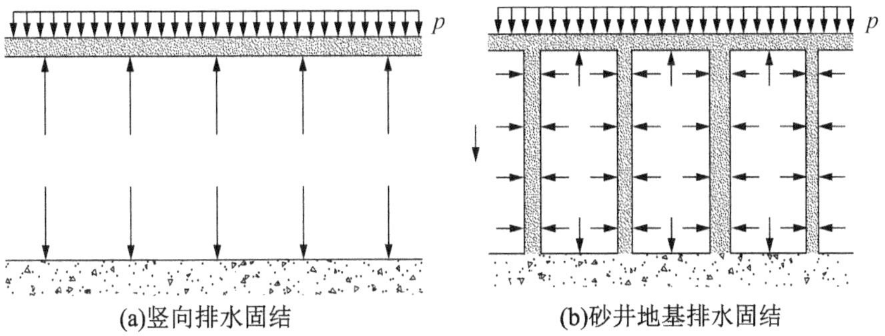

图 3.2　排水固结法的原理

排水固结法的设计，主要是根据上部结构荷载的大小、地基土的性质及工期要求确定竖向排水体的直径、间距、深度和排列方式，确定预压荷载的大小和预压时间，使通过预压后的地基能满足建(构)筑物对变形和稳定性的要求。

任务 3.2 堆载预压法设计

软黏土地基抗剪强度较低，无论是直接建造建(构)筑物还是进行堆载预压往往都不可能快速加载，而必须分级逐渐加载，直到地基强度增加到足以加下一级荷载时才可加下一级荷载。其具体计算步骤是首先用简便方法确定一个初步的加载计划，然后校核这一加载计划下地基的稳定性和沉降。

3.2.1 堆载预压法设计计算步骤

基本步骤如下。

(1) 利用地基的天然地基土抗剪强度计算容许施加的第一级荷载 p_1，一般可根据以下斯肯普顿极限荷载的半经验公式初步估算。

$$p_1=\frac{5c_u}{K}\left(1+0.2\frac{b}{l}\right)\left(1+0.2\frac{d}{b}\right)+\gamma_0 d \tag{3-1}$$

式中 b，l——分别为基础的宽度和高度(m)；

d——基础的埋深(m)；

γ_0——埋深范围内土的重度(kN/m^3)；

c_u——地基土的不排水抗剪强度(kPa)，取基础底面以下 0.7b 深度范围内的平均值；

K——安全系数，可取 1.1～1.5。

① 对饱和软黏土，p_1 可用下式估算。

$$p_1=\frac{5.14c_u}{K}+\gamma_0 d \tag{3-2a}$$

② 对长条形填土，p_1 可用下式估算。

$$p_1=\frac{5.52c_u}{K} \tag{3-2b}$$

(2) 计算第一级荷载作用下地基强度的增长值。在 p_1 作用下，经过一段时间预压，地基强度会提高，提高以后的地基强度为

$$c_{u1}=\eta(c_u+\Delta c_u') \tag{3-3}$$

$$\Delta c_u'=p_1U_tk \tag{3-4}$$

式中 η——考虑剪切蠕动及其他因素的强度折减系数，一般取 0.75～0.9；

$\Delta c_u'$ ——p_1 作用下地基因固结而增长的强度；

U_t ——地基中某点在某一时刻的固结度；

k ——有效内摩擦角 φ' 的函数，$k=\dfrac{\sin\varphi'\cos\varphi'}{1+\sin\varphi'}$。

(3) 计算 p_1 作用下达到所确定的固结度(一般取 70%)所需要的时间，目的在于确定第一级荷载停歇的时间，也即第二级荷载开始施加的时间。

(4) 根据第(2)步得到的地基强度 c_{u1} 计算第二级所能施加的荷载 p_2。 p_2 可近似地按下式估算。

$$p_2=\frac{5.52c_{u1}}{K} \tag{3-5}$$

求出在 p_2 作用下地基固结度达 70%时的强度及所需的时间，然后计算第三级所能施加的荷载；依次可计算出以后的各级荷载和停歇时间。

(5) 按以上步骤确定的加载计划进行每一级荷载下地基的稳定性验算。如稳定性不满足要求，则调整加载计划。

(6) 计算预压荷载下地基的最终沉降量和预压期间的沉降量。这一项计算的目的在于确定预压荷载卸除的时间。这时地基在预压荷载下完成的沉降量已达到设计要求，所残余的沉降量是建(构)筑物所允许的。

3.2.2 超载预压法

对沉降有严格限制的建(构)筑物，应采用超载预压法处理地基。经超载预压后，如受压土层各点的有效竖向应力大于建(构)筑物荷载引起的相应点的附加总应力，则今后在建(构)筑物荷载作用下地基土将不会再发生主固结变形，而且将减小次固结变形并推迟次固结变形的发生。

超载预压可缩短预压时间，如图 3.3 所示，在预压过程中，任一时刻地基的沉降量可表示为

$$s_t=s_d+\overline{U_t}s_c+s_s \tag{3-6}$$

式中 s_t ——t 时刻地基的沉降量(mm)；

s_d ——由于剪切变形而引起的瞬时沉降量(mm)；

$\overline{U_t}$ ——t 时刻地基的平均固结度；

s_c ——最终固结沉降量(mm)；

s_s ——次固结沉降量(mm)。

式(3-6)可用于：①确定所需的超载压力值 p_s，以保证使用(或永久)荷载 p_f 作用下预期的总沉降量在给定的时间内完成；②确定在给定超载的情况下达到预定沉降量所需的时间。

在永久填土或建(构)筑物荷载 p_f 作用下，地基的固结沉降量采用通常的方法计算。该方法要求将超载保持到在 p_f 作用下所有的点都完全固结为止，这时土层的大部分将处于

超固结状态。因此这是一个安全度较大的方法，它所预估的 p_s 值或超载时间都大于实际所需的值。

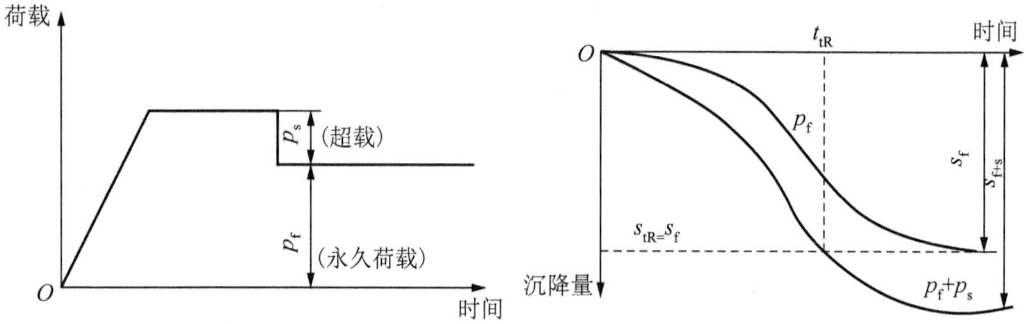

图 3.3　超载预压

t_{tR}—超载预压沉降量 s_{tR} 等于地基总固结沉降量 s_f 的时间；s_{f+s}—地基总超载预压沉降量

对于有机质黏土、泥炭土等，次固结沉降量在总沉降量中占有相当的比例，采用超载预压法对减小永久荷载下的次固结沉降量有一定的效果，计算原则是把 p_f 作用下的总沉降量看作主固结沉降量和次固结沉降量之和。

【例 3-1】某工程地处沿海，地表以下 16m 为饱和软土层，其下卧层为透水性良好的砂砾石层。该工程采用堆载预压法加固地基，为加快排水固结，在软土层中打设竖向排水砂井至砂砾石层，砂井直径 d_w = 350mm，砂井间距 l = 2.5m，呈等边三角形布置。相关勘察资料如下：竖向固结系数 $C_v = 4.8\text{m}^2/$年，水平向固结系数 $C_h = 9.15\text{m}^2/$年，不排水抗剪强度 $c_u = 7\,\text{kPa}$，三轴有效应力强度指标为 $c' = 0$，$\varphi' = 16.5°$。工程设计荷载为 110kPa，工期为 180d，堆载加荷速度要求不超过 8kPa/d。试拟订一个初步加荷堆载预压计划。

【解】拟订初步加荷堆载预压计划如下。

(1) 求出天然地基可承受的荷载。取 $K = 1.2$，按式(3-2b)估算可施加的第一级荷载 p_1 可得

$$p_1 = \frac{5.52c_u}{K} = \frac{5.52\times 7}{1.2} = 32.2(\text{kPa})$$

(2) 求出在荷载 p_1 作用下，地基固结度达到 70%时的地基强度值。

$$c_{u1} = \eta(c_u + \Delta c_u')$$

$$\Delta c_u' = p_1 U_t k$$

$$k = \frac{\sin\varphi'\cos\varphi'}{1+\sin\varphi'} = 0.212$$

取 $U_t = 70\%$，$\eta = 0.9$，则可得

$$c_{u1} = 0.9\times(7 + 32.2\times 70\%\times 0.212)$$

$$\approx 10.6(\text{kPa})$$

(3) 计算可施加的第二级荷载 p_2。

$$p_2 = \frac{5.52c_{u1}}{K} = \frac{5.52\times 10.6}{1.2} \approx 48.8(\text{kPa})$$

(4) 求出在荷载 p_2 作用下，地基固结度达到 70%时的地基强度值。

$$c_{u2} = \eta(c_{u1} + \Delta c_u{}')$$

$$\Delta c_u{}' = p_2 U_t k$$

$$k = \frac{\sin\varphi' \cos\varphi'}{1 + \sin\varphi'} = 0.212$$

取 $U_t = 70\%$，$\eta = 0.9$，则可得

$$\begin{aligned} c_{u2} &= 0.9 \times (10.6 + 48.8 \times 70\% \times 0.212) \\ &\approx 16.1(\text{kPa}) \end{aligned}$$

(5) 计算可施加的第三级荷载 p_3。

$$p_3 = \frac{5.52 c_{u2}}{K} = \frac{5.52 \times 16.1}{1.2} \approx 74.1(\text{kPa})$$

同上方法可算得 $p_4 = 112.2\,\text{kPa}$，与工程设计荷载 110kPa 比较可满足要求。

按以上加荷预压计划进行每一级荷载下的地基稳定性计算。如果地基稳定性不满足要求，则需调整加荷预压计划。(略)

任务 3.3　砂井法设计

砂井法主要适用于没有较大集中荷载的大面积荷重或堆土荷重工程，如水库土坝、油罐、仓库、铁路路堤、储矿场及港口的水工建(构)筑物等工程。

3.3.1 砂井设计

砂井包括普通砂井和袋装砂井，砂井的设计包括砂井直径、间距、深度、排列方式、布置范围，砂料选择和砂垫层厚度选取等。

1. 砂井直径和间距

砂井直径和间距主要取决于土的固结特性和施工期限的要求，但“细而密”比“粗而稀”效果好。普通砂井直径一般为 300～500mm，袋装砂井直径为 70～120mm。

工程上常用的普通砂井的井距一般为砂井直径的 6～8 倍，袋装砂井间距一般为砂井直径的 15～30 倍。设计时，可按井径比 n($n = d_e / d_w$，其中 d_e 为每个砂井的有效影响范围的直径，d_w 为砂井直径)先假定井距，如普通砂井的井距可取 $n = 6$～8，袋装砂井的井距可取 $n = 15$～22，再计算地基固结度。若不能满足要求，可缩小井距或延长工期。

2. 砂井深度

砂井深度主要根据土层的分布、地基中附加应力的大小、施工期限和条件及地基稳定性等因素确定，一般为 10～25m，并遵循下述要求。

(1) 当软土层不厚、底部有透水层时，砂井应尽可能穿透软土层。

(2) 当深厚的压缩土层间有砂层或砂透镜体时，砂井应尽可能打至砂层或砂透镜体，而采用真空预压法时应尽可能避免砂井与砂层相连，以免影响真空效果。

(3) 对于无砂层的深厚地基，可根据其稳定性及建(构)筑物在地基中造成的附加应力与自重应力之比(一般为 0.1～0.2)来确定该值。

(4) 若砂层中存在承压水，由于承压水的长期作用，黏性土中存在着超静孔隙水压力，这对黏性土的固结和强度增长都是不利的，所以宜将砂井打到砂层，利用砂井加速承压水的消散。

(5) 按稳定性控制的工程，如路堤、土坝、岸坡、堆料等，砂井深度应通过稳定分析确定，应大于最危险滑动面的深度。

(6) 按沉降量控制的工程，砂井深度可由压载后的沉降量满足上部建(构)筑物容许的沉降量来确定。

3. 砂井排列方式

图 3.4 所示为砂井平面布置的正方形排列和等边三角形排列两种形式，其中以等边三角形排列较为紧凑和有效。当砂井为正方形排列时，砂井的有效排水范围为正方形；当砂井为等边三角形排列时，砂井的有效排水范围为正六边形，可认为在该有效范围内的水是通过位于其中的砂井排出的。在实际进行固结计算时，由于多边形作为边界条件求解困难，巴隆建议每个砂井的影响范围由多边形改为由面积与多边形面积相等的圆来求解，等效圆的直径 d_e 与砂井间距 l 的关系如下。

正方形排列时公式为

$$d_e = 1.13l \tag{3-7}$$

等边三角形排列时公式为

$$d_e = 1.05l \tag{3-8}$$

式中 d_e——砂井的有效直径(m)；

l——砂井间距(m)。

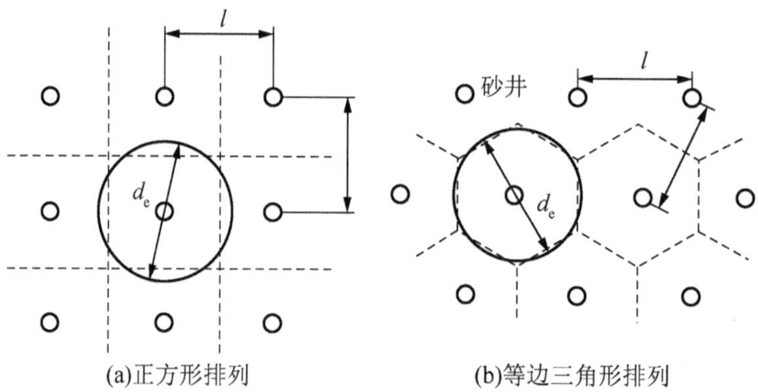

图 3.4 砂井平面布置

4. 砂井布置范围

砂井的布置范围一般可由基础的轮廓线向外延伸约 2～4m。

5. **砂料选择**

砂料宜选用中粗砂，其含泥量不能超过 3%。

6. **砂垫层厚度选取**

砂井顶部铺设砂垫层，可使砂井有良好的排水通道，能将水排到工程场地以外。砂垫层厚度一般取 0.5m 左右。

3.3.2 沉降量计算

地基土的总沉降量，一般包括瞬时沉降量、固结沉降量和次固结沉降量三部分。瞬时沉降量是在荷载作用下由土的畸变引起、并在荷载作用下立即发生的；固结沉降量是由孔隙水的排出而引起土体积减小所造成的，占总沉降量的主要部分；次固结沉降量是由于超静孔隙水压力消散后，在恒值有效应力作用下土骨架的徐变所致。

次固结沉降量的大小和土的性质有关。泥炭土、有机质土或高塑性黏土的次固结沉降量在总沉降量中占很可观的部分，而其他土所占比例则不大。在建(构)筑物使用年限内，如果次固结沉降量经判断可以忽略的话，则最终总沉降量可认为是瞬时沉降量与固结沉降量之和。软黏土的瞬时沉降量 s_d 一般按弹性理论公式计算；固结沉降量 s_c 目前工程上通常采用单向压缩分层总和法计算，然而只有当荷载面积的宽度或直径大于可压缩土层或当可压缩土层位于两层较坚硬的土层之间时，单向压缩才可能发生，否则应对沉降量计算值进行修正，以考虑三向压缩的效应。

1. **单向压缩固结沉降量 s_c 的计算**

首先应用一般单向压缩分层总和法将地基分成若干薄层，其中第 i 层土的压缩量为

$$\Delta s_i = \frac{e_{0i} - e_{1i}}{1 + e_{0i}} h_i \tag{3-9}$$

则总压缩量为

$$s = \sum_{i=1}^{n} \Delta s_i \tag{3-10}$$

式中 e_{0i}——第 i 层土中点土自重应力所对应的孔隙比；

e_{1i}——第 i 层土中点土自重应力与附加应力之和所对应的孔隙比；

h_i——第 i 层土的厚度。

e_{0i} 和 e_{1i} 可从室内固结试验得到的 e-σ_c' 曲线上查得。

2. **瞬时沉降量 s_d 的计算**

软黏土地基由侧向变形引起的瞬时沉降量占总沉降量的比例较大，特别是在荷载比较大、加荷速度比较快的情况下，因为这时地基中产生了局部塑性区。

s_d 这一部分沉降量目前采用弹性理论公式计算，当软黏土地基厚度较大，作用于其上的圆形或矩形面积上的压力为均布荷载时，s_d 可按下式计算。

$$s_d = C_d p b \left(\frac{1 - \mu^2}{E} \right) \tag{3-11}$$

式中 p——均布荷载；

b——荷载面积的直径或宽度；

C_d——考虑荷载面积形状和沉降量计算点位置的系数，见表 3-1；

E，*μ*——土的弹性模量和泊松比。

表 3-1　半无限弹性表面各种均布荷载面积上各点的 C_d 值

形状		中心点	角点或边点	短边中心	长边中心	平均
圆形		1.00	0.64	0.64	0.64	0.35
圆形(刚性)		0.79	0.79	0.79	0.79	0.79
方形		1.12	0.56	0.76	0.76	0.95
方形(刚性)		0.99	0.99	0.99	0.99	0.99
矩形长宽比	1.5	1.36	0.67	0.89	0.97	1.15
	2	1.52	0.76	0.98	1.12	1.30
	3	1.78	0.88	1.11	1.35	1.52
	5	2.10	1.05	1.27	1.68	1.83
	10	2.53	1.26	1.49	2.12	2.25
	100	4.00	2.00	2.20	3.60	3.70
	1000	5.47	2.57	2.94	5.03	5.15
	10000	6.90	3.50	3.70	6.50	6.60

任务 3.4　真空预压法设计

真空预压法图

真空预压法是先在需加固的软黏土地基表面铺设一层透水砂垫层，再在其上覆盖一层不透气的塑料薄膜或橡胶布，四周密封好，与大气隔绝，在砂垫层内埋设渗水管道，然后与真空泵连通并进行抽气，使透水材料保持较高的真空度，在土的孔隙水中产生负的孔隙水压力，使土中孔隙水和空气逐渐被吸出，从而使土体固结。

真空预压法适用于饱和均质黏性土及含薄层砂夹层的黏性土，特别适用于新吹填土、超软地基的加固，但不适用于在加固范围内有足够水源补给的透水土层，以及无法堆载的倾斜地面和施工场地狭窄等情况。

真空预压法在抽气后薄膜内气压逐渐下降，使薄膜内外形成一个压差(称为真空度)，由于土体与砂垫层和塑料排水板间的压差而发生渗流，使孔隙水沿着砂井或塑料排水板上升而流入砂垫层内，被排出塑料薄膜外；地下水在上升的同时，形成塑料排水板附近的真空负压，使土体内的孔隙水压力形成压差，促使土中的孔隙水压力不断下降，地基有效应力不断增加，从而使土体固结，直至加固区土体与排水体中的压差趋于零时渗流停止，土体固结完成。所以真空预压的过程是在总应力不变的条件下，孔隙水压力降低、有效应力增加的过程，实质上是利用大气压差作为预压荷载，使土体逐渐排水固结的过程。

真空预压法加固软土地基同堆载预压法一样，完全符合有效应力原理，只不过属于负压边界条件的固结过程，因此只要边界条件与初始条件符合实际，利用各种固结理论(如太沙基固结理论、比奥固结理论等)和计算方法都可求解。

真空预压法的设计内容，主要包括密封膜内的真空度、加固区内要求达到的平均固结度、竖向排水体、沉降量计算等。

1. 密封膜内的真空度

真空预压效果和密封膜内所能达到的真空度大小关系极大。密封膜内的真空度一般可维持在 650mmHg 以上，相当于 86.7kPa 的真空压力，且应均匀分布。

2. 加固区内要求达到的平均固结度

该平均固结度一般应大于 90%，如工期许可，也可采用更大一些的固结度作为设计要求。

3. 竖向排水体

竖向排水体一般采用袋装砂井或塑料排水板。采用真空预压法处理地基时，必须设置竖向排水体，因为袋装砂井或塑料排水板能将真空度从砂垫层中传至土体，并将土体中的水抽至砂垫层然后排出，若不设置袋装砂井或塑料排水板，就起不到上述作用，也达不到加固的目的。竖向排水体的规格、排列方式、间距和深度的确定见 3.3 节。

抽真空的时间与土质条件和竖向排水体的间距密切相关。要达到相同的固结度，竖向排水体的间距越小，所需的时间越短。袋装砂井间距与所需时间的关系见表 3-2。

表 3-2　袋装砂井间距与所需时间的关系

袋装砂井间距/m	固结度/%	所需时间/d
1.3	90	60～70
1.5	90	85～100
1.8	90	120～130

4. 沉降量计算

首先计算加固前在建筑物自重作用下天然地基的沉降量，然后计算真空预压期间所完成的沉降量，两者之差即为预压后在建筑物使用荷载作用下可能发生的沉降量。预压期间的沉降量，可根据设计要求达到的固结度推算加固区所增加的平均有效应力，从 $e-\sigma_c'$ 曲线上查出相应的孔隙比来进行计算。

对于承载力要求高、沉降限制严的建筑，可采用真空-堆载预压法。工程实践表明，真空预压法和堆载预压法的效果是可以叠加的，但真空预压法和堆载预压法必须同时作用。

真空预压的面积不得小于基础外缘所包围的面积，一般真空预压的边缘应至少比建筑基础外缘超出 3m；另外，每块真空预压的面积应尽可能大，根据加固要求彼此间可搭接或有一定间距。加固面积越大，加固面积与周边长度之比也越大，气密性就越好，真空度也就越高。真空度与加固面积的关系见表 3-3。

表 3-3　真空度与加固面积的关系

加固面积 F/m²	264	900	1250	2500	3000	4000	10000	20000
周边长度 S/m	70	120	143	205	230	260	500	900
F/S	3.77	7.5	8.74	12.2	13.04	15.38	20	22.2
真空度/(mmHg/kPa)	515/68.6	530/70.6	600/80	610/81	630/84	650/87	680/91	730/97

真空预压法的关键在于要有良好的气密性，使预压区与大气层隔绝。当在加固区发现有透气层和透水层时，一般可在塑料薄膜周边采用另加水泥土搅拌桩的壁式密封措施。

任务 3.5　堆载预压法施工

要保证堆载预压法的加固效果，从施工角度考虑，主要应重视以下三个环节，即铺设水平排水垫层、设置竖向排水体和施加固结压力。

3.5.1　铺设水平排水垫层

水平排水垫层的作用是使得在预压过程中从土体进入垫层的渗流水迅速排出，使土层的固结能正常进行，防止土颗粒堵塞排水系统。因而垫层的质量直接关系到加固效果和预压时间的长短。

1. 垫层材料

垫层材料应采用透水性好的砂料，其渗透系数一般不低于 1×10^{-2}cm/s，同时能起到一定的反滤作用。通常采用级配良好的中、粗砂，黏粒含量不宜大于 3%。一般不宜采用粉细砂。也可采用连通砂井的砂沟来代替整片砂垫层。排水盲沟的材料一般采用粒径为 3～5cm 的碎石或砾石，且应满足下式。

$$\frac{d_{15}(\text{盲沟})}{d_{85}(\text{排水层})} < 4\sim5 < \frac{d_{15}(\text{盲沟})}{d_{15}(\text{排水层})} \tag{3-12}$$

式中　d_{15}——小于某粒径的含量占总重 15%的粒径；

d_{85}——小于某粒径的含量占总重 85%的粒径。

2. 垫层尺寸

(1) 一般情况下，陆上排水垫层厚度为 0.5m 左右，水下垫层为 1.0m 左右。对新吹填不久或无硬壳层的软黏土及在水下施工的特殊条件下，应采用厚的排水垫层或混合料排水垫层。

(2) 当排水层兼作持力层时，还应满足承载力的有关要求。对于天然地面承载力较低而不能满足正常施工的地基，可适当加大砂垫层的厚度。

(3) 排水砂垫层宽度应等于铺设场地宽度，当砂料不足时，可用砂沟代替砂垫层。

(4) 砂沟的宽度为 2～3 倍砂井直径，一般深度为 40～60cm。

(5) 盲沟的尺寸与其布置形式和数量有关，设计时可采用以下达西定律。

$$q = \frac{kAi}{5} \tag{3-13}$$

式中 q——盲沟单位时间的排水量(cm^3/s)，对于饱和土，等于其负担面积单位时间土体的压缩体积；

i——水力坡降，一般为 0.01～0.05；

k——材料渗透系数，取 2.5cm/s；

A——断面面积(cm^2)。

3. 垫层施工

排水砂垫层目前有以下四种施工方法。

(1) 当地基表层有一定厚度的硬壳层，且其承载力较高，能承载一般运输机械时，一般采用机械分堆摊铺法，即先堆成若干砂堆，然后采用机械或人工摊平。

(2) 当硬壳层承载力不足时，一般采用顺序推进摊铺法。

(3) 当软土地基(如新沉积或新吹填不久的超软地基)表面很软时，首先要改善地基表面的持力条件，使其能承载施工人员或轻型运输工具。

(4) 尽管对超软地基表面采取了加强措施，但承载能力仍然很差，连一般轻型机械也上不去时，通常要采用人工或通过轻便机械顺序推进铺设。

不论采用何种施工方法，都应避免对软土表层的过大扰动，以免砂和淤泥混合，影响垫层的排水效果。另外，在铺设砂垫层前，应将砂井顶面的淤泥和其他杂物清除干净，以利于砂井排水。

水平排水垫层的施工与铺设方法见表 3-4。

表 3-4 水平排水垫层的施工与铺设方法

施工要求	砂垫层铺设方法	
	按砂源供应情况采用	按场地情况采用
① 垫层平面尺寸和厚度符合设计要求，厚度误差为±h/10(h 为垫层设计厚度)，每 100m^2 挖坑检验； ② 与竖向排水通道连接好，不允许杂物堵塞或隔断连接处； ③ 不得扰动天然地基土； ④ 不得将泥土或其他杂物混入垫层； ⑤ 真空预压垫层，其面层 4cm 厚度范围内不得有带棱角的硬物	① 一次铺设：砂源丰富时，可一次铺设砂垫层至设计厚度。 ② 分层铺设：砂源供应不足时，可分层铺设，每次铺设厚度为设计厚度的 1/2，铺完第一层后，进行垂直排水通道施工，然后再铺第二层	① 机械施工法：地基能承受施工机械运行时，可机械铺砂。 ② 人工铺设法：地基较软不能承受机械碾压时，可用人力车或轻型传送带由外向里(或由一边向另一边)铺设；当地基很软，施工人员无法上去施工时，可采用铺设荆笆或其他透水性好的编织物的方法

3.5.2 设置竖向排水体

竖向排水体在工程中的应用，有普通砂井、袋装砂井及塑料排水板。

1. 普通砂井施工

普通砂井施工要求：保持砂井连续和密实，并且不出现缩颈现象；尽量减少对周围土体的扰动；砂井的长度、直径和间距应满足设计要求。

普通砂井施工一般先在地基中成孔，再在孔内灌砂形成砂井。普通砂井成孔和灌砂方法见表 3-5，选择时应尽量选用对周围土体扰动小且施工效率高的方法。

表 3-5　普通砂井成孔和灌砂方法

<table>
<tr><th>类型</th><th colspan="2">成孔方法</th><th colspan="2">灌砂方法</th></tr>
<tr><td rowspan="5">使用套管</td><td rowspan="3">管端封闭</td><td>冲击打入</td><td rowspan="2">用压缩空气</td><td>静力提拔套管</td></tr>
<tr><td>振动打入</td><td>振动提拔套管</td></tr>
<tr><td>静力打入</td><td>用饱和砂</td><td>静力提拔套管</td></tr>
<tr><td rowspan="2">管端敞口</td><td>射水排土</td><td rowspan="2">浸水自然下沉</td><td rowspan="2">静力提拔套管</td></tr>
<tr><td>螺旋钻排土</td></tr>
<tr><td rowspan="2">不使用套管</td><td>旋转、射水</td><td colspan="3" rowspan="2">用饱和砂</td></tr>
<tr><td>冲击、射水</td></tr>
</table>

普通砂井成孔的典型方法有套管法、射水法、螺旋钻成孔法和爆破法。

(1) 套管法：是将带活瓣管尖或套有混凝土端靴的套管沉到预定深度，然后在管内灌砂、拔出套管形成砂井。根据沉管工艺不同，套管法又分为静压沉管法、锤击沉管法、锤击静压联合沉管法和振动沉管法，其中振动沉管法目前最为常用。

(2) 射水法：是指利用射水管射出的高速水流的冲击和环刀的机械切削作用使土体破坏，形成一定直径和深度的砂井孔，然后灌砂形成砂井。射水法成井的设备比较简单，对土的扰动较小，但在泥浆排放、塌孔、缩颈、串孔、灌砂等方面都还存在一定的问题。

(3) 螺旋钻成孔法：此法以动力螺旋钻钻孔，属于干钻法施工，提钻后孔内灌砂成型，适用于陆上砂井长度在 10m 以内、土质较好且不会出现缩颈、塌孔现象的软弱地基。此法所用设备简单而机动，成孔比较规整，但灌砂质量较难掌握，对很软弱的地基也不太适用。

(4) 爆破法：是先用直径 73mm 的螺旋钻钻成一个达到砂井设计深度的孔，在孔中放置由引爆线和炸药组成的条形药包，爆破后将孔扩大，然后往孔内灌砂形成砂井。这种方法施工简易，不需要复杂的机具，适用于深度为 6～7m 的浅砂井。

以上各种成孔方法，必须保证普通砂井的施工质量，以防产生缩颈、断颈或错位现象。

普通砂井的灌砂量，应按砂在中密状态时的干密度和井管外径所形成的体积计算，实际灌砂量按质量控制要求，不得小于计算值的 95%。

为了避免普通砂井出现缩颈、断颈或错位现象，可用灌砂的密实度来控制灌砂量。灌砂时可适当灌水，以利密实。

普通砂井的位置偏差不应大于井径，垂直度偏差不应大于 1.5%，深度不得小于设计要求。

普通砂井常用的成孔方法的缺点是：套管法在打设套管时必将扰动其周围土体，使透水性减弱(即涂抹作用)；射水法对含水率高的软土地基施工质量难以保证，砂井中容易混入较多的泥沙；螺旋钻成孔法在含水率高的软土地基中也难做到孔壁直立，施工过程中需要排除废土，而处理废土需要人力、场地和时间，因此它的适用范围也受到一定的限制；爆破法对周围环境有一定影响。应当注意，对于含水率很高的软土，应用普通砂井容易产生缩颈、断颈和错位现象。普通砂井即使在施工时能形成完整的砂井，但当地面荷载较大时，软土层将产生侧向变形，也有可能使砂井错位。

袋装砂井施工

2. 袋装砂井施工

袋装砂井是用具有一定伸缩性和抗拉强度很高的聚丙烯或聚乙烯编织袋装满砂子形成砂井。它基本上解决了大直径砂井中所存在的问题，使砂井的设计和施工更加科学化，保证了砂井的连续性，实现了施工设备的轻型化，比较适合于在软弱地基上施工；同时使用砂量大为减少、施工速度加快、工程造价降低，是一种比较理想的竖向排水体。

(1) 施工方法和机具。袋装砂井成孔的方法，有锤击打入法、水冲法、静力压入法、钻孔法和振动贯入法。中交第二航务工程勘察设计院有限公司研制的 EH · Z-8 型袋装砂井打设机，一次能打设两根砂井，该机的主要技术性能列于表 3-6 中。

表 3-6 EH · Z-8 型袋装砂井打设机的主要技术性能

项目	性能
起重机型号	W501
直接接地压力/kPa	94
间接接地压力/Pa	30
振动锤激振力/kN	86
激振频率/$(r \cdot min^{-1})$	960
外形尺寸(长/cm × 宽/cm × 高/cm)	640 × 285 × 1850
每次打设根数/根	2
最大打设深度/m	12.0
打设砂井间距/cm	120，140，160，180，200
成孔直径/cm	12.5
置入砂袋直径/cm	7.0
施工效率/(根 · 台班$^{-1}$)	66～80
适用土质	淤泥、粉质黏土、黏土、砂土、回填土

(2) 砂袋材料的选择。砂袋必须选用抗拉力强、抗腐蚀和抗紫外线能力强、透水性好、柔韧性好、透气并且在水中能起滤网作用和不外露砂料的材料制作。国内采用过的砂袋材料有麻布袋和聚丙烯编织袋，其力学性能见表 3-7。

表 3-7 砂袋材料力学性能表

材料名称	拉伸试验		弯曲 180° 试验			渗透性/$(cm \cdot s^{-1})$
	抗拉强度/MPa	伸长率/%	弯心直径/cm	伸长率/%	破坏情况	
麻布袋	1.92	5.5	7.5	4	完整	—
聚丙烯编织袋	1.70	25	7.5	23	完整	> 0.01

袋装砂井安装

(3) 施工要求。灌入砂袋的砂宜用干砂，并应灌制密实。砂袋长度应较砂井井孔长 50cm，使其放入井孔内后能露出地面，以便埋入排水砂垫层中。袋装砂井施工时，所用钢管的内径宜略大于砂井直径，不宜过大，以减小施工过程中对地基土的扰动；另外，拔管后砂袋露出地面的长度不宜超过 0.50m。

3. 塑料排水板施工

塑料排水板根据结构形式，可分为多孔质单一结构型和复合结构型两种。

塑料排水板施工

(1) 插板机械。塑料排水板的施工质量在很大程度上取决于施工机械的性能，施工机械的性能有时会成为制约施工的重要因素。由于插板机大多在软弱地基上施工，因此要求行走装置具有机械移位迅速、对位准确、整机稳定性好、施工安全、对地基土扰动小、接地压力小等性能。按机型分，插板机有轨道式、滚动式、履带浮箱式、履带式和步履式等多种。

(2) 塑料排水板导管靴与桩尖。一般打设塑料排水板的导管靴有圆形和矩形两种。导管靴断面不同，所用桩尖也各异，并且一般都与导管分离。桩尖的主要作用是在打设塑料排水板过程中防止淤泥进入导管内，并且对塑料排水板起锚固作用，防止提管时将塑料排水板提出。

(3) 塑料排水板的施工工艺。塑料排水板的打设顺序为：定位→将塑料排水板通过导管从管靴穿出→将塑料排水板与桩尖连接贴紧管靴并对准桩位→插入塑料排水板→拔管剪断塑料排水板等。

在施工中应注意以下几点。

① 塑料排水板滤水膜在转盘和打设过程中应避免损坏，防止淤泥进入板芯堵塞输水孔，影响塑料排水板的排水效果。

② 塑料排水板与桩尖连接要牢固，避免提管时脱开而将塑料排水板拔出。

③ 桩尖平端与导管靴配合要适当，避免错缝，防止淤泥在打设过程中进入导管，增大导管与塑料排水板之间的阻力，甚至将塑料排水板拔出。

④ 严格控制间距和深度，如塑料排水板拔起 2m 以上者应补打。

⑤ 塑料排水板需接长时，为减小塑料排水板与导管之间的阻力，应采用滤水膜内平搭接的连接方法，且为保证输水畅通并有足够的搭接强度，搭接长度需在 200mm 以上。

3.5.3 施加固结压力

1. 利用建(构)筑物自重加压

利用建(构)筑物自重对地基加压是一种经济有效的方法。此法一般应用于以地基的稳定性为控制条件，能适应较大变形的建(构)筑物，如路堤、土坝、储矿场、油罐、水池等。特别是对油罐或水池等构筑物，先进行充水加压，一方面可检验罐壁本身有无渗漏现象，另一方面利用分级充水预压，可使地基土强度得以提高，以满足稳定性要求。对路堤、土坝等构筑物，由于填土高、荷载大，地基的强度不能满足快速填筑的要求，故工程上都采用严格控制加荷速度、逐层填筑的方法，以确保地基的稳定性。

利用建(构)筑物自重预压处理地基，应考虑给建(构)筑物预留沉降高度，以保证建(构)筑物预压后其标高满足设计要求。

在处理油罐等容器地基时，应保证地基沉降的均匀度，保证罐基中心和四周的沉降差控制在设计许可的范围内；否则应分析原因，在沉降时采取纠偏措施。

2. 堆载预压

堆载预压的材料一般以散料为主，如石料、砂、砖等。大面积施工时通常采用自卸汽车与推土机联合作业，对超软地基的堆载预压，第一级荷载宜用轻型机械作业或人工作业。

施工时应注意以下几点。

(1) 堆载面积要足够大。堆载的顶面积不应小于建(构)筑物的底面积。堆载的底面积也应适当扩大，以保证建(构)筑物范围内的地基得到均匀加固。

(2) 堆载要求严格控制加荷速度，以保证在各级荷载下地基的稳定性，且要避免部分堆载过高而引起地基的局部破坏。

(3) 对超软地基，荷载的大小、施工工艺更要精心设计，以避免对土体的扰动和破坏。

任务 3.6 真空预压法施工

3.6.1 加固区划分

加固区划分是真空预压法施工的重要环节，理论计算结果和实际加固效果均表明，每块真空预压加固场地的面积宜大不宜小。目前国内单块真空预压面积已达 30000m^2。但如果受施工能力或场地条件限制，需要把场地划分成几个加固区域分期加固，则划分区域时要考虑以下几个因素。

(1) 按建(构)筑物分布情况，应确保每个建(构)筑物位于一块加固区之内，建筑边线到加固区有效边线的距离根据地基加固厚度可取 2～4m 或更大些。应避免两块加固区的分界线横过建(构)筑物，否则将会由于两块加固区分界区域的加固效果差异而导致建(构)筑物发生不均匀沉降。

(2) 应考虑竖向排水体打设的能力、加工大面积密封膜的能力、大面积铺膜的能力和经验，以及射流真空装置和滤管的数量等方面的综合指数。

(3) 应以满足建筑工期要求为依据，一般加固面积以 6000～10000m^2 为宜。

(4) 在风力很大的地区施工时，应在可能情况下适当减小加固区面积。

(5) 加固区之间的距离应尽量减小或者共用一条封闭沟。

3.6.2 抽真空工艺设备

(1) 抽真空装置。目前国内大多采用射流真空装置，一般由射流箱和离心泵组成，如图 3.5 所示。抽真空装置的布置视加固面积和射流真空装置的能力而定，一套高质量的抽真空装置在施工初期可负担 1000～1200m^2 的加固面积，后期可负担 1500～2000m^2 的加固面积。抽真空装置的设置数量，应以始终保持密封膜内高真空度为原则，膜下真空值一般要求大于 86.7kPa。

(2) 膜外管路。膜外管路是指连接射流真空装置的回阀、截水阀、管路，其过水断面应能满足排水量且能承受 100kPa 径向力而不变形破坏的要求。

(3) 膜内水平排水滤管。膜内水平排水滤管目前常用直径为 60～70mm 的铁管或硬质塑料管。为了使水平排水滤管标准化并能适应地基沉降变形，滤管一般加工成 5m 长的一根；滤水部分钻有直径为 8～10mm 的滤水孔，孔距 5cm，三角形排列；滤管外绕直径 3mm 的铅丝(圈距 5cm)，外包一层尼龙窗纱布，再包滤水材料构成滤水层。目前常用的滤水层材料为土工聚合物，其性能见表 3-8。

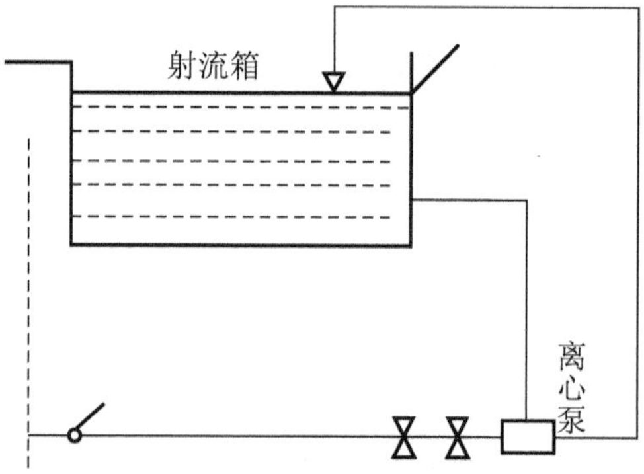

图 3.5 射流真空装置示意

表 3-8 常用滤水层材料性能

项目		参考数值
渗透系数/(cm · s^{-1})		0.4×10^{-3}～2.0×10^{-3}
抗拉强度/(N · cm^{-1})	干态	20～44
	湿态	15～30
隔土性/mm		< 0.075

(4) 滤管的布置与埋设。滤管的平面布置一般采用条形或鱼刺形排列，遇到不规则场地时，应因地制宜地进行滤管排列设计，以保证真空负压快速而均匀地传至场地各个部位。滤管的排距一般为 6～10m，最外层滤管距场地边的距离为 2～5m。滤管之间采用软连接，以适应场地沉降。滤管埋设在水平排水砂垫层的中部，其上应有 0.10～0.20m 砂覆盖层，以防止滤管上尖利物体刺破密封膜。

3.6.3 密封系统

密封系统由密封膜、密封沟和辅助密封措施组成。

密封膜一般选用聚乙烯或聚氯乙烯薄膜，其性能见表 3-9。

表 3-9 密封膜性能

抗拉强度/MPa		伸长率/%		直角断裂强度/MPa	厚度/mm	微孔/个
纵向	横向	断裂	低温			
≥18.5	≥16.5	≥220	20～45	≥4.0	0.12 ± 0.02	≤10

加工好的密封膜面积要大于加固场地面积，一般要求每边应大于加固区相应边 2～4m。为了保证整个预压过程中的密封性，塑料膜一般宜铺设 2～3 层，每层膜铺好后应检查和粘补漏处。膜周边的密封可采用挖沟折铺膜，如图 3.6 所示；在地基土颗粒细密、含水率较大、地下水位浅的地区则采用平铺膜，如图 3.7 所示。

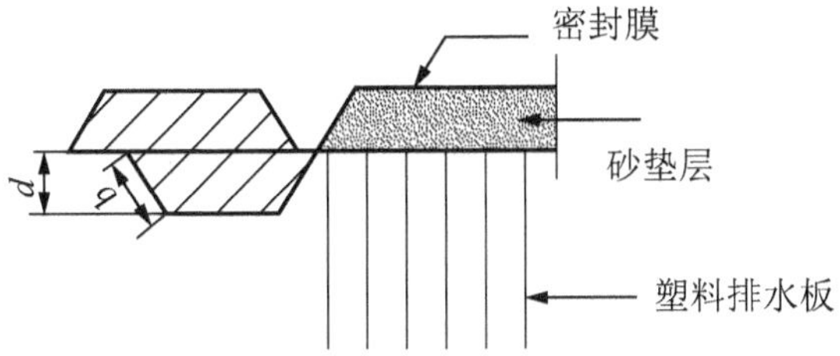

图 3.6 挖沟折铺膜示意

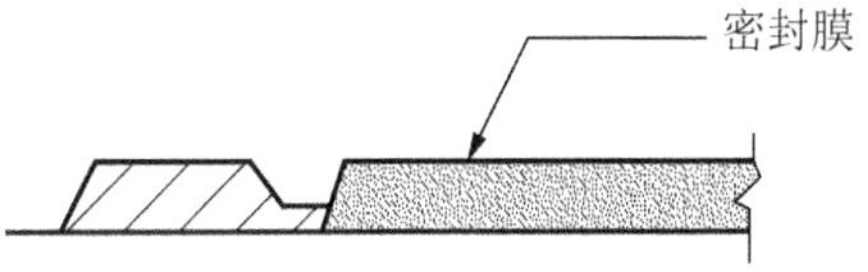

图 3.7 平铺膜示意

密封沟的截面尺寸应视具体情况而定，密封膜与密封沟内坡密封性好的黏土接触，其长度一般为 1.3～1.5m；密封沟的密封长度 b 应大于 0.8m，其深度 d 也应大于 0.8m，以保证周边密封膜上有足够的覆土厚度和压力。

如果密封沟沟底或两侧有碎石或砂层等渗透性好的夹层存在，应将该夹层挖除干净，并回填 40cm 厚的软土。当由于某种原因，密封膜和密封沟发生漏气现象时，施工中必须采用辅助密封措施，如在密封膜上和密封沟内同时覆水、采用封闭式板桩墙或封闭式板桩墙内覆水等。

3.6.4 真空预压法施工质量要求与经验

1. 真空预压法施工质量要求

(1) 膜上覆水一般应在抽气后膜内真空度达 90kPa，确认密封系统不存在问题后方可进行，这段时间一般为 7～10d。

(2) 保持射流箱内满水和低温，射流真空装置空载情况下均应超过 96kPa。

(3) 经常检查各项记录，发现异常现象如膜内真空度小于 90kPa 等，应尽快分析原因并采取补救措施。

(4) 冬季抽气，应避免过长时间停泵，否则膜内外管路会发生冰冻而堵塞，抽气很难进行。

(5) 下料时，应根据不同季节预留塑料膜伸缩量；热合时，每幅塑料膜的拉力应基本相同。禁止使用形状不规整的密封膜，以免不符合设计要求。

(6) 在气温高的季节，加工完毕的密封膜应堆放在阴凉通风处；堆放时，给塑料膜之间适当撒放滑石粉；堆放的时间不能过长，以防止互相粘连。

(7) 在铺设滤管时，滤管之间要连接牢固，选用合适的滤水层且包裹严实，避免抽气后进入射流真空装置。

(8) 铺膜前，应用砂料把砂井填充密实；密封膜破裂后，可用砂料把井孔填充密实至砂垫层顶面，然后分层把密封膜粘牢，以防止砂井井孔处下沉导致密封膜破裂。

(9) 抽气阶段要求膜内真空度大于 90kPa；停止预压时，地基固结度要求大于 90%；预压的沉降稳定标准为连续 5d 实测沉降速度不大于 2mm/d。

2. 真空预压法施工经验

(1) 在大面积软土地基加固工程中，每块预压区面积应尽可能大，因为这样可加快工程进度和消除更多的沉降量。目前采用最大的预压区面积是 $30000m^2$。

(2) 两个预压区的间隔不宜过大，需根据工程要求和土质决定，一般以 2～6m 为宜。

(3) 膜下管道在不降低真空度的条件下应尽可能少，为减少费用可取消主管，全部采用滤管，由鱼刺形排列改为环形排列。

(4) 砂井间距应根据土质情况和工期要求来定。当砂井间距从 1.3m 增至 1.8m 时，达到相同固结度所需时间增率与堆载预压法相同。

(5) 当冬季的气温降至 −17℃时，如对薄膜、管道、水泵、阀门及真空表等采取常规保温措施，可照常作业。

(6) 为了保证真空设备正常安全运行，便于操作管理和控制间歇抽气以节约能源，现已研制出微机检测和自动控制系统。

(7) 直径 7cm 的袋装砂井和塑料排水板都有较好的透水性能。实测表明，在同等条件下，两者达到相同固结度所需的时间接近。采用何种排水通道，主要由其造价和施工条件而定。

任务 3.7 真空-堆载预压法施工

当设计地基预压荷载大于 80kPa 时，应在真空预压抽真空的同时再施加定量的堆载，这种方法称为真空-堆载预压法。真空预压与堆载预压联合加固，效果可以叠加，是由于它们符合有效应力原理，且已经过工程实践证明。真空预压是逐渐降低土体的孔隙水压力，不增加总应力；而堆载预压是增加土体总应力，同时使孔隙水压力增大，然后逐渐消散。两者叠加后，既能降低孔隙水压力，又能增加总应力使孔隙水压力增大，然后消散。开始时，抽真空使土中孔隙水压力降低，有效应力增大，经过一段时间(7～10d)，在土体保持稳定的情况下堆载，使土体产生正孔隙水压力，并与抽真空产生的负孔隙水压力叠加。正、负孔隙水压力叠加所转化的有效应力，为消散的正、负孔隙水压力绝对值之和。现以瞬间加荷为例，对

土中任意点 m 的应力转换加以说明，不同时间土中 m 点的总应力和有效应力见表 3-10。

表 3-10　土中任意点 m 的应力与时间转换关系

时间	总应力 σ	有效应力 σ'	孔隙水压力 u
$t=0$ (未抽真空未堆载)	σ_0	$\sigma_0'=\gamma' h_m$	$u_0=\gamma_w h_m+p_a$
$0\leqslant t\leqslant\infty$ (既抽真空又堆载)	$\sigma_t=\sigma_0+\Delta\sigma_1$	$\sigma_t'=\gamma' h_m+[(p_a-p_n)+\Delta\sigma_1]U_t$	$u_t=\gamma_w h_m+p_a+$ $[(p_a-p_n)+\Delta\sigma_1](1-U_t)$
$t\to\infty$ (既抽真空又堆载)	$\sigma=\sigma_0+\Delta\sigma_1$	$\sigma'=\gamma' h_m+(p_a-p_n)+\Delta\sigma_1$	$u=\gamma_w h_m+p_a$

注：m 点的深度为 h_m，地下水位与地面齐平，堆载量为 $\Delta\sigma_1$，土的有效重度为 γ'，水的重度为 γ_w，大气压力为 p_a，抽真空后土中 m 点的大气压力逐渐降至 p_n，t 时的固结度为 U_t。

对一般软黏土，当膜下真空度稳定地达到 80kPa 后，抽真空 10d 左右可进行上部堆载施工，即边抽真空边连续施加堆载。对高含水率的淤泥类土，当膜下真空度稳定地达到 86.7kPa 后，一般抽真空 20～30d 即可进行堆载施工；荷载大时可分级施加，分级数通过稳定计算确定。

在进行上部堆载之前，必须在密封膜上铺设防护层，以保护密封膜的气密性。防护层可采用编织布或无纺布等，其上铺设 100～300mm 厚的砂垫层，然后再行堆载。堆载时宜采用轻型运输工具，并不得损坏密封膜。在进行上部堆载施工时，应密切观察膜下真空度的变化，发现漏气应及时处理。

采用真空-堆载预压法，既能加固软土地基，又能较大地提高地基承载力，其工艺流程如图 3.8 所示。

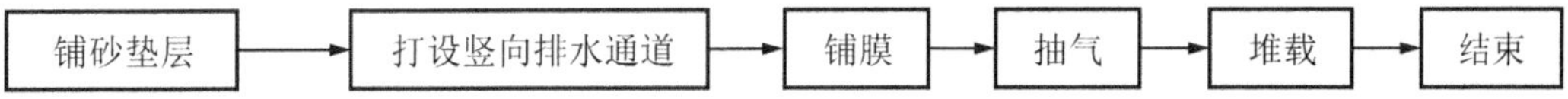

图 3.8　真空-堆载预压法工艺流程

真空-堆载预压法施工时，除了要按真空预压和堆载预压的要求进行以外，还应注意以下几点。

(1) 堆载前要采取可靠措施保护密封膜，防止堆载预压时刺破密封膜。

(2) 堆载底层部分应先采用颗粒较细且不含硬块状的堆载物，如砂料等。

(3) 选择合适的堆载时间和荷重。

任务 3.8 质量检验

排水固结法加固地基施工中，经常进行的质量检验和检测项目有孔隙水压力观测、沉降观测、水平位移观测、真空度观测、地基土物理力学指标检测等。

3.8.1 现场检验

1. 孔隙水压力观测

孔隙水压力现场观测时，可根据测点孔隙水压力-时间变化曲线，反算土的固结系数，推算该点不同时间的固结度，从而推算其强度增长，并确定下一级施加荷载的大小；根据孔隙水压力和荷载的关系曲线可判断该点是否达到屈服状态，因而可用来控制加荷速度，避免加荷过快而造成地基破坏。

目前常用钢弦式孔隙水压力计和双管式孔隙水压力计现场观测孔隙水压力。

在堆载预压工程中，一般在场地中央、载物坡顶处及载物坡脚不同深度处设置孔隙水压力观测仪器，而真空预压工程则只需在场内设置若干个测孔即可。测孔中测点布置垂直距离为1～2m，不同土层也应设置测点，测孔的深度应大于待加固地基的深度。

2. 沉降观测

沉降观测是地基工程最基本、最重要的观测项目之一，其观测内容包括：荷载作用范围内地基的总沉降，荷载作用范围外地面的沉降或隆起，分层沉降及沉降速度等。

堆载预压工程的地面沉降标应沿场地对称轴线上设置，在场地中心、坡顶、坡脚和场外10m范围内均需设置地面沉降标，以掌握整个场地的沉降情况和场地周围地面的隆起情况。

真空预压工程地面沉降标应在场内有规律地设置，各沉降标之间的距离一般为20～30m，边界内外应适当加密。

深层沉降一般用磁环或沉降观测仪在场地中心设置一个测孔进行观测，孔中测点位于各土层的顶部。

3. 水平位移观测

水平位移观测的观测内容包括边桩水平位移和沿深度的水平位移两部分，它们是控制堆载预压加荷速度的重要因素。真空预压的水平位移指向加固场地，不会造成加固地基的破坏。

边桩水平位移标一般由木桩或混凝土制成，布置在预压场地的对称轴线上和场地边线不同距离处；沿深度的水平位移则由测斜仪测定，测孔中测点距离为1～2m。

4. 真空度观测

真空度观测的观测内容包括真空管内真空度、膜下真空度和真空装置的工作状态。膜下真空度能反映整个场地“加载”的大小和均匀度，其测头要求分布均匀，每个测头监控的预压面积宜为1000～2000m^2。抽真空期间一般要求真空管内真空度大于90kPa，膜下真空度大于86.7kPa。

5. 地基土物理力学指标检测

通过对比加固前后地基土的物理力学指标，可以更直观地反映出排水固结法加固地基的效果。现场观测的测试要求见表3-11。

表 3-11 动态观测的测试要求

观测内容	观测目的	观测次数	备注
沉降	推算固结程度，控制加荷速度	① 4 次/日； ② 2 次/日； ③ 1 次/日； ④ 4 次/年	① 为加荷期间，加荷开始后 1 星期内的观测次数； ② 为加荷停止后第 2 个星期至 1 个月内的观测次数； ③ 为加荷停止 1 个月后的观测次数； ④ 为若软土层很厚，产生次固结情况时，每年的观测次数
坡趾侧向位移	控制加荷速度	① 1 次/日； ② 1 次/日； ③ 1 次/2 日	
孔隙水压力	测定孔隙水压力的增长和消散情况	① 8 次/日； ② 2 次/日； ③ 1 次/日	
地下水位	了解水位，计算孔隙水压力	1	

3.8.2 竣工质量检验

预压法竣工验收检验应符合下列规定。

(1) 排水竖井处理深度范围内和竖井底面以下受压土层，经预压所完成的竖向变形和平均固结度应满足设计要求。

(2) 应对预压的地基土进行原位十字板剪切试验和室内土工试验，必要时尚应进行现场载荷试验，且试验数量不应少于 3 点。

拓展讨论

质量检测，对检验人员有哪些要求？质量检测人员在检测活动中应遵守哪些规定？质量检测人员的失职会有哪些后果？

工程实例一

砂井充水预压处理工程

1. 工程概况

浙江炼油厂位于浙江省镇海县境内，整个厂区坐落在杭州湾南岸的海滩上，厂区大小油罐 60 余个，其中 10000m^3 的油罐 10 个，罐体采用钢制焊接固定拱顶的结构。10000m^3 的油罐直径 $D=31.28$m，采用钢筋混凝土环形基础，环形基础高度取决于油罐沉降大小和使用要求，本设计环形基础高度 $h=2.30$m，其中填砂。

罐区地基土属第四系滨海相沉积的软黏土，土质十分软弱，而油罐基底压力达 191.4kN/m^2，所以油罐地基拟采用砂井并充水预压处理。

2. 土层分析和各土层物理力学性质

场地地基土层自上而下分为以下几层：第一层为黄褐色粉质黏土硬壳层，超固结土，厚度约 1.00m；第二层为淤泥质黏土，厚度约 3.20m；第三层为淤泥质粉质黏土，其中夹有薄层粉砂，平均厚度约 4.00m；第四层为淤泥质黏土，其中含有粉砂夹层，下部粉砂夹层逐渐增多而过渡到粉砂层，此层平均厚度约 9.30m；第五层为粉砂、细砂、中砂混合层，其中以细砂为主并混有黏土，平均厚度约 8.00m；第五层以下为粉质黏土、淤泥质黏土、黏土、粉质黏土层；距地面 50.00m 左右为厚砂层；基岩在 80.00m 以下。各土层的主要物理力学性质指标见表 3-12。从土工试验资料来看，主要持力层土含水率高(超过液限)、压缩性高、抗剪强度低；第三、四层由于含有薄粉砂夹层，其水平向渗透系数大于竖向渗透系数，这对加速土层的排水固结是有利的。

表 3-12　各土层的主要物理力学性质指标

层序	土层名称	含水率/%	容量/(kN/m^3)	孔隙比	液限/%	塑限/%	塑性指数	液性指数	压缩系数/(cm^2/kg)	固结系数/($\times 10^{-3}$cm^2/s)		三轴固结快剪		十字板强度/(kN/m^2)
										竖向 C_v	径向 C_h	(kN/m^2)	(°)	
1	粉质黏土	31.3	19.1	0.87	34.7	19.3	15.5	0.78	0.036	1.57	1.82	—	—	—
2	淤泥质黏土	46.7	17.7	1.28	40.4	21.3	19.1	1.33	0.114	1.12	0.91	0	26.1	17.5
3	淤泥质粉质黏土	39.1	18.1	1.07	33.1	19.0	14.1	1.42	0.066	3.40	4.81	11.4	28.9	24.8
4	淤泥质黏土	50.2	17.1	1.40	41.4	21.3	20.1	1.43	0.102	0.81	3.15	0	25.7	41.0
5	粉、细、中砂	30.1	18.4	0.90	23.5	16.3	7.2	1.91	0.023	—	—	—	—	—
6	粉质黏土	32.3	18.4	0.90	29.0	17.9	11.1	1.29	0.038	3.82	6.28	—	—	—
7	淤泥质黏土	41.2	17.6	1.20	41.0	21.3	19.7	1.01	0.061	—	—	—	—	—
8	黏土	44.4	17.3	1.28	46.7	25.3	21.4	0.89	0.045	—	—	—	—	—
9	粉质黏土	32.4	18.3	0.97	33.8	20.7	13.1	0.89	0.028	—	—	—	—	—

3．砂井设计

砂井直径 40cm、间距 2.5m，采用等边三角形布置，井径比为 6.6。考虑到地面下 17m 处有粉砂、细砂、中砂混合层，为便于排水，砂井长度定为 18m。砂井的范围一般比构筑物基础稍大为好，本工程基础外设两排砂井，以利于基础外地基土强度的提高，减小侧向变形。本工程砂井布置平面图如图 3.9 所示。

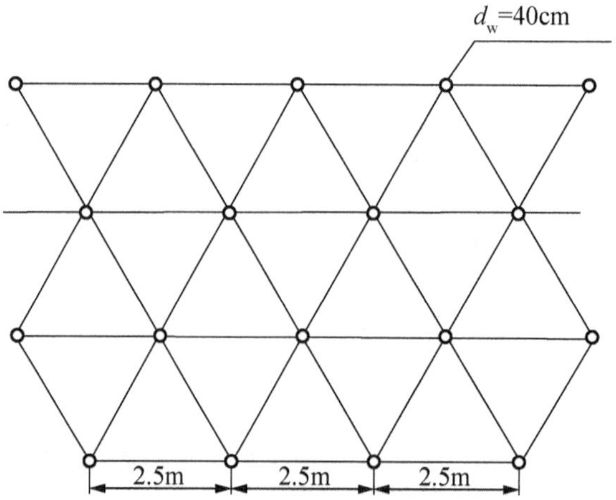

图 3.9　本工程砂井布置平面图

4. 砂井施工

本工程采用高压水冲法施工，即在普通钻机杆上接上喷水头，外面罩上一定直径的切土环刀，由高压水和切土环刀把泥浆泛出地面从排水沟排出，当孔内水含泥量较少时倒入砂料而形成砂井。该法的优点是机具简单、成本低、对土的结构扰动小；缺点是砂井的含泥量较其他施工方法为大。施工时场地上泥浆多，在铺砂垫层前必须进行清理。

5. 效果评价

本工程进行了现场沉降观测和孔隙水压力观测。从稳定方面来看，在充水预压过程中，除个别测点外，孔隙水压力和沉降速度实测结果均未超过控制标准，罐外地面无隆起现象，这说明在充水过程中地基是稳定的。从固结效果来看，当充水高度达到罐顶后 30d(即充水开始后 110d)孔隙水压力已经基本消散；放水前实测值已接近最终值，说明固结效果是显著的。因此，可认为该工程采用砂井充水预压在技术上效果是好的。

工程实例二

真空预压法加固软土地基工程

某海滩度假村一期工程加固区顺海堤向约 1450m，横向约 300～830m，总面积为 576200m^2，场地是近年新淤积的海滩。场地地基土自上而下分为以下几层：第一层为淤泥质粉土，厚度 9.5m；第二层为淤泥，厚度约 3.7m；第三层为淤泥质粉土，厚度 1.9m；第四层为粉质黏土，厚度约 2.4m；第五层为黏土，厚度约 1.4m；第六层为砾质黏土，厚度约 1.1m。该场地自地表以下约 19～20m 为淤泥或淤泥质土层，含水率高(普遍大于 30%，最高达 85.2%)，压缩性大，抗剪强度低。天然地基承载力低，不能满足构筑物场地的设计要求，需进行地基加固处理。

经多种方案比较，本工程最终采用真空预压法加固软土地基，竖向排水通道采用塑料排水板，根据饱和软黏土特性，塑料排水板间距 0.9m，采取等边三角形布置，平均打设深度为 20m。地表铺 30cm 厚级配良好的中粗砂垫层，作为水平向排水通道。

本工程进行了现场深层沉降、水平位移和真空度等监测。从固结效果来看，真空预压法可显著加快地基的固结速度，在较短时间内消除大部分固结沉降量和次固结沉降量，同时能显著提高地基承载力，与一般堆载预压法相比，地基的稳定性更好，经济效益明显。

工程实例三

真空-堆载预压法加固软土地基工程

招商局深圳前湾填海造陆工程，原始地貌同滨海地带，浅海域海水深 1.0～3.0m。该地规划为现代物流产业滨海区，按使用功能分为汽车贸易城、物流园区和码头功能区三部分。首先人工围堰形成塘，后在 6.5～12.0m 厚的原状淤泥之上吹填一层厚度为 4.0～6.0m 的淤泥。吹填工程自 2005 年 11 月开始，至 2007 年 3 月结束，吹填后塘内淤泥呈泥浆状态，经 6 个月的晾晒后铺设一层约 1.0m 厚的中粗砂作为工作垫层，采用真空-堆载预压法进行加固处理。场区土层自上而下依次为人工填砂、吹填淤泥、第四系全新世海相沉积淤泥层、粉质黏土层等。

本工程采用的真空-堆载预压法主要施工工艺流程如下。

(1) 吹填淤泥落淤晾晒后，铺设一层厚度不小于 1.0m 的中粗砂垫层作为工作垫层与排水砂垫层。

(2) 施打塑料排水板，打设深度为 10.5～16.5m，打穿天然淤泥层，塑料排水板板头进入黏土或亚黏土层不少于 1.0m，塑料排水板水平间距为 1.0m，布置成三角形。

(3) 铺设直径为 76mm 的硬质塑料真空滤管，管壁钻有小孔，管壁包裹一层土工布作为隔土层，埋设于排水砂垫层中。

(4) 采用黏土制作密封沟，密封沟开挖后铺设密封膜并用素黏土回填。

(5) 依据设计要求和加固分区，结合现场地形地质条件，采用双搅拌头深层搅拌机打设双排黏土密封墙。

(6) 按照 1000～1500m^2/台布置射流真空泵。

(7) 真空预压施工区各项工作就绪后，开始试抽真空，在加固区覆水，以保证膜的密封；当膜下真空度稳定在 80kPa 后，抽真空 10d 左右铺设一层无纺布和一层 50cm 厚的中粗砂垫层作为保护层，然后进行分级堆载填料。

(8) 在满足真空度要求的前提下连续抽气，当沉降稳定且满足卸载标准后停泵卸载。

施工加固效果监测，主要包括地表沉降、分层沉降、孔隙水压力、真空度、水位等监测项目；加固效果检测，主要包括加固前后的现场十字板剪切试验与原状土室内试验。整个场区共布置了 717 个地面沉降标、64 组分层沉降标，埋设了 73 组孔隙水压力计、9 组真空测头与 73 只水位计，在加固前的勘探孔附近，淤泥层中每间隔 1.0m 进行现场十字板剪切试验，测试原状土与重塑土的抗剪强度，评价吹填淤泥与海相沉积淤泥强度的变化情况，检验其加固效果。同时在加固前的勘探孔位附近钻孔取样，吹填淤泥层为连续取样，海相沉积淤泥取样间隔 1.5m，对土样进行室内试验测定其物理力学性质指标，评价不同加固层土体加固前后土性指标的变化、吹填淤泥与海相沉积淤泥的强度及压缩性的改善程度。

吹填淤泥与海相沉积淤泥经真空-堆载预压法处理后，平均含水率比处理前分别减小了 49.3%、25.9%，平均孔隙比比处理前分别减小了 1.316、0.718，十字板抗剪强度比处理前分别提高了 27 倍、6 倍，平均压缩系数比处理前分别减小了 57.1%、36.5%。淤泥物理力学性质得到极大改善，软土地基处理效果显著。

能力训练

一、简答题

1. 排水固结法由哪些系统构成？
2. 堆载预压法和真空预压法加固软土地基的原理有什么不同？
3. 预估抗剪强度增长的方法有哪几种？排水固结法加固软黏土地基强度增长的计算

是采用哪种方法？是如何计算的？

4. 排水固结法处理软黏土地基的最终沉降量由哪几部分组成？如何考虑地基土的应力历史计算地基的固结沉降量？

5. 试述普通砂井、袋装砂井、塑料排水板的优缺点及适用条件。

二、单选题

1. 堆载预压法处理软黏土地基时，竖井的布置原则是(　　)。

A. 粗而长　　B. 细而密　　C. 粗而疏　　D. 细而疏

2. 砂井或塑料排水板的作用是(　　)。

A. 作为预压荷载下的排水通道　　B. 形成复合地基

C. 起竖向增强体的作用　　D. 提高复合模量

3. 真空预压法处理地基时，膜下真空度和压缩土层平均固结度标准是(　　)。

A. 真空度应保持在400mmHg，平均固结度应达到60%

B. 真空度应保持在500mmHg，平均固结度应达到70%

C. 真空度应保持在600mmHg，平均固结度应达到80%

D. 真空度应保持在650mmHg以上，平均固结度应大于90%

4. 关于预压法处理软黏土地基的说法，(　　)是不正确的。

A. 控制加载速度的主要目的是防止地基失稳

B. 采用超载预压法的主要目的是减少地基使用期的沉降

C. 当夹有较充足水源补给的透水层时，宜采用真空预压法

D. 在某些条件下也可用建筑物自重进行堆载预压

5. 采用排水固结法处理软黏土地基时，为防止地基失稳需控制加载速度，叙述错误的是(　　)。

A. 在堆载预压过程中需控制加载速度

B. 在真空预压过程中不需要控制抽真空速度

C. 在真空-堆载超载预压过程中需控制加载速度

D. 在真空-堆载预压过程中不需要控制加载速度

6. 关于塑料排水板的说法，不正确的是(　　)。

A. 塑料排水板的等效换算直径总是大于其宽度和厚度的平均值

B. 塑料排水板的厚度与宽度的比值越大，其当量换算直径与宽度的比值越大

C. 塑料排水板的当量换算直径可以当作排水竖井的直径

D. 同样的排水竖井直径和间距条件下，塑料排水板的截面积小于普通圆形砂井

7. 塑料排水板或袋装砂井的井径比 n 一般按(　　)选用。

A. 10～15　　B. 15～22　　C. 25～30　　D. 30～35

8. 真空预压区边缘应大于建筑物基础轮廓线，每边增加量不得小于(　　)。

A. 2.0m　　B. 2.5m　　C. 3.0m　　D. 4.0m

三、多选题

1. 加载预压法中，竖井深度是根据建筑物对地基变形和稳定性的要求确定的，对此阐述错误的是(　　)。

A. 对以地基抗滑稳定性控制的工程，如土坝、路堤等，砂井深度应超过最危险滑

动面 1.5m

B. 对以沉降控制的工程，如受压层厚度不是很大，可打穿受压层以减小预压荷载或缩短预压时间

C. 对以沉降量控制的工程，若受压层厚度很大，深度较大处土层的压缩量占总沉降量的比例较小，竖向排水井也不一定打穿整个受压层

D. 对于沉降要求很高的建筑物，如不允许建筑物使用期内产生主固结沉降，竖井应尽可能打穿受压层

2. 对于(　　)类地基土，采用排水固结法处理时要慎重。

A. 受污染软黏土　　B. 淤泥和淤泥质土

C. 冲填土　　D. 强结构性软黏土

3. 海相软黏土的工程特性有(　　)。

A. 含水率高、孔隙比大　　B. 渗透系数大

C. 压缩模量大　　D. 压缩系数大

4. 排水固结法处理软黏土地基时，除应预先查明土层分布外，尚应通过室内试验确定的设计参数有(　　)。

A. 土层的给水度及持水性

B. 土层的先期固结压力、孔隙比与固结压力的关系

C. 水平固结系数、竖向固结系数

D. 土的抗剪强度指标

5. 采用排水固结法加固软黏土地基时，(　　)的试验方法适宜该地基土的加固效果检验。

A. 动力触探试验　　B. 原位十字板剪切试验

C. 载荷试验　　D. 标准贯入试验

6. 采用排水固结法加固淤泥地基时，在其他条件不变的情况下，(　　)措施有利于缩短预压工期。

A. 减小砂井间距　　B. 加厚排水砂垫层

C. 加大预压荷载　　D. 增大砂井直径

7. 采用排水固结法加固软黏土地基，作用在于(　　)。

A. 提高地基承载力　　B. 减小沉降量和沉降差

C. 增强地基的抗剪强度　　D. 防止冻胀和消除软黏土的胀缩

8. 排水固结法处理软弱土地基的最终沉降量包括(　　)。

A. 瞬时沉降量　　B. 主固结沉降量　　C. 次固结沉降量　　D. 剩余沉降量

9. 工程上采用的竖井主要有(　　)。

A. 普通砂井　　B. 袋装砂井　　C. 集水井　　D. 塑料排水板

10. 真空度监测包括(　　)。

A. 膜内真空度　　B. 滤管内真空度

C. 土体内真空度　　D. 竖向排水体内真空度

四、计算题

某饱和软黏土地基厚度为 6m，天然抗剪强度 $\tau_{f0}=30\text{kPa}$，通过三轴不排水压缩试验得 $\varphi_{cu}=29°$，天然孔隙比 $e_0=0.9$。拟采用堆载预压法处理地基，竖向排水体采用塑料排水板，等边三角形布置，塑料排水板宽度和厚度分别为 100mm、4mm，井径比 $n=20$。试求：

(1) 排水竖井的间距；

(2) 采用大面积堆载 $\Delta\sigma_z=100\,\text{kPa}$ 且黏土层平均固结度达到 50%时的抗剪强度；

(3) 黏土层在堆载产生的附加应力作用下，孔隙比达到 0.85 时黏土层的最终竖向变形量(取经验系数 $\xi=1.2$)。

在线答题

情境4 砂 桩 法

学习目标

掌握砂桩法的加固原理，掌握其设计、施工和质量检验方法，能灵活运用砂桩法处理实际工程问题。

学习要求

知识要点	技能要点
(1) 砂桩法的概念 (2) 砂桩法的加固原理	(1) 掌握砂桩法设计参数及技术要点、砂桩复合地基承载力及沉降设计计算方法 (2) 掌握砂桩法的施工和质量检测方法 (3) 能灵活运用砂桩法处理实际工程问题

引例

山西省财政厅办公大楼总建筑面积为 5480m^2。七层部分屋顶标高为 28.2m，长 15.9m，宽 14.5m；六层部分屋顶标高为 23.1m，长 45.5m，宽 13.2m。设计采用钢筋混凝土筏板基础。地基主要由冲积、洪积成因的饱和粉质黏土和粉细砂组成，具体如下。

第一层为粉质黏土，埋深 −1.20～−3.20m；第二层为粉细砂，埋深 −3.20～−6.40m；第三层为粉质黏土，埋深 −6.40～−9.00m；第四层为粉细砂，埋深 −9.00～−16.00m。粉细砂标贯值 $N=2\sim7$，相对密度 $D_r=0.35\sim0.45$；细砂有效粒径为 0.042～0.076mm，平均粒径为 0.170～0.200mm，不均匀系数为 2.7～4.9；粉砂有效粒径为 0.033mm，平均粒径为 0.11mm，不均匀系数为 3.3。

根据标贯值、平均粒径、不均匀系数、相对密度和有效覆盖压力判断，第二层粉细砂层在 8 度地震烈度下属于可液化层，因此采用砂桩法处理该地基。

任务 4.1　砂桩法概述

砂桩

4.1.1 砂桩法的概念

砂桩法是利用振动或冲击荷载，在软弱地基中成孔后，填入砂并将其挤压入土中，形成直径较大的密实砂桩的地基处理方法。

采用砂桩法处理软弱黏性土地基，起源于 19 世纪 30 年代的欧洲。但由于长期缺少实用的设计计算方法、先进的施工工艺和施工设备，其应用和发展受到很大影响。第二次世界大战后，苏联对砂桩的研究取得了较大进展。最初，砂桩用于处理松散砂土和人工填土地基，如今其在软弱黏性土中也有使用。砂桩技术自 20 世纪 50 年代引进我国以后，在工业、交通、水利等建设工程中都得到了应用，近十年来，在应用砂桩处理可液化的松散砂土地基方面也取得了成就，解决了一些实际工程问题。砂桩法处理软弱黏性土地基与排水砂井法有类似之处，但排水砂井法的主要作用在于加速固结，而砂桩法的主要作用在于置换，因此砂桩较砂井有直径大、排列密、灌砂密度大等特点，所以其用砂量大得多。

4.1.2 砂桩法的加固原理

砂桩法原用于处理松散砂土地基，因施工方法不同，可分为挤密砂桩和振密砂桩两种，主要是为了防止地基中砂土液化。应用于软弱黏性土地基处理时，其作用原理是砂桩的置换作用、压密桩间土作用及加速排水固结作用。

1. 在松散砂土中的作用

由于下沉桩管方法和成桩方法不同，砂桩在施工过程中对周围砂层会产生挤密作用，同时产生振密作用。

(1) 挤密作用：采用冲击法或振动法往砂层中下沉桩管并采用一次拔管法成桩时，桩管对周围砂层会产生很大的横向挤压力，砂层中体积与桩管体积相等的砂就被挤向桩管周围的砂层，使周围的砂层密度增大，孔隙比减小，这个作用即称为挤密作用。挤密砂桩的有效挤密影响范围可达3～4倍桩管直径。成桩后地面一般有不同程度的隆起。

(2) 振密作用：采用振动法往砂层中下沉桩管并采用逐步拔管法成桩时，下沉桩管的过程会对周围砂层起挤密作用，而逐步拔管成桩的过程则会对周围砂层起振密作用，有效振密范围约达6倍桩管直径。成桩后地面一般会有不同程度的下降。

2. 在软弱黏性土中的作用

在透水性差的软弱黏性土中下沉桩管时，由于产生的超静孔隙水压力不能很快消散，所以横向挤压力虽然很大也不能使桩管周围的土体发生瞬时挤密，反而会使其天然结构破坏、强度降低，砂桩施工后需经过1～2月时间，其周围土体的强度才可能恢复到或稍大于原值。因此在使用砂桩法处理软弱黏性土时，主要考虑下述两个作用。

(1) 置换作用：砂桩在软弱黏性土中成桩后，地基就变成由砂桩和桩间土共同组成的复合地基，由于密实的砂桩取代了与砂桩体积相等的软土，所以复合地基的承载力比天然地基的承载力大，其沉降量也就比天然地基小。地基载荷试验证明，砂桩地基承受外部压力时会产生压力向砂桩集中的现象，这表明砂桩承受外部压力的能力要比其周围土层大。压力向砂桩集中，桩间土承受的压力就减小，沉降也就相应减小。复合地基承载力增大率和沉降减小率都与面积置换率(即一根砂桩面积与一根砂桩分担的地基处理面积之比)有关，面积置换率增大，承载力增大率也增大，而沉降减小率却减小。

(2) 排水固结作用：砂桩在软弱黏性土地基中构成排水路径，可以起排水砂井的作用，使土层中的水向砂桩集中并通过砂桩排走，从而加快地基固结沉降的速度。

任务4.2 砂桩法设计

砂桩法设计包括桩体材料的选择，桩体直径大小、布桩形式、桩距、桩长的确定，加固后地基的复合强度及沉降量、施工方式等。

4.2.1 桩体材料和桩体尺寸

1. 桩体材料

砂桩使用中粗混合砂，含泥量不大于5%。在对砂桩成型没有足够约束力的软弱黏性土中，可以使用砂和角砾混合料。

2. 桩径

根据面积置换率要求、成桩方法、施工机械能力等因素，综合考虑确定砂桩直径。在软弱黏性土中应尽可能采用较大的直径。目前国内实际采用的桩径为 30cm 左右，最大达 70cm；国外实际采用的桩径为 60～80cm，最大达 200cm。

3. 桩位布置

砂桩在平面上布置时，对于大面积满堂处理，桩位宜采用等边三角形布置；对于独立基础或条形基础，桩位宜采用正方形[图 4.1(a)]、矩形[图 4.1(b)]或等腰三角形[图 4.1(c)]布置；对于圆形或环形基础(如油罐基础)，桩位宜采用放射形[图 4.1(d)]布置。

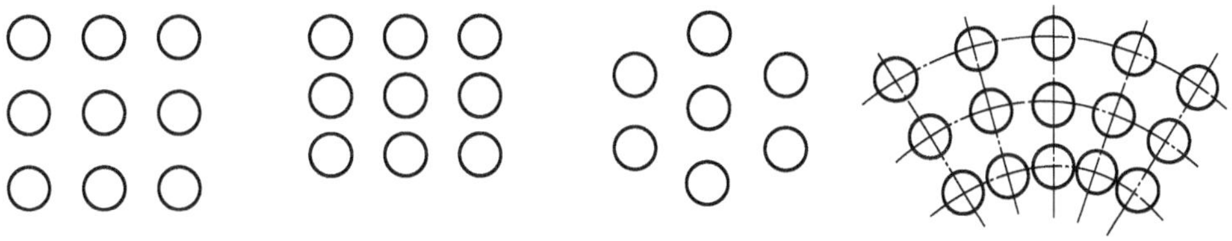

(a)正方形　(b)矩形　(c)等腰三角形　(d)放射形

图 4.1　桩位布置形态

4. 桩长

根据软土层厚度或工程要求，通过计算确定桩长。

(1) 当软土层厚度不大时，砂桩宜穿过该土层。

(2) 当软土层厚度较大时，对按稳定性控制的工程来说，桩长应不小于最危险滑动面的深度；对按沉降量控制的工程来说，桩长应满足砂桩地基沉降量不超过建(构)筑物容许沉降量的要求，可通过沉降量计算确定。

(3) 当使用砂桩处理易振动液化的饱和松散砂土时，桩长应达到可能发生液化的砂层底部。

(4) 桩长不宜小于 4.0m。

5. 垫层

砂桩施工完毕后，地面应铺设 30～50cm 厚的砂垫层或砂和碎石混合料垫层。垫层要分层铺设，用平板振动器振实。在地面很软不能保证施工机械正常行驶和操作时，可以在砂桩施工前铺设垫层。

4.2.2 砂桩的加固范围

砂桩加固范围须结合上部结构的特征、基础尺寸的大小、基础的形式、荷载条件和工程地质条件确定。复合地基的宽度应超出基础的宽度，一般每边放宽不少于 1～3 排桩。当用于消除地基液化沉陷时，每边放宽不小于处理深度的 1/2，并不小于 5m；当可液化层上覆盖有厚度大于 3m 的非液化层时，每边放宽不小于液化层厚度的 1/2，并不小于 3m。

4.2.3 成桩方法选择

设计时可根据土的类别选择适宜的成桩方法。目前国内外常用的砂桩成桩方法可分成以下两类。

1. 振动成桩法

用振动打桩机将桩管沉入土层中，其成桩方法分为三类。

(1) 一次拔管法：往沉入土层中的桩管内灌砂，边振动边缓慢地从土层中拔出桩管。

(2) 逐步拔管法：往沉入土层中的桩管内灌砂后，在振动条件下逐步拔起桩管，当桩管拔起到一定高度时停拔，并继续振动若干秒，然后再将桩管拔起一定高度，如此重复进行，直到桩管拔出地面。就砂桩质量和其周围砂层变密而言，逐步拔管法效果较好。

(3) 重复压拔管法：往沉入土层中的桩管内灌砂后，在振动条件下将桩管拔起 h 高度，使砂下落，然后再将桩管压下 h_1 高度，将落入桩孔内的砂压实，如此重复进行，直到桩管拔出地面。这种成桩方法是使桩体分段成型，优点是可以压实桩体的砂和使桩径扩大。

根据饱和松散砂土容易振密的特点，应考虑选用振动成桩法。如果对砂桩质量要求严格，可以选用逐步拔管法或重复压拔管法。

2. 冲击成桩法

使用蒸汽打桩机或柴油打桩机将桩管打入土层中，其成桩方法分为两类。

(1) 单管法：将底端焊有活瓣桩靴的桩管打入土层中，往桩管内灌砂后缓慢地拔出桩管，砂从桩管内排出落入桩孔中而形成砂桩。就砂桩质量而言，此法效果不佳。

(2) 双管法：将有外管(底端开口)和内管(底端封口)的双层桩管打入土层中，拔起内管向外管中灌砂后，放下内管到砂面上，拔起外管与内管底面齐平，然后按规定的贯入度将内外管同时打下，就形成一段直径比桩管直径大的砂桩，重复进行上述工艺，直到桩管拔出地面。双管法也是使砂桩分段成型，就砂桩质量和挤密效果而言，此法效果较好。由于桩体是分段成型和按贯入度控制施工，所以此法对改善软弱黏性土地基的密实度和不均匀性有显著效果。

在软弱黏性土地基中可以选用冲击成桩法，也可以使用振动成桩法。对砂桩质量要求严格或要求用小直径管打出大直径砂桩时，可以选用双管冲击成桩法或重复压拔管振动成桩法。

4.2.4 桩距计算

现有的桩距计算方法不很成熟，也不够严密，仅供参考使用。在有试验条件时，桩距宜通过现场试验确定。

1. 松散砂土地基中的桩距计算

根据孔隙比要求，当砂桩按等边三角形布置时，按如下关系计算桩距 s：假设在松散砂土中砂桩能起到完全理想的预期挤密效果，如原松散土的孔隙比为 e_0，挤密后要求达到 e_1，又设一根砂桩所承担的地基处理面积为 A，当砂桩直径为 d、桩长为 l 时，则一根桩孔的体积为 $\frac{\pi}{4}d^2l$，单位体积处理土的孔隙改变量为 $\frac{e_0-e_1}{1+e_0}$。面积置换率 $m=\frac{A_p}{A}$，A_p 为砂桩面积，一般情况下，$m=0.10\sim0.30$。

(1) 等边三角形布置[图 4.2(a)]：地基处理面积 $A=\frac{\sqrt{3}}{2}s^2$；处理土的孔隙改变量为 $Al\frac{e_0-e_1}{1+e_0}=\frac{\sqrt{3}}{2}s^2l\frac{e_0-e_1}{1+e_0}$，令其与桩孔体积相等，即得到砂桩挤密作用下的桩距为

$$s=0.95\xi\sqrt{\frac{1+e_0}{e_0-e_1}}d \tag{4-1}$$

(2) 正方形布置[图 4.2(b)]：地基处理面积 $A=s^2$，同样按上述关系可得桩距为

$$s=0.89\xi\sqrt{\frac{1+e_0}{e_0-e_1}}d \tag{4-2}$$

式中 ξ——修正系数。当考虑振动下沉密实作用时，ξ 可取 1.1～1.2；当不考虑振动下沉密实作用时，ξ 可取 1.0。

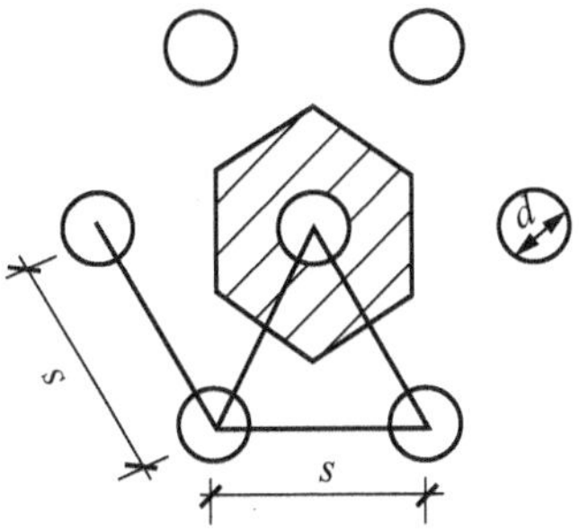

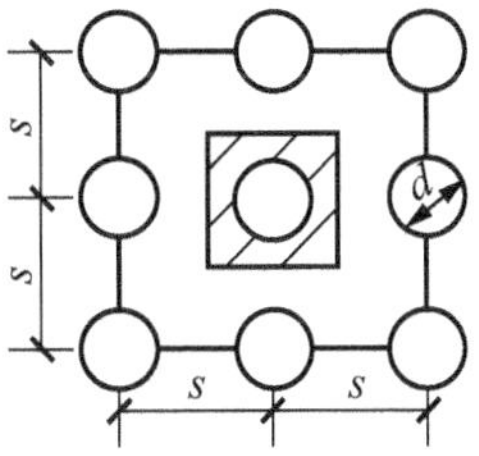

图 4.2 桩距计算

2. 软弱黏性土地基中的桩距计算

1) 按面积置换率要求计算

砂桩用于提高天然地基承载力时，可根据面积置换率要求计算桩距。下面举例说明。

【例 4-1】某天然地基容许承载力 R_1 为 90kPa，砂桩容许承载力 R_2 为 300kPa，要求砂桩复合地基容许承载力 R_{sp} 达到 150kPa，试求砂桩正方形布置时的桩距。

【解】(1) 砂桩复合地基容许承载力 $R_{sp}=(1-m)R_1+R_2m$，其中 m 为面积置换率，则达到 150kPa 承载力时需要的面积置换率为

$$m=\frac{R_{sp}-R_1}{R_2-R_1}=\frac{150-90}{300-90}\approx0.286$$

(2) 砂桩直径设计为 60cm，则砂桩面积为

$$A_p=\frac{\pi}{4}d^2=\frac{\pi}{4}\times60^2\approx2827(\text{cm}^2)$$

(3) 由面积置换率 $m=\frac{A_p}{A}$ 可求得一根砂桩分担的地基处理面积为

$$A=\frac{A_p}{m}=\frac{2827}{0.286}\approx 9885(\text{cm}^2)\text{，取为 }10000\text{cm}^2$$

(4) 由此可得砂桩按正方形布置时的桩距为

$$s=\sqrt{A}=\sqrt{10000}=100(\text{cm})$$

在上述算例中，如果要求砂桩复合地基容许承载力达到200kPa，则需要的面积置换率高达0.52(桩距74cm)，如此大的面积置换率会给砂桩施工带来很大困难。在此情况下可以考虑两个解决办法：①将砂桩直径增大；②使面积置换率降低，使用适当荷载进行地基预压。实现这些解决办法都有困难时，可选用其他地基处理方案。

2) 按地基固结要求计算

当砂桩复合地基容许承载力不能满足设计要求而需采用预压法提高桩间土承载力时，应根据地基固结度和固结速度要求计算桩距，计算方法与排水固结法中砂井间距的计算方法相同，但地基需做稳定验算时，应使用复合地基抗剪强度。砂桩复合地基抗剪强度(τ_{sp})由砂桩抗剪强度和桩间土抗剪强度组成，其表达式可写为

$$\tau_{sp}=(1-m)c+m(\mu_p\sigma-\gamma z)\tan\varphi_p\cos^2\theta \tag{4-3}$$

式中 m ——面积置换率，即一根砂桩面积 A_p 与一根砂桩分担的地基处理面积 A 之比；

φ_p ——砂桩的内摩擦角；

μ_p ——砂桩应力集中系数，$\mu_p=\dfrac{n}{1+(n-1)m}$；

n ——应力分担比，$n=\dfrac{\sigma_p(\text{砂桩上应力})}{\sigma_s(\text{桩间土上应力})}$，一般取3～5；

z ——计算深度；

γ ——砂桩容重；

σ ——计算深度 z 处土中的平均应力；

θ ——剪切面与水平面的交角；

c ——桩间土的黏聚力，如果考虑桩间土上作用垂直应力 $\sigma_0=\mu_s\sigma$，固结后强度得到提高，则 $c=c_0+\mu_s\sigma U\tan\phi_{cu}$；

c_0 ——桩间土固结前的强度；

μ_s ——应力降低系数，$\mu_s=\dfrac{1}{1+(n-1)m}$；

U ——固结度；

$\tan\phi_{cu}$ ——强度增长率；

ϕ_{cu} ——桩间土固结不排水内摩擦角。

3) 按稳定性要求计算

当砂桩复合地基设计按稳定性控制时，应使用复合地基强度进行稳定性验算，如果不能满足稳定性要求，可改变面积置换率再进行验算，直到满足稳定性要求为止。如果建(构)筑物对地基沉降敏感，应进行地基沉降计算，计算值不得大于《建筑地基基础设计规范》(GB 50007—2011)的容许值。

3. 复合地基承载力计算

砂桩复合地基承载力特征值应通过现场复合地基载荷试验确定。初步设计时，也可用单桩和处理后桩间土承载力特征值按下式估算。

$$f_{spk}=mf_{pk}+(1-m)f_{sk} \tag{4-4}$$

$$m=\frac{A_p}{A}=\frac{d^2}{d_e^2} \tag{4-5}$$

式中 f_{spk}——复合地基承载力特征值(kPa)。

f_{pk}——桩体承载力特征值(kPa)，宜通过单桩载荷试验确定。

f_{sk}——处理后桩间土承载力特征值(kPa)，宜按当地经验取值，当无经验时可取天然地基承载力特征值。

m——面积置换率。

d——桩身平均直径(m)。

d_e——单根桩分担的处理地基面积的等效圆直径(m)。对等边三角形布桩，$d_e=1.05s$；对正方形布桩，$d_e=1.13s$；对矩形布桩，$d_e=1.13\sqrt{s_1 s_2}$。其中 s 为等边三角形布桩和正方形布桩时的桩距，s_1、s_2 分别为矩形布桩时的纵向桩距和横向桩距。

小型工程的黏性土地基如无现场载荷试验资料，初步设计时复合地基的承载力特征值也可按下式估算。

$$f_{spk}=[1+m(n-1)]f_{sk} \tag{4-6}$$

式中 n——桩土应力比。无实测值时，对黏性土可取 2.0～4.0，粉土和砂土可取 1.5～3.0；原土强度低取大值，原土强度高取小值。

通过小型载荷试验测得桩间土的承载力特征值，由式(4-6)即可计算复合地基的承载力特征值，式中的 f_{sk} 为处理后桩间土的承载力特征值，对于黏性土地基，也可以采用处理以前的天然地基土的承载力特征值来代替。

4. 复合地基沉降量计算

1) 分层总和法

复合地基沉降量为加固区压缩量 s_1 和加固区下卧层压缩量 s_2 之和。可将加固区视为一复合土体，复合土体的压缩模量 E_{sp} 可以通过砂桩的压缩模量 E_p 和桩间土的压缩模量 E_s 在面积上进行加权平均的方法求得，即

$$E_{sp}=mE_p+(1-m)E_s \tag{4-7}$$

或

$$E_{sp}=[1+m(n-1)]E_s \tag{4-8}$$

然后用分层总和法计算沉降量。

2) 沉降折减法

一般天然黏性土地基的沉降量为 s，处理后的沉降量为 s'，设处理后的沉降量与原天然地基的沉降量的比值为沉降折减系数 β，其计算式为

$$\beta=\frac{s'}{s} \tag{4-9}$$

如忽略原地基土的处理效果，则可求得处理后的沉降量s'。

$$\beta=\frac{1}{1+(n-1)m} \tag{4-10}$$

$$s'=\beta s \tag{4-11}$$

砂桩法施工图

任务 4.3　砂桩法施工

砂桩法施工

砂桩的施工方法和相应的施工机械多种多样，可根据施工条件选用。通常采用的施工方法有振动成桩法、锤击成桩法。

4.3.1 振动成桩法

1. 施工机械

通常振动挤密砂桩的施工机械包括以下部分：振动机、进料槽、振动套管等组成的振动打桩机；悬挂在中间的吊钩、减振器，可沿着导架上下移动；套管的下端装有底盖和排砂活瓣。为了使砂能有效地排出或套管容易打入，在重复压管法成桩的打桩机上还装有高压空气(或水)的喷射装置。其他配套的机械有起重机、装砂机、空压机、施工管理仪器等。

2. 施工工艺

砂桩法施工工艺流程

振动挤密砂桩的成桩工艺就是在振动机的振动作用下，把带有底盖或排砂活瓣的套管打入规定的设计深度，套管入土后挤密了套管周围的土体，然后投入砂子，排砂于土中，通过振动密实而成为砂桩。

振动挤密砂桩的施工顺序如下。

(1) 在地面上将套管的位置确定好。

(2) 开动振动机，将套管打入土中，如遇到坚硬难打的土层，可辅以喷气或射水助沉。

(3) 将套管打入预定的设计深度，然后由上部料斗向套管内投入一定量的砂。

(4) 将套管拉拔到一定的高度，套管内的砂即被压缩空气(或在自重作用下)排入土中。

(5) 又将套管打入规定的深度，并加以振动，使排出的砂振密，于是砂再一次挤压周围的土体。

(6) 再一次投砂于套管内，将套管拉拔到规定的高度。

(7) 将以上的打桩工艺重复多次，一直打到地面，即成为砂桩。

目前振动挤密砂桩的成桩工艺有三种，即一次拔管法、逐步拔管法和重复压管法。

(1) 一次拔管法施工工艺。

① 桩靴闭合，桩管垂直就位。

② 将桩管沉入土层中到设计深度。

③ 将料斗插入桩管，向桩管内灌砂。

④ 边振动边拔出桩管到地面而成桩。

(2) 逐步拔管法施工工艺。

① 桩管垂直就位，桩靴闭合。

② 将桩管沉入土层中到设计深度。

③ 将料斗插入桩管，向桩管内灌砂。

④ 边振动边拔出桩管，每拔出一定长度，停拔并继续留振若干秒，如此反复进行，直到桩管拔出地面而成桩。

留振时间是指振冲器在地基中某一深度处停下振动的时间。水量的大小取决于能否保证地基中的砂土充分饱和，砂土只要在饱和状态下并受到振动便会产生液化，足够的留振时间可以让地基中的砂土“完全液化”和保证有足够大的“液化区”。砂土经过液化，在振冲停止后，颗粒便会慢慢重新排列，这时的孔隙比将比原来的孔隙比小，密实度相应增加，这样就可达到加固的目的。

(3) 重复压管法施工工艺。

① 桩管垂直就位。

② 将桩管沉入土层中到设计深度，如果桩管下沉速度较慢，则可以利用桩管下端的喷射嘴射水，以加快下沉速度。

③ 用料斗向桩管内灌砂。

④ 按规定的拔出高度拔起桩管，同时向桩管内送入压缩空气，使砂容易排出，桩管拔起后核定砂的排出量。

⑤ 按规定的压下高度再向下压桩管，将落入桩孔内的砂压实。

⑥ 重复进行③～⑤的工序，直到桩管拔出地面而成桩。

3. 振动成桩法施工的质量保证措施

在砂桩的施工过程中，为保证砂桩的施工质量，须采取以下几项措施。

(1) 为使施工过程中排砂充分，桩管拉拔时不宜太快，以保证桩身的连续性。通常的拔管速度宜控制在 2m/min 左右，具体大小可根据现场试验确定。

(2) 在套管未入土之前，先在套管内投砂(石)2～3 斗(约 1.0～1.5m^3)，打到规定深度时，要复打 2～3 次，以保证桩底成孔质量。

在软黏土中，如不采取上述措施，施工的砂桩底部可能会出现夹泥断桩现象。因为套管在打入规定深度拉拔管时，没有挤密的软黏土又会重新复原，形成缩颈或断桩，同时底部的软黏土极其软弱，受到振动后会往下塌沉。采取上述措施后，由于复打了 2～3 次，使得底部的土更密实，成孔更好，加上有少量的砂排出，分布在桩周，既可以挤密桩周的土，又可以形成较为坚硬的砂与泥混合的孔壁，对成桩极为有利。

(3) 每段成桩不宜过大，因成桩段过大，易造成排砂不畅的现象。如遇排砂不畅，可适当加大拉拔高度，或适当加大风压。在打入或排砂时，套管内会产生排砂不畅或倒流现象，这可能是套管打下时产生了较大的孔隙水压力，加上外部风管的残余风压而形成较大的反冲力量所致，加大风压就可克服这些现象。桩管快拔出地面时，应减小风压，以防止砂料外飘。

(4) 套管内的砂料应保持一定的高度。

(5) 在逐步拔管法中，每段拔起的高度和留振的时间可由现场试验确定。

(6) 为使砂能从套管中顺利排出，在向套管内灌砂的同时，应向桩管内通压缩空气或水。

(7) 控制每段砂桩的灌砂量，以保证成桩后桩的直径达到设计要求，该值一般应按桩孔体积和砂在中密状态下的干密度计算，其实际灌砂量(不含水率)不得少于计算值的 95%。当实际灌砂量未达到这个要求或设计要求时，可在原位再沉下桩管灌砂复打一次，或在旁边补加一根砂桩。

(8) 重复压管施工工艺，桩管每次拔起和压下的高度，应根据砂桩直径要求通过试验确定。

4. 振动成桩法施工注意事项

(1) 正式施工前应进行成桩试验，试验桩数一般为 7～9 根，以验证试验参数的合理性。当发现不能满足设计要求时，应及时会同设计单位调整桩距、灌砂量等，对此有关设计参数需重新试验或改变设计。

(2) 正式施工时，要严格按照设计提出的桩长、桩距、桩径、灌砂量，以及试验确定的桩管打拔速度和高度、挤压次数和留振时间、电动机的工作电流等施工参数进行施工，以确保挤压均匀和桩身的连续性。

(3) 应保证起重设备平稳，导向架与地面垂直，且垂直度偏差不应大于 1.5%，成孔中心与设计桩心偏差不应大于 50mm，桩径偏差应控制在 20mm 以内，桩长偏差不大于 100mm。

(4) 灌砂量不应小于设计值的 95%，如不能顺利下料，即排砂不畅时，可采取前述的质量保证措施。

4.3.2 锤击成桩法

1. 施工机械

砂桩施工除采用上述振动成桩法以外，还常用蒸汽打桩机或柴油打桩机，配以下端带有活瓣钢制桩靴或预制钢筋混凝土锥形桩尖(留在土中)的桩管和装砂料斗等。

锤击成桩法的施工工艺与振动成桩法的施工工艺基本相同，但扩大桩体的方法不是用振动器，而是用内管向下冲击。

2. 施工工艺

锤击成桩法施工工艺有两种：单管法和双管法。

1) 单管法

该法分以下几个步骤进行施工。

(1) 带有活瓣的钢制桩靴闭合，桩管垂直就位。

(2) 将桩管打入土层中，直到规定的设计深度。

(3) 用料斗向桩管内灌砂，当灌砂量较大时，可分两次灌入，第一次灌入 2/3，将桩管从土中拔起一半长度后再灌入剩余的 1/3。

(4) 按规定的拔出速度从土层中拔出桩管，即可成桩。

2) 双管法

双管法的锤击成桩工艺又分为芯管密实法和内击沉管法，其中芯管密实法适用于砂桩和碎石桩，内击沉管法适用于碎石桩。

内击沉管法详见情境 6 的相关内容，本节只讲述芯管密实法。

芯管密实法的施工机械主要有蒸汽打桩机或柴油打桩机、履带式起重机、底端开口的外管、底端闭口的内管(即芯管)及装砂料斗等。其成桩工艺如下。

(1) 桩管垂直就位。

(2) 启动蒸汽桩锤或柴油桩锤锤击内管和外管，下沉至规定的设计深度。

(3) 拔起内管，向外管内灌砂。

(4) 放下内管到外管中的砂面上，拔起外管到与内管底面齐平。

(5) 锤击内管和外管将砂压实。桩底第一次投料较少，可填入一手推车料(约 $0.15m^3$，只是桩身每次投料的一半)，然后锤击压实，这一阶段叫作“座底”，“座底”可以保证桩长和桩底的密实度。

(6) 拔起内管，向外管内灌砂。每次投料为两手推车的量(约 $0.3m^3$)。

(7) 重复第(4)～(6)道工序，直至桩的内、外管拔出地面而成桩。

制桩达到桩顶，即最后 1～2 次加料时，每次加 1～1.5 手推车的砂料进行锤击压实，直至设计规定的桩长或桩顶标高，这一阶段叫作“封顶”。

3. 锤击成桩法施工的质量保证措施

1) 单管法的质量保证措施

在单管法施工中，为保证桩身的连续性，拉管的速度需进行控制。该速度不能过快，可根据试验确定。在一般土质条件下，每分钟的拉管长度应控制在 1.5～3.0m 的范围内。

为保证单管法施工的桩身直径满足设计要求，应用灌砂量进行控制。当灌砂量达不到设计要求时，应在原位再沉下桩管灌砂复打一次，或在其旁边补加一根砂桩。

2) 双管法的质量保证措施

在双管法施工中，在进行到第(5)道工序时，宜按贯入度进行控制，这样可以保证砂桩桩体的连续性、密实性和其周围土层的均匀性。该工艺在有淤泥夹层的土中能保证成桩，不会发生塌孔和缩颈现象，成桩质量较好。

4.3.3 砂桩施工过程中的注意事项

1. 施工前的成桩试验

由于目前砂桩的理论计算尚缺乏严密性，因此当施工方法和群桩施工参数确定后，应尽量在现场先进行试桩，以检验设计参数的正确性，试桩数目宜为 7～9 根，然后根据试桩情况修正群桩的设计、施工参数和施工方法。

2. 施工标高的选择

砂桩的施工标高一般应高于基础底面设计标高 1～2m，以便开挖基坑时将桩顶部分没有充分挤实或被扰松的表层部分完全挖去。如果砂桩施工后对地基表层 1～2m 深度内的土层进行适当处理，则砂桩的施工也可从基础底面设计标高开始。

3. 施工顺序的确定

在松散砂土地基中施工，应先打外围桩或从两侧向中间进行，以挤密为主的砂桩宜隔行进行，即“间隔跳打”。对最后几行桩，当下沉桩管困难时，可适当增大桩距。

在淤泥质黏性土地基中，宜从中间向外围施工，当砂桩成型困难时，应隔行施工，各行中的桩也可间隔施工。

在已有建(构)筑物附近施工时，应按远离建(构)筑物方向进行作业。在路堤或岸坡上施工时，应远离岸边且向坡顶方向进行作业。

4. 施工方法的选择

振动成桩法和锤击成桩法均可用于砂性土和黏性土地基的施工。砂性土具有易振密的特点，施工中应优先选用振动成桩法，其中一次拔管法工艺简单、工效较高，但施工质量不如逐步拔管法和重复压管法更易得到保证。当砂桩质量要求较高时，一般不采用一次拔管法。在软弱黏性土中，如要求成桩直径较大，可选用锤击式双管法或振动重复压管法。

5. 施工精度的控制

施工时桩位水平偏差不应大于 0.3 倍套管直径，套管垂直度偏差不应大于 1%。

4.3.4 砂桩施工过程中的质量通病及防治措施

砂桩施工过程中的质量通病及防治措施见表 4-1。

表 4-1　砂桩施工过程中的质量通病及防治措施

施工事故及质量隐患	出现部位	产生原因	预防措施	补救措施
缩颈，桩径小于设计口径	地层较软弱部位；桩的中上部	提管过快；施工电流小	严格按操作规程施工；上拔速度小于 2m/min；调整施工电流	进行反插作业；补桩
塌孔	桩的中下部；呈流塑状的地层	施工电流太大；地层太弱	根据地层规律，找出合适的施工电流	在塌孔部位及时冲填砂料，并进行反插作业，以促进砂的密实；严重的可采取补桩措施
个别点位试验未达设计承载力	局部地区	砂桩不密实；局部地区地层较软；超静孔隙水压力未消散	严格监控施工工序；控制桩的上拔速度；施工前详细分析岩土工程勘察资料；需要时补勘	间隔一段时间进行复试；补桩

任务4.4 质量检验

1. 砂桩的质量要求

砂桩的施工工艺主要是振动成桩法和锤击成桩法，无论采用哪一种施工工艺和机具，均应满足下列质量要求。

(1) 砂桩桩体必须上下连续并确保设计长度。

(2) 应满足单位深度的灌砂量。

(3) 桩体的强度和桩间土的加固效果均应满足设计要求，桩体的密实度和均匀性可用锤击法检验。

(4) 砂桩的平面位置和垂直度偏差均应满足其允许值。

(5) 如果实际的灌砂量未达到设计要求值，应在原桩位复打一次并灌砂，或在其旁边补加一根砂桩。

2. 质量检验要求

(1) 施工后应间隔一定时间方可进行质量检验。由于制桩过程对地基土结构、构造的扰动，会使地基土强度暂时有所降低，而且会对饱和土体产生较高的超孔隙水压，因此制桩结束后要静置一段时间，使地基土强度恢复、超孔隙水压消散后再进行质量检验。

对于饱和黏性土地基，应间隔 28d 后进行质量检验；对于粉土、砂土和杂填土地基，宜在 7d 后进行质量检验。

(2) 砂桩的施工质量检验可采用单桩载荷试验。对于桩体可采用动力触探试验检验，对于桩间土可采用标准贯入、静力触探、动力触探或其他原位测试方法进行检验。检验数量不应少于桩孔数量的 2%。

(3) 砂桩地基竣工验收时，承载力检验应采用复合地基载荷试验。试验数量不应少于总桩数的 0.5%，且每个单体建筑不应少于 3 点。

工程实例

山西省财政厅办公大楼工程地基砂桩处理

1. 工程概况

该大楼总建筑面积 5480m^2。七层部分屋顶标高为 28.2m，长 15.9m，宽 14.5m；六层部分屋顶标高为 23.1m，长 45.5m，宽 13.2m。设计采用钢筋混凝土筏板基础。

2. 工程地质条件

该工程地基主要由冲积、洪积成因的饱和粉质黏土和粉细砂组成。第一层为粉质黏土，埋深 −1.20～−3.20m；第二层为粉细砂，埋深 −3.20～−6.40m；第三层为粉质黏土，埋深 −6.40～−9.00m；第四层为粉细砂，埋深 −9.00～−16.00m。

粉细砂标贯值 $N=2\sim7$，相对密度 $D_r=0.35\sim0.45$。细砂有效粒径为 0.042~0.076mm，平均粒径为 0.170~0.200mm，不均匀系数为 2.7~4.9；粉砂有效粒径为 0.033mm，平均粒径为 0.110mm，不均匀系数为 3.3。

根据标贯值、平均粒径、不均匀系数、相对密度和有效覆盖压力判断，第二层粉细砂层在 8 度地震烈度下属于可液化层，因此采用砂桩法处理地基。

3. 砂桩设计

砂桩直径为 350mm，桩距为 1.15m，按梅花形布置。桩长 7.8m，穿透可液化粉细砂层，伸入较稳定的粉质黏土层内约 1.4m。砂桩设计总数为 837 根。

设计要求砂桩和桩间砂土处理后的相对密度不低于 0.7，标贯值不低于 10，砂桩和砂垫层覆盖的地基面积为 1287m^2。边桩伸出边轴线外 2.75m，距基础外边线 2.00m。砂垫层厚度为 30cm。

4. 砂桩施工

拟采用逐步拔管振动成桩法施工。材料为含卵石的饱和中粗砂。成桩工艺为每次拔起桩管高度 0.5m，停拔后继续振动 20s。施工顺序为先施工周边桩，后施工第三排桩，再隔行施工第二排桩，依此类推。

5. 技术经济效果

全部砂桩施工完毕后，在场地中部和东部区域内进行了桩间土挤密效果测试，桩间砂土标贯值和相对密度均满足设计要求。

砂桩方案与钢筋混凝土桩方案比较，在造价方面，前者约为后者的 1/10；在施工速度方面，前者约为后者的 1/2。

全部工程完毕后进行了 10 个月的沉降观测，最大沉降量为 23mm，最小沉降量为 11mm，平均沉降量为 16.7mm，达到了设计要求。

能力训练

一、选择题

1. 砂桩法适用于处理(　　)类地基土。

A. 松散砂土　　B. 红土　　C. 饱和粉土　　D. 黄土

2. 用砂桩处理地基，按地基处理原理进行分类，应属于(　　)类处理方法。

A. 挤密法　　B. 加筋法　　C. 化学加固法　　D. 置换法

3. 采用砂桩处理地基，砂桩孔位宜采用的布置形式为(　　)。

A. 长方形　　B. 等腰梯形　　C. 梅花形　　D. 等边三角形

4.《建筑地基处理技术规范》(JGJ 79—2012)规定砂桩的间距应通过现场试验确定，但不宜大于砂桩直径的(　　)。

A. 2 倍　　B. 4.5 倍　　C. 6 倍　　D. 8 倍

5. 砂桩置换法适用于处理(　　)类地基土。

A. 杂填土　　B. 饱和软黏土　　C. 碎石土　　D. 素填土

二、简答题

采用砂桩加固软弱地基时，如何确定施工顺序？

三、案例题

1. 某建筑物建在较深的细砂土地基上，细砂的天然干密度 $\rho_d=1.45g/cm^3$，土粒相对密度 $d_s=2.65$，最大干密度为 $1.74g/cm^3$，最小干密度为 $1.3g/cm^3$。拟采用锤击沉管砂桩加密加固地基，砂桩直径 $d = 0.6m$，采用等边三角形布置。为了消除地基土的液化可能，要求加固以后的细砂相对密度 $D_r \geqslant 0.7$。

(1) 为了消除地基土的液化可能，松砂地基挤密后比较合适的孔隙比 e_1 应为(　　)。

A. 0.76　　B. 0.58　　C. 0.66　　D. 0.63

(2) 要求松砂地基挤密后的孔隙比 $e_1 = 0.6$，则砂桩的桩距应为(　　)。

A. 2.0m　　B. 1.8m　　C. 1.6m　　D. 1.4m

2. 某建筑物建在松散砂土地基上，松散砂土 $e_0 = 0.85$，$\gamma = 16kN/m^3$，$d_s = 2.65$，$e_{max} = 0.9$，$e_{min} = 0.55$。采用砂桩加固，等边三角形布置，$d = 0.6m$，$l = 6m$，$d_s = 2.65$，$\omega = 20\%$，按抗震要求，加固后地基的相对密度 $D_r = 0.7$。

(1) 砂桩的桩距应为(　　)。

A. 1.76m　　B. 3.46m　　C. 6.78m　　D. 8.92m

(2) 每根桩的灌砂量应为(　　)。

A. $1.215m^3$　　B. $2.150m^3$　　C. $3.262m^3$　　D. $4.275m^3$

3. 某松砂地基厚 15m，采用砂桩挤密法处理，等边三角形布置，砂桩直径为 0.4m。砂土 $e_0 = 0.80$，$S_r = 0.6$，$d_s = 2.70$。要求把砂土加固到中密状态，即加固后其孔隙比 $e_1 = 0.65$。

(1) 砂桩的桩距应为(　　)。

A. 1.06m　　B. 2.45m　　C. 4.21m　　D. 6.54m

(2) 每根桩的灌砂量应为(　　)。

A. $1.215m^3$　　B. $2.150m^3$　　C. $3.598m^3$　　D. $4.275m^3$

4. 设天然地基的压缩模量 $E_s = 2500kPa$，竖向平均附加应力 $P = 100kPa$，固结土层厚度 $H = 0.1m$，要求沉降量减小到 0.25m。

(1) 砂桩面积置换率 m 应为(　　)。

A. 0.3　　B. 0.5　　C. 0.7　　D. 0.9

(2) 当砂桩按等边三角形布置时，桩距 s 为(　　)。

A. 0.5m　　B. 0.7m　　C. 0.9m　　D. 1.1m

5. 某天然地基的承载力为 100kPa，采用砂桩处理地基，砂桩的承载力为 300kPa，要求砂桩加固后复合地基的承载力达到 150kPa。若砂桩直径 $d = 0.4m$，并按正方形布置，则砂桩的桩距为(　　)。

A. 0.45m　　B. 0.71m　　C. 0.94m　　D. 1.25m

6. 某建筑物建在细砂地基上，采用砂桩加固，砂桩直径 $d = 0.6m$，按等边三角形布置。软黏土地基的孔隙比 $e_0 = 0.85$，$\gamma = 16kN/m$，$d_s = 2.65$，$e_{max} = 0.9$，$e_{min} = 0.55$。依抗震要求，加固后地基的相对密度 $D_r = 0.6$。

(1) 加固后地基土的孔隙比e_1应为(　　)。

A. 0.23　　B. 0.36　　C. 0.69　　D. 0.89

(2) 加固后地基土的容重γ_1应为(　　)。

A. 19.4kN/m　　B. 37.8kN/m　　C. 51.5kN/m　　D. 67.3kN/m

(3) 砂桩的桩距s应为(　　)。

A. 1.36m　　B. 2.50m　　C. 3.86m　　D. 4.52m

7. 某挤密砂桩处理地基，已知砂桩直径为45cm，桩距为1.5m，按等边三角形布置，桩间土的$c_u = 40$kPa、$\phi_u = 0$，另设基础宽度为2m，长度为3m，桩间土的压缩模量为4MPa，砂桩的压缩模量为10MPa。

(1) 砂桩面积置换率m等于(　　)。

A. 0.027　　B. 0.082　　C. 0.043　　D. 0.037

(2) 砂桩极限承载力P_s等于(　　)kPa。

A. 512.9　　B. 139　　C. 369　　D. 428

(3) 桩间土极限承载力P_{sf}等于(　　)kPa。

A. 254　　B. 140　　C. 120　　D. 180

(4) 复合地基极限承载力P_{cf}等于(　　) kPa。

A. 160　　B. 140　　C. 275　　D. 120

(5) 复合地基压缩模量E_c等于(　　)MPa。

A. 4.49　　B. 4.0　　C. 10　　D. 7.0

在线答题

情境5 碎石桩法

学习目标

掌握碎石桩法的加固范围、加固原理及其设计、施工和质量检验方法，能灵活运用碎石桩法处理实际工程问题。

学习要求

知识要点	技能要点
(1) 碎石桩法的概念 (2) 碎石桩的加固范围 (3) 碎石桩法的加固原理	(1) 掌握碎石桩法设计参数及技术要点、碎石桩复合地基承载力及沉降设计计算方法 (2) 掌握碎石桩法的施工和质量检验方法 (3) 能灵活运用碎石桩法处理实际工程问题

引例

通启高速公路工程TQ-02标段由南京市交通工程有限公司承建，西起通州区平潮镇，东至通州区兴仁镇，全线总长15.34km(K122＋100～K137＋440)。软土地基处理路段长3880m，各种处理方法处理路段总计达89万延米，其中碎石桩30万延米，主要分布在桥头和填塘路段。试验段在通扬运河大桥桥头，长度为15m，碎石桩长8m，桩径0.5m，桩距1.3m。

本工程采用两种地基处理施工方法进行了首件工程的施工，在结束成桩后对两种施工方法施工的碎石桩进行检测。由检测数据可知两种施工方法施工的碎石桩质量均满足设计要求，但第二种施工方法施工的碎石桩的桩长、桩径和密实程度更均匀，通过单桩和复合地基承载力试验检测，各项指标均能满足设计和规范要求，且施工更快捷方便，因而最终采用第二种施工方法。

任务5.1　碎石桩法概述

5.1.1 碎石桩法的概念

碎石桩法是以碎石、卵石等粗粒土为填料，在软土地基中制成桩体(即碎石桩)的地基处理方法。其成桩方式主要有振冲法、干振法、沉管法、强夯置换法等，工程中应用最广泛的是振冲法。碎石桩、砂桩和其他粗颗粒土桩，由于桩体材料间无黏结强度，故统称为散体材料桩。

利用振动和水冲加固土体的方法，称为振冲法。振冲法最早用于振密松砂地基，由德国人于20世纪30年代发明，到60年代初，振冲法开始用来加固黏性土地基，并形成碎石桩复合地基。我国于1977年首次应用这一技术加固南京某船舶修造厂船体车间软土地基，效果十分显著。之后该技术在全国各地推广应用，产生了巨大的经济效益，目前已大量用于土建、水利、冶金、交通等工程的地基与土构物的加固处理，几乎对各种松软土都可采用这一技术，处理深度达20m。处理后地基承载力最高可达400kPa，并可广泛应用于可液化地基处理中，成为一种重要的抗液化措施。

5.1.2 碎石桩法的加固原理及适用范围

在黏性土地基中按振冲法施工时，经振冲器振动和高压水冲击的作用，黏性土将变成泥浆排出孔外，回填的碎石在孔内形成大直径的密实桩体。按一定间距和分布方法用碎石桩加固地基后，将形成桩土共同作用的复合地基。若基础下软弱土层不太厚，碎石桩可以贯穿整个软弱土层，达到相对硬层；由于桩体的压缩模量较桩间土大很多，通过基础传给复合地基的附加压力随着桩、土的等量变形会逐渐集中到桩上去，使桩间土负担的压力相应减小，结果复合地基承载力有所提高，压缩性也有所降低。若基础下软弱土层厚度较大，碎石桩不可能穿过整个软弱土层，则复合地基主要起垫层作用，将荷载引起的应力向周围扩散，使下卧层所受应力减小，从而提高地基的整体承载力，减小沉降量。

由于在制桩时碎石填料经振冲器的水平振动力作用被挤向孔壁的软弱土层中，使桩体直径扩大，当侧向挤入力与侧壁土的约束力平衡时桩体将不再扩大，因此原土的抗剪强度是影响加固效果的重要因素。原土的强度越低，制成的桩体直径就越大。但原土强度很低时，土的约束力不能平衡填料的挤入力，就难以制成桩体。一般要求黏性土的不排水抗剪强度不小于20kPa。

碎石桩的填料颗粒粗、透水性好，在软黏土中可以形成良好的排水通道，能起到排水砂井的作用，加快地基的固结沉降。

总之，碎石桩法作为复合地基的一种加固方法，除了可用来提高地基承载力、减小地基的沉降量以外，还可用来提高土体的抗剪强度、增加土坡的抗滑稳定性等。不论是对疏松砂性土还是对软弱黏性土，碎石桩法加固都具有挤密、置换、排水、垫层和加筋等作用。

碎石桩法适用于处理砂土、粉土、粉质黏土、素填土和杂填土等地基。若处理不排水抗剪强度不小于20kPa的饱和黏性土和饱和黄土地基，应在施工前通过现场试验确定其适用性。另外，振冲法处理设计方法及理论目前尚不够成熟，某些设计参数也只能凭工程经验选定，因此对大型的、重要的或现场地层复杂的工程，在施工前必须通过现场试验确定其适用性。

任务5.2 碎石桩法设计

5.2.1 碎石桩一般设计原则

1. 加固范围

碎石桩的加固范围依建筑物重要性、场地条件和基础形式而定，应大于基底面积。当用于多层和高层建筑时，宜在基础外缘扩大1～3排桩；当要求消除地基液化时，在基础外缘扩大宽度不应小于可液化土层厚度的1/2，且不应小于5m；对高速公路，基础外缘应扩大1～3排桩。

2. 桩位布置

桩位布置依基础形式而定。

(1) 对均匀受力地基(路基)满堂布置，宜用等边三角形布桩，如图5.1(a)所示。

(2) 对独立或条形基础，宜用正方形[图5.1(b)]、矩形[图5.1(c)]和等腰三角形布桩。

(3) 对圆形或环形基础(如油罐基础)，可采用放射形布桩，如图5.1(d)所示。

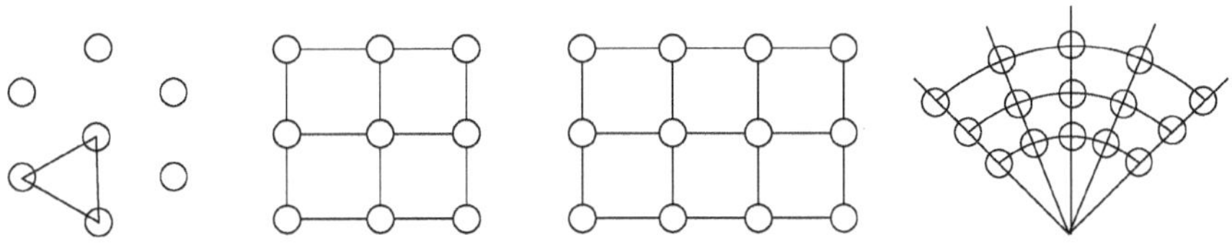

(a)等边三角形布桩　(b)正方形布桩　(c)矩形布桩　(d)放射形布桩

图5.1　桩位布置图

3. 加固深度(桩长)

加固深度应根据软弱土层的性能、厚度或工程要求按下列原则确定。

(1) 当相对硬层的埋藏深度不大时，应按相对硬层埋藏深度确定。

(2) 当相对硬层的埋藏深度较大时，复合地基变形不得超过建筑物地基的容许变形值。

(3) 对按稳定性控制的工程，加固深度应不小于最危险滑动面以下 2m。

(4) 在可液化地基中，加固深度应按要求的抗震处理深度确定。

(5) 桩长不宜小于 4m。

4. 桩径

碎石桩的桩径应根据地基土质情况和成桩设备等因素确定。

(1) 采用振冲法成桩时，碎石桩的桩径一般为 800～1200mm。

(2) 采用沉管法成桩时，碎石桩的桩径一般为 300～800mm。

(3) 处理饱和黏性土地基宜选用较大的桩径。

5. 桩距

应根据荷载大小和原土的抗剪强度确定桩距，通常采用 1.3～3.0m。荷载大或原土的抗剪强度低时，宜取较小的桩距，反之则取较大的桩距。

6. 桩体材料与垫层

碎石桩的桩体材料可就地取材，一般使用碎石、卵石、砂砾石等硬质材料，含泥量不大于 5%。碎石桩桩体材料的容许最大粒径取决于桩径和桩尖构造，以能顺利出料为宜，一般不大于 80mm，碎石常用的粒径为 5～50mm。

基础底面应铺设 300～500mm 厚的砂(碎)石垫层，并分层铺设。

5.2.2 碎石桩设计计算

1. 碎石桩复合地基承载力计算

碎石桩复合地基承载力特征值应通过现场复合地基载荷试验确定，初步设计时也可用桩体和处理后桩间土承载力特征值按下式估算。

$$f_{\mathrm{spk}} = mf_{\mathrm{pk}} + (1-m)f_{\mathrm{sk}} \tag{5-1}$$

$$m = \frac{A_{\mathrm{p}}}{A} = \frac{d^2}{d_{\mathrm{e}}^2} \tag{5-2}$$

式中 f_{spk}——复合地基承载力特征值(kPa)。

f_{pk}——桩体承载力特征值(kPa)，宜通过单桩载荷试验确定。

f_{sk}——处理后桩间土承载力特征值(kPa)，宜按当地经验取值，如无经验时可取天然地基承载力特征值。

m——面积置换率。

d——桩身平均直径(m)。

d_{e}——单根桩分担的处理地基面积的等效圆直径(m)。采用等边三角形布桩时，$d_{\mathrm{e}}=1.05s$；采用正方形布桩时，$d_{\mathrm{e}}=1.13s$；采用矩形布桩时，$d_{\mathrm{e}}=1.13\sqrt{s_1 s_2}$。其中 s 为等边三角形布桩和正方形布桩时的桩距，s_1、s_2 分别为矩形布桩时的纵向桩距和横向桩距。

小型工程的黏性土地基如无现场载荷试验资料，初步设计时复合地基的承载力特征值也可按式(5-3)估算。

$$f_{spk}=[1+m(n-1)]f_{sk} \tag{5-3}$$

式中 n——桩土应力比。无实测值时，对黏性土可取2～4，粉土和砂土可取1.5～3.0；原土强度低取大值，原土强度高取小值。

其余符号含义同前。

通过小型载荷试验测得桩间土的承载力特征值，即可由式(5-3)计算复合地基的承载力特征值，式中的f_{sk}为处理后桩间土的承载力特征值，对于黏性土地基，也可采用处理以前天然地基土的承载力特征值来代替。

2. 碎石桩复合地基沉降量计算

碎石桩复合地基的压缩模量可用式(5-4)求得。

$$E_{sp}=[1+m(n-1)]E_s \tag{5-4}$$

式中 E_{sp}——复合地基的压缩模量(MPa)。

E_s——桩间土的压缩模量(MPa)，宜按经验取值，可取天然地基压缩模量。

n——桩土应力比。当无实测资料时，对黏性土可取2～4，粉土和砂土可取1.5～3.0；原土强度低取大值，原土强度高取小值。

然后用分层总和法计算碎石桩复合地基的沉降量。

任务5.3 碎石桩法施工

碎石桩

5.3.1 振冲法

振冲法施工碎石桩

振冲法也称振动水冲法，是以起重机吊起振冲器，启动潜水电动机带动偏心块，使振冲器产生高频振动，同时开动水泵，通过喷嘴喷射高压水流成孔，然后分批填以碎石骨料，借振冲器的水平和垂直振动振密填料，形成由碎石桩桩体与原地基构成的复合地基，以提高地基的承载力，减少地基的沉降量和沉降差，是一种快速、经济、有效的地基加固方法。

1. 施工前的准备工作

(1) 现场勘察了解场地的地形及周围环境。

(2) 了解场地的工程地质条件和地下水情况。

(3) 进行振冲试验，确定各项施工参数。

(4) 编写施工组织设计，合理布置现场，明确施工顺序、施工方法，并配备所需机械。

2. 桩身材料

碎石或卵石可选用自然级配，含泥量小于 10%，粒径一般为 20～50mm。碎石作为桩体材料比卵石好，其咬合力大，形成的桩身强度高。

振动碎石桩机图

3. 施工机具

振冲法施工的主要机具有振冲器、起重机械、水泵、泥浆泵、填料机械、电控系统等，如图 5.2 所示。下面主要介绍振冲器和起重机械。

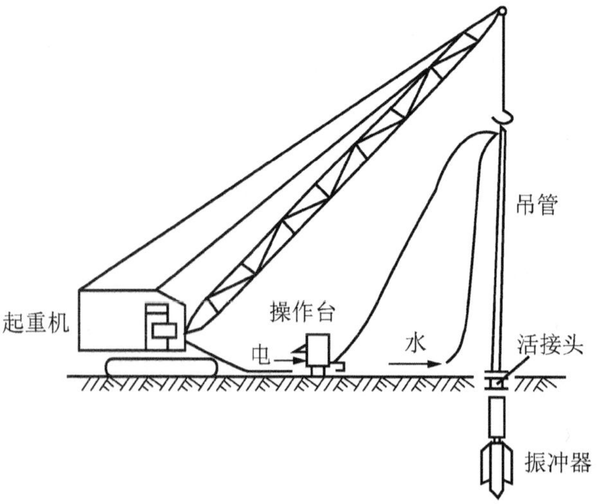

图 5.2　振冲法施工的主要机具

1) 振冲器

振冲器是一种利用自激振动，配合水力冲击进行作业的机具，如图 5.3 所示。

(1) 组成。振冲器主要由四大部分组成：①电动机；②振动器；③通水管；④减振器及导管。

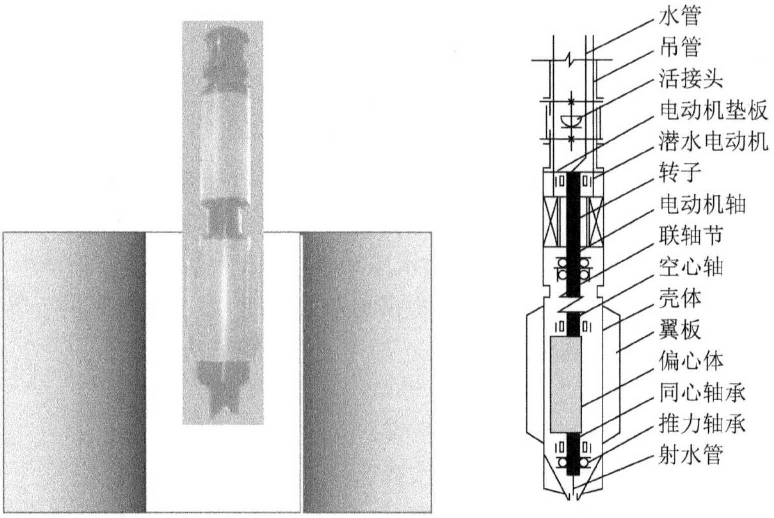

(a)实物图　　(b)构造图

图 5.3　振冲器

(2) 振动参数。

① 振动频率。只有当振动器的振动频率接近土的自振频率时，才会产生共振现象，使土达到最佳加密效果。

② 振幅。振幅在一定范围内会对土体产生挤压，振幅大时，加固效果相对好，但过大或过小均不利。

③ 加速度。对于振冲挤密，只有振动加速度达到一定值后才有挤密效果。

2) 起重机械

起重机械一般包括履带式起重机、汽车式起重机、自行井架式专用起重机和抗扭胶管式专用汽车。

4. 施工顺序

(1) 振冲法施工一般采用“先中间后周边”或“一边推向一边”的顺序进行，如图 5.4(a)、(b)所示。

(2) 在软黏土地基中，为减少对地基土的扰动，可采用间隔打桩(跳打)的方式，如图 5.4(c)所示。

(3) 有邻近建筑物时，应采取保护措施，如图 5.4(d)所示。

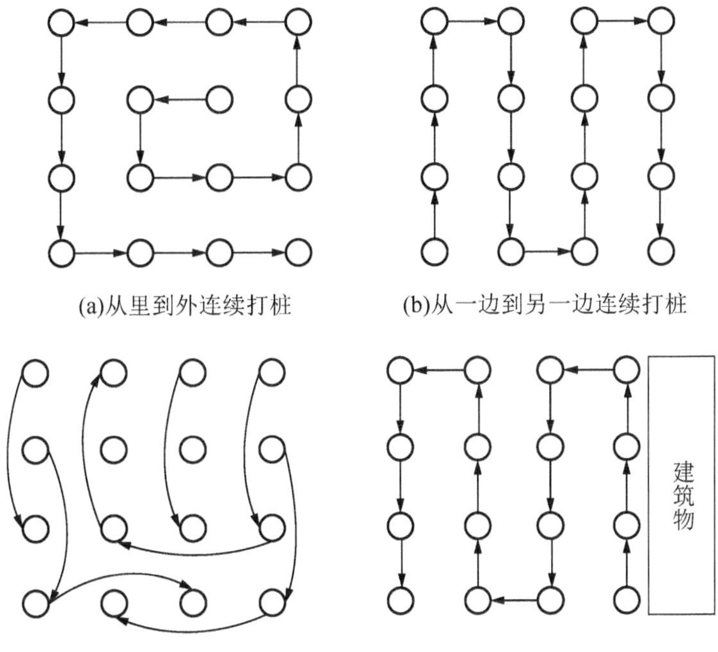

(a)从里到外连续打桩　(b)从一边到另一边连续打桩

(c)间隔打桩(跳打)　(d)紧靠建筑物时

图 5.4　桩的施工顺序

碎石桩施工流程

5. 施工工艺

施工工艺及顺序如下：①就位；②成孔；③清孔；④填料；⑤振密加固；⑥成桩。振冲法施工程序示意如图 5.5 所示。

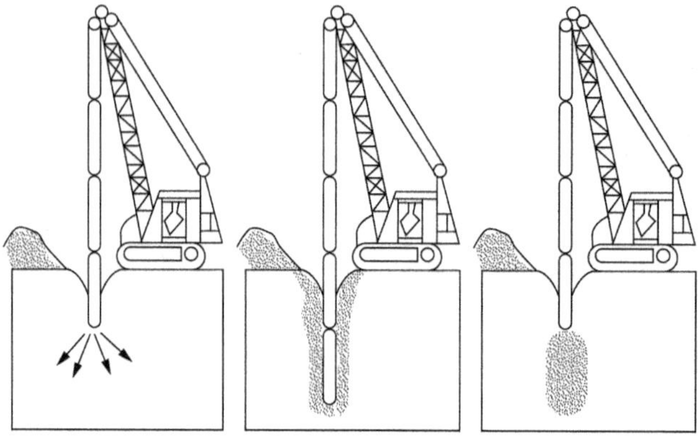

图 5.5　振冲法施工程序示意

6. 填料方法

1) 间断填料法

间断填料法成孔后将振冲器提出孔口，直接往孔内倒入一批填料，然后再将振冲器放入孔内将填料振密，每次填料都这样反复进行，直到全孔结束。具体步骤如下。

(1) 振冲器对准桩位。

(2) 振冲成孔。

(3) 将振冲器提出孔口，向孔内填第一次料(每次填料高度限制为 0.8～1.0m)。

(4) 将振冲器再放入孔内将填料振实。

重复步骤(3)、(4)，直至整根桩制作完成。

2) 连续填料法

连续填料法是将间断填料法中的填料和振密合为一步来做，即边把振冲器缓慢向上提升(不提出孔口)边向孔中填料。具体步骤如下。

(1) 振冲器对准桩位。

(2) 振冲成孔。

(3) 振冲器在孔底留振。

(4) 孔口不断填料，边填边振，达到密实。

(5) 上提振冲器(上提距离约为振冲器锥头长度，即 0.3～0.5m)继续振密、填料，直至达到密实。

重复步骤(5)，直至整根桩制作完成。

3) 综合填料法

综合填料法相当于前两种填料方法的组合。施工时第一次填料、振密过程采用的是间断填料法，即成孔后将振冲器提出孔口，填一次料后下降振冲器，使填料振密，之后就采用连续填料法，即填一次料后振冲器不提出孔口，而是边填边振。

4) 先护壁后制桩法

在较软的土层中，应采用“先护壁，后制桩”的办法施工。该法即成孔时不要一下子达到设计深度，而是先达到软土层上部范围内，将振冲器提出孔口，加一批填料，然后下沉振冲器将这批填料挤入孔壁，这样就可把这段软土层的孔壁加强以防塌孔，然后再将振冲器下降到下一段软土层中，并用同样的方法填料护壁。如此反复进行，直至设计深度。孔壁护好后，就可在前述三种方法中任选一种进行填料制桩。

5) 不加填料法

不加填料法具体步骤如下。

(1) 振冲器对准桩位。

(2) 振冲成孔。

(3) 振冲器到达设计深度后，在孔底不停振冲。

(4) 利用振冲器的强力振动和喷水，使孔内振冲器周围和上部的砂土逐渐塌陷，并被振密。

(5) 达到密实度要求后，上提一次振冲器(每次上提高度为 0.3～0.5m)，保持连续不停地振冲。

按上述步骤(4)、(5)反复进行，由下而上逐段振密，直至桩顶设计高程。

5.3.2 其他碎石桩施工方法

1. 干振挤密碎石桩法

干振挤密碎石桩法的加固原理就是形成复合地基，在成孔和挤密碎石桩的过程中，土体在水平激振力作用下产生径向位移，在碎石桩周围形成密实度很高的挤密区，该挤密区对碎石桩起约束作用。该法的缺点是桩间土的密实度不均匀。总的来看，桩间土强度比原天然地基土强度高很多。经干振挤密碎石桩法加固的地基，承载力可提高一倍左右。

该法与振冲挤密碎石桩的不同之处是不用高压水冲，其主要施工设备是干法振动成孔器，主要适用于地下水位较低的非饱和黏性土、素填土、杂填土和二级以上非自重湿陷性黄土。

2. 沉管碎石桩法

按施工方法，沉管碎石桩法又可分为三种：管内投料重锤夯实法、管内投料振动密实法、先拔管后投料复打密实法。

(1) 管内投料重锤夯实法：首先将桩管立于桩位，向管内填 1m 左右的碎石，然后用吊锤夯击桩位，靠碎石桩和桩管间的摩擦力将桩管带到设计深度，最后分段向管内投料和夯实填料，同时向上提拔桩管，直至拔出桩管，形成碎石桩。

(2) 管内投料振动密实法：通常采用振动沉拔管打桩机制桩，依靠沉管振动密实，但要控制拔管速度，注意填料量，达不到要求时应复打。

(3) 先拔管后投料复打密实法：通常采用常规沉管打桩机沉桩管，然后将桩管拔出，再向桩孔中投料，利用复打的方式使桩体填料变密实，形成碎石桩复合地基。对于容易发生缩孔的地基，该法不能采用。

3. 夯扩碎石桩法

夯扩碎石桩法是沉管碎石桩法先拔管后投料复打密实法的发展。其施工工艺如下：先将沉管沉至设计深度；边投料边拔管，一次投料数量和一次拔管高度应根据夯扩试验确定；将投料夯扩至设计直径；再边投料边拔管，继续夯扩，直至制成一根夯扩碎石桩。在成桩过程中桩间土被挤密，强度得到提高。夯扩碎石桩桩体直径大、密实度高、承载力大。

夯扩碎石桩法适用于非饱和土地基，对素填土、杂填土地基加固效果很好。

任务 5.4 质 量 检 验

各类碎石桩法质量检验均应重视检查施工记录。如振冲法要检查成桩各段的密实电流、留振时间和填料量是否符合设计要求；沉管碎石桩法要检查桩身各段填料量及提升和挤压时间是否符合设计要求。如有遗漏或不符合设计要求，应补桩或采取其他有效的补救措施。

施工质量检验，应在施工结束后间隔一段时间再进行，原则上应待桩间土超静孔隙水压力消散，土体结构强度得到恢复后再进行质量检验。一般对于粉质黏土地基，间隔时间不宜小于 21d；对于粉土地基，间隔时间不宜小于 14d；对于砂土和杂填土地基，间隔时间不宜小于 7d。

桩的施工质量检验，可采用单桩载荷试验，检验数量为总桩数的 1%，且不少于 3 根。对于桩体可采用重型动力触探试验检验，对于桩间土可采用标准贯入、静力触探、动力触探或其他原位测试方法进行检验。检验深度不应小于处理地基的深度，检验数量不应少于桩孔总数的 2%。

竣工验收时，地基承载力检验应采用复合地基静载荷试验，试验数量不应少于总桩数的 1%，且每个单体建筑不应少于 3 点。

工程实例一

通启高速公路工程软土地基碎石桩处理

1. 工程概况

通启高速公路工程 TQ-02 标段由南京市交通工程有限公司承建，西起通州区平潮镇，东至通州区兴仁镇，全线总长 15.34km(K122 + 100～K137 + 440)。软地基处理路段长 3.88km，各种处理方法处理路段总计达 89 万延米，其中碎石桩 30 万延米，主要分布在桥头和填塘路段。试验段在通扬运河大桥桥头，长度为 15m，碎石桩长 8m，桩径 0.5m，桩距 1.3m。

2. 施工方案

本工程采用两种地基处理施工方法进行首件工程的施工，通过对碎石桩检验结果的对比，得出最佳施工方法。

第一种施工方法：桩管振动下沉至设计深度，略提升桩管，打开桩管底部活瓣，留振 60s，提升桩管，在提升过程中每提升 1m 反插两次，留振 60s。用此方法施工成桩 20 根，平均每延米碎石用量 $0.28m^3$，多于理论用量，充盈系数 1.426，高于规范中的充盈系数。但在施工过程中发现，在打已施工完成的碎石桩相邻的桩时，电流表的读数明显增大，桩管下沉困难。

第二种施工方法：桩管振动下沉至设计深度，略提升桩管，打开桩管底部活瓣，留振60s，提升桩管，在提升过程中不留振，每提升 1m 反插两次。用此方法施工成桩 20 根，平均每延米碎石用量 0.228m^3，多于理论用量，充盈系数 1.16，高于规范中的充盈系数。施工过程进展顺利，电流稳定。后经检验，各项指标均达到设计要求。

3. 检验结果和结论

在施工结束成桩后，对两种方法施工的碎石桩进行检验，由以上检验数据可知两种施工方法施工的碎石质量均满足设计要求，但第二种施工方法施工的桩长、桩径和密实程度更均匀，通过单桩和复合地基承载力试验检验，其各项指标均能满足设计和规范要求，且施工更方便快捷，因而最终决定后续施工采用第二种施工方法。

4. 结语

碎石桩的施工工艺现在虽然已经比较成熟，但在施工过程中还需要严格控制各个关键工序，确保碎石桩及复合地基的工程质量，以保证路基的施工质量，减少地基沉降和桥头跳车，从而提高高速公路的整体施工质量。

工程实例二

石化改造油罐区地基碎石桩处理

1. 工程名称

西安石油化工总厂储运设施改造工程(1 号、3 号)3×10^4m^2 原油灌区地基处理，采用振冲法。

2. 工程地质条件

拟建场地位于西安市西部，北临八家滩村，东距建章路约 600m。场地地形平缓，地貌单元属渭河右岸 I 级阶地。

场地内的地基土分为 7 层，主要特征描述如下；第 1 层为耕土与杂填土，硬塑，结构松散，层厚为 0.50～1.50m；第 2 层为黄土状土，硬塑至可塑，$I_L=0.3$，$e=0.792$，$f_k=120$kPa，层厚为 0.50～3.10m；第 3 层为细中砂，以中砂为主，级配不良，稍湿，$N=8$，$f_k=100$kPa，层厚为 0.50～3.10m；第 4 层为细中砂，以中砂为主，级配不良，稍湿，$N=14$，$f_k=150$kPa，层厚为 0.60～3.40m；第 5 层为粗中砂，以中砂为主，级配不良，稍湿，$N=22$，$f_k=250$kPa，层厚为 1.00～4.40m；第 6 层为中粗砂，以粗砂为主，级配不良，水位以上稍湿至很湿，$N=36$，$f_k=300$kPa，水位以下饱和，层厚为 6.70～9.50m；第 7 层为砾粗砂，以粗砂为主，级配不良，密实、饱和，最大揭露厚度为 19.50m。

场地地下水属潜水类型，稳定水位埋深为 15.50m。

3. 设计参数与桩体施工工艺

(1) 设计参数：拟建 3×10^4m^2 原油灌区地基处理采用振冲法，主要为了提高地基承载力，桩径 1100mm，桩距 2.30m，有效桩长 7.20m，桩位采用等边三角形布置，复合地基承载力设计值为 260kPa。

(2) 桩体施工工艺：施工顺序采用排打法；填料方式为强迫填料方式，填料量每根桩为 10～14m³；施工采用的机械为 BJ-100kW 型振冲器，制桩电压为 380V，波动±20V，造孔电流为 60～200A，加密电流为 90A，留振时间不小于 10s，造孔水压 0.3～0.6MPa，制桩水压 0.2～0.4MPa，成桩后桩位偏差不大于 50mm，造孔速度不宜大于 2.0m/min。

4. 试验结果

共进行桩间土平板载荷试验 1 处，单桩静载荷试验 1 处，重型动力触探试验 2 处，单桩复合地基载荷试验 2 处。

1) 桩间土平板载荷试验

桩间土平板载荷试验 *p-s* 曲线如图 5.6 所示。桩间土的承载力基本值为 130kPa，在 130kPa 荷载作用下变形模量平均值为 3.2MPa。

2) 单桩静载荷试验

单桩静载荷试验 *Q-s* 曲线如图 5.7 所示。根据试验结果判断，单桩极限承载力取 1200kN。

3) 重型动力触探试验

重型动力触探曲线如图 5.8 所示。将实测击数整理、修正后，进行数理统计，碎石桩的重型动力触探试验锤击数范围值 $N_{63.5}=5\sim60$ 击，平均击数为 28.5 击。

根据试验结果分析，2 号桩在设计桩顶标高以下 60cm 密实度为松散，其余部位为稍密至很密实。

4) 单桩复合地基载荷试验

单桩复合地基载荷试验 *p-s* 曲线如图 5.9 所示。根据试验结果判断，复合地基承载力标准值为 260kPa，满足设计要求。在 260kPa 荷载作用下变形模量平均值为 33.0MPa。

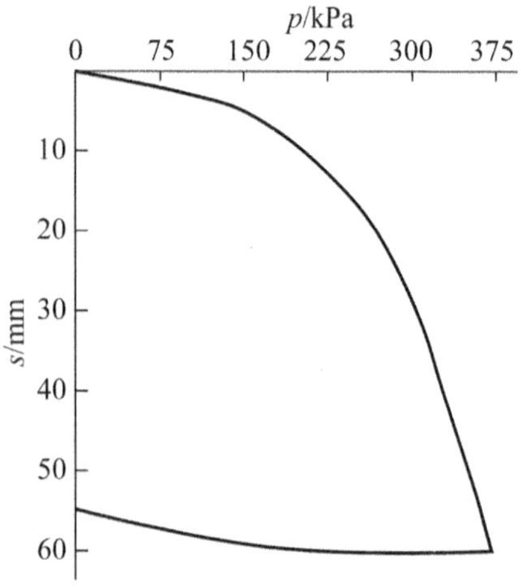

图 5.6　桩间土平板载荷试验 *p-s* 曲线

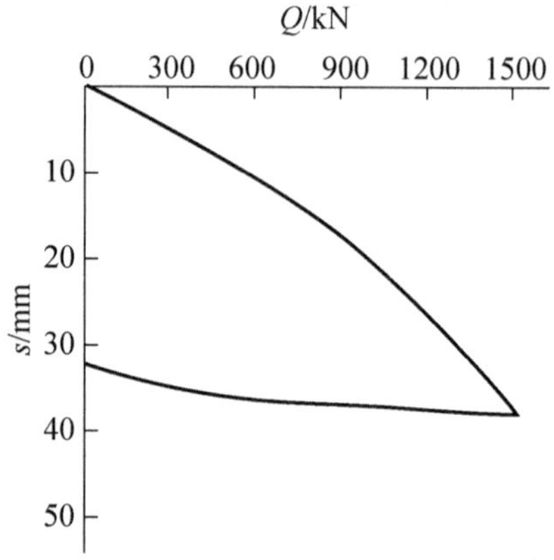

图 5.7　单桩静载荷试验 *Q-s* 曲线

5. 结论

(1) 根据本次试验结果，本工程采用的振冲法施工工艺能满足设计要求。单桩复合地基承载力标准值满足 260kPa 的设计要求。

(2) 根据试验结果调查分析，2 号桩顶部存在松散层的原因主要是施工时提升速度过快、留振时间过短，导致填料量较少所致。

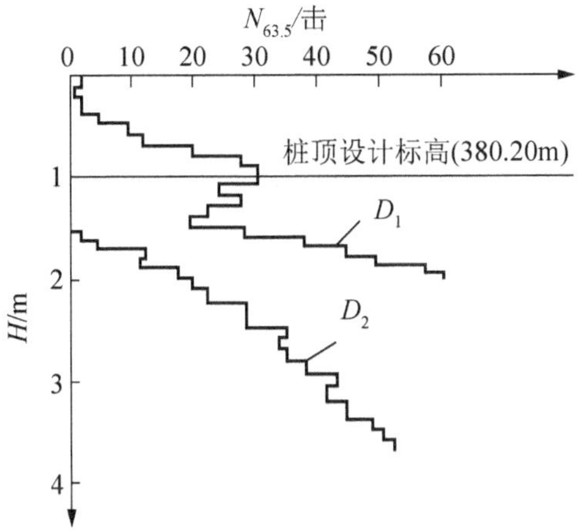

图 5.8 重型动力触探曲线

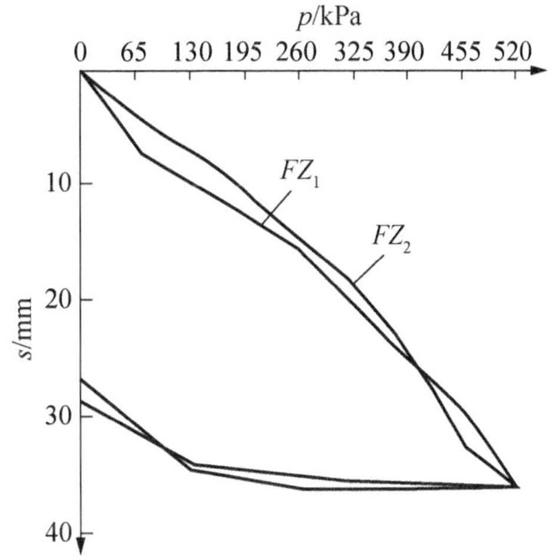

图 5.9 单桩复合地基载荷试验 *p-s* 曲线

能力训练

一、单选题

1. 当采用碎石桩法中的振冲法处理地基时，桩的直径常为(　　)。

A. 0.5～1.0m　　B. 0.8～1.2m　　C. 1.0～1.5m　　D. 1.2～1.8m

2. 碎石桩法从加固原理来分，属于(　　)类地基处理方法。

A. 振冲法　　B. 振冲密实法

C. 深层搅拌法　　D. 降水预压法

3. 碎石桩、砂桩和其他粗颗粒土桩，由于桩体材料间无黏结强度，故统称为(　　)。

A. 柔性材料桩　　B. 刚性材料桩

C. 加筋材料桩　　D. 散体材料桩

二、多选题

1. 在振冲法中，对桩位布置形式，陈述正确的是(　　)。

A. 对独立或条形基础，宜用放射形布置

B. 对独立或条形基础，宜用正方形、矩形布置

C. 对大面积满堂处理，宜用等边三角形布置

D. 对大面积满堂处理，宜用等腰三角形布置

2. 碎石桩可以归为(　　)类地基处理方法。

A. 化学加固法　　B. 浅层处理法

C. 复合地基加固法　　D. 振冲法

三、计算题

1. 某工程采用复合地基处理，处理后桩间土的容许承载力 $f_{ak}=339\text{kPa}$，碎石桩的容许承载力 $f_{pk}=910\text{kPa}$，桩径 2m，桩中心距 3.6m，采用梅花形布置，桩、土共同工作时的强度发挥系数均为 1。试求处理后复合地基的容许承载力 f_{spk}。

2. 振冲法碎石桩桩径 0.8m，采用等边三角形布置，桩距 2m，现场载荷试验结果复合地基承载力特征值 $f_{spk}=200\text{kPa}$，桩间土承载力特征值 $f_{sk}=150\text{kPa}$。试求桩土应力比。

四、案例题

1. 某天然地基土体不排水抗剪强度 C_u 为 23.35kPa，地基极限承载力等于 $5.14C_u$，即 120kPa。采用碎石桩复合地基加固，碎石桩桩体单位截面积极限承载力可采用简化公式 $P_{pf}=25.2C_u$ 估计，碎石桩采用梅花形布置，桩径 0.8m，桩距 1.40m。设置碎石桩后桩间土不排水抗剪强度为 25.29kPa。破坏时，桩体强度发挥度为 $\lambda_1=1.0$，桩间土强度发挥度为 $\lambda_2=0.8$。

(1) 可解得碎石桩复合地基的面积置换率 m 为(　　)。

A. 0.30　　B. 0.26　　C. 0.33　　D. 0.38

(2) 若改变桩的平面布置，取复合地基的面积置换率 $m=0.20$，其他情况不变，则碎石桩复合地基极限承载力为(　　)。

A. 240kPa　　B. 210kPa　　C. 230kPa　　D. 220kPa

2. 松散砂土地基加固前，地基承载力特征值 $f_s=100\text{kPa}$。采用振冲法加固，碎石桩直径为 400mm，桩距为 1.2m，采用等边三角形布置；振冲后原地基土承载力特征值 f_{sk} 提高 50%，桩土应力比采用 $n=3$。

(1) 其面积置换率最接近于(　　)。

A. 0.12　　B. 0.15　　C. 0.11　　D. 0.08

(2) 如果其桩土面积置换率已知为 0.1，则复合地基承载力 f_{sp} 最接近于(　　)。

A. 150kPa　　B. 180kPa　　C. 200kPa　　D. 160kPa

3. 某场地为细砂地基，天然孔隙比 $e_0=0.96$，$e_{max}=1.14$，$e_{min}=0.60$，承载力的标准值为 100kN/m^2。由于不能满足上部结构荷载的要求，决定采用碎石桩加密地基，桩长 7.5m，直径 500mm，采用等边三角形布置，地基挤密后要求砂土的相对密度达到 0.80。

(1) 可确定桩距约为(　　)。

A. 1.0m　　B. 2.0m　　C. 3.0m　　D. 4.0m

(2) 面积置换率 $m=$(　　)。

A. 0.112　　B. 0.145　　C. 0.227　　D. 0.346

(3) 复合地基承载力标准值为(　　)。

A. 105.6kPa　　B. 145.4kPa　　C. 195.4kPa　　D. 245.4kPa

4. 某砖石承重结构条形基础上荷载标准值 $F_k=160\text{kN/m}$，地基土层断面和基础布置如图 5.10 所示，基础的埋置深度为 1.60m。采用振冲法处理淤泥质粉质黏土，碎石桩桩长 7.0m，直径 $d=800\text{mm}$，桩距 $s=2.0\text{m}$，按等边三角形布置。

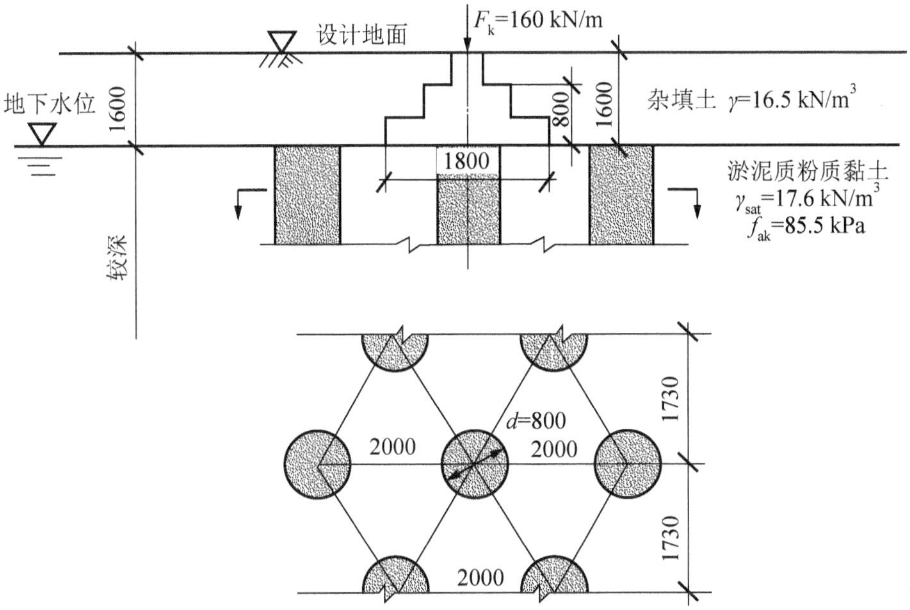

图 5.10 案例题 4 图示条件(单位：mm)

(1) 面积置换率 $m=$(　　)。

A. 0.145　　B. 0.250　　C. 0.567　　D. 0.783

(2) 复合地基承载力特征值为(　　)。

A. 122.69kPa　　B. 211.78kPa

C. 156.90kPa　　D. 189.67kPa

(3) 地基承载力特征值为(　　)。

A. 124.34kPa　　B. 154.68kPa

C. 189.64kPa　　D. 201.98kPa

(4) 此条形基础的宽度约为(　　)。

A. 1.8m　　B. 2.5m　　C. 3.6m　　D. 4.5m

(5) 此条形基础的高度约为(　　)。

A. 0.8m　　B. 1.5m　　C. 2.5m　　D. 4.0m

在线答题

情境6 石灰桩法

学习目标

掌握石灰桩法的加固范围、加固原理，设计、施工和质量检验方法，能灵活运用石灰桩法处理实际工程问题。

学习要求

知识要点	技能要点
(1) 石灰桩法的概念 (2) 石灰桩法的加固范围 (3) 石灰桩法的物理加固作用、化学加固作用	(1) 掌握石灰桩法桩体材料及配合比设计、石灰桩法设计参数及技术要点、石灰桩复合地基承载力及沉降计算方法 (2) 掌握石灰桩法施工和质量检验方法 (3) 能灵活运用石灰桩法处理实际工程问题

引例

某开发公司拟在 15m 厚软黏土(其承载力特征值为 100kPa，重度 $\gamma = 18kN/m^3$)上建造一幢六层住宅楼，软土下为承载力特征值为 200kPa 的黏性土；采用筏板基础，尺寸为 20m × 50m。为计算简便，假设基础置于地表。拟采用复合地基方案，复合地基承载力取 130kPa。考虑选用人工成孔石灰桩复合地基方案，桩长 5m，桩径 300mm，石灰桩桩身抗压强度比例界限值为 400kPa，石灰桩线膨胀系数取 1.1，桩间土承载力提高系数取 1.15，压力扩散角取 23° 。试求：①该石灰桩方案是否可行？②若可行，计算该石灰桩的面积置换率；③若采用等边三角形布桩，试计算桩距；④计算石灰桩的理论布桩数。

任务 6.1 石灰桩法概述

6.1.1 石灰桩法的概念

石灰桩法是指用机械或人工的方法成孔，然后将不同比例的生石灰(块或粉)和掺合料(粉煤灰、炉渣等)灌入，进行振密或夯实后形成石灰桩桩体，桩体与桩间土形成石灰桩复合地基，以提高地基承载力、减小沉降量的地基处理方法。

到目前为止，据不完全统计，我国已有千余栋建(构)筑物采用了石灰桩加固地基。全国已有十几个省(市、自治区)有过应用石灰桩的工程经验。作为一种地基处理手段，石灰桩法受到了广泛的重视。

石灰桩法适用于处理饱和黏性土、淤泥、淤泥质土、素填土和杂填土等地基。用于地下水位以上的土层时，宜增加掺合料的含水率并减少生石灰用量，或采取土层浸水等措施，加固深度从数米到十几米不等。但此法不适用于地下水位以下的砂类土。

石灰桩法可用于提高软土地基的承载力、减小沉降量、提高稳定性，适用于以下工程。

(1) 深厚软土地区 7 层以下、一般软土地区 8 层以下的住宅楼，或相当的其他多层工业与民用建筑物。

(2) 如配合箱形基础、筏板基础，在一些情况下也可用于 12 层左右的高层建筑物。

(3) 有工程经验时，此法也可用于软土地区大面积堆载场地或大跨度工业与民用建筑物独立柱基下的软弱地基加固。

(4) 也可用于机器基础和高层建筑深基开挖的支护结构中。

(5) 适用于公路、铁路桥涵后填土，涵洞及路基软土加固。

(6) 适用于危房地基加固。

6.1.2 石灰桩法的加固原理

1. 石灰桩的物理加固作用

1) 挤密作用

(1) 成桩挤密桩间土。该作用主要发生在采用不排土成桩工艺时，但静压、振动、击入成孔和成桩夯实桩体材料的情况不同，桩径和桩距不同，对土的挤密效果也不同。挤密效果还与土质、上覆压力及地下水状况有密切关系。

作为浅层加固的石灰桩，由于被加固土层的上覆压力不大且有隆起现象，成桩过程中的挤密效果不大，对于一般黏性土、粉土，可考虑 1.1 左右的承载力提高系数；而对于杂填土和含水率适当的素填土，可根据具体情况(桩距和施工工艺)考虑 1.2 左右的承载力提高系数；对于饱和软黏土则可不考虑。

(2) 生石灰吸水膨胀挤密桩间土。大量的原位测试及土工试验结果分析表明，石灰桩仅对桩边一定范围内的土体显示了加固效果，而桩边以外的桩间土在加固前后力学性能并无明显变化(用于成孔挤密桩间土的情况除外)。

由于土的不同约束力及桩体材料的质量、配合比、密实度不同，所以石灰桩在土中的体积膨胀率也不同。一般情况下，有掺合料的桩直径增大系数为 1.1～1.2，相当于体积膨胀系数为 1.2～1.4。

对于膨胀挤密作用的定量研究是困难的，因为这个问题与桩径、桩长、桩距、桩体材料、地下水状况、土质情况及打桩顺序等许多因素有关。大量测试结果表明，经挤密后桩间土的强度为原来强度的 1.1～1.2 倍。

2) 桩和地基土的高温效应

1kg CaO 水化生成 $Ca(OH)_2$ 时，理论上放出 1164kJ 的热量。日本的纯生石灰桩测得的桩内温度最高达 400℃；我国加掺合料的石灰桩，桩内温度最高达 200～300℃。在通常面积置换率的情况下，桩间土的温度最高达 40～50℃。

当水化温度小于 100℃时，升温可以促进生石灰与粉煤灰等桩体掺合料的凝结反应。高温引起了其中水分的大量蒸发，对减少土的含水率、促进桩周土的脱水起到了积极作用。

3) 置换作用

石灰桩作为纵向的增强体与天然地基土体(基体)组成复合地基，桩土共同工作，桩体强度通常为 300～450kPa，石灰桩通常分担了 35%～60%的荷载，应力向桩上集中，使得复合地基承载力得到了极大的提高。这种所谓的置换作用不同于局部的换填，它的实质是桩体发挥作用，其在复合地基承载特性中起了重要作用。

4) 排水固结作用

由于桩体采用了渗透性较好的掺合料，在不同配合比时，测得的渗透系数为 6.13×10^{-5}cm/s～4.07×10^{-3}cm/s，相当于粉细砂，较一般黏性土的渗透系数大 10～100 倍，表明石灰桩桩体排水作用良好。

沉降观测资料表明，采用石灰桩加固地基的建筑物，开始使用后沉降已基本完成，沉降速度都小于 0.04mm/d。

石灰桩桩径多采用300～400mm，桩数多，桩距小(2～3倍桩径)，水平向的排水路径短，有利于桩间土的排水固结。当桩体掺合料采用煤渣、矿渣、钢渣时，排水固结的作用更加显著。

5) 加固层的减载作用

由于生石灰的密度为0.8～1.0g/cm^3，掺合料的干密度为0.6～0.8g/cm^3，显著小于土的密度，即使桩体饱和后，其密度也小于土的天然密度。

石灰桩的桩数较多，当采用排土成桩时，加固层的自重会减轻；当桩有一定长度时，作用在桩端平面的自重应力减小，即可减小桩底下卧层顶面的附加压力。当下卧层强度低时，这种减载将有一定的作用。

2. 石灰桩的化学加固作用

1) 桩体材料的胶凝反应

生石灰与活性掺合料的反应是很复杂的，总的来看是$Ca(OH)_2$与活性掺合料中的SiO_2、Al_2O_3反应，生成了硅酸钙及铝酸钙水化物。华中理工大学、武汉工业大学进行了桩体材料的电子显微镜扫描和X光衍射，结果表明：由生石灰和粉煤灰组成的桩体，反应后由6种化合物组成，其中以$Ca_3SiO_2O_7$为主，其次为$CaSiO_2 \cdot H_2O$。新的生成物不仅有单一的硅酸盐类，还有复式盐及碳酸盐类，这些盐不溶于水，在含水率很高的土中可以硬化。

2) 生石灰与桩周土的化学反应

生石灰熟化中的吸水、膨胀、发热等物理效应是在短期内完成的，一般约4个星期即趋于稳定，这种效应称之为速效效应。这正是石灰桩能迅速取得改良软土效果的原因。而下述的化学反应则要进行很长时间。

(1) 离子化作用(熟石灰的吸水作用)。生石灰熟化生成的$Ca(OH)_2$处于绝对干燥状态时，仍保持很高的吸水能力，它将继续吸取周围土中的水分。

(2) 离子交换。组成黏土的黏性矿物的板状、针状结晶，由SiO_2骨架组成，其表面带负电，颗粒表面吸附着水中的阳离子，水中的阴离子又经常吸附水分子，于是黏土颗粒就被厚的弱结合水膜所包围。所以黏土塑性大，抗剪强度低。

$Ca(OH)_2$离子化产生的钙离子和黏土颗粒表面的阳离子进行交换并吸附在颗粒表面，改变了黏土颗粒的带电状态，使表面弱结合水膜减薄，土粒凝聚，团粒增大，塑性减小，抗剪强度增大，这种作用称为水胶联结。

(3) 固结反应。离子交换带来的黏土的塑性降低有一定限度。当$Ca(OH))_2$含量超过某个限值时，塑性就不再降低，但仍存在着钙离子与黏土中的SiO_2、Al_2O_3化合，发生化学固结反应。同时在pH增高的环境下，硅的溶解性提高，土中的游离硅增多，$Ca(OH)_2$与土中的胶态硅和胶态铝发生化学反应，生成复杂的化合物。这些反应进行得很缓慢，生成胶结剂后，土的强度就显著提高，而且这个强度随时间的延续而增大，具有长期稳定性。这是石灰桩桩周一定厚度的环形带内土体强度很高的另一个原因。

(4) 熟石灰的碳酸化。$Ca(OH)_2$与空气中的CO_2反应后生成$CaCO_3$结晶，又与$Ca(OH)_2$结晶相结合，构成$CaCO_3 \cdot Ca(OH)_2$合成结晶，这种碳酸化作用也使桩周土形成强度较高的硬壳层。碳酸化的反应很缓慢，只能作为长期的强度储备来考虑。

任务 6.2 石灰桩法设计

6.2.1 桩体材料及其配合比

1. 生石灰

生石灰是以主要成分为 $CaCO_3$ 的石灰岩为原料，经过适当温度煅烧所得的一种胶凝材料，其主要成分为 CaO。

对生石灰质量的要求如下。

(1) 生石灰活性。石灰桩要求生石灰具有高活性，而生石灰的活性与生石灰中活性氧化钙和氧化镁含量的总和有关。活性氧化钙和氧化镁能与含硅材料发生化学反应产生胶凝物的化合物，国家标准中称其为有效氧化钙和有效氧化镁，并分别以符号 A-CaO 和 A-MgO 表示。生石灰是以活性高低划分等级的。

(2) 氧化镁含量。因为 $MgCO_3$ 分解温度低(730～760℃)，$CaCO_3$ 分解温度较高(900℃)，而生石灰的煅烧温度常为 1000～1200℃，因此氧化镁常被煅烧成“死烧”状态，其结构致密、消化缓慢，如用于硅酸盐制品及其他工程上，常常到后期才逐渐消化，此时消化所产生的体积膨胀会使构件产生裂缝，导致强度下降。但作为石灰桩的原料，氧化镁的缓慢消化性质却有利于加固地基。在使用中不论是钙质石灰还是镁质石灰，粉末含量都不宜超过 20%。同时，在现场非密封条件下存放天数也不能过长，因在 80%湿度条件下，生石灰的有效钙含量会大幅度降低。有效钙的减少不仅会削弱生石灰熟化中的膨胀力，还会影响桩体材料之间的水化胶凝效果，不利于地基加固。

小颗粒(粒径小于 2cm)石灰的加固效果优于块灰。模型试验的结果证明，小颗粒石灰桩的承载力是块状石灰桩的 1.42 倍。但由于粉灰的污染较大、价格贵，故实际应用中多采用块灰。在采用块灰的时候，应尽量将块灰破碎成小颗粒。

2. 掺合料

石灰桩的生石灰用量很大，为了节约生石灰，宜加入掺合料。掺合料的作用是减少生石灰用量并提高桩体强度，应选用价格低廉、施工方便的活性材料。

在实际工程及试桩中，采用过砂、石屑、粉煤灰、火山灰、煤渣、黏性土、电石渣作主要掺合料，有时添加少量石膏、水泥，其中以粉煤灰、火山灰应用最多，煤渣次之。

粉煤灰、火山灰、煤渣、黏性土等材料中含有大量 SiO_2、Al_2O_3，可与 $Ca(OH)_2$ 反应，生成具有水硬性的水化硅酸钙和水化铝酸钙。这些反应的原理早已为硅酸盐制品、黏土制品和无熟料水泥的生产所证明。粉煤灰是一种烧黏土质、人工火山灰质材料，是火力发电厂除尘器收集的烟道中的细灰，还包括炉底排出的少量烧结渣，是一种数量很大的工业废料。SiO_2 及 Al_2O_3 是粉煤灰的主要成分，其含量高者能提高桩体强度。粉煤灰是当前石灰桩最理想的掺合料。

3. 桩体材料配合比

为了充分发挥掺合料的填充作用，减少膨胀力内耗，掺合料的数量在理论上至少应该能充满生石灰的孔隙。经测定，生石灰块天然孔隙率为40%左右，因此掺合料的用量大多为30%～70%(体积比)。

桩体材料配合比的效果与生石灰及掺合料的质量、土质、地下水状况、桩距、施工密实度等因素相关。合理的配合比在满足施工要求和经济指标的前提下，要先着眼于使桩体具有较高强度。在选择配合比时，必须考虑以下因素。

(1) 生石灰有效钙含量较高，或同样的有效钙含量下MgO含量高者，桩体强度有升高的趋势，但不显著。

(2) 掺合料中 Al_2O_3 含量高者，桩体强度高；掺合料中 SiO_2 含量的高低对桩体强度的影响尚不清楚，但其中必须有相当高的 SiO_2 含量。

(3) 周围土的强度较高，桩体强度相应有所增高。

(4) 在地下水位以下，土的渗透系数小，桩的强度相应增高。其原因是延长了生石灰的消化时间，减少了生石灰猛烈消化时产生土体隆起而导致的桩体密实度降低。同时水流不致在早期大量渗入桩内，阻碍化学反应的进行而使强度受到影响。

(5) 地下水位以上，土的渗透系数大、孔隙比大，对桩体强度的提高有利。如杂填土中的石灰桩即可利用气硬性的性质，使桩具有较高的强度。但早期土中需有一定的水供给生石灰熟化凝固，如土的含水率很小，桩体材料得不到水化时所需的水分，又无水源补充，养护条件又干燥，此时桩体强度反而会降低。

(6) 施工密实度(干密度)高者，桩体强度高。

以上诸多因素中，以施工密实度影响最大，它是一个控制因素，密实度过低的桩体饱和时呈膏状。

上述衡量桩体配合比效果的指标是桩体强度，试验研究中直接从桩上采样，在试验机上测定无侧限抗压强度。在工程实践中，衡量桩体配合比效果的最终指标是复合地基整体的强度，桩体强度高，并不意味着复合地基强度也一定高。归纳试验数据及过去研究和应用的成果，整体得出下述规律。

(1) 掺合料的质量在总材料质量的30%～70%之间较为适宜。工程实践中采用体积比较为方便。

(2) 在上述配合比的范围内，只要施工密实度有保证，使用各种常用的掺合料时，桩体均能达到0.2MPa以上的无侧限抗压强度，能满足一般的使用要求。实践证明，以粉煤灰和煤渣用作掺合料效果较好，土用作掺合料效果较差。

(3) 常用体积比，生石灰与掺合料为1∶2(甲)或1∶1(乙)或1.5∶1(丙)；按粉煤灰或煤渣折合质量计，生石灰与掺合料质量比为4∶6(甲)或6∶4(乙)或7∶3(丙)。

(4) 配合比的选用可参考以下意见。

甲种：适用于 $f_{ak}>80$kPa的土，结构性强的土，封口深度小于0.8m时的桩顶部(防止隆起)。

乙种：适用于 $60\text{kPa}<f_{ak}\leqslant 80$kPa的土，$f_{ak}>80$kPa的土中桩体下部0.5m左右范围内

(扩大桩尖，增加桩端土的加固效果)。

丙种：适用于f_{ak}≤60kPa的淤泥、淤泥质土、素填土等饱和软土。

特种配合比指在上述常用配合比的材料中再加入5%～10%的水泥或石膏等材料，此时桩体强度可提高30%～50%，主要适用于地下水渗透严重情况下桩的底部，或为增强桩顶抗压能力而在桩顶部分采用。

(5) 生石灰用量超过34%时，一般情况下桩体强度会降低，但对土的挤密效果较好(在桩顶，由于上覆压力不够，造成土体隆起者除外)。

(6) 在无特殊添加剂加入，桩体配合比在前述范围内时，桩在土中侧限时的抗压强度为250～500kPa，供设计时参考。

6.2.2 设计计算

1. 设计参数

1) 桩径

石灰桩宜采用细而密的布桩方式，这样可以充分发挥生石灰的膨胀挤密效应，但桩径过小易导致工效降低。石灰桩成孔直径一般为300～400mm，人工成孔的桩径以300mm为宜。当排土成孔时，实际桩径取1.1～1.2倍成孔直径。管内投料时，桩管直径视为设计桩径；管外投料时，应根据试桩情况测定实际桩径。

2) 桩长

当相对硬层埋藏不深时，桩长应至相对硬层顶面；当相对硬层埋藏较深时，应按桩底下卧层承载力及变形计算决定桩长。避免将桩端置于地下水渗透性大的土层。当采用洛阳铲成孔时，桩长不宜超过6m；当采用机械成孔管外投料时，桩长不宜超过8m；当采用螺旋钻成孔管内投料时，桩长可适当加长。

3) 桩距及面积置换率

桩距及面积置换率应根据复合地基承载力计算确定，桩距一般取2～3倍成孔直径，相应的面积置换率为0.09～0.20，膨胀后实际的面积置换率为0.13～0.28。

4) 桩体抗压强度

在通常的面积置换率的情形下，桩分担了35%～60%的总荷载，桩土应力比为3～4，长桩取大值，桩体抗压强度的比例界限值可取350～500kPa。

5) 桩间土承载力特征值

该值与面积置换率、施工工艺和土质情况有关，可取天然地基承载力特征值的1.05～1.20倍，土质软弱或面积置换率大时取高值。

6) 复合地基承载力特征值

复合地基承载力特征值一般为120～140kPa，不宜超过160kPa。当土质较好并采取保证桩身强度的措施时，经过试验后该值可以适当提高。

7) 沉降

试验及大量工程实践表明，当施工质量较好、设计合理时，加固层沉降量为1～5cm，为桩长的0.5%～0.8%。当石灰桩未能穿透软弱土层时，沉降主要来自软弱下卧层，设计时应予以重视。

8) 布桩

石灰桩可仅布置在基础底面下。当基底土的承载力特征值小于 70kPa 时，宜在基础以外布置 1～2 排围护桩。石灰桩可按等边三角形或矩形布置。

9) 垫层

一般情况下桩顶可不设垫层，当地基需要排水通道时，可在桩顶以上设 200～300mm 厚的砂石垫层。

10) 桩身材料配合比

生石灰与掺合料的体积比可选用 1∶1 或 1∶2 或 1.5∶1。对于淤泥、淤泥质土或填土，可适当增加生石灰的用量，但桩顶附近生石灰用量不宜过大。当掺石膏和水泥时，掺加量为生石灰用量的 3%～10%。

2. 石灰桩复合地基的承载特性

在石灰桩复合地基中，桩与土的模量比一般情况下小于 10(即 $E_p / E_s < 10$)，具有协同工作的条件。从室内及现场测试的结果可以看出：当试桩的承压板底无砂垫层时，应力首先向桩上集中，随着荷载的增加，桩产生变形，桩土应力比陡降，应力向土上转移，桩土开始共同处于弹性压缩状态；当承压板底设有砂垫层(厚 10cm)时，此时土承受相对于无垫层时较大的荷载，随着荷载的增加，土的变形加大，荷载迅速向桩上转移，桩土应力比陡增，继而桩发生变形，桩土应力比降低，桩土开始共同处于弹性压缩状态。以上阶段为桩土变形的调整阶段，这一阶段由于基础与地基接触面不平整、垫层密实度不同等因素，桩土应力比的变化比较剧烈。此阶段变形微小，见图 6.1 中的 *OA* 段。

随着荷载的继续增加，桩土应力比不断发生不大的调整。桩土的弹性变形不断增加，桩土应力比逐渐减小，一直持续到复合地基荷载达到比例界限值，此阶段为弹性压缩阶段，已产生可以容许的变形，见图 6.1 中的 *AB* 段。

继续增加荷载，桩土应力比缓慢减小，接近某一定值。桩和土均产生塑性变形，基础周边发生局部剪切变形。由于桩体的作用，继续增加荷载时，基础下土体不会发生整体剪切破坏，同时由于土对桩的围护作用，桩也不会发生脆性失稳破坏，基础下的桩和土继续同时被压实，基础呈冲切形式，不断下沉而又不破坏。此阶段为塑性变形阶段，此时石灰桩复合地基持续产生较大的塑性变形，见图 6.1 中的 *BC* 段。

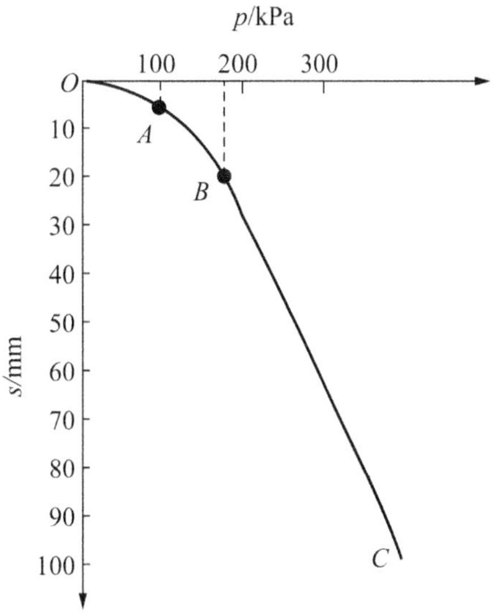

图 6.1 群桩载荷试验 *p-s* 曲线

石灰桩复合地基在整个受力阶段都受变形所控制，因此其承载力问题的实质是变形问题。石灰桩复合地基中桩土具有良好的协同工作特性，土的变形控制着复合地基的变形，所以复合地基的容许变形的标准应当与天然地基的标准相一致。根据大量的载荷试验分析，石灰桩复合地基的比例界限值多在 0.012*b*(*b* 为承压板宽度或直径)所对应的荷载附近。因此用沉降量为 0.012*b* 的标准来控制石灰桩复合地基的承载力是适宜的。

试验研究证明，当石灰桩复合地基荷载达到其承载力特征值时，具有以下特征。

(1) 沿桩长范围内各点桩和土的相对位移很小(2mm 以内)，桩土变形协调。

(2) 土的接触压力接近桩间土承载力特征值，即桩间土发挥度系数为 1。

(3) 桩顶接触压力达到桩体的比例界限值，桩顶出现塑性变形。

(4) 桩土应力比趋于稳定，其值为 2.5～5，大多为 3～4。

(5) 桩土的接触压力可采用平均压力进行计算。

3. 计算模型

1) 双层地基模型

在非深厚软土地区，当加固层的天然地基承载力在 80kPa 以上时，可将石灰桩复合地基看成一个复合垫层，软弱下卧层看成另一层地基，在强度和变形计算时按一般双层地基模型进行计算，如图 6.2 所示。

2) 群桩地基模型

在深厚软土地区，可按群桩地基模型进行计算，如图 6.3 所示。这时，可将石灰桩复合地基看成一个假想的实体基础，进行地基承载力和变形的验算。沉降观测表明，按群桩地基模型计算时，计算值往往大于实测值。

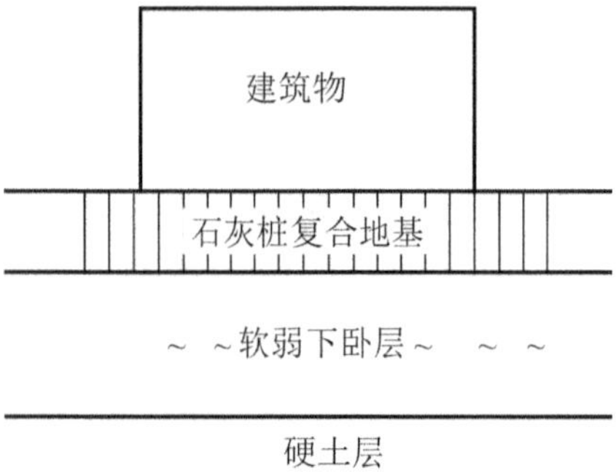

图 6.2　双层地基模型

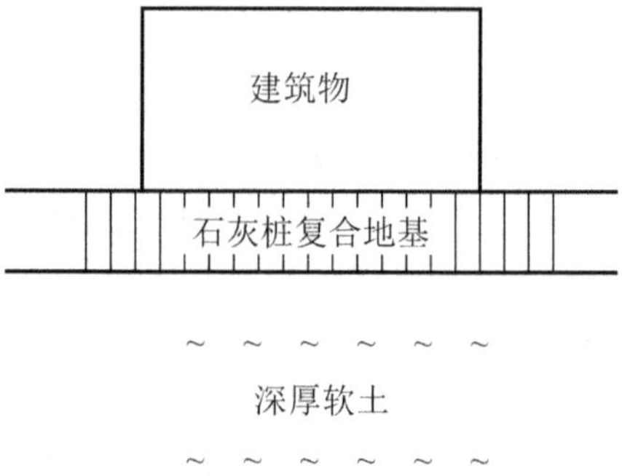

图 6.3　群桩地基模型

4. 石灰桩复合地基承载力计算

根据静力平衡条件可得

$$\sigma_{sp} = m\sigma_p + (1-m)\sigma_s \tag{6-1}$$

式中　σ_{sp} ——复合地基平均应力(kPa)；

σ_p ——桩顶平均接触应力(kPa)；

σ_s ——桩间土平均接触应力(kPa)；

m ——面积置换率。

当 σ_p 达到桩体比例界限值 f_{pk} 时，σ_s 达到桩间土承载力特征值 f_{sk}，σ_{sp} 即达到复合地基承载力特征值 f_{spk}，因此式(6-1)可改写为

$$f_{spk} = mf_{pk} + (1-m)f_{sk} \tag{6-2}$$

$$m=\frac{d^2}{d_e^2} \tag{6-3}$$

式中　f_{spk}——复合地基承载力特征值(kPa)。

f_{pk}——桩身抗压强度比例界限值(kPa)。

f_{sk}——处理后桩间土的承载力特征值(kPa)，取天然地基承载力特征值的 1.05～1.20 倍，土质软弱或面积置换率大时取高值。

m——面积置换率。

d——桩身平均直径(m)，按 1.1～1.2 倍成孔直径计算，土质软弱时宜取高值。

d_e——一根桩分担的处理地基面积的等效圆直径(m)。等边三角形布桩时，$d_e=1.05s$；正方形布桩时，$d_e=1.13s$；矩形布桩时，$d_e=1.13\sqrt{s_1 s_2}$。其中 s 为等边三角形布桩和正方形布桩时的桩距，s_1、s_2 分别为矩形布桩时的纵向桩距和横向桩距。

由式(6-2)还可得

$$m=\frac{f_{spk}-f_{sk}}{f_{pk}-f_{sk}} \tag{6-4}$$

在设计时可直接利用式(6-4)预估所需的面积置换率。桩体的比例界限值可通过单桩竖向静载荷试验测定，或利用桩体静力触探试验 p_s 值确定(经验值为 $f_{pk}\approx 0.1\,p_s$)，也可取 $f_{pk}=$ 350～500kPa 进行初步设计，施工条件好、土质好时取高值，施工条件差、地下水渗透系数大、土质差时取低值。

大量的试验研究结果表明，石灰桩对桩周边厚 $0.3d$ 左右的环状土体具有明显的加固效果，强度提高系数达 1.4～1.6，而圆环以外的土体加固效果不明显。因此可采用式(6-5)计算桩间土的承载力特征值 f_{sk}。

$$f_{sk}=\left[\frac{(K-1)d^2}{A_e(1-m)}+1\right]\mu f_{ak} \tag{6-5}$$

式中　f_{ak}——天然地基承载力特征值(kPa)；

K——桩边土强度提高系数，取 1.4～1.6，软土取高值；

A_e——一根桩分担的地基处理面积(m^2)；

m——面积置换率；

d——桩身平均直径(m)；

μ——成桩中的挤压系数，排土成孔时取 1，挤土成孔时取 1～1.3(可挤密土取高值，饱和软土取 1)。

根据大量的实测结果和计算，加固后桩间土的承载力特征值 f_{sk} 和天然地基承载力特征值 f_{ak} 之间存在如下关系。

$$f_{sk}=(1.05\sim 1.20)f_{ak} \tag{6-6}$$

通常情况下，土较软时取高值，反之则取低值。

当石灰桩复合地基存在软弱下卧层时，应按下式验算下卧层的地基承载力。

$$p_z+p_{cz}\leqslant f_{az} \tag{6-7}$$

式中 p_z——相应于荷载效应标准组合时，软弱下卧层顶面处的附加压力值(kPa)；

p_{cz}——软弱下卧层顶面处的自重压力值(kPa)；

f_{az}——软弱下卧层顶面经深度修正后的地基承载力特征值(kPa)。

5. 石灰桩复合地基沉降计算

1) 复合地基的变形特征

(1) 石灰桩复合地基桩土变形协调，桩与土之间无滑移现象。基础下桩与土在荷载作用下变形相等。

(2) 可以按桩间土分担的荷载σ_s，用天然地基的计算方法计算复合地基加固层的沉降。

(3) 可以按复合地基总荷载σ，用天然地基的计算方法计算复合地基加固层以下的下卧层的沉降。

2) 复合地基变形的计算方法

由于石灰桩复合地基中桩土变形协调，因此，以复合地基的压缩模量来进行加固层的变形计算也是简单可行的。规范规定，石灰桩复合地基的压缩模量宜通过桩身及桩间土的压缩试验确定，初步设计时可按下式估算。

$$E_{sp}=\alpha[1+m(n-1)]E_s \tag{6-8}$$

式中 E_{sp}——复合地基的压缩模量(MPa)；

α——修正系数，可取1.1～1.3，成孔对桩周土挤密效果好或面积置换率大时取高值；

n——桩土应力比，可取3～4，长桩取大值；

E_s——天然地基土的压缩模量(MPa)。

任务 6.3　石灰桩法施工

6.3.1 石灰桩法施工工艺

1. 管外投料法

石灰桩的桩体掺合料具有一定的含水率，当掺合料与生石灰拌和后，生石灰与掺合料中的水分迅速发生反应，生石灰体积膨胀，极易发生堵管现象。

而管外投料法避免了堵管，可利用现有的混凝土灌注桩机施工。但管外投料法也存在以下不足：①在软土中成孔，当拔出桩管时易发生塌孔现象；②在软土中成孔深度不宜超过6m；③桩径和桩长的保证率相对较低。

(1) 施工方法：采用打入、振入、压入的灌注桩机施工。

(2) 工艺流程：桩机定位→沉管→提管→填桩→压实→再提管→再填料→再压实→最后填土封口压实。

(3) 施工控制。

① 灌料量控制。控制灌料量的目的是保证桩径和桩长，同时保证桩体密实度。根据室内外试验结果，当掺合料为粉煤灰及煤渣时，桩料干密度达到 1.00～1.10g/cm^3 即可保证桩体密实度。确定灌料量时，首先须根据设计桩径计算每延米桩料体积，然后将计算值乘以压实系数 1.4 作为每延米的灌料量。

② 打桩顺序。应尽量采用封闭式，即从外圈向内圈施工，为避免生石灰膨胀引起邻近孔塌孔，宜间隔施打。

(4) 技术安全措施。

① 生石灰与掺合料应随拌随灌，以免生石灰过早遇水膨胀消解。拌和过早，容易引起冲孔(放炮)现象。

② 防止冲孔的主要措施是保证桩料填充的密实度。要求孔内不能大量进水，掺合料的含水率不宜大于 50%。

③ 做好施工准备，采取可靠的场地排水措施，保证施工顺利进行。

④ 封填孔口宜用含水率适中的黏土，封填高度不宜小于 0.5m，封口的填土标高应不低于地面，防止地面水早期浸泡桩顶。

⑤ 桩顶宜高出基底标高 20cm 以上。

2. 管内投料法

管内投料法适用于地下水位较高的地区，在江苏、浙江地区大量采用此法。

管内投料法的施工工艺与振动沉管法的施工工艺类似。

(1) 施工要点。

① 生石灰及其他掺合料应符合设计要求，生石灰堆放时间不得超过 3 天。

② 生石灰灌入量不应小于设计要求，拔出套管后，用盲板将套管底封住，将桩顶生石灰压入约 800mm，然后用黏土将桩孔填平夯实。

③ 石灰桩施工应在有实践经验的技术人员指导下进行，并做好施工记录。

(2) 主要施工机具。DZ-40Y 振动打桩机、ϕ377mm 钢管、盲板、小车及配套工具。

石灰桩法施工图

3. 挖孔投料法

挖孔投料法是湖北省建筑科学研究设计院试验成功并广泛应用的一种人工施工方法。该方法利用特制的洛阳铲人工挖孔，投料夯实。洛阳铲在切土、取土过程中对周围土体扰动很小，在软土甚至淤泥中均可保持孔壁稳定。这种简易的施工方法避免了振动和噪声，能在极狭窄的场地和室内作业，大量节约能源，具有造价低、工期短、质量可靠的优点，应用范围较广。

挖孔投料法主要受到挖孔深度的限制，一般情况下桩长不宜超过 6m。在地下水位以下的砂类土及塑性指数小于 10 的粉土中难以成孔。

(1) 施工方法。

① 利用洛阳铲人工挖孔，孔径随意。当遇杂填土时，可用钢钎将杂物冲碎，然后用洛阳铲取出。取土成孔也可在水下进行。

在软土中宜用大直径洛阳铲，在杂填土及硬土中宜用小直径洛阳铲。

② 灌料夯实。成孔完毕，经验收合格后，将生石灰和掺合料用斗车运至孔口分开堆放，然后用小型污水泵(功率 1.1kW，扬程 8～10m)将孔内水排干，立即在铁板上按配合比拌和桩料，每次拌和的数量为 0.3～0.4m 桩长的用料量，拌均匀后灌入孔内，用铁夯夯击密实。

夯实时，三人持夯，加力下击，夯重在 30kg 左右即可保证夯击质量，也可采用小型卷扬机吊锤或灰土桩夯实机夯实。

(2) 工艺流程。定位→十字镐、钢钎或铁锹开口→人工洛阳铲成孔→孔径、孔深检查→孔内抽水→孔口拌和桩料→下料→夯实→再下料→再夯实，直至桩顶用黏土封口夯实。

(3) 技术安全措施。

① 在挖孔过程中一般不宜抽排孔内水，以免塌孔。

② 每次人工夯击次数不少于 10 击，从夯击声音可判断是否夯实。

③ 孔底泥浆必须清除，可采用长柄勺挖出，浮泥厚度不得大于 15cm。

④ 灌料前孔内水必须抽干。遇有孔口或上部土层往孔内流水时，应采取措施隔断水流，确保夯实质量。

⑤ 为保证成孔质量，应采用量孔器逐孔检查孔深和孔径。

4. 国外的施工方法

日本的石灰桩施工工艺比较先进，已由振入、打入套管的成孔方法发展为旋转下沉套管、管内投料、压缩空气送料冲压密实的施工方法。

(1) 工艺特点。

① 机械化、自动化程度高。

② 施工文明，输送、储存材料系统密封，振动和噪声小。

③ 加固深度大，桩长可达 35m。

④ 有一套标准的配套设备，包括空压机、发电机、起重机等，机械台班费用较高。

⑤ 一般采用纯生石灰块。

另外其主要技术特点是：套管正转旋入时，底部桩尖活门封闭，至设计深度将材料投入管内后，送入压缩空气，反转套管上提时，桩底活门能自动开启；利用压缩空气将材料从套管送入桩孔内，不仅可以利用压缩空气给桩料施加压力，还可以利用压缩空气在桩料的空隙中运动，以射流的原理将桩料及空气的混合体送入桩孔。射流的冲压使桩体具有较高的密实度。

(2) 工艺流程。

① 把打桩机定位，将打桩机导向杆调整到垂直状态。

② 使套管边旋转边向下贯入，直至设计深度。

③ 套管达到设计深度后，螺旋杆停止旋转，从套管顶部的加料斗投入生石灰。

④ 投料完毕，关闭套管上端的气密阀，送入压缩空气后，使套管内的空气压力达到规定值。

⑤ 待套管内压力到达规定值即启动打桩机，使套管边回转(向反方向转动)边向上提升，同时调整套管内的空气压力。

⑥ 拔出套管后，地面如有空洞，可用砂土将其填平。

6.3.2 石灰桩法施工质量控制

施工质量控制的主要内容，包括桩点位置、灌料质量和桩体密实度等，其中以灌料质量和桩体密实度为检验重点。施工质量控制要点如下。

(1) 桩点位置及场地标高应与施工图相符，桩位偏差不宜大于0.5倍桩身直径。

(2) 成孔质量要求孔径误差为±3cm，孔深误差为±15cm，垂直度偏差小于1.5%。

(3) 施工材料应符合质量要求。生石灰材料应选用新鲜生石灰块，有效氧化钙含量不宜低于70%，粒径不应大于70mm，含粉量(即熟石灰量)不宜超过15%。

(4) 掺合料应保持适当的含水率，使用粉煤灰或煤渣时含水率宜控制在30%左右。无经验时宜进行成桩工艺试验，确定密实度的施工控制指标。

(5) 填料时必须分段压(夯)实，人工夯实时，每段填料厚度不应大于400mm，每次下料夯击次数不少于10次。

(6) 施工顺序宜由外围或两侧向中间进行。在软土中宜间隔成桩。

任务6.4 质 量 检 验

石灰桩质量检验要求如下。

(1) 石灰桩加固软土的原理分为物理作用和化学作用。物理作用(吸水、膨胀)的完成时间较短，一般情况下7d以内均可完成，此时桩身的直径和密度已定型，在夯击力和生石灰膨胀力作用下，7～10d桩身已具有一定的强度。而石灰桩的化学作用则速度缓慢，桩身强度的增长可延续3年甚至5年。考虑到施工的需要，目前将一个月龄期的强度视为桩身的设计强度，7～10d龄期的强度约为设计强度的60%。因此，石灰桩施工检验宜在施工7～10d后进行，竣工验收检验宜在施工28d后进行。

(2) 施工检验可采用静力触探、动力触探或标准贯入试验。用静力触探的手段可对成桩质量和桩体密实度进行检验。一般在成桩后7～10d内进行桩体静力触探或轻便动力触探(N_{10})试验。成桩的其他条件相同，土质和配合比不同时，桩身p_s值将不尽相同，其数据表明：成桩质量符合要求的桩，7～10d内桩身p_s值的变化范围在2.5～4.0MPa之间。表6-1列出了石灰桩桩身质量判别标准。

表6-1 石灰桩桩身质量判别标准

天然地基承载力特征值 f_{ak}/kPa	桩身 p_s 值/MPa		
	不合格	合格	良
< 70	< 2.0	2.0～3.5	> 3.5
> 70	< 2.5	2.5～4.0	> 4.0

p_s 值不合格的桩，参考施工记录确定补桩范围，在施工结束前完成补桩，如用轻便动力触探(N_{10})试验，以每 10 击相当于 p_s=1MPa(按表 6-1 换算)。试验表明，当底部桩身具有一定强度时，由于化学反应的结果，其后期强度可以提高，但当 7～10d 比贯入阻力很小(p_s<1MPa)时，其后期强度的提高有限。

(3) 目前国内应用较普遍的是载荷试验和静力触探试验，少数单位采用过十字板剪切试验和动力触探试验。经验尚不成熟的地区可同时采用载荷试验与静力触探(或轻便动力触探)试验等试验方法，待积累较多数据足以得到两种方法判定复合地基承载力的相关关系以后，即可用静力触探试验或轻便动力触探试验其中的一种方法进行检验。

个别土质特殊或重要的工程，根据设计要求还要取桩或桩间土样进行有关的室内试验。

用静力触探来确定石灰桩复合地基的加固效果较为简捷，它主要通过与载荷试验对比来间接地得到 p_s 值与复合地基承载力特征值 f_{spk} 及压缩模量 E_{sp} 的关系。静力触探应在地基加固区的不同部位随机抽样进行测试，检验部位为桩中心及桩间土，每两点为一组，检验组数不少于总桩数的 1%。静力触探检验深度应大于桩长，如有异常情况，应增加测点并判明原因(如探头是否偏出桩体等)。关于桩体强度的确定，可取 $0.1p_s$ 为桩体比例界限值，这是经过桩体取样在试验机上做抗压强度试验求得比例界限值与原位静力触探 p_s 值对比的结果。根据比例界限值及桩间土的承载力特征值，可用式(6-2)计算复合地基承载力特征值，但仅适用于掺合料为粉煤灰、煤渣的情况。

(4) 石灰桩复合地基竣工验收时，承载力检验应采用复合地基载荷试验。一般应做单桩复合地基载荷试验，有条件或有要求时最好进行群桩复合地基载荷试验，以便对比分析。单桩复合地基的承压板大小应等于单桩承担的处理面积，群桩复合地基的承压板大小也为群桩承担的处理面积之和。载荷试验数量宜按地基处理面积每 200m^2 左右布置一个点，且每一单体工程不应少于 3 点。

(5) 大量的试验结果表明，石灰桩复合地基在整个受荷阶段都是受变形控制的，其 *p-s* 曲线呈缓变型。石灰桩复合地基中的桩土具有良好的协同工作特性，土的变形控制着复合地基的变形，所以石灰桩复合地基的允许变形宜与天然地基的控制标准相近。石灰桩复合地基载荷试验的沉降比 s/b 或 s/d 取 0.012。

(6) 其他要求：①基础开挖至设计标高后，有关单位应会同验槽，进一步确认石灰桩的施工质量；②基础施工完成后，应及时设置沉降观测点，监测建(构)筑物施工时及在一定使用期内的沉降情况。

工程实例一

襄阳轴承厂十二街坊住宅楼地基处理工程

1. 工程概况

襄阳轴承厂十二街坊住宅楼为 7 栋 6 层砖混结构，其中四单元组合，长 48m，宽 10m；三单元组合，长 36m，宽 10m。总建筑面积 20000m^2。

2. 地基条件

建筑场地原为一个 20000m^2 的大鱼塘，水深 2m。准备将水抽干后挖除塘底淤泥，然后采用条形基础或筏板基础。但水抽干后发现塘泥深 1m，人不能下塘作业，同时周围鱼塘水不断渗入已抽干水的塘内。要挖除近 20000m^3 的淤泥，施工十分困难，且造价高、工期长，因而决定采用先填土后处理的方案。填土过程中由于塘泥承载力极低，机械无法运行，因此填土厚度为 2.5m，压实效果很差。

填土后用静力触探进行了地质勘察，典型断面的静力触探 p_s 值如图 6.4 所示；第Ⅰ层新填土均匀性很差；第Ⅱ层淤泥经填土挤淤与土混合后，p_s 值在 0.3MPa 左右；第Ⅲ层粉质黏土厚约 2m，p_s 值为 0.8MPa，$f_k = 100$kPa，$E_s = 4$MPa；第Ⅳ层黏土厚 6m 以上，p_s 值为 1.8MPa，$f_k = 180$kPa，$E_s = 7.5$MPa。

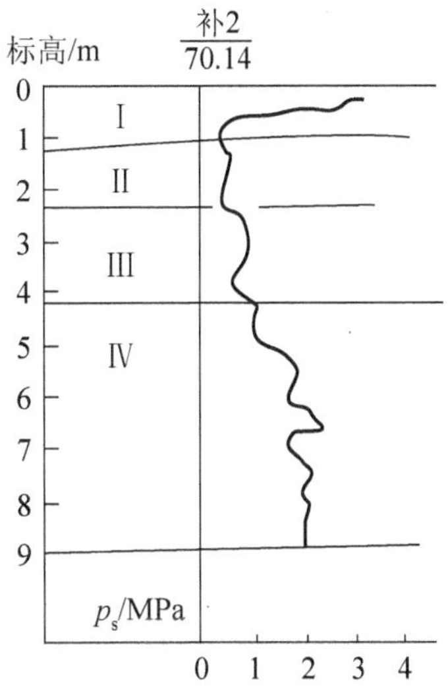

图 6.4 典型断面的静力触探 p_s 值

设计单位原拟采用沉管灌注桩处理地基，因造价高、工期长，故改用石灰桩方案。

3. 石灰桩设计

由于在填土后立即进行石灰桩施工，石灰桩能否消除新填土的自重固结，尚无经验。为了安全，采取了大面积置换率、满堂加固的措施。设计桩径为 300mm，桩距为 700mm，正方形布置，复合地基承载力为 140kPa，桩长为 2.8m，桩端置于第Ⅲ层粉质黏土顶面。经验算，桩端下卧层满足承载力要求。为了降低造价，基础采用浅埋钢筋混凝土条形基础，基底标高为 −1.4m。

设计验算如下。

设计桩径 $d = 350$mm，膨胀后实际桩径 $d_1 = 1.1d = 385$mm，外加桩边 20mm 厚硬壳层，则 $d_1 = 385+2\times20 = 425$(mm)。于是可得面积置换率为

$$m = \frac{d_1^2}{d_e^2} = \frac{0.783d_1^2}{s^2} \approx 0.29$$

天然地基承载力标准值 $f_k = 70$kPa。加固后桩间土的承载力特征值为

$$f_{sk} = \left[\frac{(K-1)d_1^2}{A_e(1-m)} + 1\right]\mu f_k$$

式中 K——桩边土强度提高系数，一般为 1.4～1.6，此处可取 1.6。由此解得

$$f_{sk} = 91.7\text{kPa}$$

复合地基承载力 $f_{spk} = [1+m(n-1)]f_{sk}$，桩土应力比 $n = 3.5$，由此解得

$$f_{spk} = 158.2\text{kPa}$$

满足设计要求(计算从略)。

4. 石灰桩施工

石灰桩采用人工洛阳铲成孔，成孔过程中地下水(填土内上层滞水及周围塘内渗水)较多，采取建筑物周围加打一排围护桩的措施，围护桩间距为 650mm，打完后基础下工程桩孔内渗水明显减少。灌料前用软轴水泵排干孔内水，立即下料，每次下料 30cm，人工夯实。由于填土面标高未达设计要求，孔口黏土封填高度仅 30cm，在施工基础前对基槽进行了表

面夯实，以消除由于封口高度不足而引起的地面隆起。

桩体配合比(体积比)为生石灰：粉煤灰 ＝1：1(下部 1m 范围)或 1：2(上部)。7 栋住宅楼共施工石灰桩 6820 根，工期 59 天，除去雨雪天气，平均每天完成 120 根桩。共用工日 2412 个，平均每工日完成 2.8 根桩。

5. 加固效果

为了确保建筑物安全，工程桩施工前，在建筑物场地选取了一个试验区进行石灰桩复合地基与混凝土灌注桩复合地基的对比试验。施工石灰桩 20 根，混凝土灌注桩 1 根。共完成石灰桩单桩复合地基静载荷试验两组，天然地基静载荷试验一组，混凝土灌注单桩复合地基静载荷试验一组，结果如图 6.5 所示。

试验用承压板尺寸为 707mm × 707mm，等于单桩承担的加固面积。设计桩径 350mm，桩距 700mm，桩长 2.6m。试验结果表明，天然地基承载力(当 $s = 0.02b$ 时)为 72kPa，石灰桩复合地基承载力(当 $s = 0.015b$ 时)平均值为 168kPa，混凝土灌注桩复合地基承载力(当 $s = 0.015b$ 时)为 150kPa。取样试验结果为：桩体无侧限抗压强度平均值为 0.51MPa，桩周边 10cm 左右厚度圆环区土的强度提高至原来强度的 1.6 倍，桩间土强度提高 21%。上述结果说明石灰桩对新填土的加固效果很显著，试验结果与设计计算值基本相符。

在建筑物施工及使用过程中，进行了沉降观测。图 6.6 所示为其中一栋四单元建筑物的时间-沉降量曲线。建筑物使用一年后总沉降量平均值为 33mm，最大沉降差为 9mm。

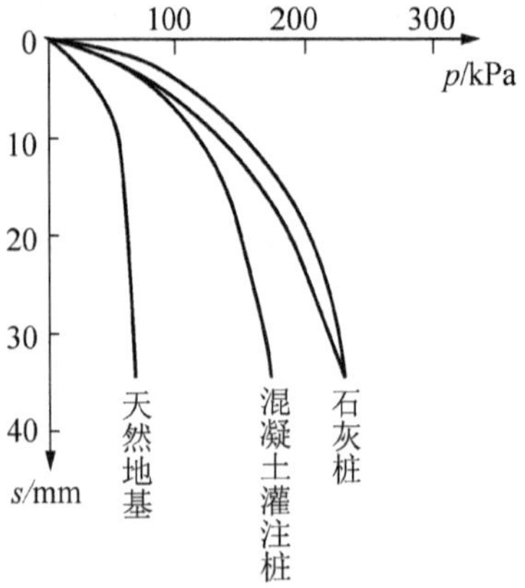

图 6.5 载荷试验 *p-s* 曲线

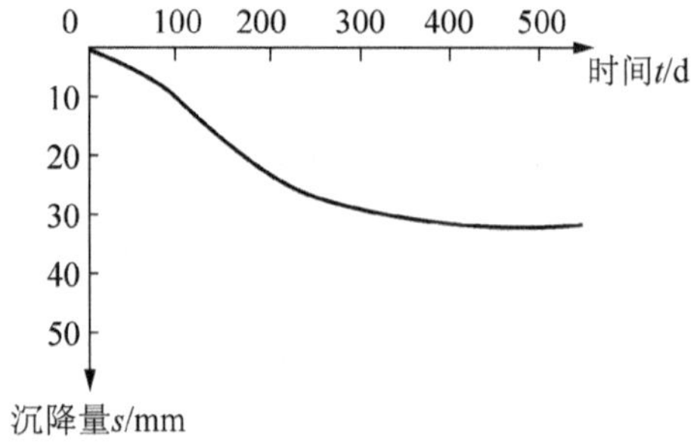

图 6.6 时间-沉降量曲线

根据上述情况，在 1991 年该厂再次兴建相同类型的 10 栋住宅楼时，石灰桩的桩距由 700mm 扩大到 750mm，而且取消了围护桩，再一次降低了工程造价。

该工程共 29 个单元，每个单元石灰桩合同价为 1.1 万元，共计 31.9 万元，平均每平方米地基处理造价为 16 元，较混凝土灌注桩节约投资 50%以上，较深层搅拌桩及碎石桩的造价节约 30%左右，而且工期缩短。本工程是石灰桩应用中较成功的一个范例。

工程实例二

武汉某印刷厂住宅楼地基处理工程

1. 工程概况

武汉某印刷厂拟在其宿舍区内兴建一幢 7 层砖混结构住宅楼(该住宅楼每层均设有圈

梁)，总建筑面积 3000m^2。该场区地势平坦，地貌形态属长江冲积一级阶地。据勘察，土层自上而下分别为杂填土、黏土、粉质黏土夹粉土、淤泥质黏土、粉砂夹粉质黏土。各土层特征分述如下。

(1) 杂填土：层厚 1.0～1.5m，由黏性土夹生活垃圾组成，结构杂乱，土质不均。

(2) 黏土：层厚 3.5～4.7m，黄褐色，稍湿至湿，可塑，属中压缩性土层。

(3) 粉质黏土夹粉砂：层厚 1.8～3.2m，褐灰色至灰色，很湿至饱和，软至流塑，属中至高压缩性土层。

(4) 淤泥质黏土：层厚 4.3～5.9m，灰色，湿，软至流塑，属高压缩性土层。

(5) 粉砂夹粉质黏土：层厚 5.1～5.8m，灰色，很湿至饱和，稍密，属中至高压缩性土层。

各土层中不同类型土的物理力学性质指标见表 6-2。

表 6-2 各土层中不同类型土的物理力学性质指标

土的类型	含水率 w/%	天然密度 ρ/(g/cm^3)	天然孔隙比 e	饱和度 S_r/%	塑性指数 I_P	液性指数 I_L	压缩模量 E_s/MPa	承载力 f_k/kPa
黏土	39.8	1.88	1.12	98	20.0	0.74	4.5	100
粉质黏土	33.2	1.91	0.88	48	14.1	0.89	3.2	80
淤泥质黏土	49.3	1.73	1.46	97	19.7	1.22	3.0	80
粉砂	28.5	1.91	0.86	96	—	—	4.5	130

2. 工程设计

基础占地面积为 426m^2，原设计采用深层搅拌桩，桩长 13m，总桩数 456 根。若采用沉管灌注桩、钻孔灌注桩或预制桩，则造价更高。后经方案比较，决定采用人工石灰桩处理浅层地基。

由于人工石灰桩施工深度有限，仅对地表下 5m 内 $f_k = 100$kPa 的黏土进行浅层处理，因而对于其下 $f_k = 80$kPa 的软土必须进行下卧层强度验算。

根据探头桩的设计思路，在该住宅楼的四角和中部将基础挑出，同时在挑出部分的基础下布置探头桩，既可减小基底压力，又可增加基础的惯性矩，使建筑物抗倾覆能力大大增强。

原设计基底压力 150kPa，采用上述措施后，基底压力减至 143kPa，基底附加压力为 125kPa。按《建筑地基基础设计规范》(GB 50007—2011)，压力扩散角 $\theta = 23°$ 。基础总面积为 470m^2，压力扩散到下卧层顶面后的面积为 661m^2，下卧层顶面处土的附加压力 $p_z =$ 88.9kPa，下卧层顶面处土的自重压力 $p_{cz} = 88$kPa，软弱下卧层顶面处经深度修正后的地基承载力设计值 $f_z = 177.2\text{kPa} > 176.9\text{kPa}$，即 $p_z + p_{cz} < f_z$，因此软弱下卧层验算满足要求。

由于石灰桩复合地基不同于一般的柔性桩复合地基，如石灰桩的减载作用、排水固结作用、挤密作用等均是深层搅拌桩复合地基所不具备的，因此石灰桩复合地基的设计有其特殊性。

本工程中，选取 $f_{sk} = 1.08\, f_k = 108$kPa，$f_{pk} = 300$kPa，则平均面积置换率为

$$m = \frac{f_{spk} - f_{sk}}{f_{pk} - f_{sk}} = \frac{150 - 108}{300 - 108} \approx 0.219$$

理论布桩总数为

$$n=\frac{mA}{\left(\frac{\pi}{4}\right)d_1^2}=\frac{0.219\times470}{0.785\times0.35^2}\approx1070.4$$

实际布桩总数为 1108 根，行、列间距为 0.7m，桩长为 4.5m，石灰桩成孔直径为 300mm，膨胀后以 350mm 计。

3. 工程施工

此工程石灰桩施工采用人工洛阳铲成孔工艺。人工洛阳铲成孔具有施工条件简单、施工速度快、不受场地条件限制和造价低等优点。

石灰桩桩体材料为生石灰和活性掺合料。规定生石灰中 CaO 含量不得小于 70%，生石灰块直径不应超过 5cm。根据该场地地质条件，掺合料选用粉煤灰，材料配合比为生石灰：粉煤灰 ＝1：2(体积比)，粉煤灰含水率在 30%左右。在石灰桩施工时，对成孔、清底、抽水、夯填、封口过程中的施工质量均进行严格把关。孔深、孔径均达到设计要求，填料均在孔口充分拌匀，且每次下料厚度都不大于 0.4m，夯填密实度大于设计配合比最佳密实度 90%。为防止石灰桩向上膨胀，在桩顶部分用黏土夯实，且封土厚度均不小于 0.4m，这样可使石灰桩侧向膨胀，将地基土挤密。

由于生石灰与粉煤灰容重小于地基土，因此排土成孔石灰桩施工工艺具有使加固层减载的优点。由于桩体材料置换土体，使得石灰桩比同体积的土体自重减小了 1/3 以上，因而对软弱下卧层的压力减小，这个因素在此工程设计计算中未考虑，作为安全储备。

为使桩间土得到最佳的挤密效果，此工程施工顺序为从外向里，隔排施工。先施工最外排石灰桩可起到隔水的作用，场地地下水因石灰桩灌孔时抽水外排而不断降低，这对于保证成桩速度和成桩质量都起到了积极作用。石灰桩施工速度较快，全部石灰桩 20d 时间即施工完毕。

4. 加固效果

石灰桩 28d 龄期的桩身强度仅为后期强度的 50%～60%，通常以 28d 检测结果确定石灰桩复合地基承载力。由于该工程工期较紧，石灰桩施工完毕一周后，建设单位即要求对加固效果进行检验。共对 12 根桩和桩间土 12 个点进行了静力触探检测，结果表明，$f_{pk}=350\text{kPa}$，$f_{sk}=110\text{kPa}$，$f_{spk}=162\text{kPa}$，满足设计要求。

建筑物施工过程中进行了沉降观测，竣工后一年，沉降基本均匀且趋于稳定，最大沉降量为 7.8cm，加固效果良好。本工程是石灰桩应用在深厚软土地基上的成功范例。

能力训练

一、简答题

1. 石灰桩法的适用范围如何？可应用于哪些种类的工程？
2. 石灰桩法的物理加固作用有哪些？
3. 如何设计石灰桩复合地基？

4. 如何进行石灰桩复合地基的沉降计算?
5. 石灰桩法处理地基有哪些施工方法?
6. 石灰桩法处理地基后，如何进行质量检验?

二、单选题

1. 石灰桩的主要固化剂为(　　)。
   A. 生石灰　　B. 粉煤灰　　C. 火山灰　　D. 煤渣
2. 石灰桩施工时，表述不正确的是(　　)。
   A. 石灰桩应采用有效 CaO 含量不低于 70%的新鲜生石灰
   B. 掺合料含水率过大时在地下水以下易引起冲孔(放炮)现象
   C. 石灰桩施工时不宜采用挤土成孔法
   D. 地基需要排水通道时，可在桩顶以上设 200～300mm 厚的砂垫层
3. 关于石灰桩法加固原理和适用条件的说法，不正确的是(　　)。
   A. 石灰桩通过生石灰吸水膨胀作用及对桩周土的离子交换和胶凝反应使桩身强度提高
   B. 桩身中生石灰与矿石渣等掺合料通过水化胶凝反应使桩身强度提高
   C. 石灰桩适用于地下水以下的饱和砂土
   D. 石灰桩作用于地下水位以上的土层时，宜适当增加掺合料的含水率
4. 对软土采用石灰桩处理后，石灰桩外表层会形成一层强度很高的硬壳层，这主要是由(　　)起的作用。
   A. 吸水膨胀　　B. 离子交换　　C. 反应热　　D. 碳酸反应
5. 按照增强体材料进行分类，石灰桩应属于(　　)复合地基。
   A. 柔性桩　　B. 刚性桩　　C. 散体材料桩　　D. 挤密桩
6. 当采用相对变形值确定石灰桩复合地基的承载力时，沉降比取为(　　)。
   A. 0.008　　B. 0.01　　C. 0.012　　D. 0.015

三、多选题

1. 石灰桩法特别适用于(　　)地基的加固。
   A. 黏性土　　B. 杂填土　　C. 新填土　　D. 淤泥
2. 在工程实践中，生石灰与掺合料的体积配合比常采用(　　)。
   A. 1∶1　　B. 1∶1.5　　C. 1∶2　　D. 1.5∶1

四、计算题

某开发公司拟在 15m 厚软黏土(其承载力特征值为 100kPa，重度 $\gamma = 18\text{kN/m}^3$)上建造一幢六层住宅楼，软土下为承载力特征值为 200kPa 的黏性土。采用筏板基础，尺寸为 20m × 50m。为计算简便，假设基础置于地表。拟采用复合地基方案，复合地基承载力取 130kPa。选用人工成孔石灰桩复合地基方案，桩长 5m，桩径 300mm，石灰桩桩身抗压强度比例界限值为 400kPa，石灰桩线膨胀系数取 1.1，桩间土承载力提高系数取 1.15，压力扩散角取 23°。试求：①试验算该石灰桩方案是否可行；②若可行，计算石灰桩的面积置换率；③若采用等边三角形布桩，试计算桩距；④计算石灰桩的理论布桩数。

在线答题

情境7 夯实水泥土桩法

学习目标

掌握夯实水泥土桩法的概念、适用范围、加固原理；掌握夯实水泥土桩复合地基设计计算方法，包括复合地基布桩要求、桩体强度设计、复合地基承载力计算和沉降计算方法；掌握夯实水泥土桩施工及质量检验方法；能灵活运用夯实水泥土桩法处理实际工程问题。

学习要求

知识要点	技能要点
(1) 夯实水泥土桩法的概念 (2) 夯实水泥土桩法的适用范围 (3) 夯实水泥土桩法的加固原理	(1) 掌握夯实水泥土桩设计计算方法，包括复合地基布桩要求、桩体强度设计、复合地基承载力计算和沉降计算方法 (2) 夯实水泥土桩施工及质量检验方法 (3) 能灵活运用夯实水泥土桩法处理实际工程问题

引例

北京大兴某建筑工程，共计 10 层，设计采用框架结构，柱下独立基础。场地地基土层已知，用夯实水泥土桩法进行地基加固。试对桩的布置、桩体强度、复合地基承载力做设计计算。

任务 7.1　夯实水泥土桩法概述

7.1.1 夯实水泥土桩法的概念

夯实水泥土桩法是将水泥和土按设计的比例搅拌均匀，在孔内夯实至设计要求的密实度而形成加固体，并与桩间土组成复合地基的一种地基处理方法。

夯实水泥土桩施工时，桩身混合料在孔外拌和，然后逐层填入孔中并经机械分层夯实。夯实水泥土桩的强度主要由两部分组成：一部分为水泥胶结体的强度，另一部分为夯实后因土体密实度增加而提高的强度。

夯实水泥土桩的主要材料为土，辅助材料为水泥，水泥使用量为土的 1/8～1/4，成本低廉。经夯实水泥土桩法处理的工程，承载力可提高 50%～100%，沉降量有不同程度的减少，具有施工方便、施工质量容易控制、造价低廉等特点。

夯实水泥土桩法适用于处理地下水位以上的粉土、素填土、杂填土、黏性土等地基，处理深度不宜超过 10m。当采用洛阳铲成孔工艺时，深度不宜超过 6m。当有地下水时，适用于渗透系数小于 1×10^{-5}cm/s 的黏性土，以及桩端以上 0.5～1.0m 范围内有水的地质条件。对含水率特别高的地基土，不宜采用夯实水泥土桩法处理。

7.1.2 夯实水泥土桩法的加固原理

1. 夯实水泥土桩复合地基的受力特性

夯实水泥土桩是一种中等黏结强度桩，形成的复合地基属于半刚性桩复合地基。夯实水泥土桩复合地基与基础间设置一定厚度的褥垫层，通过褥垫层调整变形作用，保证复合地基中桩土共同承担上部结构荷载。

夯实水泥土桩复合地基主要是通过桩体的置换作用来提高地基承载力。当天然地基承载力小于 60kPa 时，可考虑夯填施工对桩间土的挤密作用。

1) 夯实水泥土桩的受力特点

夯实水泥土桩具有一定的强度，在垂直荷载作用下，桩身不会因侧向约束不足而发生鼓胀破坏，桩顶荷载可以传入较深的土层中，从而充分发挥桩侧阻力作用。但由于桩身强度不大，桩身仍可发生较大的压缩变形。由于桩身的可压缩性，桩的承载力发挥要经历桩身逐段压密、桩侧阻力逐渐发挥、最后桩端承载力得到发挥的过程。

2) 桩土应力比

夯实水泥土桩复合地基载荷试验的桩土应力比 n 与荷载 p 的关系曲线如图 7.1 所示。随着荷载的增加，桩土应力比增大，曲线呈上凸形；至桩身屈服破坏时，桩土应力比达到峰值，可以认为桩体达到极限荷载；当桩身屈服后，桩土应力比随着荷载的增加而降低，并渐趋于较稳定的数值，说明在夯实水泥土桩复合地基中，桩体的破坏将引起整个复合地基的破坏。

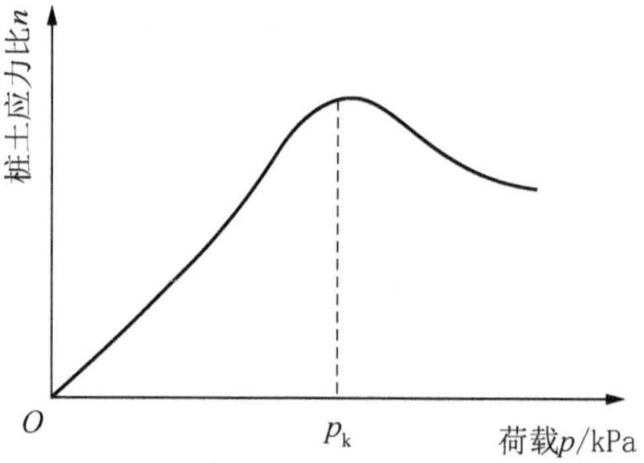

图 7.1 夯实水泥土桩复合地基 $n-p$ 关系曲线

2. 夯实水泥土桩法加固化学作用原理

夯实水泥土桩拌合土料不同，其固化原理也有差别。当拌合土料为砂性土时，夯实水泥土桩固化原理类似于水泥砂浆，其固化时间短、固化强度高；当拌合土料为黏性土和粉土时，由于水泥掺入比有限(水泥掺入比一般为 7%～20%)，而土料中的黏粒和粉粒具有较大的比表面积并含有一定的活性介质，所以水泥固化速度缓慢，其固化原理也较复杂。

夯实水泥土桩的桩体材料主要是固化剂水泥、拌合土料及水。拌合土料可以使用原位土，若原位土性质不好，可采用其他性能更好的土料。含水率以能够使拌合水泥土料达到最优含水率为准。夯实过程中，水泥土的主要化学作用原理如下。

(1) 水泥的水化水解反应。在将拌合土料逐层夯入孔内形成桩体的过程中，水泥与拌合土料中的水分充分接触，发生水化水解反应，主要反应方程式如下。

$$2(3CaO\cdot SiO_2)+6H_2O\longrightarrow 3CaO\cdot 2SiO_2\cdot 3H_2O+3Ca(OH)_2$$

$$2(2CaO\cdot SiO_2)+4H_2O\longrightarrow 3CaO\cdot 2SiO_2\cdot 3H_2O+Ca(OH)_2$$

$$3CaO\cdot Al_2O_3+6H_2O\longrightarrow 3CaO\cdot Al_2O_3\cdot 6H_2O$$

$$4CaO\cdot Al_2O_3+Fe_2O_3+2Ca(OH)_2+10H_2O\longrightarrow 3CaO\cdot Al_2O_3\cdot 6H_2O+3CaO\cdot Fe_2O_3\cdot 6H_2O$$

水泥中的硅酸三钙$(3CaO\cdot SiO_2)$是加固体强度的决定因素，加固体后期强度取决于硅酸二钙$(2CaO\cdot SiO_2)$的水化程度，铝酸三钙$(3CaO\cdot Al_2O_3)$水化速度快，能促进早凝，铝酸四钙$(4CaO\cdot Al_2O_3)$则促进早强。这些水化物形成胶体，进一步凝结硬化成水化物晶体。

(2) 水泥土的离子交换和团粒化作用。拌合土料中的黏性土和粉土颗粒与水分子结合时呈现胶体特性。土料中的二氧化硅(SiO_2)遇水后形成硅酸胶体颗粒，其表面带有钾离子

(K^+)和钠离子(Na^+)，它们能和水泥水化生成的氢氧化钙中的钙离子(Ca^{2+})进行当量吸附交换，使较小的土颗粒形成较大的土团粒，逐渐形成网络状结构，起到主骨架作用。

(3) 水泥土的硬凝反应。随着水泥水解和水化反应的深入，溶液中析出的大量钙离子(Ca^{2+})与黏土矿物中的氧化硅(SiO_2)、氧化铝(Al_2O_3)进行化学反应，生成不溶于水的结晶化合物。结晶化合物在水及空气中逐渐硬化固结，由于结构致密，水分不容易侵入，使水泥土具有足够的水稳定性。

3. 夯实水泥土桩法加固物理作用原理

夯实水泥土桩混合料搅拌均匀，填入桩孔后，经机械分层夯实，桩体达到密实。随着夯击次数及夯击能的增加，混合料干密度逐渐增大，强度明显提高。

夯击试验表明，在夯实能一定的情况下，对应最佳含水率的干密度为混合料最大干密度。即在施工中只要将桩体混合料的含水率控制在最佳含水率，便可获得桩体的最大干密度和最大夯实强度。

在持续的机械夯实作用下，水泥土形成具有较好水稳定性的网络状结构，具有结构致密、孔隙率低、强度高、压缩性低、整体性好等特点。

任务 7.2 夯实水泥土桩法设计

7.2.1 夯实水泥土桩复合地基布桩基本要求

1. 平面布置

由于夯实水泥土桩具有一定的黏结强度，在荷载作用下不会产生较大的侧向变形，所以夯实水泥土桩可只在基础范围内布置。桩边至基础边线距离宜为 10～30cm，基础边线至桩中心线的距离宜为(1.0～1.5)d。

2. 夯实水泥土桩参数设计

1) 桩径 d

桩径宜为 300～600mm，常用桩径为 350～400mm，根据设计及选用的成孔方法确定。

2) 桩距 s

桩距宜为 2～4 倍桩径。具体设计时在桩径选定后，根据面积置换率确定。

3) 桩长 l

夯实水泥土桩最大桩长不宜超过 10m，最小长度不宜小于 2.5m。桩长应根据上部结构对承载力和变形的要求确定，并宜穿透软弱土层到达承载力较高的土层。

4) 面积置换率 m

夯实水泥土桩面积置换率一般为 5%～15%，一般采用三角形或正方形布桩。

3. **褥垫层设计**

在桩顶面应铺设 100～300mm 厚褥垫层，垫层材料可采用中砂、粗砂或碎石等，最大粒径不宜大于 20mm。

7.2.2 夯实水泥土桩桩体强度设计

夯实水泥土桩的强度与加固时所用的水泥品种、强度等级、水泥掺入比、被加固土体性质及施工工艺等因素有关。夯实水泥土桩立方体抗压强度一般可达到 3.0～4.0MPa。

1. **材料选择与配合比**

1) 水泥品种与强度等级

宜采用 32.5 级或 42.5 级矿渣水泥或普通硅酸盐水泥。水泥土的强度随水泥强度等级提高而增加。据资料统计，水泥强度等级每增加 C10 级，水泥土标准抗压强度可提高 20%～30%。

2) 水泥掺入比 α_w

水泥掺入比计算公式为

$$\alpha_w = \frac{\text{掺入水泥的质量}}{\text{被加固软土的质量}} \times 100\%$$

$$\text{或}\ \alpha_w = \frac{\text{掺入水泥的体积}}{\text{被加固软土的体积}} \times 100\%$$

水泥土强度随水泥掺入比的增加而增大。水泥掺入比过低，桩身强度低，加固效果差；但水泥掺入比过高，又会造成地基加固不经济。对一般地基加固，水泥掺入比可取 7%～20%。

3) 外掺剂

由于粉煤灰中含有 SiO_2、Al_2O_3 等活性物质，在水泥土中掺入一定量的粉煤灰，可提高水泥土强度。一般可掺入 10%左右的粉煤灰。

2. **水泥土标准强度**

设计中应根据室内水泥土配合比试验资料合理选取配合比，并测定其标准强度。夯实水泥土桩体强度宜取 28d 龄期试块的立方体(边长为 70.7mm)抗压强度平均值，桩体试块抗压强度计算见式(7-1)。

$$f_{cu} \geqslant 3\frac{R_a}{A_p} \tag{7-1}$$

式中 f_{cu}——桩体混合料试块标准养护 28d 立方体(边长为 70.7mm)抗压强度平均值(kPa)；

R_a——单桩竖向承载力特征值(kN)；

A_p——桩的截面积(m^2)。

7.2.3 夯实水泥土桩复合地基承载力计算

1. **夯实水泥土桩复合地基承载力特征值**

夯实水泥土桩复合地基承载力特征值，应通过现场复合地基载荷试验确定，初步设计时可按式(7-2)估算。

$$f_{\mathrm{spk}}=m\frac{R_{\mathrm{a}}}{A_{\mathrm{p}}}+\beta(1-m)f_{\mathrm{sk}} \tag{7-2}$$

式中 f_{spk}——复合地基承载力特征值(kPa)；

m——复合地基面积置换率，$m=\frac{A_{\mathrm{p}}}{A}=\frac{d^2}{d_{\mathrm{e}}^2}$，其中 d_{e} 为单桩承担的等效圆直径；

R_{a}——单桩竖向承载力特征值(kN)；

A_{p}——桩的截面积(m^2)；

β——桩间土承载力折减系数，见表 7-1，通常可取 0.9～1.0。

f_{sk}——桩间土加固后的地基承载力特征值(kPa)。

表 7-1　桩间土承载力折减系数 β

桩类型	石灰桩	振冲碎石桩	水泥粉煤灰碎石桩	夯实水泥土桩	水泥土搅拌桩	旋喷桩
β	1.05～1.02	1.0	0.75～0.95	0.9～1.0	0.1～0.4(桩端土好) 0.5～0.9(桩端土差)	0.5～0.9(摩擦桩) 0～0.5(端承桩)

2. 夯实水泥土桩单桩竖向承载力特征值

夯实水泥土桩单桩竖向承载力特征值可按式(7-3)～式(7-5)计算，并取其中较小值。

$$R_{\mathrm{a}}=\frac{Q_{\mathrm{u}}}{2} \tag{7-3}$$

$$R_{\mathrm{a}}=u_{\mathrm{p}}\sum_{i=1}^{n}q_{\mathrm{s}i}l_i+q_{\mathrm{p}}A_{\mathrm{p}} \tag{7-4}$$

$$R_{\mathrm{a}}=\eta f_{\mathrm{cu}}A_{\mathrm{p}} \tag{7-5}$$

式中 R_{a}——单桩竖向承载力特征值(kN)；

Q_{u}——单桩竖向极限承载力(kN)；

u_{p}——桩的周长(m)；

n——桩长范围内所划分的土层数；

$q_{\mathrm{s}i}$——桩周第 i 层土的桩侧阻力特征值(kPa)；

l_i——第 i 层土的厚度(m)；

q_{p}——桩端阻力特征值(kPa)；

A_{p}——桩的截面积(m^2)；

η——桩身强度折减系数，可取 0.33；

f_{cu}——桩体混合料试块标准养护 28d 的立方体(边长为 70.7mm)抗压强度平均值(kPa)，见式(7-1)。

3. 软弱下卧层验算

当复合地基加固区下卧层为软弱土层时，尚须验算下卧层的承载力。要求作用在下卧层顶面处的附加应力 p_z 和自重应力 p_{cz} 之和不超过下卧层容许承载力，计算方法参见《建筑地基基础设计规范》(GB 50007—2011)。

7.2.4 夯实水泥土桩复合地基沉降计算

夯实水泥土桩复合地基沉降量 s，由复合地基加固区范围内土层压缩量 s_1 和下卧层压缩量 s_2 组成。复合地基沉降计算采用各向同性均质线性变形体理论，可按分层总和法计算加固区和下卧层变形，具体计算方法可参见《建筑地基基础设计规范》(GB 50007—2011)。

夯实水泥土桩复合土层压缩模量的计算采用提高系数法，计算公式为

$$E_{sp} = \xi E_s = \frac{f_{spk}}{f_{sk}} E_s \tag{7-6}$$

式中 E_s ——土的压缩模量(MPa)；

E_{sp} ——复合土层的压缩模量(MPa)；

ξ ——复合土层的压缩模量提高系数；

f_{spk} ——基础底面下复合地基承载力特征值(kPa)；

f_{sk} ——基础底面下天然地基承载力特征值(kPa)。

为简化计算，当加固层由多层土组成时，E_{sp} 可取多层土的加权平均值。

夯实水泥土桩复合地基工程施工案例

任务 7.3 夯实水泥土桩法施工

夯实水泥土桩施工方案

7.3.1 施工工序

夯实水泥土桩施工分为三步：成孔、制备水泥土、夯填成桩。其成桩过程如图 7.2 所示。

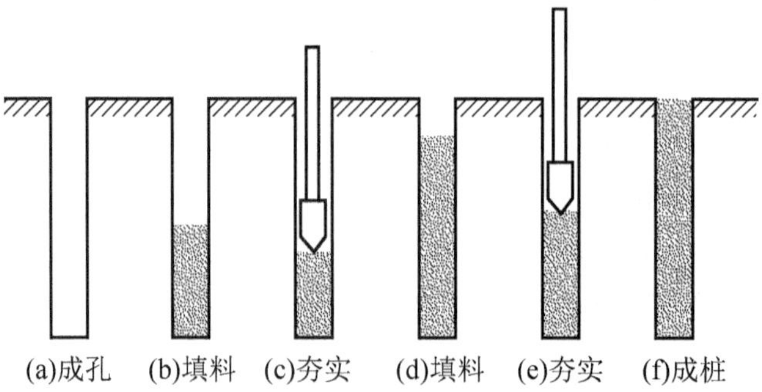

图 7.2 夯实水泥土桩成桩过程

7.3.2 施工准备及桩材制备

1. 施工准备

(1) 现场取土，确定原位土土质与含水率是否适宜做夯实水泥土桩混合料。

(2) 根据设计要求选用成孔方法并做现场成孔试验，确定成孔可行性。试桩数量不得少于 2 根。

2. 桩材制备

夯实水泥土桩桩体材料主要由水泥和土的混合料组成，选用材料应符合以下要求。

(1) 夯实水泥土桩所用水泥应符合设计要求的种类及规格，宜采用 32.5 级或 42.5 级矿渣水泥或普通硅酸盐水泥。水泥在储存和使用过程中，要做好防潮、防雨工作。

(2) 夯实水泥土桩的土料宜采用黏性土、粉土、粉细砂或渣土，选用原位土作为混合料时，土料中有机质含量不得超过 5%，不得含有冻土或膨胀土，使用时应过 10～20mm 筛。

(3) 混合料按设计配合比配置，一般可采用水泥∶土料 ＝(1∶5)～(1∶7)的体积比试配。

(4) 混合料含水率应满足土料的最优含水率 ω_{op} (通过室内击实试验确定)，其允许偏差不得大于±2%。土料与水泥应拌和均匀，水泥用量不得少于按配合比试验确定的质量。

(5) 混合料采用强制式混凝土搅拌机或人工进行拌和，搅拌后混合料应在 2h 内用于成桩。

7.3.3 成孔工艺

根据成孔过程中是否挤土，成孔工艺可分为非挤土法(也称排土法)成孔和挤土法成孔两种工艺。非挤土法成孔在成孔过程中对桩间土没有扰动，而挤土法成孔对桩间土有一定的挤密和振密作用。

对含水率超过 24%、呈流塑状态，或含水率低于 14%、呈坚硬状态的地基，宜选用非挤土法成孔；对处理地下水位以上、有振密和挤密效应的土，宜选用挤土法成孔。

1. 非挤土法成孔

非挤土法成孔是指在成孔过程中把土排到孔外的成孔方法。该法没有挤土效应，多用于原土已经固结、没有湿陷性和振陷性的土。常用的成孔机具有洛阳铲、长螺旋钻孔机。

(1) 洛阳铲成孔直径一般为 250～400mm，其特点是设备简单，不需要任何能源，无振动、无噪声，可靠近旧建筑物成孔，操作简单，工作面可以根据工程的需要扩展，特别适合中小型工程成孔。

(2) 长螺旋钻孔机是夯实水泥土桩的主要成孔机具，该机能连续出土，成孔质量好，成孔深，效率高，适用于地下水位以上的填土、黏性土、粉土，对于砂土其含水率要适中，太干的砂土和饱和砂土均易出现塌孔。

2. 挤土法成孔

挤土法成孔是指在成孔过程中把原桩孔的土体挤到桩间土中去的成孔方法。挤土法成孔可使桩间土密度增加、孔隙比减小、承载力提高，常用的成孔方法有锤击法、振动沉管法和干法振冲器法。

(1) 锤击法是指采用打桩锤将桩管打入土中，然后拔出桩管的一种成孔方法。锤击法的夯锤由铸铁制成，锤重一般为 3～10kN，设备简单。该法适用于处理松散的填土、黏性土和粉土，适用于桩较小且孔不太深的情况。

(2) 振动沉管法是指采用振动打桩机将桩管打入土中，然后拔出管的成孔方法。目前我国振动打桩机已系列化、定型化，可以根据地质情况、成孔直径和桩深来选取。由于振动时土壤中所含的水分能减少桩管表面和土壤之间的摩擦，因此当桩管在含水饱和的砂土和湿黏土中时，沉管阻力较小，而在干砂和干硬的黏土中用振动沉管法沉桩阻力则很大。在砂土和粉土中施工拔管时宜停振，否则易出现塌孔。

(3) 干法振冲器法与碎石桩法相同。采用该法也宜停振拔管，否则易使桩孔坍塌。

3. 桩孔施工注意事项

(1) 桩孔按设计图纸定位钻孔，孔中心偏差不应超过桩径设计值的 1/4，对条形基础不得超过桩径设计值的 1/6。

(2) 桩孔垂直度偏差不应大于 1.5%。

(3) 桩径不得小于设计桩径，桩深不得小于设计桩深。

7.3.4 夯填工艺

夯填可用机械夯实，也可用人工夯实。常用的夯填方式有夹板自落夯实机夯填、夹管自落夯实机夯填、人工夯锤夯实夯填、卷扬吊锤夯实机夯填等。

1. 夯填桩孔

(1) 夯填桩孔时，宜选用机械夯实，分段夯填。向孔内填料前，孔底必须夯实。

(2) 成桩时填料量与夯锤质量、夯锤提升高度及夯击能密切相关。要求填料厚度不得大于 50cm，夯锤质量不应小于 150kg，夯锤提升高度不应低于 70cm。

(3) 夯击能不仅取决于夯锤质量和提升高度，还与填料量和夯击次数密切相关。施工时应做现场制桩试验，使夯实效果满足设计要求，混合料压实系数 λ_c 一般不应小于 0.93。

(4) 桩顶夯填高度应大于设计桩顶标高 200～300mm，垫层施工时将多余桩体凿除。

(5) 施工过程中，应有专人检测成孔及回填夯实质量，并做好施工记录。如发现地基土质与勘察资料不符时，应查明情况，采取有效处理措施。

(6) 雨季或冬季施工时，应采取防雨、防冻措施，防止土料和水泥淋湿或冻结。

2. 垫层施工

垫层材料应级配良好，不含植物残体、垃圾等杂质。为了减少施工期地基的变形量，垫层铺设时应分层夯压密实，夯填度不得大于 0.9。垫层施工时，严禁扰动基底土层。

任务 7.4 质量检验

7.4.1 桩体夯实质量检验

夯实水泥土桩桩体的夯实质量检查应在成桩过程中随机抽取，抽样数量不应少于总桩数的 2%。

对一般工程，可检查桩的干密度和施工记录。干密度检验可在 24h 内取土样测定，或采用轻型动力触探锤击数 (N_{10}) 与现场试验确定的干密度进行对比，以判断桩身质量。

桩体不同配合比的控制最小干密度可参照表 7-2。

表 7-2 桩体不同配合比的控制最小干密度 单位：g/cm^3

土料种类	水泥与土的体积比			
	1∶5	1∶6	1∶7	1∶8
粉细砂	1.72	1.71	1.71	1.67
粉　土	1.69	1.69	1.69	1.69
粉质黏土	1.58	1.58	1.58	1.57

7.4.2 承载力检验

夯实水泥土桩复合地基工程检验批质量验收记录表

夯实水泥土桩复合地基竣工验收时，承载力检验可采用单桩复合地基载荷试验，重要或大型工程尚应进行多桩复合地基载荷试验。

单桩复合地基载荷试验宜在成桩 15d 后进行。静载荷试验点为总桩数的 0.5%～1.0%，且每个单体工程检验数量不应少于 3 个试验点。

夯实水泥土桩复合地基载荷试验完成后，若以相对变形值确定夯实水泥土桩复合地基承载力特征值的，对于以黏性土、粉土为主的地基，可取载荷试验沉降比 $s/b=0.01$(b 为承压板宽度或直径)时所对应的压力值；对于以卵石、圆砾、密实粗中砂为主的地基，可取载荷试验沉降比 $s/b=0.08$ 时所对应的压力值。

工程实例一

北京大兴某建筑工程地基处理工程

1. 工程概况

北京大兴某建筑工程共计 10 层，设计采用框架结构，柱下独立基础。

2. 地基条件

该场地地基土层主要如下：①杂填土，平均层厚 0.5m；②新近沉积粉质黏土，褐黄色、稍湿、稍密，土质较均匀，平均层厚 2.0m，地基承载力特征值 $f_{\mathrm{ak}}=120\mathrm{kPa}$；③新近沉积粉质黏土，硬塑，土质不均，平均层厚 1.2m，桩侧阻力特征值 $q_{\mathrm{s}}=20\mathrm{kPa}$，地基承载力特征值 $f_{\mathrm{ak}}=130\mathrm{kPa}$；④新近沉积粉细砂，松散、稍密，平均层厚 2.8m，桩侧阻力特征值 $q_{\mathrm{s}}=20\mathrm{kPa}$，地基承载力特征值 $f_{\mathrm{ak}}=120\mathrm{kPa}$；⑤中粗砂，稍湿、中密，平均层厚 3.5m，桩端阻力特征值 $q_{\mathrm{p}}=250\mathrm{kPa}$，地基承载力特征值 $f_{\mathrm{ak}}=250\mathrm{kPa}$。勘探最大深度 20m 内未见地下水，拟采用夯实水泥土桩法进行地基加固。

3. 夯实水泥土桩设计

(1) 桩体材料确定：水泥采用 32.5 级普通硅酸盐水泥，土料采用桩孔土。将水泥和土料按照 1∶7(体积比)加适量水搅拌均匀，室内用标准夯实试验制成试块，养护 28d 后，得抗压强度平均值 $f_{\mathrm{cu}}=3\mathrm{MPa}$。

(2) 桩的几何参数设计：根据地层及设备条件，设计桩径 $d=400\mathrm{mm}$，则可得

$$u_{\mathrm{p}}=\pi d=3.14\times0.4=1.256(\mathrm{m})$$

$$A_{\mathrm{p}}=\frac{\pi}{4}d^2=\frac{3.14}{4}\times0.4^2=0.1256(\mathrm{m}^2)$$

桩身应穿越第二、三、四层软弱土，桩端置于密实的中粗砂层，因此初步设计桩长 $l=6.5\mathrm{m}$。根据基础尺寸，采用正方形布桩。

(3) 计算单桩竖向承载力特征值：根据已知参数，可得单桩竖向承载力特征值 R_{a} 为

$$R_{\mathrm{a}}=u_{\mathrm{p}}\sum_{i=1}^{n}q_{\mathrm{s}i}l_i+q_{\mathrm{p}}A_{\mathrm{p}}=1.256\times(20\times6.5)+250\times0.1256\approx194.7(\mathrm{kN})$$

根据桩身强度，单桩竖向承载力特征值 R_{a} 尚应满足以下验算要求。

$$R_{\mathrm{a}}\leqslant\eta f_{\mathrm{cu}}A_{\mathrm{p}}=0.33\times3\times1000\times0.1256\approx124(\mathrm{kN})$$

因此，单桩竖向承载力特征值 R_{a} 取 $124\mathrm{kN}$。

(4) 面积置换率的确定：根据复合地基承载力要求反算面积置换率，代入相应公式为

$$f_{\mathrm{spk}}=m\frac{R_{\mathrm{a}}}{A_{\mathrm{p}}}+\beta(1-m)f_{\mathrm{sk}}$$

式中 $f_{\mathrm{spk}}=180\mathrm{kPa}$，$\frac{R_{\mathrm{a}}}{A_{\mathrm{p}}}=987\mathrm{kPa}$，$\beta=0.9$，$f_{\mathrm{sk}}=120\mathrm{kPa}$，则可得

$$m=0.082$$

(5) 布桩：采用正方形布桩。由于 $m=\frac{\pi d^2}{4s^2}$，则可得桩距 $s=\sqrt{\frac{\pi d^2}{4}}=1.24\mathrm{m}$。

布桩时，桩距可根据基础尺寸进行调整，小于上述计算值即可。图 7.3 所示为基础 J-1(2.1m × 2.1m)和 J-2(3.2m × 2.1m)下的布桩情况。

(6) 铺设褥垫层：为调节桩土应力比，桩顶铺设 150mm 厚中粗砂褥垫层。

4. 工程施工

(1) 成孔：采用螺旋钻机成孔，低转速钻进，并隔行隔排进行施工。上提钻头时，速度尽量放慢，以防止孔壁坍塌。塌孔严重的部位是第四层粉细砂层，施工时首先人工成孔

至第四层顶面，然后加适量水，使其含水率增加，以增强孔壁的稳定性。

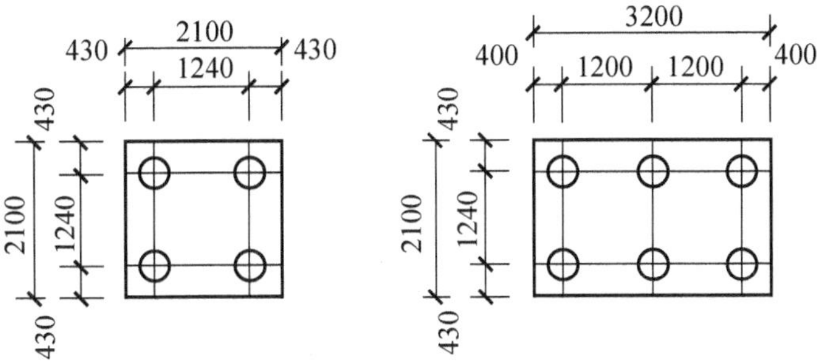

(a)基础J-1下的布桩　　(b)基础J-2下的布桩

图 7.3　夯实水泥土桩布桩示意(单位：mm)

(2) 拌料：混合料按照试验配合比 1∶7 的比例拌和，采用搅拌机搅拌，每盘加水 15～18kg，拌和时间不少于 60s，以保证混合料均匀。

(3) 成桩：采用直径 300mm、长 0.8m、重 150kg 的夯锤进行夯击，落距控制在 1.5～2.5m。首先夯击孔底 3 次，使虚土密实，然后分层填料夯实，每层厚度控制在 300～500mm，夯击 2～3 次。夯击时，夯锤正对孔中心，落锤要稳、准，防止夯锤摆动碰撞孔壁。对塌孔严重的部位应多填多夯，使混合料填满，并且有一定的密实度。

5. 加固效果

(1) 施工时进行常规自检，标准贯入锤击数为 50～85 击，说明桩体密实且较均匀。

(2) 取桩体试块 3 组，28d 强度 f_{cu} 均超过 3MPa。

(3) 开挖 3 根桩进行观测，观测结果表明桩体固结程度较好，桩周土较密实，只在个别桩中有 2～3cm 厚砂夹层，砂夹层进入桩体最大为 8cm。塌孔严重的部位形成强度较高的盖顶，且与桩间土结合较好。

(4) 共进行 6 根单桩复合地基载荷试验，承压板采用 1.25m × 1.25m 的方板，荷载为设计值的 2 倍，采用慢速维持荷载法进行试验。试验结果表明 *p-s* 曲线均匀无明显拐点，下降段平缓，未出现破坏荷载。

工程实例二

邢台市工人文化宫住宅楼地基处理工程

1. 工程概况

邢台市工人文化宫住宅楼占地面积 356.4m^2(27.0m × 13.2m)，地上 6 层，上部为砖混结构，基础采用条形基础，基础埋深约 2.0m。经勘察、设计部门验槽，发现天然地基承载力不能满足设计要求，且加深基础开挖、换填垫层难度较大。建议采用夯实水泥土桩法进行地基处理，提高地基承载力，使处理后的复合地基承载力特征值 $f_{spk} \geqslant 150\text{kPa}$。

2. 地基条件

① 杂填土：褐色，稍湿，松散至稍密，以粉土为主，上部含大量建筑灰渣、砖块，下部含少量植物根、腐殖质。分布不均匀，层厚 0.50～1.80m，$q_s = 15\text{kPa}$，$f_{ak} = 100\text{kPa}$。②

黏土：褐黄色，可塑，含贝壳、铁锰质颗粒，切面光滑，该层中部普遍夹薄层状粉土，稍湿，稍密。分布均匀，层厚 2.00～4.80m，$q_s = 15\text{kPa}$，$f_{ak} = 110\text{kPa}$。③粉质黏土夹粉土：黄褐色，粉质黏土为软塑至可塑，含贝壳；粉土为湿至稍湿，稍密，粒度均匀，微具层理，可见云母，无光泽，摇振反应中等，干强度及韧性低。场地内普遍分布均匀，层厚 0.80～2.50m，$q_s = 15\text{kPa}$，$f_{ak} = 115\text{kPa}$。④粉质黏土：黑褐色，软塑至可塑黏粒为主，粉质黏土与黏土互层状，含少许腐殖质，偶见小姜石。场地内普遍分布均匀，层厚 1.50～2.80m，$q_s = 25\text{kPa}$，$q_p = 400\text{kPa}$，$f_{ak} = 220\text{kPa}$。⑤粉土夹粉质黏土：黄褐至灰褐色，稍湿至湿，中密，粒度均匀，具层理，含少量姜石及铁锈质浸染，夹薄层状粉质黏土，含大量贝壳。场地内普遍分布较均匀，层厚 7.00～7.20m。⑥粉土：褐黄色，湿，中密，含铁锰质颗粒、姜石，无光泽，无摇振反应，干强度及韧性低。揭露范围内分布均匀。

该地区勘察时间在 4 月中旬，正处于地下水的枯水季节，稳定水位埋深 8.90～9.10m，属第四系孔隙潜水，主要赋存在第六层粉土中，无径流补给，主要受大气降水补给，水位年变幅为 1.00～1.70m，地下水位深度在 7.20m 左右。

3. 夯实水泥土桩设计

桩体材料确定：水泥采用 32.5 级普通硅酸盐水泥，土料采用桩孔土。将水泥和土料按照 1：7(体积比)加适量水搅拌均匀，室内用标准夯实试验制成试块，养护 28d 后，测得抗压强度平均值 $f_{cu} = 3\text{MPa}$。

设计桩径 $d = 350\text{mm}$；施工桩长 $l = 4000\text{mm}$，有效桩长 $l = 3800\text{mm}$；桩距 $s = 1000\text{mm}$，采用正方形布桩；桩土面积置换率 $m = 9.6\%$。

首先计算单桩竖向承载力特征值：根据已知参数，可得单桩竖向承载力特征值 R_a 为

$$R_a = u_p \sum_{i=1}^{n} q_{si} l_i + q_p A_p = 1.099 \times (15 \times 3.3 + 25 \times 0.5) + 400 \times 0.096$$
$$\approx 106.5(\text{kN})$$

再代入式(7-5)得

$$R_a = \eta f_{cu} A_p = 0.33 \times 3000 \times 0.096 \approx 95.0(\text{kN})$$

设计单桩竖向承载力取上述两式的较小值，因此 R_a 取 95.0kN。

取 $\beta = 0.6$，$f_{sk} = 110\text{kPa}$，复合地基承载力特征值可按式(7-2)计算。

$$f_{spk} = m\frac{R_a}{A_p} + \beta(1-m) f_{sk} = 0.096 \times \frac{95.0}{0.096} + 0.6 \times (1 - 0.096) \times 110 \approx 155.0(\text{kPa})$$
$$> \text{要求值 } 150\text{kPa}$$

满足设计要求。

由于在施工过程中遇到雨季，针对粉土层渗透系数较大、赋藏较多孔隙水的状况，采取如下措施：孔底 0.3m 回填 20～40mm 碎石，防止粉土层因施工振动析水产生流动缩颈，从而提高承载力。

4. 工程施工

(1) 施工工艺流程如下：测定放线定桩位→机械就位、调整垂直度成孔→成孔至设计标高验收→按比例拌和水泥与土→碎土机随混合料填料夯实成桩→制桩完成。

(2) 质量保证措施。

① 施工材料检查。施工前对施工所用水泥进行检验，无证、无牌不合格产品禁止进入工地。

② 测量定桩位。在钻机就位前，测量人员按施工图纸先定好桩位，并测出地面标高，换算出实际孔深，交付施工。

③ 成孔机就位。成孔机就位后，调整垂直度，使垂直度偏差小于 1.5%，孔位偏差小于 0.25*d*。

④ 测量孔深，成孔验收。成孔后，对孔深、孔径、孔斜率进行测定，满足设计要求后方可进行下一孔位成孔。

⑤ 桩身材料拌和。依据设计，水泥与土料按 1∶7 的体积比进行拌和，拌和均匀后方可填入孔内。超过 2h 的拌合料不得使用，重点控制土的含水率，现场做到“一抓成团，一放即散”，土的颗粒应小于 20mm。

⑥ 夯实成桩。夯实采用机械夯实，首先对孔底虚土进行夯实，再填拌合料，按一填一击的原则夯实，至设计标高以上后用素土封顶。

⑦ 自检与监理。从成孔到成桩，每一工序都要详细记录，并经甲方现场监理工程师认可后方可进行下一步工作。

5. 加固效果

静载荷试验结果统计见表 7-3。从表中可以看出，采用孔底水泥凝固夯实及孔底碎石挤密法，达到了提高单桩承载力的目的，使地基稳定性提高、沉降量减小。

表 7-3 静载荷试验结果统计

样品编号	最终加荷值/kPa	最终沉降量/mm
1	340	25.65
2	340	32.56
3	340	20.38
4	340	21.86

能力训练

一、选择题

1. 夯实水泥土桩在施工过程中，在桩顶面应铺设(　　)厚的褥垫层。

A. 100～300mm　B. 300～500mm　C. 500～1000mm　D. 1000～1500mm

2. 在夯实水泥土桩法施工时，为保证桩顶的桩体强度，现场施工时均要求桩体夯填高度大于桩顶设计标高，其值应为(　　)。

A. 50～100mm　B. 100～200mm　C. 200～300mm　D. 300～400mm

3. 夯实水泥土桩法处理地基土深度的范围(　　)。

A. 不宜超过 6m　B. 不宜超过 15m　C. 不宜超过 20m　D. 不宜超过 10m

4. 夯实水泥土桩法的桩径范围为(　　)。

A. 250～350mm　B. 300～600mm　C. 450～550mm　D. 550～650mm

二、简答题

1. 什么是夯实水泥土桩法?
2. 夯实水泥土桩的桩身材料配合比如何确定?
3. 夯实水泥土桩有哪些施工方法?
4. 如何对夯实水泥土桩进行质量检验?

三、案例题

某建筑工程场地地质条件如下：①杂填土，平均层厚1.5m；②粉质黏土，松散，平均层厚2.5m，桩侧阻力特征值$q_s = 18kPa$，地基承载力特征值$f_{ak} = 90kPa$；③黏土，硬塑，平均层厚3.0m，桩侧阻力特征值$q_s = 30kPa$，地基承载力特征值$f_{ak} = 110kPa$；④中砂层，稍湿、中密，平均层厚3.5m，桩端阻力特征值$q_p = 240kPa$，地基承载力特征值$f_{ak} = 250kPa$。该场地地下水埋藏于中砂层，地下水位较低。该建筑采用框架结构，柱下采用筏板基础，设计基础埋深-1.5m，要求处理后的地基承载力特征值$f_{ak} \geq 180kPa$。试对其进行夯实水泥土桩复合地基处理方案的设计。

在线答题

情境8 灰土挤密桩法和土挤密桩法

学习目标

掌握灰土挤密桩法和土挤密桩法的概念、适用范围、加固原理；掌握灰土挤密桩法和土挤密桩法的设计计算方法，包括布桩要求、桩体强度设计、复合地基承载力和沉降计算方法；熟悉灰土挤密桩法和土挤密桩法施工及质量检验方法；能灵活运用灰土挤密桩法和土挤密桩法处理实际工程问题。

学习要求

知识要点	技能要点
(1) 灰土挤密桩法和土挤密桩法的概念 (2) 灰土挤密桩法和土挤密桩法的适用范围 (3) 灰土挤密桩法和土挤密桩法的加固原理	(1) 掌握灰土挤密桩法和土挤密桩法的设计计算方法，包括布桩要求、桩体强度设计、复合地基承载力和沉降计算方法 (2) 掌握灰土挤密桩法和土挤密桩法施工及质量检验方法 (3) 能灵活运用灰土挤密桩法和土挤密桩法处理实际工程问题

引例

山西省某医院住院楼工程，建筑面积 12000m^2，高层部分采用筏板基础，低层部分采用柱下独立基础，其埋深分别为−3.5m 和−2.5m。场地地基土层已知，为了消除湿陷性并提高地基承载力，拟用灰土挤密桩法进行地基加固。试对桩的布置、桩体强度、复合地基承载力等做设计计算。

任务 8.1　灰土挤密桩法和土挤密桩法概述

灰土挤密桩的介绍

8.1.1 灰土挤密桩法和土挤密桩法的概念

灰土挤密桩(简称灰土桩)法和土挤密桩(简称土桩)法是通过成孔过程中的横向挤压作用，桩孔内的土被挤向周围，使桩间土得以挤密，然后将备好的灰土或素土(黏性土)分层填入桩孔内，并分层捣实至设计标高。用灰土分层夯实的桩体称为灰土挤密桩，用素土分层夯实的桩体称为土挤密桩，两者分别与挤密的桩间土组成复合地基，共同承受基础上部荷载。

灰土挤密桩法和土挤密桩法具有原位处理、深层挤密、就地取材、施工工艺多样、施工速度快和造价低廉等特点，具有显著的技术经济效益。

灰土挤密桩法和土挤密桩法适用于处理地下水位以上的湿陷性黄土、素填土和杂填土等地基，可处理地基的深度为 5～15m。当以消除地基土的湿陷性为主要目的时，宜选用土挤密桩法；当以提高地基土的承载力或增强其水稳性为主要目的时，宜选用灰土挤密桩法。在有条件和有经验的地区，也可就近利用工业废料(如粉煤灰、矿渣或其他废渣)夯填桩孔，一般宜掺入少量石灰或水泥作为胶结料，以提高胶体的强度和稳定性。

大量的试验研究资料和工程实践表明，灰土挤密桩和土挤密桩用于处理地下水位以上的湿陷性黄土、素填土、杂填土等地基时，不论是对消除土的湿陷性还是对提高土的承载力都是有效的。但当土的含水率大于 24%及饱和度大于 65%时，在成孔及拔管过程中，桩孔及其周围容易缩颈和隆起，挤密效果差，故上述方法不适用于处理地下水位以下及毛细饱和带的土层。

8.1.2 加固原理

1. 挤密作用

当桩的含水率接近最优含水率时，土呈塑性状态，挤密效果最佳；当含水率偏低时，土呈坚硬状态，有效挤密区变小；当含水率过高时，由于挤密引起超静孔隙水压力，土体难以挤密，且孔壁附近土的强度因受扰动而降低，拔管时容易出现缩颈等情况。土的天然干密度越大，有效挤密范围越大；反之亦然。

2. 灰土性质作用

灰土挤密桩是用石灰和土按一定体积比(2∶8 或 3∶7)拌和，并在桩孔内夯实加密后形成的桩。灰土这种材料在化学性能上具有气硬性和水硬性，石灰内带正电荷钙离子与带负电荷的黏土颗粒相互吸附，形成胶体凝聚，并随灰土龄期增长，土体固化作用提高，使灰土强度逐渐增加。它可达到挤密地基、提高地基承载力、消除湿陷性、使沉降均匀、减小沉降量等效果。

3. 桩体作用

在灰土挤密桩地基中，由于灰土挤密桩的变形模量远大于桩间土的变形模量(灰土的变形模量为40～200MPa，相当于夯实素土的2～10倍)，故灰土挤密桩在复合地基中承担了很大比例的荷载。载荷试验表明：只占承压板面积约20%的灰土挤密桩承担了总荷载的一半左右，而占承压板面积80%的桩间土则承担了其余的荷载。由于总荷载的一半由灰土挤密桩承担，从而降低了基础底面下一定深度内土中的应力，消除了持力层内产生大量压缩变形和湿陷变形的不利因素。此外，由于灰土挤密桩对桩间土能起侧向约束作用，限制了土的侧向移动，所以桩间土只进行竖向压密，使压力与沉降量始终呈线性关系。

在灰土挤密桩和土挤密桩地基上，测试刚性板接触压力的结果表明，在同一部位的桩体上的应力与桩间土的应力相差不大，两者的应力分担比约等于1，且基底接触压力分布情况与土垫层情况相似。

任务 8.2 灰土挤密桩法和土挤密桩法设计

8.2.1 处理范围

灰土挤密桩法和土挤密桩法适用范围例题

1. 处理地基的面积范围

灰土挤密桩和土挤密桩处理地基的面积，应大于基础或建筑物底层平面的面积，并应符合下列规定。

(1) 当采用局部处理时，应超出基础底面的宽度。对非自重湿陷性黄土、素填土和杂填土等地基，每边不应小于基底宽度的0.25倍，并不应小于0.50m；对自重湿陷性黄土地基，每边不应小于基底宽度的0.75倍，并不应小于1.0m。

(2) 当采用整片处理时，应超出建筑物外墙基础底面外缘的宽度，每边不宜小于处理土层厚度的1/2，并不应小于2m。

2. 处理地基的深度

灰土挤密桩和土挤密桩处理地基的深度应根据土质情况、建筑物对地基的要求、成孔设备等因素综合考虑确定。对湿陷性黄土地基，应按《湿陷性黄土地区建筑标准》(GB 50025—2018)规定的原则确定灰土挤密桩或土挤密桩地基的深度。

(1) 消除地基全部湿陷量的处理厚度，应符合下列要求：在自重湿陷性黄土场地，应处理基础以下的全部湿陷性土层；在非自重湿陷性黄土场地，应将基础下湿陷起始压力小于附加压力与上覆土的饱和自重压力之和的所有土层进行处理，或处理至基础下的压缩层下限为止。

(2) 消除地基部分湿陷量，适用于乙类建筑，其最小处理厚度应符合下列要求：在自重湿陷性黄土场地，不应小于湿陷性土层厚度的 2/3，并应控制剩余湿陷量不大于 20cm；在非自重湿陷性黄土场地，不应小于压缩层厚度的 2/3。

(3) 对于自重湿陷性不敏感、自重湿陷性土层埋藏较深或自重湿陷量较小的黄土场地，地基的处理深度可根据当地工程经验，按非自重湿陷性黄土场地考虑。

(4) 当以提高地基承载力为主要目的时，对基底下持力层范围内的低承载力和高压缩性土层应进行处理，并应通过下卧层承载力验算来确定地基的处理深度。桩长从基础算起，一般不宜小于 5m。当处理深度过小时，采用灰土挤密桩或土挤密桩是不经济的，桩孔深度目前施工可达 12～15m。

8.2.2 布桩基本要求

1. 桩孔布置原则

布桩方式主要取决于基础形式和基础尺寸，不同布桩方式对桩的置换作用无影响，但对桩间土的挤密作用有影响。布桩重复挤密面积对比分析如图 8.1 所示，如等边三角形布桩重复挤密面积为 21%，而正方形布桩重复挤密面积为 57%。可见在整片基础下设计挤密桩时，宜优先采用等边三角形布桩。不同基础的布桩方式选择见表 8-1。

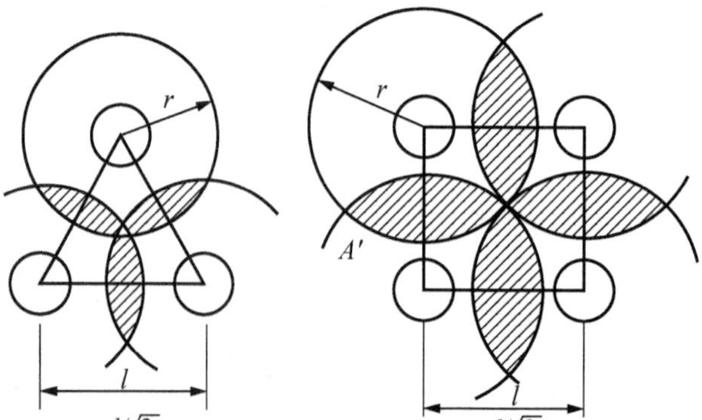

$r=l/\sqrt{3}$
$A/A_0=21\%$
(a)等边三角形布桩

$r=l/\sqrt{2}$
$A/A_0=57\%$
(b)正方形布桩

图 8.1 布桩重复挤密面积对比分析

表 8-1 不同基础的布桩方式选择

基础形式	常用布桩形式	注意事项
整片基础	等边三角形或正方形均匀布桩	对于挤密桩，等边三角形布桩优于正方形布桩
单独基础	等边三角形布桩、正方形布桩、梅花形布桩	桩位布置应对称于中心纵横轴线
条形基础	单排布桩、三角形双排布桩、正方形双排布桩、等边三角形或正方形三排布桩	桩位应与基础轴线重合或与基础轴线对称，且转角处及构造柱部位均宜布桩

对单独基础采用等边三角形布桩，土挤密桩不少于两排，灰土挤密桩不少于三排。对圆形基础采用整片地基，处理时宜按等边三角形、等腰三角形或梅花形布桩。

灰土挤密桩成桩顺序

2. 桩径、桩距及桩孔排距的确定

1) 桩径

桩径宜为 300～600mm，沉管法的桩径多为 400mm。设计桩径时，应根据当地常用设备规格、型号或成孔方法选用。

2) 桩距

桩孔宜按等边三角形布置，桩距可为桩径的 2.0～2.5 倍，也可按式(8-1)估算。

$$s = 0.95d\sqrt{\frac{\overline{\eta_c}\rho_{d,\max}}{\overline{\eta_c}\rho_{d,\max} - \overline{\rho_d}}} \tag{8-1}$$

式中 s——桩距(m)；

d——桩径(m)；

$\rho_{d,\max}$——桩间土的最大干密度(kg/m^3)；

$\overline{\rho_d}$——地基处理前土的平均密度(kg/m^3)；

$\overline{\eta_c}$——桩间土经成孔挤密后的平均挤密系数，$\overline{\eta_c} = \overline{\rho_{d1}} / \rho_{d,\max}$，其对重要工程不宜小于 0.93，对一般工程不应小于 0.90；

$\overline{\rho_{d1}}$——在成孔挤密深度内桩间土的平均干密度(kg/m^3)，平均试样数不应少于 6 组。

处理填土地基时，鉴于其干密度值变动较大，按式(8-1)一般不容易计算桩距。为此可按式(8-2)计算桩距。

$$s = 0.95d\sqrt{\frac{f_{pk} - f_{sk}}{f_{spk} - f_{sk}}} \tag{8-2}$$

式中 f_{pk}——桩体的承载力特征值(kPa)，宜取 500kPa；

f_{sk}——挤密前填土地基的承载力特征值(kPa)，应通过现场测试确定；

f_{spk}——处理后要求的复合地基承载力特征值(kPa)。

对重要工程或缺乏经验的地区，应通过现场成孔挤密试验，按照不同桩距时的实测挤密效果确定桩间距。

3) 桩孔排距

桩距确定之后，可计算桩孔排距 L。对等边三角形布桩，$L = 0.87s$；对正方形布桩，$L = s$。

8.2.3 填料和压实系数

桩孔内的填料，应根据工程要求或地基处理目的确定，并应用压实系数 λ_c 控制夯实质量。当用素土回填夯实时，$\lambda_c \geqslant 0.95$；当用灰土回填夯实时，$\lambda_c \geqslant 0.97$ (石灰与土的体积配合比宜为 2∶8 或 3∶7)。

桩基施工后宜挖去表面松动层，并在桩顶标高以上设置 300～500mm 厚的素土或灰土垫层，其压实系数不应小于 0.95。

8.2.4 地基承载力计算

灰土挤密桩和土挤密桩处理地基的承载力特征值，应通过原位测试或当地经验确定，如挤密桩的目的是消除地基土的湿陷性，还应进行浸水试验。在自重湿陷性黄土地基上，浸水试坑直径或边长不应小于湿陷性黄土层的厚度，且不应小于 10m。试验时如果 p-s 曲线上无明显直线段，则灰土挤密桩复合地基按 $s/b = 0.08$ 、土挤密桩复合地基按 $s/b = 0.01 \sim 0.015$ (b 为承压板宽度或直径)所对应的荷载作为处理地基的承载力特征值。

一般工程可参照当地经验确定地基土的承载力设计值。当缺乏经验时，灰土挤密桩复合地基的承载力特征值不宜大于处理前的 2.0 倍，并不宜大于 250kPa；土挤密桩复合地基的承载力特征值不宜大于处理前的 1.4 倍，并不宜大于 180kPa。该规定的前提是必须对桩间土进行挤密。挤密的效果以桩间土平均压实系数 $\lambda_c \geqslant 0.93$ 来控制，以此计算桩距。

8.2.5 变形计算

灰土挤密桩或土挤密桩复合地基的变形，包括桩和桩间土及其下卧未处理土层的变形。通过挤密后，桩间土的物理力学性质明显改善，即土的干密度增大，压缩性降低，承载力提高，湿陷性消除，故桩和桩间土(复合土层)的变形可不计算，但应计算下卧未处理土层的变形。灰土挤密桩和土挤密桩复合土层的压缩模量，可采用载荷试验的变形模量代替。

任务 8.3 灰土挤密桩法和土挤密桩法施工

8.3.1 成孔方法

灰土挤密桩法及土挤密桩法应按设计要求、成孔设备、现场土质和周围环境等情况，选用振动沉管及锤击(冲击)等方法进行成孔。

桩顶设计标高以上的预留覆盖土层厚度宜符合下列要求：振动沉管成孔，宜为 0.50～0.70m；锤击(冲击)成孔，宜为 1.20～1.50m。

成孔时，地基土宜接近最优(或塑限)含水率，当土的含水率低于 12%时，宜对拟处理地基范围内的土层进行增湿，增湿土的加水量可按式(8-3)估算。

$$Q = v\overline{\rho_{\mathrm{d}}}(\omega_{\mathrm{op}} - \overline{\omega})k \tag{8-3}$$

式中　Q——计算加水量(m^3)；

v——拟加固土的总体积(m^3)；

$\overline{\rho_{\mathrm{d}}}$——地基处理前土的平均干密度($kg/m^3$)；

ω_{op}——土的最优含水率(%)，可通过室内击实试验求得；

$\overline{\omega}$——地基处理前土的平均含水率(%)；

k——损耗系数，可取 1.05～1.10。

应于地基处理前 4～6d，将需增湿的土所需水量通过一定数量和一定深度的渗水孔均匀浸入拟处理范围内的土层中。

具体施工方法与工艺要求如下所述。

1. 振动沉管成桩法

振动沉管成桩法的施工机械包括振动机、料斗、套管等，套管的下端装有底盖和排料活瓣。为了使填料有效地排出和套管易于打入，在振动机上还装有高压空气的喷射装置，其他配套机械有起重机、装料机、空压机和施工管理仪器等。在振动机的振动作用下，把带有底盖的套管打入规定的设计深度。套管入土后，挤密了套管周围土体，然后将填料投入土中，振动密实成桩。目前，振动沉管成桩法分为一次拔管法、逐步拔管法和重复压拔管法三种类型。

1) 一次拔管法

如图 8.2 所示，一次拔管法成桩工艺步骤如下。

(1) 桩管垂直对准桩位(活瓣桩靴闭合)。

(2) 启动振动桩锤，将桩管振动沉入土中并达到设计深度，使桩管周围的土被挤密或挤压。

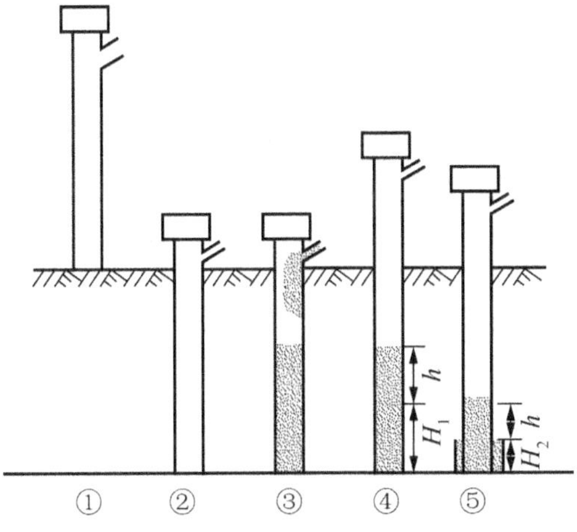

图 8.2　一次拔管法成桩工艺示意

(3) 从桩管上端的料斗加入填料，数量根据设计确定。

(4) 边振动边拔管直至拔出地面。通过拔管速度控制桩身的连续性和密实度，拔管速度应通过试验确定，一般地层情况为 1～2m/min。

2) 逐步拔管法

逐步拔管法成桩工艺步骤如下。

(1) 逐步拔管法成桩工艺的前 3 个步骤与一次拔管法的步骤(1)～(3)相同。

(2) 逐步拔管，边振动边拔管，每拔管 50cm，停止拔管并继续振动，停拔时间 10～20s，直至将桩管拔出地面。

3) 重复压拔管法

如图 8.3 所示，重复压拔管法成桩工艺步骤如下。

(1) 桩管垂直就位，闭合桩靴。

(2) 将桩管沉入地基土中并达到设计深度。

(3) 按设计规定的填料量向桩管内投入填料。

(4) 边振动边拔管，拔管高度根据设计确定。

(5) 边振动边向下压管(沉管)，下压的高度由设计和试验确定。一般情况下，桩管每提高 100cm，下压 30cm，然后留振 10～20s。

(6) 停止拔管，继续振动，停拔时间长短按规定要求。

(7) 重复步骤(3)～(6)，直至桩管拔出地面。

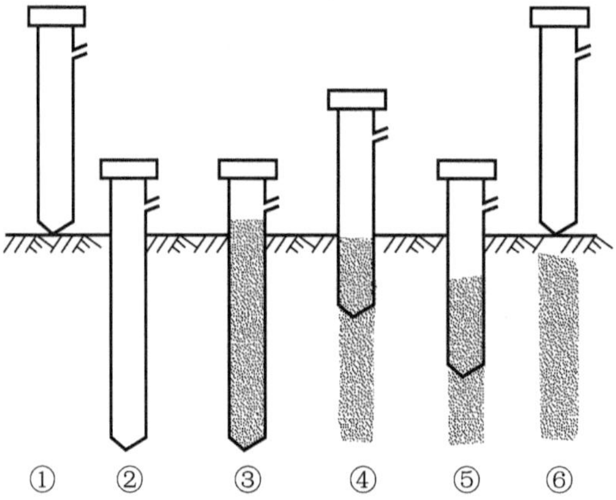

图 8.3　重复压拔管法成桩工艺示意

振动沉管法每根桩的填料量按式(8-4)计算。

$$q = kl\frac{\pi d^2}{4} \tag{8-4}$$

式中　q ——每根桩的填料量(m^3)；

k ——充盈系数，一般为 1.25～1.32；

l ——桩长(m)；

d ——桩径(m)。

2. 锤击成桩法

锤击成桩法(也称冲击成桩法)按成桩工艺分为单管法和双管法，适用于加固杂填土、黏性土、粉细砂、粉土、淤泥土等。

1) 单管法

如图 8.4 所示，单管法成桩工艺步骤如下。

(1) 桩管垂直就位，下端为活瓣桩靴的对准桩位，下端为开口的则对准已按桩位埋好的预制钢筋混凝土锥形桩尖。

(2) 启动蒸汽桩锤或柴油桩锤，将桩管打入土层至设计深度。

(3) 从料斗向桩管内灌入填料。当填料量较大时，可分两次灌入，第一次灌总料量的 2/3 或灌满桩管，然后上拔桩管，当能容纳剩余的填料时再第二次加够所需填料。

(4) 按规定的拔管速度将桩管拔出。一般土质条件下，拔管速度为 1.5～3.0m/min。

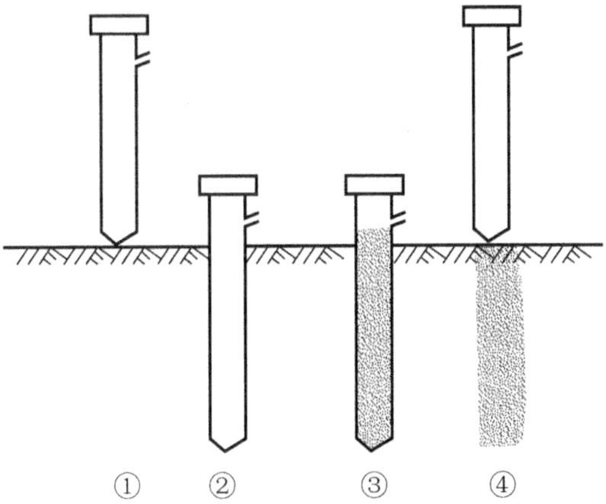

图 8.4　单管法成桩工艺示意

2) 双管法

如图 8.5 所示，双管法成桩工艺步骤如下。

(1) 桩管垂直就位。

(2) 启动蒸汽桩锤或柴油桩锤，将内、外管同时打入土层中至设计规定的深度。

(3) 拔起内管至一定高度不致堵住外管上的投料口，打开投料口门，将填料装入外管中。

(4) 关闭投料口门，放下内管压在外管内的填料面上，拔起外管，使外管上端与内管和桩锤接触。

(5) 启动桩锤，锤击内、外管，将填料压实。桩底第一次投料量较少，如填一手推车约 0.15m^3 (只是桩身每次投料的一半)，然后锤击压实，这一阶段称为“座底”，以保证桩长和桩底密实度。

(6) 拔起内管，向外管中加填料，每次投料量为两手推车(约 0.30m^3)。

(7) 重复步骤(4)～(6)，直至拔管接近桩顶。

(8) 制桩达到桩顶时，最后一两次每次加 1～1.5 手推车填料，锤击压实至设计规定的桩长或桩顶标高，这一阶段称为“封顶”。

对于双管法，可用贯入度和填料量两项指标双重控制桩的直径和密实度。

对于以提高地基承载力为主要目的的非液化土，以贯入度控制为主，以填料量控制为辅；对于以消除地震液化为主要目的的砂土和粉土，则以填料量控制为主，以贯入度控制为辅。贯入度和填料量可通过试桩确定。

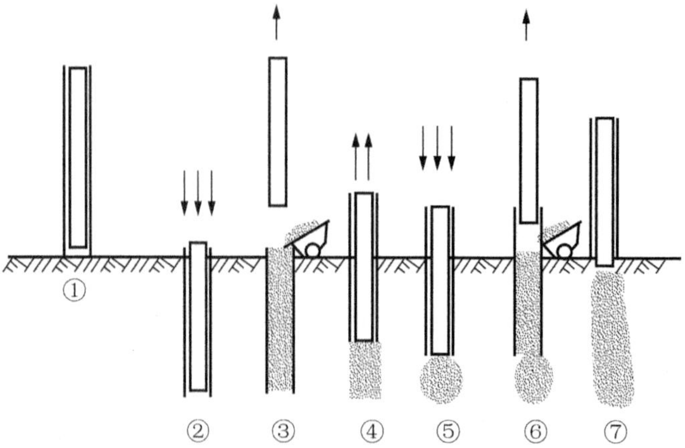

图 8.5 双管法成桩工艺示意

灰土挤密桩法或土挤密桩法桩孔填夯设计要求例题

8.3.2 桩孔填夯

1. 填料选配

桩孔填料的选用及配备与同类垫层的标准相同，应符合下列要求。

(1) 素土：土料宜选用纯净的黄土、一般黏性土或 $I_P > 4$ 的粉土，有机质的含量不得超过 5%，也不得含有杂土、砖瓦块、石块、膨胀土、盐渍土和冻土块等。土块的粒径不宜大于 15mm。

(2) 石灰：应选用新鲜的熟石灰，颗粒直径不得大于 5mm。熟石灰的质量不应低于Ⅲ级标准，活性 CaO 和 MgO 的含量(按干重计)不少于 50%。

(3) 灰土：灰土的配合比应符合设计要求，常用体积比为 2∶8 或 3∶7。配制灰土时应充分拌和至颜色均匀一致，多数情况下还应边拌和边加水至含水率接近其最优值。灰土粒径不应大于 15mm。

素土或灰土填料前均应通过击实试验求得其最大干密度和最优含水率。填夯时素土或灰土的含水率宜接近其最优值，夯实后应达到设计要求的压实系数。灰土的最优含水率一般为 21%～26%，而素土的最优含水率多数在 20%以下，两者相差悬殊。在拌和灰土的过程中，需要加入适量的水才能使灰土接近其最优含水率。

2. 填料夯实

常用的夯实机有以下两种类型。

(1) 偏心轮夹杆式夯实机。其通常安装在翻斗车或小型拖拉机上行走定位，夯锤重 100～150kg，落距 0.6～1.0m，1min 夯击 40～50 次。其优点是构造简单、便于操作；缺点是仅依靠偏心轮的摩擦力提升夯锤，因而锤重受到限制并普遍偏小。

(2) 卷扬机提升式夯实机。如图 8.6 所示，其锤重可达 450kg，落距 1～3m。其夯击能量大，一次可填入较多的土料，夯实效果较好，但需人工操作。

卷扬机提升力不宜小于锤重的 1.5 倍。回填桩孔用的夯锤，宜采用倒置抛物线形锥体或尖锥形，锤重不宜小于 100kg。夯锤最大直径应比桩径小 100～160mm，以便夯锤自由落下时将填料夯实。填料时每一锨料夯击 1～2 次，夯击频度为 25～30 次/min，长 6m 的桩孔在 15～20min 内夯击完成。

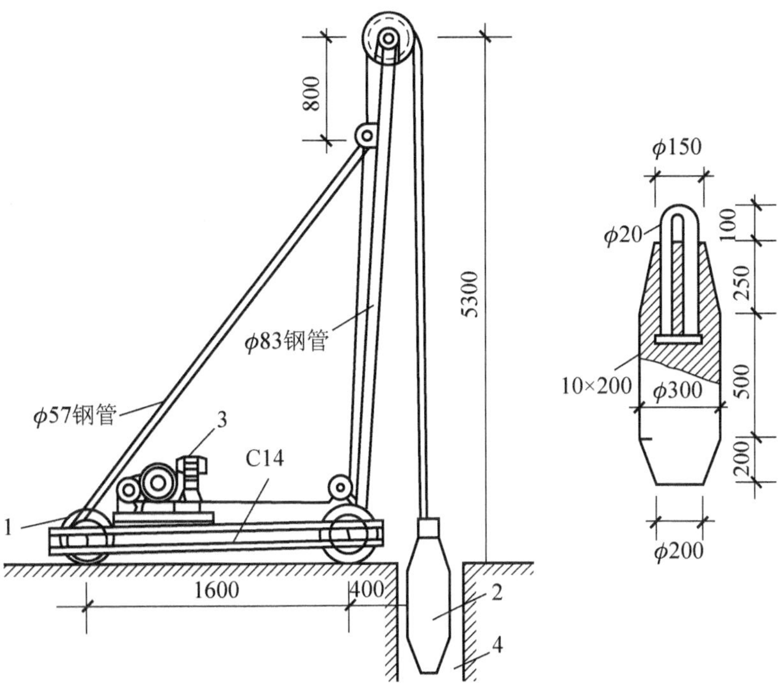

图 8.6　卷扬机提升式夯实机(单位：mm)

1—机架；2—铸钢夯锤(重 450kg)；3—卷扬机(1.0t)；4—桩孔

3. 填夯质量检查

桩孔填夯的质量是保证地基处理技术效果的重要因素，应采取随机的方法抽样检查，抽查数量不得少于桩孔总数的 2%。常用的桩孔填夯质量检测方法有轻便动力触探检测法、小环刀深层取样检测法、开剖取样检测法和夯击能控制检测法等。

灰土挤密桩标准化施工

8.3.3 施工技术要求

(1) 成孔和孔内回填夯实的施工顺序，当整片处理时，宜从里(或中间)向外间隔 1～2 孔进行，大型工程可采取分段施工；当局部处理时，宜从外向里间隔 1～2 孔进行。

(2) 向孔内填料前，孔底应夯实，并应抽样检查桩孔的直径、深度和垂直度。

(3) 桩孔的垂直度偏差不宜大于 1.5%。

(4) 桩孔中心点的偏差不宜超过桩距设计值的 5%。

(5) 经检验合格后，应按设计要求，向孔内分层填入筛好的素土、灰土或其他填料，并分层夯实至设计标高。

(6) 铺设灰土垫层前，应按设计要求将桩顶标高以上预留的松动土层挖除或夯(压)密实。

(7) 施工过程中，应有专人监理成孔及回填夯实质量，并做好施工记录。如发现地基土质与勘察资料不符，应立即停止施工，待查明情况或采取有效措施处理后方可继续施工。

(8) 雨季或冬季施工时，应采取防雨或防冻措施，防止灰土和土料受雨水淋湿或冻结。

任务 8.4 质量检验

1. 挤密效果检验

灰土挤密桩与土挤密桩对桩间土有挤密作用，通过挤密达到消除地基土湿陷性和提高地基承载力的目的。挤密效果检验主要是通过现场试验成孔，对不同桩间距的挤密土分层剖开取样，测试其干密度和压实系数，并以桩间土的平均压实系数作为评定挤密效果的指标。

2. 消除湿陷性效果检验

消除湿陷性效果检验，可利用探井分层剖开取样，然后在实验室测定桩间土和桩孔夯实灰土或素土的湿陷系数 δ_s 值及其他物理力学性质指标，再与天然地基土的湿陷系数进行对比，了解湿陷性消除的程度。也可通过现场浸水载荷试验，观测在一定压力下浸水后处理地基的湿陷量 s_w 或相对湿陷量 s_w/b (其中 b 为承压板直径或宽度)，综合检验湿陷性消除的效果。

3. 地基加固的综合检验

地基加固的综合检验是通过现场载荷试验、浸水载荷试验或其他原位测试方法，对地基的加固效果进行检测和评价，主要用于重要工程或大型工程、缺乏经验的地区及一般检测结果仍难以确定加固效果的地基。

工程实例一

山西省某医院住院楼地基处理工程

1. 工程概况

山西省某医院住院楼地基处理工程，建筑面积 12000m^2，高层部分采用筏板基础，低层部分采用柱下独立基础，其埋深分别为 −3.5m 和 −2.5m。

2. 地基条件

该建筑为乙类建筑，整个场地为Ⅱ级自重湿陷性黄土场地，类型为中软场地，类别为Ⅲ类，湿陷性土层厚度为 16m，地面以下 18.6m 为地下水位。各层土的物理力学性质指标见表 8-2。

表 8-2 各层土的物理力学性质指标

取土深度/m	含水率/%	密度/(g/cm^3)	干密度/(g/cm^3)	土粒相对密度	孔隙比	饱和度/%	湿陷系数	液限/%	塑限/%	塑限指数	液限指数
1～5	14	1.67	1.42	2.7	0.843	44.3	0.043	25.3	16.6	8.7	0.26
5～12	18.6	1.79	1.45	2.7	0.789	63.7	0.040	27.2	17.2	10.0	0.35
12～16	15.7	1.98	1.39	2.7	0.672	90.8	0.034	26.7	17.0	9.7	0.26
16～30	23	1.99	1.51	2.7	0.710	97.7	—	28.8	17.7	11.1	0.88

3. 灰土挤密桩设计

(1) 灰土挤密桩处理深度确定。该工程地基处理不仅要消除黄土湿陷性，而且要提高承载力。根据《湿陷性黄土地区建筑标准》，在自重湿陷性黄土场地，乙类建筑消除地基部分湿陷量的最小处理厚度不应小于湿陷性土层厚度的 2/3，并且应控制未处理土层的湿陷量不大于 20cm。该工程基底下湿陷性土层厚度约为 12m，所以其灰土挤密桩的桩长要达到 8m，剩余湿陷性黄土厚度为 4m，其剩余湿陷量可用式(8-5)计算。

$$\Delta s_i = \sum_{i=1}^{n} \beta \delta_{si} h_i \tag{8-5}$$

式中 Δs_i——剩余湿陷量；

β——考虑地基土的侧向挤出和浸水概率等因素的修正系数，取 0.5；

δ_{si}——第 i 层土的湿陷系数，本例中为第 3 层土的湿陷系数，取 0.039；

h_i——剩余湿陷性黄土厚度，本例取 400cm。

将各值代入式(8-5)，计算出剩余湿陷量为 $\Delta s_i = 0.5 \times 0.039 \times 400 = 7.8(\text{cm}) < 20\text{cm}$，故可取桩长为 8m。

(2) 灰土挤密桩桩径、桩距及其布置。灰土挤密桩按等边三角形布置，桩径取 30cm。对于既要消除黄土湿陷性又要提高承载力的地基，要求桩间土的平均压实系数 $\overline{\eta_c}$ 不小于 0.93。根据原土的性质，地基挤密前各土层的平均干密度 $\overline{\rho_d}$ 为 1.45g/cm^3，最大干密度用室内击实试验确定为 $\rho_{d,\max} = 1.73\text{g}/\text{cm}^3$。

等边三角形布置时桩距按式(8-1)确定。将各值代入计算得

$$s = 0.95d\sqrt{\frac{\overline{\eta_c}\rho_{d,\max}}{\overline{\eta_c}\rho_{d,\max} - \overline{\rho_d}}} = 0.95 \times 30 \times \sqrt{\frac{0.93 \times 1.73}{0.93 \times 1.73 - 1.45}} \approx 90.7(\text{cm})$$

即桩距应该小于或等于 90.7cm。以计算的桩距做参考，分别取 2d、2.5d、3d 三种桩距进行试桩，每一种桩距共打 19 根桩构成正六边形，如图 8.7 所示，分别在里边三桩构成的等边三角形形心位置及形心与桩边线三等分点位置上取土测定其物理力学性质。通过分析以上三种桩距下桩间土的物理力学性质数据，得知 2d 桩距的挤密效果最好但成孔难度大，3d 桩距的挤密效果较差，2.5d 桩距的成孔速度及挤密效果均满足设计要求。故设计桩距为 75cm，桩径 30cm，按等边三角形布置。

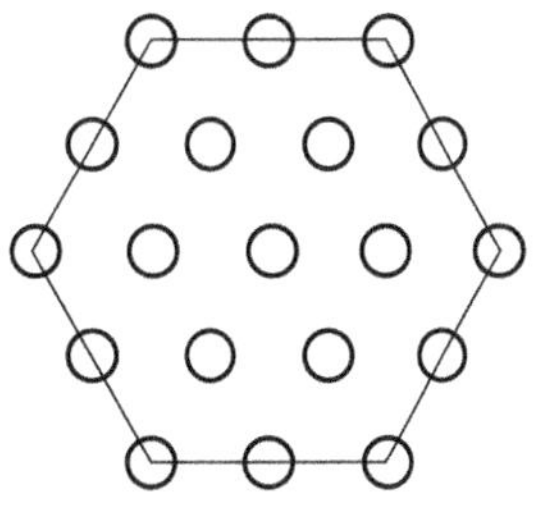

图 8.7 桩位布置

(3) 灰土挤密桩复合地基承载力计算。分析试桩的结果，当灰土挤密桩的压实系数达到 0.97 时，桩体单位截面积承载力特征值 f_{cu}=300kPa。2.5d 桩距成桩后桩间土的孔隙比平均值为 0.75，液限平均值为 23.5，压实系数为 0.93，根据《湿陷性黄土地区建筑标准》，桩间土承载力特征值应为 $180 \sim 210\text{kPa}$，取其平均值 195kPa，按式(8-6)计算出复合地基承载力特征值。

$$f_{spk} = mf_{pk} + (1-m)f_{sk} \tag{8-6}$$

按等边三角形布置时，$d_e = 1.05s = 1.05 \times 75 = 78.75(\text{cm})$，可得 $m = 0.145$。代入式(8-6)

得 $f_{spk}=mf_{pk}+(1-m)f_{sk}=0.145\times300+(1-0.145)\times195\approx210.23(kPa)$

(4) 灰土挤密桩处理范围。整片处理时每边超过建筑物外墙基础外缘的宽度要大于处理土层厚度的一半；处理深度为 8m。

4. 加固效果

地基处理后，经检验达到预期效果。在处理既要消除黄土湿陷性又要提高承载力的地基时，并不是桩距越小越好，还要考虑施工成桩的难易程度和质量好坏。

工程实例二

陕西省农牧产品贸易中心大楼地基处理工程

1. 工程概况

陕西省农牧产品贸易中心大楼，主楼地面以上为 17 层，局部 19 层。主楼采用箱形基础。

2. 地基条件

该场地位于西安市北门外龙首塬上，地下水位深约 16m。地基土层构造自上而下分别为黄土状粉质黏土或粉土与古土壤层相间，至黄土(4)以下为粉质黏土、粉砂和中砂。勘察孔深至 57m。基底以下主要土层及其工程性质列于表 8-3。从工程地质条件看，场地内湿陷性黄土层深 10.6～12.0m，7m 以上土的湿陷性较强，湿陷系数 $\delta_s=0.040\sim0.124$；7m 以下土的湿陷系数 $\delta_s=0.020$，湿陷性已比较弱。分析判定，该场地属于Ⅱ～Ⅲ类自重湿陷性黄土场地，具有较强的自重湿陷性，且在 27m(黄土 2-3)以上地基土的承载力偏低，压缩性较高。同时在 27m 以下也没有理想的坚硬桩尖持力层。故设计采用了单层箱形基础和灰土挤密桩处理地基的方案。

表 8-3 主要土层及其工程性质

土层名称	层地深度/m	含水率ω/%	承载力标准值 f_{ak}/kPa	压缩模量 E_s/MPa
黄土(1-1)	≤5.0	18.6	110	5.9
黄土(1-2)	6.8～9.5	18.6	150	5.9
黄土(1-3)	10.5～12.0	21.3	130	14.2
古土壤(1)	15.8～16.6	21.3	150	14.1
黄土(2-1)	18.6～21.7	(水位以下)	120	5.9
黄土(2-2)	23.0～24.6	(水位以下)	140	6.6
黄土(2-3)	26.5～28.3	(水位以下)	180	8.6
古土壤(2)	27.7～28.3	(水位以下)	250	12.6

注：古土壤(2)以下为黄土(3)、古土壤(3)、黄土(4)及粉质黏土(1)等，其承载力 $f_{ak}\geqslant280kPa$，压缩模量 $E_s\geqslant11.4MPa$。

3. 灰土挤密桩设计

(1) 具体做法如下。

① 将地下室层高从 4.0m 增大为 5.0m，按箱形基础设计。

② 箱形基础下地基采用灰土挤密桩法处理，这样既可消除地基土的全部湿陷性，又可

提高地基的承载力，处理深度可满足需要。

③ 灰土挤密桩顶面铺设 1.1m 厚的 3∶7 灰土垫层，整片的灰土垫层可使灰土挤密桩地基受力更加均匀，且使箱形基础面积扩大。

④ 对裙楼独立柱基也同样采用灰土挤密桩法处理，以减少地基的沉降。在施工程序上采取先高层主楼后低层裙房的做法，尽量减少高低层间的沉降差。

(2) 灰土挤密桩的设计。灰土挤密桩直径按施工条件定为 $d = 0.46$m。为了确定合理的桩距，在现场进行了挤密试验，当桩距 s 为 1.1m 时，桩间土的压实系数 $\lambda_c < 0.93$，达不到全部消除湿陷性的要求。后确定将桩距改为 1.0m，接近 $2.2d$。通过计算，当 $s = 2.2d$ 时，桩间土的平均干密度可达 16kN/m^3，压实系数 $\lambda_c \geqslant 0.93$。出于古土壤(1)以上的黄土层需要处理的考虑，设计桩长为 7.5m，桩尖标高为−13.7m，包括 1.1m 厚的灰土垫层，处理层的总厚度为 8.6m。通过验算，传至灰土挤密桩地基面上的压力为 243kPa，低于原地基承载力特征值的 2 倍，同时也不超过 250kPa，符合有关规范的规定。

4. 工程施工

施工采用沉管法成孔，使用柴油沉桩机。施工及建设单位对成孔及填夯施工进行了严格的监督检验，每一桩孔装填的灰土数量和夯击次数均进行了检查和记录，施工质量可靠。

5. 加固效果

到主体施工完并砌完外墙时，实测沉降量为 20～45mm，预估建筑全部建成后的最大沉降量将达到 64.5mm，与按变形模量法计算的结果基本一致。最终达到了设计要求。

能力训练

一、选择题

1. 关于土挤密桩和灰土挤密桩的说法，正确的有(　　)。

   A. 土挤密桩和灰土挤密桩地基是由桩间挤密土和填夯的桩体组成的

   B. 土挤密桩和灰土挤密桩用于处理地下水位以下，深度为 5～15m 的湿陷性黄土

   C. 土挤密桩主要用于提高人工填土地基的承载力

   D. 灰土挤密桩主要用于消除湿陷性黄土地基的湿陷性

   E. 土挤密桩和灰土挤密桩不宜用于含水率超过 25%的人工填土地基

2. 为消除湿陷性黄土地基的湿陷性，宜选用的地基处理方法为(　　)。

   A. 夯实水泥土桩法　　B. 砂石桩法

   C. 振冲法　　D. 土挤密桩法

二、简答题

1. 什么是灰土挤密桩和土挤密桩？它们各有什么特点？
2. 灰土挤密桩和土挤密桩的异同点是什么？它们分别适用于什么情况？
3. 简述灰土挤密桩和土挤密桩的加固原理。
4. 灰土挤密桩和土挤密桩设计主要包括哪些方面？设计依据和要求是什么？
5. 灰土挤密桩和土挤密桩成桩的质量检验包括哪些方面？

6. 桩孔填夯质量的常用检测方法有哪些?

三、案例题

1. 某场地地表下 1.5m 为细砂层，厚约 15m，孔隙比 $e=0.80$；该层以下为硬塑状粉质黏土；地下水位在地面下 1.0m 处。要求处理后细砂层孔隙比 $e\leqslant 0.67$。试进行该场地的地基处理设计。

2. 某场地黄土的物理性质指标为：含水率 $\omega=16\%$，孔隙比 $e=0.9$，土粒密度 $d_s=2.70\text{g/cm}^3$，要求经 ϕ400mm 的灰土挤密桩挤密后桩间土的干密度达到 1.60g/cm^3 以上。试设计灰土挤密桩的布置方式与桩距。

3. 某拟建筏板基础，基础埋深 2m，基础底部为黏土层，其承载力特征值 $f_{sk}=80\text{kPa}$，土压缩模量为 7MPa。要求复合地基承载力特征值 $f_{spk}\geqslant 120\text{kPa}$，复合压缩模量 $E_{sp}\geqslant 9\text{MPa}$。试进行灰土挤密桩工程设计。

在线答题

情境 9 水泥粉煤灰碎石桩(CFG 桩)法

学习目标

掌握水泥粉煤灰碎石桩(常简称 CFG 桩)法加固范围、加固原理及其设计、施工和质量检测方法，能灵活运用 CFG 桩法处理实际工程问题。

学习要求

知识要点	技能要点
(1) CFG 桩法的概念 (2) CFG 桩法的加固范围 (3) CFG 桩法的加固原理	(1) 掌握 CFG 桩法设计参数及技术要点、CFG 桩复合地基承载力及沉降设计计算 (2) 掌握 CFG 桩法的施工和质量检验方法 (3) 能灵活运用 CFG 桩法处理实际工程问题

引例

某拟建建筑物包括 1 号住宅楼、3 号住宅楼及小区公建。1 号住宅楼共 9 层，标高为 ±0.00～46.25m，基底标高为-3.30m，设计要求处理后地基承载力标准值达 240kPa；3 号住宅楼共 15 层，标高为±0.00～46.00m，基底标高为-4.15～-5.05m，设计要求处理后地基承载力标准值达 310kPa；小区公建共 6 层，标高为±0.00～5.65m，基底标高为-7.85～-8.35m，设计要求处理后地基承载力标准值达 180kPa。拟建场区地面以下 25.00m 深度范围内的地层，划分为人工堆积层及第四系沉积层。试考虑地基处理方法。

任务 9.1　CFG 桩法概述

CFG 桩图

9.1.1　CFG 桩法的概念

CFG 桩是英文 Cement Flyash Gravel Pile 的缩写，意为水泥粉煤灰碎石桩，是由水泥、粉煤灰、碎石、石屑或砂等混合料加水拌和形成的高黏结强度桩。桩体和桩间土、褥垫层一起组成 CFG 桩复合地基，如图 9.1 所示。

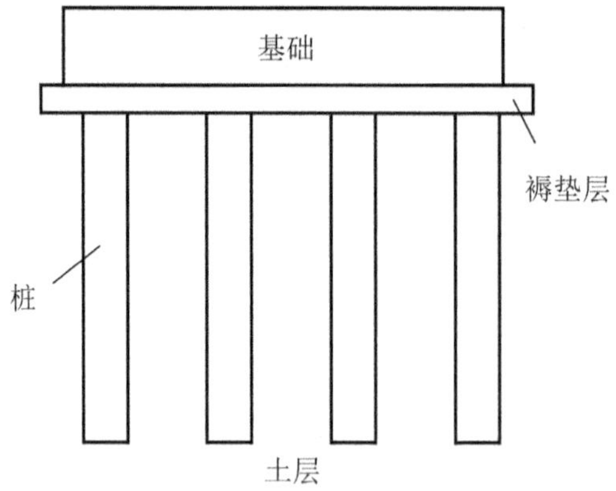

图 9.1　CFG 桩复合地基示意

这种地基加固方法吸取了振冲碎石桩法和水泥土搅拌桩法的优点，其施工工艺简单，无场地污染、振动影响较小，仅需少量水泥，便于就地取材；其受力特性与水泥土搅拌桩类似。通过调整水泥掺入比及配合比，水泥粉煤灰碎石桩的强度等级在 C15～C25 之间变化，是介于刚性桩与柔性桩之间的一种桩型。CFG 桩和桩间土一起，通过褥垫层形成 CFG 桩复合地基共同工作，故可根据复合地基性状和计算进行工程设计。

CFG 桩主要适用于处理黏性土、粉土、砂土和已自重固结的素填土等地基，对淤泥质土，应按地区经验或通过现场试验确定其适用性。CFG 桩复合地基具有承载力提高幅度大、地基变形小等优点，可适用于多种基础形式，如条形基础、独立基础、箱形基础和筏板基础等。采取适当技术措施后，也可应用于刚度较弱的基础及柔性基础。

该法已应用的典型工程有哈大铁路客运专线工程、京沪高速铁路工程，在北京、天津、河北、山西、陕西、内蒙古、新疆，以及山东、河南、安徽、广西等地区的多高层建筑、工业厂房、铁路地基处理工程中应用广泛，经济效益显著，具有良好的应用前景。

9.1.2 CFG 桩法加固原理

CFG 桩加固软弱地基，主要包括桩体作用、挤密作用和褥垫层作用。

(1) 桩体作用：CFG 桩不同于碎石桩，是具有一定黏结强度的桩，在外荷载作用下，桩身不会像碎石桩那样出现鼓胀破坏，并可全桩长发挥侧摩阻力，桩落在好土层上具有明显的端承力，桩承受的荷载通过桩周的摩阻力和桩端阻力传到深层地基中，使复合地基承载力大幅提高。再者，基础传给复合地基的附加应力随地基的变形逐渐集中到桩体上，出现应力集中现象，复合地基中的 CFG 桩起到了桩体作用。

(2) 挤密作用：CFG 桩采用振动沉管法施工，由于振动和挤压作用，桩间土得到挤密。采用 CFG 桩加固后的地基，其含水率、孔隙比、压缩系数均有所降低，重度、压缩模量均有所增加。

(3) 褥垫层作用：由级配砂石、粗砂、碎石等散体材料组成的褥垫层，在复合地基中能保证桩、土共同承担荷载，减少基础底面的应力集中；其厚度设计可以调整桩、土水平荷载分担比。

任务 9.2 CFG 桩法设计

9.2.1 CFG 桩复合地基承载力计算

复合地基是由桩间土和增强体(桩)共同承担荷载的。目前复合地基承载力的计算公式较多，但应用比较普遍的有两种：一种是将桩间土承载力和单桩承载力进行合理组合叠加，另一种是将复合地基承载力用天然地基承载力乘以一个倍数。

必须指出，复合地基承载力并不是天然地基承载力和单桩承载力的简单叠加，而需要对如下一些因素予以考虑。

(1) 施工时对桩间土是否产生扰动或挤密，桩间土承载力有无降低或提高。

(2) 桩对桩间土有约束作用，使土的变形减少。当竖直方向上荷载不大时，其对桩间土起阻碍变形的作用，使地基土的沉降减小；当竖直方向上荷载较大时，其对桩间土则起增大变形的作用。

(3) 复合地基中桩的 Q-s 曲线呈加工硬化型，比自由单桩的承载力要高。

(4) 桩和桩间土承载力的发挥都与变形有关，变形小时，桩和桩间土承载力的发挥都不充分。

(5) 复合地基桩间土承载力的发挥与褥垫层厚度有关。

综合考虑以上情况，结合工程实践经验，CFG 桩复合地基承载力特征值可用式(9-1)进行估算。

$$f_{spk}=m\frac{R_a}{A_p}+\beta(1-m)f_{sk} \tag{9-1}$$

式中 f_{spk} ——复合地基承载力特征值(kPa)；

m ——面积置换率；

R_a ——单桩竖向承载力特征值(kN)；

A_p ——单桩的截面积(m^2)；

β ——桩间土承载力折减系数，宜按地区经验取值，如无经验时可取 0.75～0.95，天然地基承载力较高时取大值；

f_{sk} ——处理后桩间土承载力特征值(kPa)，宜按当地经验取值，如无经验时，可取天然地基承载力特征值。

单桩竖向承载力特征值 R_a 的取值，应符合下列规定。

(1) 当采用单桩载荷试验时，应将单桩竖向极限承载力除以安全系数 2；当无单桩载荷试验资料时，可按式(9-2)估算。

$$R_a=u_p\sum_{i=1}^{n}q_{si}l_i+q_pA_p \tag{9-2}$$

式中 u_p ——桩的周长(m)；

n ——桩长范围内所划分的土层数；

q_{si} ——桩周第 i 层土的桩侧阻力特征值(kPa)，与土性和施工工艺有关，可按地区经验确定，如无当地经验值，可按现行国家标准《建筑地基基础设计规范》的有关规定确定；

l_i ——第 i 层土的厚度(m)；

q_p ——桩端阻力特征值(kPa)，与土性和施工工艺有关，可按地区经验确定，如无当地经验值，可按现行国家标准《建筑地基基础设计规范》的有关规定确定；

A_p ——单桩的截面积(m^2)。

(2) 经 CFG 桩处理后的地基，当考虑基础宽度和深度对地基承载力特征值进行修正时，一般宽度不做修正，即基础宽度的地基承载力修正系数取零，而基础埋深的地基承载力修正系数取 1.0。经深度修正后，CFG 桩复合地基承载力特征值 f_a 为

$$f_a=f_{spk}+\gamma_0(d-0.5) \tag{9-3}$$

式中 γ_0 ——基础底面以上土的加权平均重度，地下水位以下取有效重度；

d ——基础埋置深度(m)，一般自室外地面标高算起。

CFG 桩复合地基承载力计算时需满足建筑物荷载要求，当承受轴心荷载时，该要求为

$$p_k\leqslant f_a \tag{9-4}$$

式中 p_k——相应于荷载效应标准组合时，基础底面处的平均压力值(kPa)。

当承受偏心荷载时，除满足式(9-4)外，尚应满足式(9-5)的要求。

$$p_{k,\max} \leqslant 1.2 f_a \tag{9-5}$$

式中 $p_{k,\max}$——相应于荷载效应标准组合时，基础底面边缘的最大压力值(kPa)。

9.2.2 CFG 桩复合地基沉降计算

当前，复合地基沉降计算的理论如解析法、数值解法等正处在不断发展和完善过程中。解析法大多应用以 Mindlin 解为基础的 Geddes 法来计算复合地基中桩荷载所产生的附加应力，而数值解法则采用有限元法进行计算。在构造几何模型时通常采用两种方法：一种是将单元划分为土体单元和增强体单元，两者采用不同的计算参数，在土体单元和增强体单元之间可以考虑设置界面单元；另一种是将加固区土体和增强体考虑为复合土体单元，用复合材料参数作为复合土体单元的计算参数。在进行复合地基有限元分析时，计算参数的选取是一个关键，其直接关系到计算结果的精度。但目前的计算理论还无法更精确地计算相关应力场而为沉降计算提供合理的模式，因而复合地基的沉降计算多采用经验公式。

1. 复合地基沉降计算的经验公式

在各类实用计算方法中，往往把复合地基沉降量分为两部分：加固区的沉降量 s_1 和下卧层的沉降量 s_2。而地基应力场则近似地按天然地基进行计算。

(1) 加固区的沉降量 s_1 的计算方法。

① 按复合压缩模量计算沉降量。将复合地基加固区中土体和增强体视为一个统一的整体，采用复合压缩模量来评价其压缩性，用分层总和法计算其压缩量。其中复合模量可按式(9-6)求得。

$$E_{sp} = \frac{f_{spk}}{f_{ak}} E_s \tag{9-6}$$

式中 E_{sp}——复合土层的压缩模量(MPa)；

E_s——天然土层的压缩模量(MPa)；

f_{sk}——基础底面下天然地基承载力特征值(kPa)；

f_{spk}——基础底面下复合地基承载力特征值(kPa)。

② 按桩间土应力计算沉降量。该方法是考虑 CFG 桩复合地基一般面积置换率较低，近似地可忽略桩的存在，从而根据桩间土实际分担的荷载求出附加应力，按照桩间土的压缩模量来计算复合土层的沉降量。

(2) 桩端下卧层的沉降量 s_2 的计算方法。

复合地基下卧层的沉降是由通过桩传递的应力和由桩间土传递的应力所产生的，其沉降量 s_2 通常采用分层总和法计算。附加应力计算方法有压力扩散法、等效实体法、改进的 Geddes 法等。CFG 桩复合地基由于其面积置换率较低和设置了褥垫层，考虑到桩尖处应力集中范围有限，下卧层内的应力分布可按褥垫层上的总荷载计算，即作用在褥垫层底面的压力仍假定为均布，并根据 Boussinesq 半无限空间解求出复合体底面以下的附加应力，由此计算出下卧层的沉降量 s_2。

2. 复合地基沉降计算方法

在工程中，应用较多且计算结果与实际符合较好的沉降计算方法是复合模量法。计算时复合土层分层与天然地基相同，复合土层的压缩模量取该层天然地基压缩模量的ξ倍，如图9.2所示。加固区和下卧层土体内的应力分布采用各向同性均质的线性变形体理论。

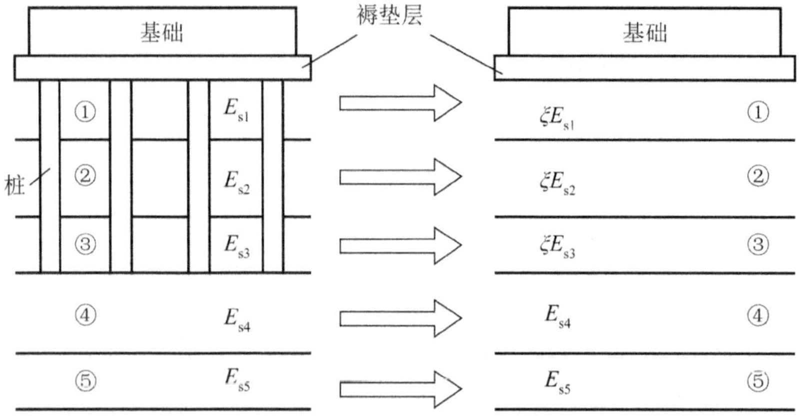

图9.2　各土层复合压缩模量计算示意

复合地基最终沉降量可按式(9-7)计算。

$$s_c=\psi\left[\sum_{i=1}^{n_1}\frac{p_0}{\xi E_{si}}(z_i\bar{a}_i-z_{i-1}\bar{a}_{i-1})+\sum_{i=n_1+1}^{n_2}\frac{p_0}{E_{si}}(z_i\bar{a}_i-z_{i-1}\bar{a}_{i-1})\right] \tag{9-7}$$

式中　n_1——加固区范围内土层分层数；

n_2——沉降计算深度范围内土层总的分层数；

p_0——对应于荷载效应准永久组合时的基础底面处的附加应力(kPa)；

E_{si}——基础底面下第i层土的压缩模量(MPa)；

z_i、z_{i-1}——基础底面至第i层、第$i-1$层土底面的距离(m)；

$\bar{a}_i$、$\bar{a}_{i-1}$——基础底面计算点至第i层、第$i-1$层土底面范围内的平均附加应力系数，可查平均附加应力系数表；

ξ——加固区土的模量提高系数，$\xi=\dfrac{f_{spk}}{f_{ak}}$；

ψ——沉降计算经验系数，根据地区沉降观测资料及经验确定，也可采用表9-1的数值。

表9-1　沉降计算经验系数

$\bar{E}_s$/MPa	2.5	4.0	7.0	15.0	20.0
ψ	1.1	1.0	0.7	0.4	0.2

表9-1中，$\bar{E}_s$为沉降计算深度范围内压缩模量的当量值，按式(9-8)计算。

$$\bar{E}_s=\frac{\sum A_i}{\sum\frac{A_i}{E_{si}}} \tag{9-8}$$

式中　A_i ——第 i 层土的附加应力系数沿土层厚度的积分值；

E_{si} ——基础底面下第 i 层土的压缩模量(MPa)，桩长范围内的复合土层按复合土层的压缩模量取值。

复合地基沉降计算深度必须大于复合土层的厚度，并应符合式(9-9)的要求。

$$\Delta s'_{\mathrm{n}} \leqslant 0.025\sum_{i=1}^{n_2}\Delta s'_i \tag{9-9}$$

式中　$\Delta s'_i$ ——在计算深度范围内第 i 层土的计算沉降量；

$\Delta s'_{\mathrm{n}}$ ——由计算深度向上取厚度为 Δz 的土层的计算沉降量，按表 9-2 确定。

表 9-2　Δz 值

基础宽度 b/m	$b \leqslant 2$	$2 < b \leqslant 4$	$4 < b \leqslant 8$	$b \geqslant 8$
Δz /m	0.3	0.6	0.8	1.0

如确定的计算深度下部仍有较软土层，应继续计算。

9.2.3 CFG 桩复合地基设计

1. 设计思想

当 CFG 桩桩体强度用得较高时，具有刚性桩的性状，有的设计人员常将其与桩基础相联系，因此讨论一下 CFG 桩复合地基与桩基础的区别是十分必要的。

桩基础是一种常用的基础类型，桩在桩基础中既可承受竖向荷载，也可承受水平荷载。众所周知，桩是一种细长杆件，它传递水平荷载的能力远远低于传递竖向荷载的能力，因而设计时采用桩基础承受竖向荷载是扬其长，使其承受水平荷载是用其短。

CFG 桩复合地基通过褥垫层把桩和承台(基础)断开，改变了过分依赖桩承担竖向荷载和水平荷载的传统设计思想。

当基础承受水平荷载时，有三部分力与之相平衡：一为基础底面的摩阻力；二为基础两侧面的摩阻力；三为与水平荷载方向相反的土的抗力。

基础底面的摩阻力传递到桩和桩间土上，由于 CFG 桩复合地基的面积置换率一般不大于 10%，故有不低于 90%的基础底面面积的桩间土承担了绝大部分的水平荷载，而桩承担的水平荷载仅占很小一部分。而桩土剪应力比随褥垫层厚度的增大而减小，设计时可通过改变褥垫层厚度调整桩与桩间土的水平荷载分担比。

在桩基中，桩只存在向下刺入的可能。当承台承受垂直荷载时，对于摩擦桩，桩端向下刺入，承台发生沉降变形，桩间土可以发挥一定的承载作用，且沉降变形越大，桩间土的作用越明显，桩距越大，桩间土发挥的作用也越大；对于端承桩，承台沉降变形一般很小，桩间土的承载能力很难发挥。需要指出的是，即使是摩擦桩，桩间土承载能力的发挥占总承载能力的百分比也很小，且较难定量预估。

CFG 桩复合地基通过褥垫层与基础连接，无论桩端落在一般土层上还是坚硬土层上，均可保证桩间土始终参与工作。因此竖向承载力设计首先是将土的承载力充分发挥，不足的部分由 CFG 桩来承担。由于 CFG 桩复合地基面积置换率不高，基础下桩间土承受的荷载是一个不小的数值，总的荷载扣除桩间土承担的荷载才是 CFG 桩应承担的荷载。显然，与传统的桩基础设计思想相比，桩的数量可以大大减少，再加上 CFG 桩不配筋，桩体利用工业废料粉煤灰作为掺加料，大大降低了工程造价。

需要特别指出的是，CFG 桩不仅可用来加固软弱地基，对于较好的地基土，若建筑物荷载较大，天然地基承载力不足或变形不能满足要求，也可以采用 CFG 桩进行加固处理。

在设计中，CFG 桩不仅可以采用同一桩长，也可以根据设计条件和地质条件采用不同桩长间隔布置，甚至可以采用 CFG 桩与其他桩型组合，如 CFG 桩与夯实水泥土桩、碎石桩等间隔布置，形成多桩型复合地基。

建筑物地基基础设计等级分为甲级、乙级和丙级。对甲级、乙级和部分丙级的建筑物，均应按地基变形进行设计，可见变形是 CFG 桩复合地基设计的控制因素。变形特征可分为建筑物的沉降量、沉降差、倾斜和局部倾斜等，设计人员应根据规范要求，综合考虑建筑物的重要性、结构形式和周围环境等因素，提出合理的变形控制量。变形要求过于严格，会增加地基处理费用，而变形要求过度放宽，则有可能对建筑物或周边建筑物产生不良影响。一般来说，对于单体建筑物，需提出沉降量和倾斜要求；对连排或相邻多栋建筑物，需提出沉降量、相邻建筑物沉降差和倾斜等要求。

2. 复合地基设计及设计参数确定

复合地基设计除要满足地基承载力和变形条件外，还要考虑以下诸多因素并进行综合分析来确定设计参数。

(1) 施工设备和工艺。复合地基设计时，需考虑采用何种设备和工艺进行施工，所选用的设备穿透土层的能力和最大施工桩长能否满足要求，以及施工时对桩间土和已打桩是否会造成不良影响。

(2) 场地土质变化。场地土质变化对复合地基施工工艺的选择和设计参数的确定有直接的影响，因此在设计时要认真阅读勘察报告，对场地土质有一个全面的认识。通过对场地土质的充分了解，以及对荷载情况、地基处理要求等的综合分析，确定采用何种布桩形式。

(3) 场地周围环境。场地周围环境是设计时确定施工工艺的一个重要因素。当场地离居民区较近，或场地周围有精密设备仪器的车间、实验室及对振动比较敏感的管线时，施工不宜选择振动成桩工艺，而应选用无振动、低噪声的施工工艺，如长螺旋钻管内泵压 CFG 桩工法；若场地位于空旷地区，且地基土主要为松散的粉细砂或填土，则选用振动沉管施工工艺较为适宜。

(4) 建筑物结构布置及荷载传递。目前，CFG 桩应用于高层建筑的工程越来越多，地基处理设计时要考虑建筑物结构布置及荷载传递特性。如建筑物是单体还是群体，体型是简单还是复杂，结构布置是均匀还是存在偏心，主体建筑物周围是否存在地下车库之类的大开间结构，建筑物是否存在转换层或地下大空间，建筑物通过墙、柱和核心筒传到基础的荷载扩散到基底的范围及均匀性等。在设计时，必须认真分析结构传递荷载的特点及建筑物对变形的适应能力，做到合理布桩，方可保证地基处理达到预期目的。

(5) 地基处理的目的。设计时必须明确地基处理是为了解决地基承载力问题、变形问题还是液化问题。解决问题的目的不同，采用的工艺、设计方法、布桩形式均会不同。

CFG 桩复合地基设计主要确定以下几个参数，即桩长、桩径、桩距、桩体强度、褥垫层厚度及材料。

① 桩长 l。CFG 桩复合地基要求桩端落在好的土层上，这是 CFG 桩复合地基设计的一个重要原则。因此桩长是 CFG 桩复合地基设计时首先要确定的参数，其取决于建筑物对承载力和变形的要求、土质条件和设备能力等因素。设计时应根据勘察报告分析各土层，确定桩端持力层和桩长，并计算单桩承载力。

② 桩径 d。CFG 桩桩径的确定取决于所采用的成桩设备，一般设计桩径为 350～600mm。

③ 桩距 s。一般桩距 $s=(3\sim5)d$，大小取决于设计要求的复合地基承载力、变形、土性与施工机具。一般在设计要求的承载力高时，桩距宜取小值，但必须考虑施工时相邻桩之间的影响，就施工而言，希望采用较大的桩距和桩长，因此 s 的大小应综合考虑。

④ 桩体强度。原则上，桩体配合比按桩体强度控制，桩体试块抗压强度应满足式(9-10)的要求。

$$f_{cu}\geqslant 3\frac{R_a}{A_p} \tag{9-10}$$

式中 f_{cu}——桩体混合料试块(边长为 150mm 的立方体)标准养护 28d 的立方体抗压强度平均值(kPa)；

R_a——单桩竖向承载力特征值(kN)；

A_p——桩的截面积(m^2)。

⑤ 褥垫层厚度及材料。褥垫层厚度一般取 10～30cm 为宜，当桩径和桩距过大时，结合对土性的考虑，褥垫层厚度还可适当加大。褥垫层材料可选用粗砂、中砂、碎石、级配砂石(最大粒径不宜大于 30mm)。

3. 布桩

原则上，CFG 桩可只在基础范围内布桩。

(1) 对于墙下条形基础，在轴心荷载作用下，可采用单排、双排或多排布桩，且桩位宜沿轴线对称；在偏心荷载作用下，可采用沿轴线非对称布桩。

(2) 对于独立基础、箱形基础、筏板基础，基础边缘到桩的中心距一般为一倍桩径，或基础边缘到桩边缘的最小距离不宜小于 150mm，对条形基础不宜小于 75mm。

(3) 对于箱筏基础，底板设计时宜沿建筑物地下室外墙悬挑出来，外墙以外应布桩，如图 9.3(a)所示；有些工程，设计的基础外缘与地下室外墙在一个垂直面上，此种情形宜在地下室外墙下布置一排桩，如图 9.3(b)所示；图 9.3(c)所示的布桩方法则不宜采用。

(4) 对于柱(墙)下筏板基础，布桩时除考虑整体荷载传到基底的压应力不大于复合地基的承载力外，还必须考虑每根柱(每道墙和核心筒)传到基础的荷载扩散到基底的范围，在扩散范围内的压应力也必须等于或小于复合地基的承载力。扩散范围取决于底板厚度，在扩散范围内底板必须满足抗冲切要求。

(5) 对可液化地基或有必要时，可在基础外一定范围内设置护桩(可液化地基一般用碎石桩做护桩)。布桩时要考虑桩受力的合理性，尽量利用桩间土应力 σ_s 产生的附加应力对桩侧阻力的增大作用。通常 σ_s 越大，作用在桩上的水平力越大，桩侧阻力也越大。图 9.4(a)

所示的桩均在基础内，桩的受力是比较合理的；图 9.4(b)中，除了 5 号桩外，其余各桩只有基础下的少部分有 σ_s 的作用，桩受到的侧向约束显然比 5 号桩小，则其桩侧阻力也小，显然，这样的布桩形式是不合理的。

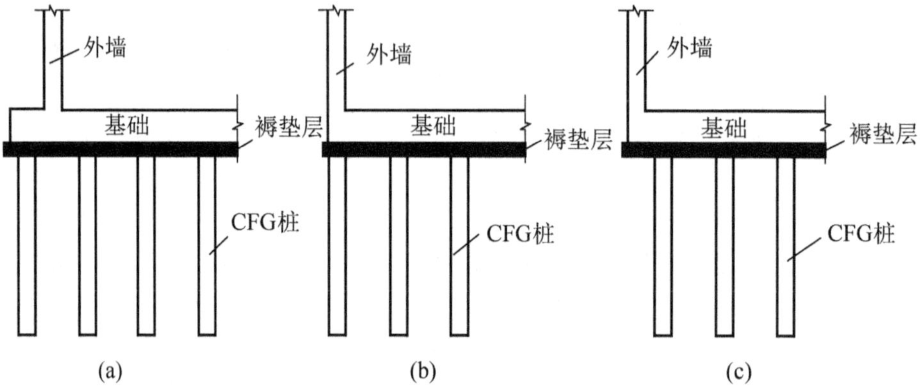

图 9.3　箱筏基础布桩方法示意

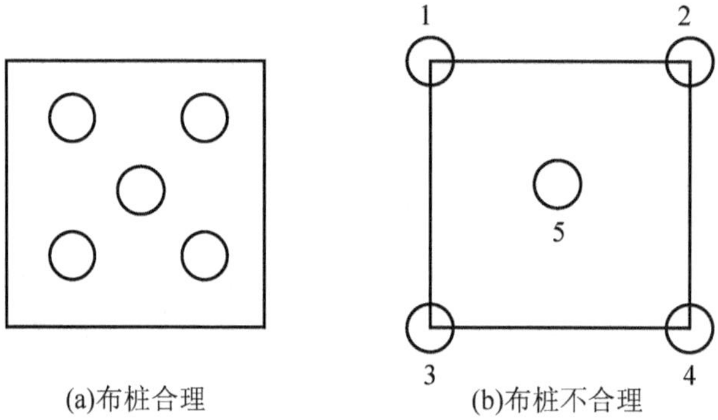

图 9.4　基础布桩合理性示意

任务 9.3　CFG 桩法施工

9.3.1 CFG 桩施工技术发展简介

目前 CFG 桩施工技术已被国内许多省、市、自治区应用，据不完全统计，应用这一技术的有北京、天津、江苏、浙江、云南等 23 个省、市、自治区。就工程类型而言，有工业与民用建筑，也有高耸构筑物；有多层建筑，也有高层建筑。基础形式有条形基础、独立基础，也有箱形基础和筏板基础；有滨海一带的软土，也有承载力在 200kPa 左右的较好的土层。

大量工程实践表明，CFG 桩复合地基设计，就承载力而言不会有太大问题，可能出问题的是 CFG 桩的施工。了解 CFG 桩施工技术的发展和不同工艺的特点，可使设计人员对 CFG 桩施工工艺有一个较全面的认识，便于在方案选择、设计参数的确定及施工措施上考虑得更全面。

CFG 桩法于 1988 年提出并应用于工程实践，首先选用的是振动沉管 CFG 桩施工工艺，这是由于当时振动沉管打桩机在我国拥有量最多，分布地区也最广。振动沉管 CFG 桩施工工艺属于挤土成桩工艺，主要适用于黏性土、粉土、淤泥质土、人工填土及松散砂土等地质条件，尤其适用于对松散的粉土、粉细砂的加固。它具有施工操作简便、施工费用低、对桩间土的挤密效应显著等优点。采用该工艺可以提高地基承载力、减少地基变形及消除地基液化，到目前为止该工艺依然是 CFG 桩的主要施工工艺之一，主要应用于挤密效果好的土和可液化土的地基加固工程，以及空旷地区或施工场地周围没有管线、精密设备及不扰民的地基处理工程。

但工程实践表明，振动沉管 CFG 桩施工工艺存在如下主要问题。

(1) 难以穿透厚的硬土层，如砂层、卵石层等。当基础底面以下的土层中存在承载力较高的硬土层时，不得不采用引孔等措施，或者采用其他成桩工艺。

(2) 振动及噪声污染严重。随着社会的进步，对文明施工的要求越来越高，振动和噪声污染会对施工现场周围居民的正常生活产生不良影响，故不少地区规定不能在居民区采用振动沉管 CFG 桩施工工艺。

(3) 在靠近已有建筑物施工时，振动对已有建筑物可能产生不良影响。

(4) 振动沉管 CFG 桩施工工艺为挤土成桩工艺，在饱和黏性土中成桩，会造成地表隆起、挤断已打桩、降低桩间土强度等后果，容易出现缩颈、断桩等质量事故。

(5) 施工时，混合料从搅拌机到桩机进料口的水平运输一般用翻斗车或人工运输，效率相对较低。对于长桩，拔管时尚需空中投料，操作不便。

鉴于以上问题，1997 年中国建筑科学研究院等单位申请了国家“九五”攻关项目——长螺旋钻管内泵压 CFG 桩施工工艺，经过几年的课题研究和大量的工程实践，该方法的施工设备和工艺日趋完善。此种工艺主要具有如下优点。

(1) 噪声低，无泥浆污染，成桩不产生振动，可避免对已打桩产生不良影响。

(2) 成孔穿透能力强，可穿透硬土层。

(3) 施工效率高。

除了上述两种常见的 CFG 桩施工工艺外，还可根据土质情况、设备条件选用以下工艺。

(1) 长螺旋钻孔灌注成桩，适用于地下水位以上的黏性土、粉土和填土地基。

(2) 泥浆护壁钻孔灌注成桩，适用于黏性土、粉土、砂土、人工填土、砾(碎)石土及风化岩层分布的地基。

(3) 人工或机械洛阳铲成孔灌注成桩，适用于处理深度不大、地下水位以上的黏性土、粉土和填土地基。

在实际工程中，除采用单一的 CFG 桩施工工艺外，有时还需要根据地质条件或地基处理目的采用两种施工工艺组合或两种桩型组合。总之，施工时选用何种工艺和设备，需要考虑场地土质、地下水位、现场周边环境及当地施工设备等具体情况综合分析确定。

9.3.2 振动沉管 CFG 桩施工工艺

1. 施工设备

图 9.5 为振动沉管桩机结构示意。

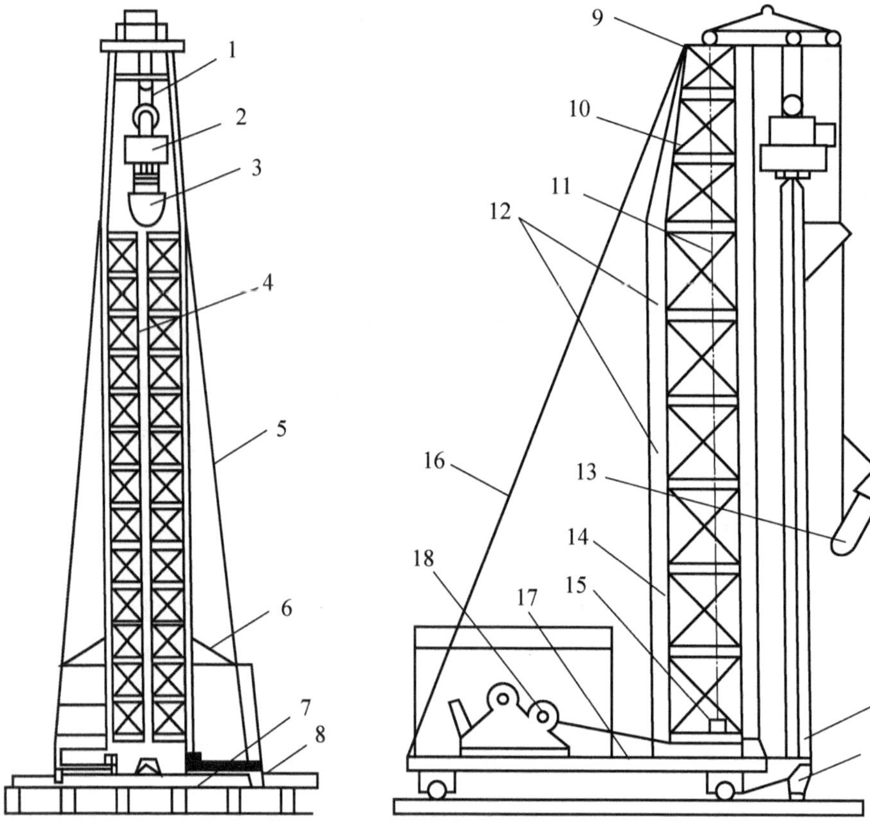

图 9.5　振动沉管桩机结构示意

1—滑轮组；2—振动锤；3—漏斗口；4—桩管；5—前拉索；6—遮栅；7—滚筒；8—枕木；9—架顶；10—架身顶段；11—钢丝绳；12—架身中段；13—吊斗；14—架身下段；15—导向滑轮；16—后拉索；17—架底；18—卷扬机；19—加压滑轮；20—活瓣桩尖

国产振动沉管桩机使用得比较多的是浙江瑞安市建筑机械厂和兰州建筑通用机械总厂所生产的设备。表 9-3、表 9-4 给出了浙江瑞安市建筑机械厂生产的振动锤的主要技术指标，其中 DZ 系列为普通锤头；DZKS 系列又名中空锤，除具有普通 DZ 系列的功能外，其中间有 500mm 的通孔，可以配合重锤或内夯管进行夯扩桩施工；DZJ 系列可通过液压遥控，在运转条件下实现偏心力矩的调整。

表 9-3　DZ 系列振动锤主要技术参数

项　目	DZ11	DZ22	DZ30	DZ40		DZ45	DZ55	DZ60	
电动机功率/kW	11	22	30	40		45	55	60	
偏心轴转速/(r/min)	1150	950	1050	900	1150	1150	900	900	1150
偏向力矩/(N · m)	50	130	150	250	180	196	310	300	230
激振力/kN	74	130	185	230	260	290	280	276	345
空载振幅/mm	5.0	8.0	7.5	10.4	7.5	9.0	9.5	9.5	7.2
允许拔桩力/kN	60	120	120	120		150	150	150	
允许加压力/kN	60	80	80	80		120	120	120	
质量/kg	630	2250	2920	3380		3100	4800	4840	
电源(100m 内)/(kV·A)	50	75	100	125		150	175	175	
外形尺寸/(mm × mm × mm)	720 × 300 × 1530	1015 × 1302 × 1760	1091 × 1350 × 1975	1091 × 1350 × 1975		1500 × 1120 × 1960	1240 × 1580 × 1975	1240 × 1580 × 2130	

表 9-4　DZKS 及 DZJ 系列振动锤主要技术参数

项　目	DZ45KS	DZ60KS	DZJ37	DZJ60
电动机功率/kW	22 × 2	30 × 2	37	60
偏心轴转速/(r/min)	1100	1100	920	900
偏向力矩/(N · m)	200	270	0～278	0～500
激振力/kN	271	360	0～252	0～453
空载振幅/mm	8.1	7.6	0～10	0～12
允许拔桩力/kN	130	200	120	200
允许加压力/kN	100	120	90	100
质量/kg	3684	4512	3660	5100
电源(100m 内)/(kV·A)	150	175	125	175
外形尺寸/(mm × mm × mm)	1900 × 1240 × 1745	2054 × 1250 × 1936	1366 × 1139 × 1936	1500 × 1250 × 2100

2. 施工程序

(1) 施工准备。CFG 桩施工前应准备下列资料。

① 建筑物场地岩土工程勘察报告。

② CFG 桩布桩图，须标明桩位编号、设计说明和施工说明。

③ 建筑场地邻近的高压电缆、电话线、地下管线、地下构筑物及障碍物等调查资料。

④ 建筑物场地的水准控制点和建筑物位置控制坐标等资料。

⑤ 具备“三通一平”条件。

(2) CFG 桩施工的程序如下。

① 桩机进入现场，根据设计桩长、沉管入土深度确定机架高度和沉管长度，并进行设备组装。

② 桩机就位，调整沉管与地面的垂直度，确保垂直度偏差不大于 1%。

③ 启动电动机，沉管到预定标高后停机。

④ 沉管过程中做好记录，每沉 1m 记录电流表电流一次，并对土层变化处予以说明。

⑤ 停机后立即向管内投料，直到混合料与进料口齐平。混合料按设计配合比经搅拌机加水拌和，拌和时间不少于 1min，如粉煤灰用量较多，搅拌时间还要适当延长。加水量按坍落度 3～5cm 控制，成桩后浮浆厚度以不超过 20cm 为宜。

⑥ 启动电动机，留振 5～10s，开始拔管，拔管速度一般为 1.2～1.5m/min，如遇淤泥或淤泥质土，拔管速度还可放慢。拔管过程中不允许反插。如上料不足，须在拔管过程中实施空中投料，以保证成桩后桩顶标高达到设计要求。成桩后桩顶标高应计入保护桩长。

⑦ 沉管拔出地面，确认成桩符合设计要求后，用粒状材料或湿黏土封顶，然后移机进行下一根桩的施工。

⑧ 施工过程中，抽样做混合料试块，一般一个台班做一组，试块尺寸为 15cm × 15cm × 15cm，并测定其 28d 的抗压强度。

3. 施工中常见的几个问题

(1) 施工对土的强度影响。就土的挤密性而言，可将地基土分为三大类：一是挤密性好的土，如松散填土、粉土、砂土等；二是可挤密性土，如塑性指数不大的松散的粉质黏土和非饱和黏性土；三是不可挤密土，如塑性指数高的饱和软黏土和淤泥质土，振动将使其结构破坏，强度反而降低。

(2) 缩颈和断桩。在饱和软土中成桩，桩机的振动力较小；当采用连打作业时，新打桩对已打桩的作用主要表现为挤压，使得已打桩被挤扁成椭圆形或不规则形，严重的会产生缩颈和断桩。

在上部有较硬的土层或中间夹有硬土层中成桩，桩机的振动力较大，对已打桩的影响主要是造成振动破坏。采用隔桩跳打工艺，当已打桩硬结强度不太高，在中间补打新桩时，已打桩有时会被振裂。提升沉管速度太快，也可能导致缩颈和断桩。

(3) 桩体强度不均匀。拔管太慢或留振时间过长，会导致桩端水泥含量较少、桩顶浮浆过多，而且混合料也容易产生离析，造成桩身强度不均匀。

(4) 土、料混合。当采用活瓣桩靴成桩时，可能出现的问题是桩靴开口宽度不够，混合料下落不充分，造成桩端与土接触不密实或桩端附近段桩径较小。

若采用反插办法，由于桩管垂直度很难保证，容易使土与桩体材料混合，产生桩身掺土等缺陷。

4. 施工工艺研究成果

(1) 拔管速度：试验表明，拔管速度太快将造成桩径偏小或缩颈、断桩，拔管速度太慢又易造成桩端水泥含量较少、桩顶浮浆过多。大量工程实践表明，1.2～1.5m/min 的拔管速度是适宜的。

(2) 合理桩距：试验表明，当其他条件相同时，桩距越小，复合地基承载力越高，但当桩距小于 4 倍桩径以后，随着桩距的减小，复合地基承载力的增长率明显下降。因而从桩、土作用共同发挥的角度考虑，桩距大于 4 倍桩径是适宜的。

(3) 施打顺序：在确定施打顺序时，主要考虑新打桩对已打桩的影响，这与土性和桩距有关。在软土中，桩距较大，可采用隔桩跳打；在饱和的松散粉土中施工，如果桩距较小，则不宜采用隔桩跳打方案。

对满堂布桩，无论桩距大小，均不宜从四周转圈向内推进施工，因为这样限制了桩间土向外的侧向变形，容易造成大面积土体隆起，使断桩的可能性增大。施工时，可采用从中心向外推进，或从一边向另一边推进的方案。

(4) 混合料坍落度：大量工程实践表明，混合料坍落度控制在 3～5cm 时，和易性较好。当拔管速度为 1.2～1.5m/min 时，一般桩顶浮浆可控制在 10cm 左右，成桩质量容易控制。

(5) 保护桩长。

① 设计桩顶标高离地表的距离不大(小于 1.5m)时，保护桩长可取 50～70cm，上部再用土封顶。

② 桩顶标高离地表的距离较大时，可设置 70～100cm 的保护桩长，上部再用粒状材料封顶直至接近地表。

(6) 开槽及桩头处理：CFG 桩施工完毕 3～7d 后，即可进行开槽。开挖基坑较浅时，可采用人工开挖；开挖基坑较深时，宜采用机械开挖后留置不小于 70cm 厚土体采用人工开挖。剔除桩头时，应尽量减少对桩体的扰动。

(7) 褥垫层铺设：褥垫层所用材料多为级配砂石，限制最大粒径一般为 3cm，或采用粗砂、中砂等。

桩头处理后，桩间土和桩头处在同一平面，褥垫层虚铺厚度可按式(9-11)计算。

$$\Delta H = \frac{h}{\lambda} \tag{9-11}$$

式中 ΔH ——褥垫层虚铺厚度(mm)；

h ——褥垫层设计厚度(mm)；

λ ——夯填度，一般取 0.87～0.90。

虚铺后多采用静力压实，当桩间土含水率不大时也可夯实。

5. 施工质量控制

1) 施工前的工艺试验

施工前的工艺试验，主要是考查设计的施工顺序和桩距能否保证桩身质量，需做如下观测：①新打桩对未硬结的已打桩的影响；②新打桩对硬结的已打桩的影响。

2) 施工监测

施工监测能及时发现施工过程中的问题，可以使施工管理人员有根据去把握施工工艺的决策，对保证施工质量至关重要。

施工过程中需做如下监测：①施工场地标高观测；②桩顶标高观测；③对桩顶上升量较大的桩或怀疑发生质量事故的桩应开挖查看。

3) 逐桩静压

对重要工程，或通过施工监测发现桩顶上升量较大且桩的数量较多的工程，可逐个对桩进行快速静压，以消除可能出现的断桩对复合地基承载力造成的不良影响。

对桩进行静压的目的是将可能出现的断桩接起来，使之能正常传递竖向荷载。这一技术对保证复合地基中桩的正常工作和发现桩的施工质量问题很有意义。

4) 静压振拔技术

所谓静压振拔，即沉管时不启动电动机，而是借助桩机的自重，将沉管沉至预定标高，待填满料后再启动电动机振动拔管。

对饱和软土特别是塑性指数较高的软土，扰动将引起土体孔隙水压力上升、土的强度降低。振动历时越长，对土和已打桩的不利影响越严重。因此，在软土地区施工时，采用静压振拔技术对保证施工质量是十分有益的。

9.3.3 长螺旋钻管内泵压 CFG 桩施工工艺

1. 施工设备

长螺旋钻管内泵压 CFG 桩施工设备由长螺旋钻机、混凝土泵和强制式混凝土搅拌机组成，如图 9.6 所示。其中长螺旋钻机是该工艺设备的核心部分。目前，长螺旋钻机根据其成孔深度分为 12m、16m、18m、24m 和 30m 等机型，施工前应根据设计桩长确定所采用的设备。

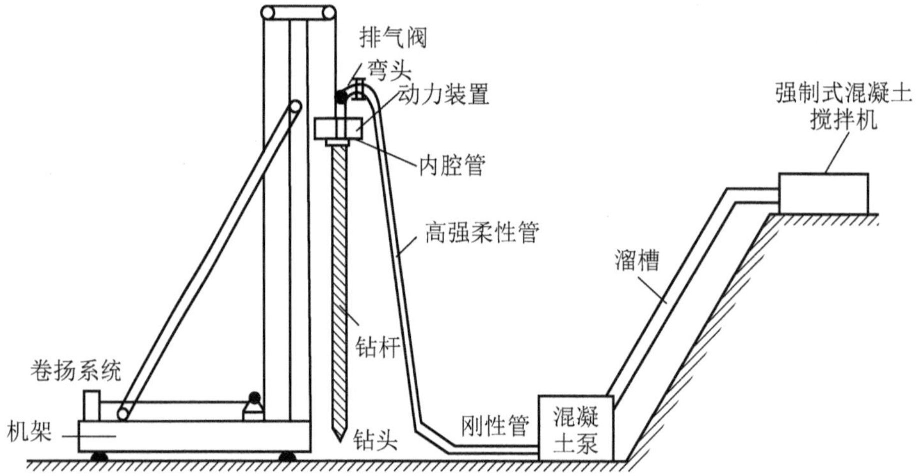

图 9.6　长螺旋钻管内泵压 CFG 桩施工设备

CFG 桩施工过程

2. 施工程序

(1) 钻机就位。CFG 桩施工时，钻机就位后，应用钻机塔身前后和左右的垂直标杆检查塔身钻杆，校正其位置，使钻杆垂直对准桩位中心，确保 CFG 桩垂直度偏差不大于 1%。

(2) 混合料搅拌。混合料搅拌时要求按配合比进行配料，且应计量准确。上料顺序为：先装碎石或卵石，再加水泥、粉煤灰和外加剂，最后加砂，使水泥、粉煤灰和外加剂夹在砂石之间，不易飞扬和黏附在筒壁上，也易于搅拌均匀。每盘混合料搅拌时间不应少于 60s，混合料坍落度宜控制为 16～20cm。在泵送前，混凝土泵料斗、搅拌机搅拌筒应备好熟料。

(3) 钻进成孔。开始钻孔时，关闭钻头阀门，向下移动钻杆至钻头触及地面，启动电动机钻进。一般应先慢后快，这样既能减轻钻杆摇晃，又容易检查钻孔的偏差而及时纠正。在成孔过程中，如发现钻杆摇晃或难以钻进，应放慢进尺，否则较易导致桩孔偏斜、移位，甚至使钻杆、钻具损坏。钻进的深度取决于设计桩长，当钻头到达设计桩长预定标高时，应在与动力头底面停留位置相应的钻机塔身处做上醒目的标记，作为施工时控制桩长的依据。正式施工时，若动力头底面到达标记处，桩长即满足设计要求。施工时还应该考虑工作面的标高差异，做相应增减。

在钻进过程中，当遇到圆砾层或卵石层时，会发现进尺明显变慢，机架出现轻微晃动。在有些工程中，可根据这些特征来判定钻杆进入圆砾层或卵石层的深度。

(4) 灌注及拔管。CFG 桩成孔到达设计标高后，应停止钻进，开始泵送混合料；待钻杆芯管充满混合料后开始拔管，严禁先提管后泵料。成桩的提拔速度宜控制在 2～3m/min，成桩过程宜连续进行，应避免因后台供料缓慢而导致停机待料。若施工中因其他原因不能连续灌注，必须根据勘察报告和已掌握的施工场地的地质情况避开饱和砂土和粉土层，不得在这些土层内停机。灌注成桩后，用水泥袋盖好桩头进行保护。施工中每根桩的投料量不得少于设计灌注量。

(5) 移机。当上一根桩施工完毕后，钻机移位，进行下一根桩的施工。施工时由于 CFG 桩排出的土较多，经常会将邻近的桩位覆盖，有时还会因钻机支撑脚压在桩位旁而使原来标定的桩位发生移动，因此在下一根桩施工时，还应根据轴线或周围桩的位置对桩位进行复核，确保桩位准确。

3. 施工中的常见问题及质量控制

1) 堵管

堵管是长螺旋钻管内泵压 CFG 桩施工工艺经常遇到的问题之一，它会直接影响 CFG 桩的施工效率，增加工人的劳动强度，还会造成材料浪费，特别是故障排除不畅时，将使已搅拌的 CFG 桩混合料失水或硬结，增大再次堵管的概率，给施工带来很多困难。堵管原因主要有以下几种。

(1) 混合料配合比不合理。主要是混合料中的细骨料和粉煤灰用量较少，混合料的和易性不好，从而发生堵管。

(2) 混合料搅拌质量有缺陷。坍落度太大的混合料，易产生泌水、离析，在管道内水浮到上面，骨料下沉；在泵压作用下，水先流动，骨料与砂浆分离，摩擦力剧增，从而导致堵管。此外，坍落度太小的混合料，由于其在管道内流动性差，也容易堵管。施工时，混合料的坍落度宜控制在 16～20cm，若混合料可泵性差，可适量掺入泵送剂。

(3) 设备缺陷。弯头是连接钻杆与高强柔性管的重要部件，若其曲率半径不合理，就会发生堵管；弯头与钻杆垂直连接，也将发生堵管。此外，管接头不牢固，垫圈破损，也会导致水泥砂浆流失，造成堵管。有些生产厂家的钻机，其钻头设计不合理，密封不严，在具有承压水的粉细砂中成桩时，承压水带着砂通过钻头孔隙进入钻杆芯管，有时形成长达 50cm 的砂塞，当泵入混合料后，砂塞会堵住钻头阀门，使混合料无法落下，造成堵管。

(4) 冬季施工措施不当。冬季施工时，混合料输送管及弯头处均需做防冻保护，一旦保温效果不好，混合料常会在输送管和弯头处结冻，造成堵管。

(5) 施工操作不当。钻杆进入土层预定标高后，开始泵送混合料，管内空气从排气阀排出，待钻杆芯管及输送管充满混合料、管内介质为连续体后，应及时提钻，保证混合料在一定压力下灌注成桩。若注满混合料后不及时提钻，混凝土泵一直泵送，在泵送压力下就会使钻头处的水泥浆液挤出，从而使钻头阀门处产生无水泥浆的干硬混合料塞体，造成堵管。

2) 窜孔

在松散饱和粉土和粉细砂层中常遇到这种情况：在施工完 1 号桩，接着施工相邻的 2 号桩时，随着钻杆的钻进，发现已施工完且尚未硬结的 1 号桩桩顶突然下落，有时甚至下落达 2m 以上；当 2 号桩泵入混合料时，能使 1 号桩下降的桩顶开始回升，当泵入 2 号桩的混合料足够多时，1 号桩桩顶可恢复到原标高口。工程中称这种现象为“窜孔”。

实践表明，窜孔发生的条件如下。

(1) 被加固土层中有松散饱和粉土或粉细砂。

(2) 钻杆钻进过程中，叶片的剪切作用对土体产生扰动。

(3) 土体受剪切扰动积累的能量，足以使土体发生液化。

大量工程实践证实，当被加固土层中有松散饱和粉土或粉细砂，但没有地下水时，施工未发现窜孔现象；当被加固土层中有松散饱和粉土或粉细砂且有地下水，但桩距很大且每根桩成桩时间很短时，也很少发生窜孔现象。只是在桩距较小，桩的长度较大，成桩时间较长，且成桩时一次移机施打周围桩数量过多时，才发生窜孔。

工程中常用的防止窜孔的方法有如下几种。

(1) 对有窜孔可能的被加固地基尽量采用大桩距的设计方案。增大桩距的目的在于减少新打桩对已打桩的剪切扰动，避免不良影响。

(2) 改进钻头，提高钻进速度。

(3) 减少在窜孔区域打桩推进的排数，如将一次打 4 排改为一次打 2 排或 1 排；尽快离开已打桩，减少对已打桩扰动能量的积累。

(4) 必要时采用隔桩、隔排跳打方案，但跳打时要及时清除成桩时排出的弃土，否则会影响施工进度。

发生窜孔后一般采用如下方法处理：提钻灌注混合料到发生窜孔土层时，停止提钻，连续泵送混合料，直到窜孔桩混合料液面上升至原位为止。

对采用上述方法处理的窜孔桩，需通过低应变检测或静载荷试验进一步确定其桩身的完整性和承载力是否受到影响。

3) 钻头阀门打不开

施工过程中，有时会发现钻孔到预定标高后，泵送混合料提钻时钻头阀门打不开，无法灌注成桩。

钻头阀门打不开一般有以下两个原因。

(1) 钻头构造缺陷，如当钻头阀门盖板采用内嵌式时，可能被砂粒、小卵石等卡住，导致钻头阀门无法开启。

(2) 当桩端落在透水性好、水头高的砂土或卵石层中时，阀门外侧除了受到土侧向压力外，还受到很大的水的侧压力(水侧压力系数为 1)。若阀门内侧的混合料侧压力小于阀门外侧的侧压力，就会导致阀门打不开。当钻杆提升到某一高度后，管外侧压力逐渐减小，而管内混合料侧压力不变；当管内侧压力大于管外侧压力时，阀门即打开，会造成混合料突然下落。这种情况在施工中经常发生。钻头阀门打不开多为此种情况。

对这一问题，可采用改进阀门的结构形式或调整桩长使桩端穿过砂土而进入黏性土层等措施来解决。

4) 桩体存气

截桩头时，发现个别桩桩顶部存有空间不大的空心，这主要是由施工过程中排气阀不能正常工作所致。

众所周知，空气无孔不入，在钻杆成孔钻进时，管内充满空气，钻孔到预定标高开始泵送混合料时，要求排气阀正常工作，能将管内空气排出。若排气阀被混合料浆液堵塞，不能正常工作，钻杆管内空气无法排出，就会导致桩体存气并形成空洞。

为杜绝桩体存气，必须保证排气阀正常工作。施工时要经常检查排气阀是否堵塞，若发生堵塞，必须及时采取措施加以清洗。

5) 先提钻后泵料

有些施工单位施工时，当桩端达到设计标高后，为了便于打开阀门，在泵送混合料前会将钻杆提拔 30cm，这样操作会存在下列问题。

(1) 有可能使钻头上的土掉进桩孔。

(2) 当桩端为饱和的砂卵石层时，将钻杆提拔 30cm 易使水迅速填充该空间；泵送混合料后，混合料不足以使水立即全部排走，这样桩端的混合料可能存在浆液与骨料分离的现象。

以上两种情况均会影响 CFG 桩桩端承载力的发挥。如某工程 CFG 桩设计桩长为 11.5～13.5m 不等，桩端进入中砂或卵石层，且进入深度不小于 40cm，施工操作采用提拔钻杆 30cm 再泵送混合料，从施工完毕后的复合地基和单桩静载荷试验曲线(图 9.7)可以看出，曲线存在明显的台阶。这主要是由于桩端处存有虚土或桩端混合料离析造成桩端阻力减小；随着荷载的不断增加，桩端虚土或散体材料进一步被压实，桩端阻力进一步增大，承载力又进一步提高。

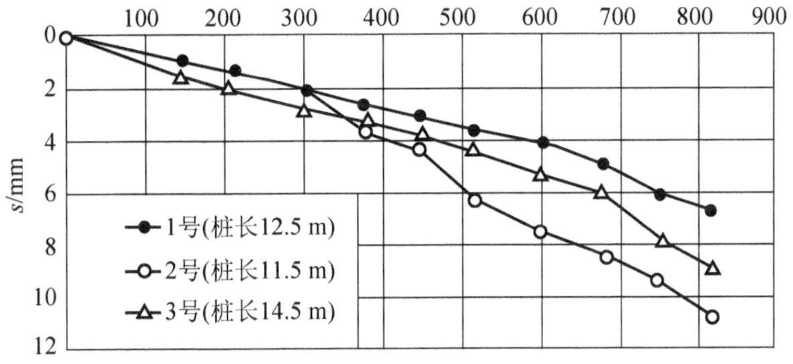

(a)CFG桩复合地基p–s曲线

图 9.7 某工程复合地基和单桩静载荷试验曲线

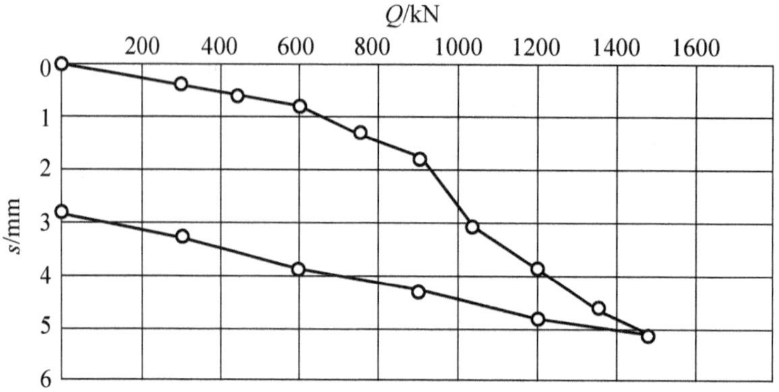

(b)CFG桩单桩Q–s曲线

图 9.7　某工程复合地基和单桩静载荷试验曲线(续)

任务 9.4　质量检验

1. 施工检测

一般 CFG 桩施工完毕 28d 后对 CFG 桩和 CFG 桩复合地基进行检测，包括对桩身质量的低应变检测和对承载力的静载荷试验检测。一般进行单桩或多桩复合地基静载荷试验，根据试验结果评价复合地基承载力；也可采用单桩载荷试验，通过计算评价复合地基承载力。

检测数量一般遵守以下原则：进行静载荷试验时，取桩数一般为 CFG 桩总桩数的 0.5%～1.0%，且每个单体工程的试验数量不少于 3 点；进行低应变检测时，取桩数一般为 CFG 桩总桩数的 10%。选择试验点时应本着随机分布的原则，而刻意挑选施工质量好或施工质量差的桩，或者为了检测方便集中在一个区域选桩，都不能体现随机分布的原则。进行低应变检测时，建议采用下列方法选桩：给桩编号，再选择编号个位数为 0～9 的任何一个数字，如取个位数为 5 的桩为试验桩，这样就能较好地体现随机分布的原则。

1) CFG 桩的检测

CFG 桩单桩静载荷试验按《建筑地基基础设计规范》(GB 50007—2011)附录 Q“单桩竖向静载荷试验要点”执行。

CFG 桩低应变检测桩身质量评价分为以下四类。

(1) Ⅰ类桩：完好桩。

(2) Ⅱ类桩：有轻微缺陷，但不影响原设计桩身结构强度的桩。

(3) Ⅲ类桩：有明显缺陷，应采用其他方法进一步确认可用性的桩。

(4) Ⅳ类桩：有严重缺陷的桩或断桩。

2) CFG 桩复合地基的检测

CFG 桩复合地基属于高黏结强度桩复合地基，载荷试验具有特殊性，试验方法直接影响对复合地基承载力的评价。对此，试验时应按《建筑地基处理技术规范》(JGJ 79—2012)中“复合地基载荷试验要点”执行。

(1) 褥垫层的厚度与铺设方法：试验时褥垫层的基底标高与桩顶设计标高相同，褥垫层底面要求平整，褥垫层铺设厚度为 50～150mm，铺设面积与承压板面积相同，褥垫层周围要求有原状土约束。

(2) 复合地基承载力的确定：当 *p-s* 曲线为平缓的光滑曲线时，按相对变形值确定复合地基承载力。对于以卵石、圆砾、密实粗中砂为主的地基，可取沉降比 *s/b* 或 *s/d* 等于 0.008 所对应的压力作为 CFG 桩复合地基承载力特征值；对于以黏性土、粉土为主的地基，可取沉降比 *s/b* 或 *s/d* 等于 0.01 所对应的压力作为 CFG 桩复合地基承载力特性值。

2. CFG 桩复合地基竣工验收

1) CFG 桩复合地基验收时应提交的资料

(1) 桩位测量放线图(包括桩位编号)。

(2) 材料检验及混合料试块试验报告书。

(3) 竣工平面图。

(4) CFG 桩施工原始记录。

(5) 设计变更通知书、事故处理记录。

(6) 复合地基静载荷试验检测报告。

(7) 施工技术措施。

2) CFG 桩的施工容许偏差要求

(1) 桩长容许偏差不大于 10cm。

(2) 桩径容许偏差不大于 2cm。

(3) 桩身垂直度容许偏差不大于 1%。

(4) 对于满堂布桩的基础，桩位偏差不应大于 0.4 倍桩径；对于条形基础，桩位偏差不应大于 0.25 倍桩径；对于单排布桩，桩位偏差不应大于 60mm。

工程实例

某住宅楼建筑地基处理工程

1. 工程简介

某拟建建筑物包括 1 号住宅楼、3 号住宅楼及小区公建。1 号住宅楼 9 层，标高为±0.00～46.25m，基底标高为-3.30m，设计要求处理后地基承载力标准值达 240kPa；3 号住宅楼 15 层，标高为±0.00～46.00m，基底标高为-4.15～-5.05m，设计要求处理后地基承载力标准值达 310kPa；小区公建 6 层，高标为±0.00～5.65m，基底标高为-7.85～-8.35m，设计要求处理后地基承载力标准值达 180kPa。

2. 场地工程地质和水文地质条件

根据本工程《住宅项目岩土工程勘察报告》描述，按地层沉积年代、成因类型，将拟建场区地面以下 25.00m 深度范围内的地层划分为人工堆积层及第四系沉积层，并按地基土的岩性及工程性质进一步划分为以下几层，各土层的基本岩性特征如下。

(1) 黏质粉土至素填土①层：黄褐色，稍湿，松散至稍密，以粉土为主，黏性土次之，局部含有少量碎砖块、灰渣及少量生活垃圾；局部为杂填土$①_1$层，以建筑垃圾为主混有少量大直径水泥块。①层厚度为 1.0～3.8m。

(2) 砂质粉土至黏质粉土②层：黄褐色至褐黄色，稍湿，稍密至中密，局部含有细砂$②_1$层、黏土$②_2$层。②层厚度为 1.7～6.0m。

(3) 砂质粉土至粉砂③层：灰色至褐灰色，饱和，中密，主要矿物成分是石英、长石、云母，局部夹有细砂$③_1$层。③层厚度为 0.9～3.2m。

(4) 粉质黏土至黏质粉土④层：灰褐色，饱和，可塑，中密，含氧化铁等，局部夹有黏土$④_1$层、砂质粉土$④_2$层。④层厚度为 0.4～4.2m。

(5) 细砂⑤层：褐灰色，湿至饱和，中密，局部夹有圆砾$⑤_1$层。⑤层厚度为 0.6～6.2m。

(6) 粉质黏土⑥层：褐黄色，可塑，密实，饱和，含氧化铁。

根据拟建场区内已有勘察资料，在勘察深度范围内实测到两层地下水，各层地下水情况见表 9-5。

表 9-5　各层地下水情况

地下水水层序号	地下水类型	埋深/m
1	上层滞水	5.1～6.8
2	潜水	10.9～13.7

根据场区取水样进行的化学分析判断，地下水对钢筋混凝土无腐蚀性，但在干湿交替条件下，对钢筋有弱腐蚀性。

3. 设计方案

岩土工程设计的原则是：紧密结合场地与工程特点，因地制宜，选择最佳的施工工艺，精心优化设计，以保证方案在技术上可行、在经济上合理。

本工程以 CFG 桩为主。由于钻孔压灌(长螺旋钻孔、管内泵压灌注桩)工艺适用于黏性土、粉土、砂土等地层，噪声低、污染小，不受地下水位的限制，且该施工工艺在该地区已广泛应用，获得了非常成熟的施工经验，其质量在各项工程中都得到了检验，因此本 CFG 桩地基处理工程采用钻孔压灌(长螺旋钻孔、管内泵压灌注)施工工艺。

(1) 设计控制：设计院提供各建筑物的荷载值，建筑物最终沉降量不大于 40mm，差异沉降满足 $0.002L$。

(2) 地基基础持力土层：根据岩土工程勘察报告和基础标高，砂质粉土至黏质粉土②层、砂质粉土至粉砂③层承载力标准值均为 160kPa。

(3) CFG 桩桩端持力层：根据建筑物荷载及沉降控制要求，参考岩土工程勘察报告，CFG 桩桩端持力层选择在细砂⑤层上。CFG 桩桩径为 400mm。

(4) CFG 桩设计计算：根据各楼的地基承载力要求及所处的地层条件，计算 CFG 桩的各项参数及各楼的最终沉降量。沉降计算结果见表 9-6。

表 9-6 沉降计算结果

楼号	复合地基承载力标准值/kPa	桩长/m	桩径/mm	单桩承载力/kN	面积置换率	桩间距/m	桩身混凝土强度	最大沉降量/mm
1	170	8.0	400	250	0.031	2.00	C20	41.06
3	380	10.0	400	420	0.074	1.30	C20	32.54
小区公共建筑	200	6.50	400	300	0.043	1.70	C20	7.15

(5) 设计结果：依据计算结果，各楼的 CFG 桩最终设计参数见表 9-7。

表 9-7 各楼的 CFG 桩最终设计参数

楼号	桩顶标高/m	施工桩长/m	桩径/mm	桩距/m	桩身混凝土强度	褥垫层厚度/mm	布桩数/个
1	42.58	8.0	400	2.00	C20	200	212
3	40.58/41.48	10.0	400	1.30	C20	200	729
小区公共建筑	36.43/35.93	6.50	400	1.70	C20	200	240

注：① 褥垫层虚铺 220mm，平板振动夯实至 200mm。铺设材料为粒径不大于 20mm 的碎石。
② 混凝土坍落度控制在 160～200mm 之间。
③ 施工保护层厚度为 50cm，即有效桩长 = 施工桩长 -0.5m。

4. CFG 桩检测

CFG 桩采用单桩复合地基静载荷试验检测其承载力，用低应变检测其桩身完整性。要求被检测桩最低养护期不能少于 15d。CFG 桩检测由建设单位委派具有相应资质的单位进行，对检测结果进行整理分析并提出检测报告。

能力训练

一、选择题

1. 经大量工程实践和试验研究，CFG 桩法中褥垫层的厚度应为(　　)。

A. 5～10cm　　B. 10～30cm　　C. 30～50cm　　D. 50～100cm

2. CFG 桩的主要成分是(　　)。

A. 石灰、水泥、粉煤灰　　B. 黏土、碎石、粉煤灰

C. 水泥、碎石、粉煤灰　　D. 黏土、水泥、粉煤灰

3. 在某些复合地基中加有褥垫层，以下(　　)不属于褥垫层的作用。

A. 提高复合地基的承载力　　B. 减少基础底面的应力集中

C. 保证桩土共同承担荷载　　D. 调整桩土荷载分担比

4. CFG 桩桩体可不配筋(抗水平力作用)的理由是(　　)。

A. CFG 桩复合地基主要是通过基础与褥垫层之间的摩擦力和基础侧面土压力承担荷载，褥垫层是散体结构，所以传递到桩体的水平力较小或为零

B. CFG 桩桩体本身具有很强的抗水平荷载能力

C. 传递到桩体的水平力虽然很大，但荷载可以扩散

D. 在给定荷载作用下，桩承担较多的荷载，随着时间的增长，桩产生一定的沉降，荷载逐渐向桩间土体转移

5. 某建筑地基采用水泥粉煤灰碎石桩复合地基加固，通常情况下增厚褥垫层会对桩土荷载分担比产生影响，对此下列(　　)的说法是正确的。

A. 可使竖向桩土荷载分担比减小　　B. 可使竖向桩土荷载分担比增大

C. 可使水平向桩土荷载分担比减小　　D. 可使水平向桩土荷载分担比增大

二、思考题

1. CFG 桩是如何形成的？其有何优点？
2. CFG 桩在加固软弱地基时主要起到什么作用？
3. 如何对 CFG 桩复合地基进行设计计算？
4. CFG 桩的施工方法有哪些？
5. CFG 桩施工完成后如何进行质量检验？

在线答题

情境10 水泥土搅拌法

学习目标

掌握水泥土搅拌法的概念、适用范围和加固原理；掌握水泥土搅拌法设计计算方法，包括复合地基布桩要求、桩体强度设计、复合地基承载力计算和沉降计算方法；熟悉水泥土搅拌法施工工艺及质量检验方法；能灵活运用水泥土搅拌法处理实际工程问题。

学习要求

知识要点	技能要点
(1) 水泥土搅拌法的概念 (2) 水泥土搅拌法的适用范围 (3) 水泥土搅拌法的加固原理	(1) 掌握水泥土搅拌法设计计算方法，包括复合地基布桩要求、桩体强度设计、复合地基承载力计算和沉降计算方法 (2) 熟悉水泥土搅拌法施工工艺和质量检验方法 (3) 能灵活运用水泥土搅拌法处理实际工程问题

引例

某传动部件有限公司准备兴建的联合厂房及生活楼，其总建筑面积约 9000m^2，为独立承台及条形基础和框排架结构。场地地基土层已知，拟用水泥土搅拌法粉喷桩加固该地基。试对桩的布置、桩体强度、复合地基承载力做设计计算。

任务 10.1　水泥土搅拌法概述

10.1.1　水泥土搅拌法的概念

水泥土搅拌法是用于加固饱和黏性土地基的一种方法。它是利用水泥(或石灰)等材料作为固化剂，通过特制的搅拌机械，在地基深处就地将软土和固化剂(浆液或粉体)强制搅拌，固化剂和软土间所产生的一系列物理化学反应，使软土硬结成具有整体性、水稳定性和一定强度的水泥加固土，从而提高地基强度、增大其变形模量。

水泥土搅拌法适用于处理正常固结的淤泥、淤泥质土、素填土、黏性土(软塑、可塑)、粉土(稍密、中密)、粉细砂(松散、中密)、中粗砂(松散、稍密)、饱和黄土等土层，不适用于含大孤石或障碍物较多且不易清除的杂填土、欠固结的淤泥和淤泥质土、硬塑及坚硬的黏性土、密实的砂类土及地下水渗流影响成桩质量的土层。当地基土的天然含水率小于30%(黄土含水率小于 25%)时，不宜采用干法。冬季施工时，应注意负温对处理效果的影响。湿法的加固深度不宜大于 20m，干法的加固深度不宜大于 15m。

水泥土搅拌法加固的地基土室内试验表明，有些软土的加固效果较好，而有的不够理想。一般认为含有高岭石、多水高岭石、蒙脱石等黏土矿物的软土加固效果较好，而含有伊利石、氯化物和水铝英石等矿物的黏性土，以及有机质含量高、酸碱度(pH)较低的黏性土则加固效果较差。

夯实水泥土桩和水泥土搅拌桩的区别

10.1.2　水泥土搅拌法加固原理

水泥土搅拌法加固土的物理化学反应过程与混凝土的硬化原理不同。混凝土的硬化主要是在粗填充料(比表面积不大、活性很弱的介质)中进行水解和水化作用，所以凝结速度较快，而在水泥加固土中，由于水泥掺入比很低，水泥的水解和水化反应完全是在具有一定活性的介质——土的围绕下进行的，因此水泥加固土的强度增长过程比混凝土的强度增长过程缓慢。

1. 水泥的水解和水化反应

普通硅酸盐水泥主要由氧化钙、二氧化硅、三氧化二铝、三氧化二铁及三氧化硫等组成，这些不同的氧化物分别组成了不同的水泥矿物：硅酸三钙、硅酸二钙、铝酸三钙、铁铝酸四钙、硫酸钙等。用水泥加固软土时，水泥颗粒表面的矿物会很快与软土中的水发生水解和水化反应，生成氢氧化钙、水化硅酸钙、水化铝酸钙及水化铁酸钙等化合物。其中氢氧化钙、水化硅酸钙能迅速溶于水中，使水泥颗粒表面重新暴露出来，再与水发生反应，这样周围的水溶液就逐渐达到饱和。当溶液达到饱和后，水分子虽然能继续深入颗粒内部，但新生成物已不能再溶解，只能以细小分散状态的胶体析出，悬浮于溶液中而形成胶体。

2. 土颗粒与水泥水化物的作用

当水泥的各种水化物生成后，有的自身继续硬化，形成水泥石骨架；有的则与其周围具有一定活性的黏土颗粒发生反应。

1) 离子交换和团粒化作用

黏土和水结合时会表现出一种胶体特征，如土中含量最多的二氧化硅遇水后，会形成硅酸胶体微粒，其表面带有阳离子(钠离子或钾离子)，它们能和水泥水化反应生成的氢氧化钙中的钙离子进行当量吸附交换，使较小的土颗粒形成较大的土团，从而使土体强度提高。

水泥水化反应生成的凝胶粒子的比表面积比原水泥颗粒的比表面积大约 1000 倍，因而能产生很大的表面能，有强烈的吸附活性，能使较大的土团进一步结合起来，形成水泥土的团粒结构，并封闭各土团的空隙，从而形成坚固的联结，从宏观上看也就使水泥土的强度大大提高。

2) 硬凝反应

随着水泥水化反应的深入，溶液中析出大量的钙离子，当其数量超过离子交换的需要量后，在碱性环境中能使组成黏土矿物的二氧化硅及三氧化二铝的一部分或大部分与之进行化学反应，逐渐生成不溶于水的稳定结晶化合物，从而提高水泥土的强度。

从扫描电子显微镜观察中可见，拌入水泥 7d 时，土颗粒周围充满了水泥凝胶体，并有少量水泥水化物结晶的萌芽；一个月后水泥土中生成大量纤维状结晶，并不断延伸充填到颗粒间的空隙中，形成网状构造；到 5 个月时，纤维状结晶辐射向外伸展，产生分叉，并相互连接形成空间网状结构，水泥的形状和土颗粒的形状已不能分辨出来。

3) 碳酸化反应

水泥水化物中游离的氢氧化钙能吸收水和空气中的二氧化碳，发生碳酸化反应，生成不溶于水的碳酸钙，这种反应也能使水泥土强度提高。但其增长的速度较慢，幅度也较小。

从水泥土搅拌法的加固原理分析，由于搅拌机械的切削搅拌作用，实际上不可避免地会留下一些未被粉碎的大小土团。在拌入水泥后将出现水泥浆包裹土团的现象，而土团间的大空隙基本上已被水泥颗粒填满，所以加固后的水泥土中将形成一些水泥较多的微区，而在大小土团内部则没有水泥，只有经过较长的时间，土团内的土颗粒在水泥水解产物的渗透作用下，才能逐渐改变其性质。因此在水泥土中不可避免地会产生强度较大和水稳性较好的水泥石区和强度较低的土块区，两者在空间中相互交替，形成一种独特的水泥土结构。可见，搅拌得越充分、土块被粉碎得越小、水泥在土中分布得越均匀，则水泥土结构强度的离散性越小，其宏观的总体强度也就越高。

任务 10.2　水泥土搅拌法设计

10.2.1 桩长和桩径

水泥土搅拌桩的长度应根据上部结构对地基承载力和变形的要求确定，并宜穿透软弱土层到达承载力相对较高的土层。为提高抗滑稳定性而设置的水泥土搅拌桩，其桩长应超过危险滑弧以下 2m。水泥土搅拌桩的桩径不应小于 500mm。

10.2.2 布桩形式

布桩时可根据上部结构特点及对地基承载力和变形的要求，采用柱状、壁状、格栅状或块状等不同形式。桩可只在基础平面范围内布置，独立基础下的桩数不宜少于 3 根。柱状加固时可采用正方形、等边三角形等布桩形式。

10.2.3 单桩竖向承载力特征值

单桩竖向承载力特征值应通过现场载荷试验确定，无试验材料时，也可按照式(10-1)、式(10-2)计算，并取其中的较小值。

$$R_{\mathrm{a}}=u_{\mathrm{p}}\sum_{i=1}^{n}q_{\mathrm{s}i}l_i+\alpha_{\mathrm{p}}q_{\mathrm{p}}A_{\mathrm{p}} \tag{10-1}$$

$$R_{\mathrm{a}}=\eta f_{\mathrm{cu}}A_{\mathrm{p}} \tag{10-2}$$

式中　R_{a}——单桩竖向承载力特征值(kN)；

u_{p}——桩的周长(m)；

n——桩长范围内所划分的土层数；

$q_{\mathrm{s}i}$——桩周第 i 层土的桩侧阻力特征值(kPa)，按地区经验确定，对淤泥可取 4～7kPa，对淤泥质土可取 6～12kPa，对软塑状态的黏性土可取 10～15kPa，对可塑状态的黏性土可取 12～18kPa；

l_i——桩长范围内第 i 层土的厚度(m)；

α_{p}——桩端阻力发挥系数，应按地区经验确定；

q_{p}——桩端阻力特征值(kPa)；

A_p ——桩端横截面积(m^2)；

η ——桩身强度折减系数，干法可取 0.20～0.25，湿法可取 0.25；

f_{cu} ——与水泥土搅拌桩桩身水泥土配合比相同的室内加固土试块，边长为 70.7mm 的立方体在标准养护条件下 90d 龄期的立方体抗压强度平均值(kPa)。

10.2.4 复合地基承载力特征值

加固后水泥土搅拌桩复合地基承载力特征值应通过现场复合地基载荷试验确定，也可按式(7-2)计算，其中桩间土承载力折减系数β，对淤泥、淤泥质土和流塑状软土等处理土层可取 0.1～0.4，对其他土层可取 0.4～0.8。

10.2.5 复合地基的变形计算

复合地基的变形由复合土层的变形和桩端以下土层的变形两部分组成，由于缺少系统的变形现场测试资料，因此大多采用材料力学的推论或土力学的经验方法计算。

1. 复合土层的变形计算

群桩体的压缩变形 s_1 可按式(10-3)、式(10-4)计算。

$$s_1 = \frac{(p_o + p_{oz})l}{2E_{ps}} \tag{10-3}$$

$$E_{ps} = mE_p + (1-m)E_s \tag{10-4}$$

式中 p_o ——群桩体顶面处的平均压力(kPa)；

P_{oz} ——群桩体底面处的平均压力(kPa)；

l ——实际桩长(m)；

E_{ps} ——复合土层压缩模量(MPa)；

E_p ——水泥土搅拌桩的压缩模量(MPa)，可取(100～200) $f_{cu,k}$；

E_s ——桩间土的压缩模量(kPa)；

m ——面积置换率。

大量的水泥土搅拌桩设计计算及实测结果表明，桩体的压缩变形量仅在 10～30mm 之间变化。因此，当荷载大、桩较长或桩体强度小时，压缩变形量取大值；反之，当荷载小、桩较短或桩身强度高时，压缩变形量可取小值。

2. 桩端以下土层的变形计算

将复合土层看作一层土，下部为若干层土，用分层总和法计算复合土层下影响深度内各层土的变形，具体按《建筑地基基础设计规范》(GB 50007—2011)的有关规定进行计算。在深厚的超软土中，当面积置换率较大时，复合土体呈现深基效应，此时采用刚性桩群桩的桩底沉降计算方法较为稳妥。

任务 10.3 水泥土搅拌法施工

水泥土搅拌法有湿法和干法两种施工方法。

10.3.1 湿法

湿法即浆液搅拌法，是将一定配合比的水泥浆注入土中，利用水泥浆作固化剂，通过特制的深层搅拌机械，在加固深度内就地将软土和水泥浆充分拌和，使软土硬结成具有整体性、水稳定性和足够强度的水泥土的一种地基处理方法。

湿法施工注意事项如下。

(1) 现场场地应予以平整，必须清除地上和地下一切障碍物。明浜、暗浜及场地低洼时应抽水和清淤，分层夯实回填黏性土料，不得回填杂填土或生活垃圾。开机前必须调试，检查桩机运转和输浆管畅通情况。

(2) 根据实际施工经验，水泥土搅拌法在施工到顶端 0.3～0.5m 范围时，由于上覆压力较小，搅拌质量较差，因此其场地平整标高应比设计确定的基底标高再高出 0.3～0.5m。桩制作时仍施工到地面，待开挖基坑时，再将上部 0.3～0.5m 桩身质量较差的桩段挖去，基础埋深较大时取下限，反之则取上限。

(3) 搅拌桩垂直度偏差不得超过1%，桩位布置偏差不得大于 50mm，桩径偏差不得大于 4%。

(4) 施工前应确定搅拌机械的灰浆泵输浆量、灰浆经输浆管到达搅拌机喷浆口的时间和起吊设备提升速度等施工参数，并根据设计要求，通过成桩试验确定搅拌桩的配合比等各项参数和施工工艺。宜用流量泵控制输浆速度，使注浆泵出口压力保持为 0.4～0.6MPa，并应使搅拌提升速度与输浆速度同步。

(5) 制备好的浆液不得离析，泵送必须连续。拌制浆液的罐数、固化剂和外掺剂的用量及泵送浆液的时间等应有专人记录。

(6) 为保证桩端施工质量，当浆液达到出浆口后，应喷浆搅拌 30s，使浆液完全到达，待桩端土充分搅拌后，再开始提升搅拌头。特别是在设计中考虑桩端承载力时，这点尤为重要。

(7) 预搅下沉时不宜冲水，当遇到较硬土层下沉太慢时，可适量冲水，但应考虑冲水成桩对桩身强度的影响。

(8) 可通过复喷的方法达到桩身强度。搅拌次数以 1 次喷浆 2 次搅拌或 2 次喷浆 3 次搅拌为宜，且最后 1 次提升搅拌宜采用慢速提升。当喷浆口到达桩顶标高时，宜停止提升，搅拌数秒，以保证桩头的均匀密实。

(9) 施工时因故停浆，宜将搅拌机下沉至停浆点以下 0.5m 处，待恢复供浆时再喷浆提升。若停机超过 3h，为防止浆液硬结堵管，宜先拆卸输浆管路，并妥加清洗。

(10) 壁状加固时，相邻桩的施工时间间隔不宜超过 12h，如因特殊原因超过上述时间，应先对最后一根桩进行空钻，留出榫头以待与下一批桩搭接；如间歇时间太长(如停电等)，无法与第二根桩搭接，应在设计和建设单位认可后，采取局部补桩或注浆措施。

10.3.2 干法

干法即粉体搅拌法，该工艺是利用压缩空气通过粉体固化材料供给机的特殊装置，将携带的粉体固化材料，经过高压软管和搅拌轴输送到搅拌叶片的喷嘴喷出。借助搅拌叶片旋转时在叶片背面产生的空隙，安装在叶片背面的喷嘴将压缩空气连同粉体固化材料一起喷出，喷出的混合气体在空隙中压力急剧降低，促使粉体固化材料就地黏附在旋转产生空隙的土中；搅拌轴旋转半周后，另一搅拌叶片把土与粉体固化材料搅拌混合在一起，与此同时，这个叶片背后的喷嘴将混合气体喷出。这样周而复始地搅拌、喷射、提升，与粉体固化材料分离后的空气扩散到搅拌轴的周围，再上升到地面释放。

干法施工中需注意的事项如下。

(1) 干法施工前应仔细检查搅拌机械、供粉泵、送粉管路、接头和阀门的密封性和可靠性。送粉管路的长度不宜大于 60m。

(2) 干法施工机械必须配置经国家计量部门确认的具有瞬时检测并记录出粉量的粉体计量装置及搅拌深度自动记录仪。

(3) 搅拌头每旋转一周，其提升高度不得超过 15mm。

(4) 施工机械、电气设备、仪表仪器及机具等，在确认完好后方准使用。

(5) 在建(构)筑物旧址或回填地区施工时，应预先进行桩位探测，并清除已探明的障碍物。

(6) 桩体施工中，若发现钻机不正常的振动、晃动、倾斜、移位等现象，应立即停钻检查，必要时应提钻重打。

(7) 施工中应随时注意粉喷机、空压机的运转情况，压力表的显示变化及送粉情况。当送粉过程中出现压力连续上升、发送器负载过大、送粉管路或阀门在轴具提升过程中堵塞等异常情况时，应立即判明原因，停止提升，原地搅拌。为保证成桩质量，必要时应予复打。堵管的原因除漏气外，主要是水泥结块。施工时不允许用已结块的水泥，并要求管道系统保持干燥状态。

(8) 在送粉过程中如发现压力突然下降、粉罐加不上压力等异常情况，应停止提升，原地搅拌，并及时判明原因。若是由于粉罐内水泥粉体已喷完或容器、管道漏气所致，应将钻具下沉到一定深度后，重新加粉复打，以保证成桩质量。有经验的施工监理人员往往可从高压送粉胶管的颤动情况来判明送粉正常与否。检查故障时，应尽可能不停止送风。

(9) 设计上要求搭接的桩体，需连续施工，一般相邻桩的施工间隔时间不应超过 8h。若因停电、机械故障而超过允许时间，应征得设计部门同意，采取适宜的补救措施。

(10) 在 SP-1 型粉体发送器中有一个气水分离器，用于收集因压缩空气膨胀而降温所产生的凝结水。施工时应经常排除气水分离器中的积水，防范因水分进入钻杆而堵塞送粉通道。

10.3.3 两种施工方法的比较

总的来看，干法工艺更可取，原因如下。

(1) 使用干燥状态的粉状固化材料可以吸收软土地基中的水分，对加固含水率高的软土、极软土及泥炭化土地基效果更显著。

(2) 粉状固化材料被全面喷射到搅拌叶片旋转过程产生的空隙中，同时又靠土中的水分黏附到空隙内部。随着搅拌叶片的搅拌，固化剂可均匀地分布于土中，不会产生不均匀的散乱现象，有利于提高地基土的加固强度。

(3) 与浆喷深层搅拌法或高压旋喷法相比，输入地基土中的粉状固化材料要少得多，并且在施工中无浆液排出，无地面拱起现象。同时，粉状固化材料是干燥状态的粉状体(如水泥、生石灰、消石灰等)，材料来源广泛，并可使用两种以上的混合材料。

(4) 粉状固化材料从施工现场供给机的贮仓到喷入地基土的过程中，完全处于连贯的密闭系统中，中途不会发生粉尘外溢、污染环境的现象。

影响搅拌桩质量的因素

任务 10.4 质量检验

10.4.1 抽芯取样

按土质和设计要求确定取样深度和取样数量，一般必须在处理目标的土层、桩底位置取样进行室内试验，目的是确定处理效果和桩长是否足够。抽芯取样的施工方法与一般地质勘察方法略有不同，即要干钻而不能湿钻，且钻孔位置一般不应在桩中心处。

通常根据抽芯取样结果，按质量将桩分为以下四类。

(1) Ⅰ类桩：芯样水泥土的搅拌均匀程度较高，水泥含量达到设计要求，芯样水泥土赋存状态良好，无断灰、夹泥、喷灰不足、喷灰不均现象；桩身无缺陷，承载力达到设计要求。

(2) Ⅱ类桩：芯样水泥土的搅拌均匀程度较高，水泥含量基本达到设计要求，芯样水泥土赋存状态较好，无断灰、夹泥现象；桩身有轻微缺陷，承载力基本达到设计要求。

(3) Ⅲ类桩：芯样水泥土的搅拌均匀程度一般，水泥含量基本达到设计要求，芯样水泥土赋存状态一般，局部有少量夹泥、喷灰不足、喷灰不均、水泥豆荚状结块等现象；桩身无严重缺陷，承载力偏低。

(4) Ⅳ类桩：芯样水泥土的搅拌均匀程度较差，水泥含量达不到设计要求，芯样水泥土赋存状态差，局部有断灰、夹泥、喷灰不足、喷灰不均现象；桩身缺陷严重，承载力远达不到设计要求。

10.4.2 静载荷试验

按设计要求进行单桩、单桩复合地基和多桩复合地基静载荷试验。将试验结果与计算值进行比较，综合评价桩体质量和复合地基加固效果。

尽管慢速静载荷试验能较准确地确定加固后复合地基的承载力，但桩较多时将影响工期，且投资费用较大。为了加快静载荷试验速度，美国现行试验标准中采用快速维持荷载法，即将每级荷载增量间隔时间取为 2.5min。考虑加载沉降主要在最初 3min 内完成，在实践中又产生了一次加载至单桩设计荷载的 1.5 倍左右，维持荷载 3min，然后一次卸载至零的快速一次性加载测桩法。由于它将长时间的分级加载变为短时间的一次性加载，测桩时犹如在桩上跑过一般，故又称为“跑桩法”。它的优点是既能对多根桩进行检查，判明质量优劣，又能判定其承载力是否合格且不增加测试时间和费用。

客专交通枢纽配套地下空间水泥土搅拌桩施工方案

10.4.3 动测法

动测法主要是指小应变动测法，它基于一维波动理论，利用弹性波的传播规律来分析桩身的完整性。虽然动测法检测速度快、测试简单，但国内大量资料表明，粉喷桩桩体强度与波速之间关系离散，桩端阻力与周围介质相比没有明显变化，且桩底反射不明显，因而难以用动测法评价桩身质量。

工程实例一

某传动部件有限公司联合厂房及生活楼地基处理工程

1. 工程概况

某传动部件有限公司准备兴建的联合厂房及生活楼，其总建筑面积约 9000m^2，为独立承台及条形基础和框排架结构。

2. 地基条件

该场地地属滨海相冲积平原，原为农田，现已回填，场地基本平坦。在 36.0m 深度范围内，地基土属第四系全新统至上更新统陆相冲积物及海相沉积物，依据该场地的岩土工程勘察报告，拟建场地表层为 1.2～3.4m 厚的素填土，土质软硬不均，含植物根、有机质及少量石屑等物；其下为 1.0～2.8m 厚的黏土；黏土下面为 7.4～10.0m 厚的淤泥质土夹粉质黏土，即场区表层以下 10.0m 的土层物理力学性质较差。考虑用水泥土搅拌法粉喷桩进行该地基加固。

3. 水泥土搅拌法粉喷桩设计

1) 设计准备

在粉喷桩加固设计前，为准确了解加固土体的性质、水质、水泥和土的掺入比，在现场取 8 组土样，取样深度分别为本工程重点加固的地下 2.0～4.0m 和 4.0～6.0m，并用现场取得的地下水做了室内试验。加固料为唐山市渤海水泥总厂生产的万山牌 42.5 级矿渣硅酸盐水泥，掺入比分别为 11%、14%、16%，该掺入比对应 500mm 直径的粉喷桩每延米加水泥量分别为 40kg、50kg、60kg，试验结果见表 10-1。

表 10-1　各粉喷桩配合比试验结果

试验目的	样品编号	取样深度/m	水泥掺入比/%	抗压强度/MPa	试验目的	样品编号	取样深度/m	水泥掺入比/%	抗压强度/MPa
7d 抗压试验	330	2.5	11	1.02	28d 抗压试验	330	2.5	11	2.13
	331	4.5	16	1.34		331	4.5	16	2.21
	332	4.5	11	0.73		332	4.5	11	1.09
	333	4.5	14	1.50		333	4.5	14	2.24

2) 设计计算

(1) 单桩竖向承载力为

$$R_a = q_s \bar{u}_p + \alpha A_p q_p = 150.9\text{kN}$$

实际加固中，选择的水泥掺入比为 14%，从表 10-1 可得其 28d 强度为 2.24MPa，换算成 90d 龄期的标准强度如下。

$$q_u(28) = 0.75 q_u(90) = 0.75 f_{cu,k}$$

$$f_{cu,k} = 2.93\text{MPa}$$

按桩体强度，计算单桩竖向承载力为

$$R_a = \eta f_{cu,k} A_p = 234.4\text{kN}$$

综合考虑，取单桩竖向承载力为 150.9kN。

(2) 桩间距为 1.1m，总桩数为 2417 根，面积置换率 $m = 0.162$。

(3) 复合地基承载力为

$$f_{spk} = mR_a / A_p + \beta(1-m) f_{sk} = 145.86\text{kPa} > 120\text{kPa}$$

4. 工程施工

该工程共进场 4 台粉喷机。在施工过程中按有关规定，水泥土搅拌桩必须复搅到底，但实际上大多数粉喷设备第一次喷灰后最多复搅 2～5m 而难以复搅到底，因为每延米地基土内喷入 50～60kg 水泥后黏度大大增加，经第一次反搅喷灰后，地基土密实度变得较大，难以复搅。而实际上三搅两喷对保证施工质量是切实可行的，故在该项目中采取了全程两次喷灰的施工方案，即根据四台设备的施工能力经试验采用不同的两次喷灰量，第一次全程喷 30kg 左右，第二次复搅到底后再喷入 20～30kg 的水泥，从施工上保证了复搅均匀度，工艺上满足了三搅两喷的规定，在 2417 根桩长为 9.5m 的粉喷桩施工中全部实现了全程搅拌，其余作为地面加固桩的 5.0m 桩也均实现了全程复搅。

5. 加固效果

施工完毕 28d 后，采用方形承压板对随机抽取的 12 根粉喷桩进行了慢速维持荷载法试验，试验结果表明加固后复合地基可以满足设计要求。

工程实例二

益常高速公路路段地基处理工程

1. 工程概况

益常高速公路 K81 + 80 ~ 180 路段处于洞庭湖边缘淤积区内，NE 角原有深井，并有深沟从深井延伸至 SW 角，现已为鱼塘。

2. 地基条件

该场地有厚约 3m 的软土，在试验工程路基范围内呈“L”形分布，即在东侧由北向南延伸，并于 K81 + 110 处折向西，横穿路基，而覆盖层从上至下依次为：①0.6 ~ 2.5m 厚紫红色路基填土层；②0.3 ~ 3.3m 厚灰黑色粉质黏土层(底部常含粉砂)；③0.7 ~ 4.6m 厚黄色黏土层(底部呈软塑态)；④0.6m 厚灰绿色细砂层、灰色砾石层。该路段原计划采用明挖清淤，但由于路基及其两侧大部分为鱼塘，水量大、水位高，清淤困难，施工单位不得不采用边挖边填的工艺。勘察结果表明，清淤后软土厚度仍很大，不得不进行人工处理。经比较，决定采用水泥土搅拌法粉喷桩复合地基处理方法。

3. 水泥土搅拌法粉喷桩设计

(1) 桩处理深度确定。

① 勘察施工发现场地砾石层埋深 5 ~ 7m，拟以砾石层作为持力层，确定桩长 l，按式(10-1)确定单桩竖向承载力特征值，按式(10-2)确定加固土试块(边长 70.7mm 的立方体) 90d 龄期的无侧限抗压强度值。

② 通过试验确定水泥掺入比 α_w 与无侧限抗压强度之间的关系，再确定水泥掺入比 α_w。也可按式(10-5)确定水泥掺入比 α_w (用省去%的值代入)。

$$\ln(\alpha_w) = \frac{f_{cu} + 687.6}{517.5} \tag{10-5}$$

③ 以控制沉降均匀为目的，采用场地硬黏土的承载力特征值为复合地基的承载力特征值。按式(10-6)计算粉喷桩面积置换率 m，再按式(10-7)确定总桩数 n。

$$m = \frac{f_{spk} - \beta f_{sk}}{\dfrac{R_a}{A_p} - \beta f_{sk}} \tag{10-6}$$

$$n = \frac{mA}{A_p} \tag{10-7}$$

式中 A——地基加固的面积(m^2)；

其余符号含义同前。

④ 根据求得的总桩数 n，并考虑施工的便利性，确定粉喷桩按梅花形布置。

(2) 桩形布置。经计算，粉喷桩采用 42.5 级普通硅酸盐水泥，掺入比为 15%，桩径 550mm，中心距 2m，按梅花形布置，且在路基边坡坡脚线附近加密，桩端坐落在砾石层上。

4. 工程施工

形成的桩身混凝土 90d 龄期时强度应达 1.2MPa，加固后的复合地基承载力标准值应达 260kPa。本工程设计方案如图 10.1 所示，即在东侧软基区域，先施工水泥土搅拌法粉喷桩，并在压实填土中距离桩顶 0.6m 和 1.2m 处平铺两层 CE131 土工格网，而在 ZK1 所在的试验路段 SW 角处，软土分布范围小，可不处理。

5. 加固效果

达到相应龄期后，按《建筑地基处理技术规范》(JGJ 79—2012)进行相关检测。为了深入研究处理效果，分别在试验路段的 K81 + 110.5、K81 + 127.5 和 K81 + 156.5 三个断面共钻孔 9 个，并安装波纹管以观测分层沉降(图 10.1)。观测结果如图 10.2 所示。该结果表明，相同荷载作用下，桩间土的分层沉降类似于天然地基沉降，其值随深度递减，但总沉降量降低了；平铺土工格网处和桩-网复合地基处沉降量接近，最大沉降量约 30mm。处理后达到了设计要求。

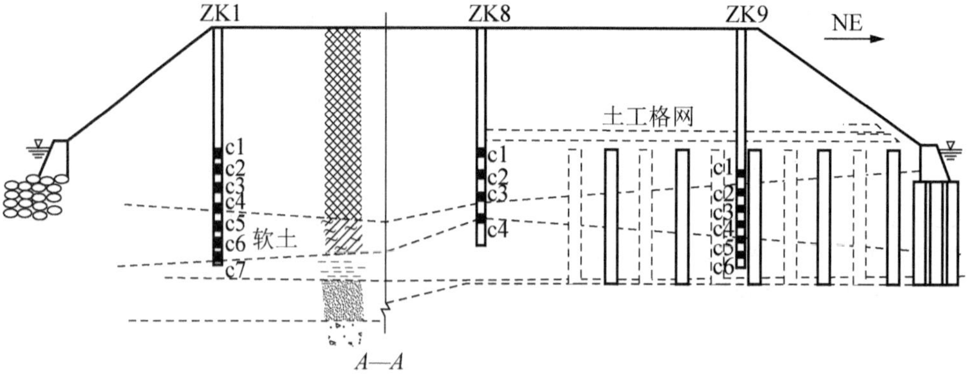

图 10.1 水泥土搅拌法粉喷桩复合地基处理示意

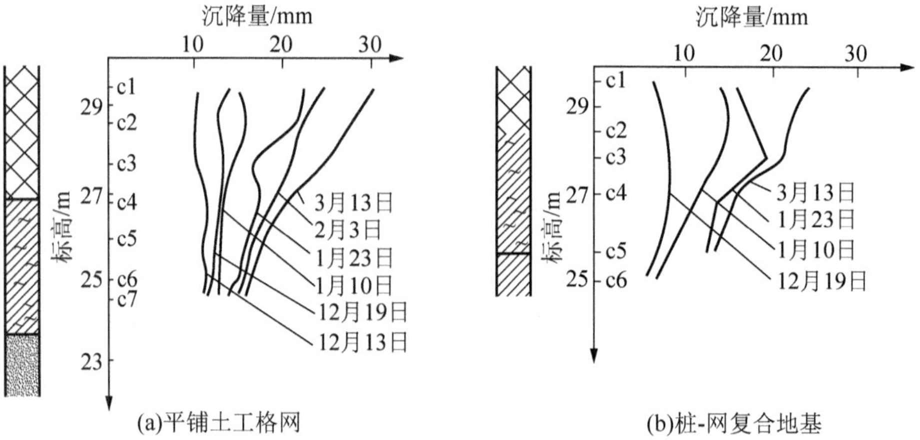

图 10.2 “平铺土工格网”和“桩-网复合地基”的沉降量对比

能 力 训 练

一、单选题

1. 水泥土搅拌桩的直径不应小于(　　)。

A. 300mm　　B. 400mm　　C. 500mm　　D. 600mm

2. 当采用 N10 对水泥土搅拌桩进行桩体均匀性检验时，应在成桩(　　)天内进行。

A. 1　　B. 2　　C. 3　　D. 4

3. 水泥土搅拌法分为干法和湿法两种，其中干法是指(　　)。
A. 深层搅拌法　　B. 粉体搅拌法
C. 水位以上水泥土夯实桩法　　D. 喷粉后加水法

4. 水泥土搅拌法中，如采用大体积块加固处理，固化剂(水泥)的掺入比宜为(　　)。
A. 5%～7%　　B. 7%～12%　　C. 12%～15%　　D. 15%～20%

二、多选题

1. 水泥土搅拌法的加固原理包括(　　)。
A. 水泥土硬化原理　　B. 复合地基加固原理
C. 置换作用　　D. 挤密作用

2. 竣工验收时，对于竖向承载的水泥土搅拌桩，其承载力检验应采用(　　)。
A. 复合地基载荷试验　　B. 单桩载荷试验
C. 地基土载荷试验　　D. N10 检验桩体均匀性及密实度

三、简答题

1. 试述水泥土搅拌法的适用范围、分类方法和加固原理。
2. 水泥土搅拌桩的加固原理是基于水泥土的哪些化学反应?
3. 选用水泥土搅拌桩作为支护挡墙时，应进行哪些验算?
4. 试比较水泥土搅拌桩采用湿法施工和干法施工的优缺点。
5. 试述水泥土的龄期与水泥土的强度关系。

四、计算题

1. 某软土地基承载力特征值为 90kPa，设计复合地基承载力特征值为 130kPa。设深层搅拌桩桩长 15m，桩径 0.5m，地基土能提供的桩侧阻力为 9.0kPa，搅拌桩的桩端承载力特征值为 120kPa，水泥土的 90d 龄期的立方体抗压强度 $f_{cu}=1800\text{kN}$，桩间土承载力折减系数取 0.5。试进行水泥土搅拌桩复合地基的设计计算。

2. 某独立柱基，其上部结构传至基础顶面的竖向力标准组合值 $F=1340\text{kN}$，现场工程地质参数见表 10-2。基础埋深 $D=2.5\text{m}$，地下水距地表 1.25m，基底面积 $A=3.5\text{m}\times3.5\text{m}=12.25\text{m}^2$，拟用水泥土搅拌法处理柱基下淤泥质土，形成复合地基，使其承载力满足设计要求。已知：①桩径 $d=0.5\text{m}$，设计桩长 $l=8\text{m}$；②桩身试块无侧限抗压强度 $f_{cu}=1800\text{kPa}$；③桩身强度折减系数 $\eta=0.4$；④桩身平均侧阻力特征值 $q_s=10\text{kPa}$；⑤桩端天然地基土承载力折减系数 $\alpha=0.5$，桩间土承载力折减系数 $\beta=0.3$；⑥基础自重及基础上的土重两者折算的平均重度 $\gamma_D=20\text{kN/m}^3$。要求：①计算面积置换率和水泥土搅拌桩的桩数；②绘制水泥土搅拌桩的平面布置图。

在线答题

表 10-2　现场工程地质参数

土层	层厚/m	γ/(kN/m^3)	f_{sk}/kPa	E_s/MPa
杂填土	2.5	18	—	—
淤泥质土	8.0	19	70	3
粉质黏土	9.0	19.5	200	10

情境 11 高压喷射注浆法

学习目标

了解高压喷射注浆法的概念、适用范围、加固原理；掌握高压喷射注浆法的设计计算，包括旋喷直径的确定、复合地基承载力计算和地基沉降计算、旋喷浆量计算、防渗堵水设计、基坑坑内加固设计、浆液材料与配方设计；熟悉高压喷射注浆法的施工及质量检验方法；能灵活运用高压喷射注浆法处理实际工程问题。

学习要求

知识要点	技能要点
(1) 高压喷射注浆法的概念 (2) 高压喷射注浆法的适用范围 (3) 高压喷射注浆法的加固原理	(1) 掌握高压喷射注浆法的设计计算，包括旋喷直径的确定、复合地基承载力计算和地基沉降计算、旋喷浆量计算、防渗堵水设计、基坑坑内加固设计、浆液材料与配方设计 (2) 熟悉高压喷射注浆法的施工和质量检验方法 (3) 能灵活运用高压喷射注浆法处理实际工程问题

引例

山东省威海市威海卫大厦，距离海边约 200m，地上 17 层、地下 1 层，共 18 层，建筑物高度 60m，平面呈等边三角形，底部为箱形基础，现浇钢筋混凝土剪力墙结构，占地面积 1100m^2，建筑物总重 24100t。场地地基土层已知，拟用高压喷射注浆法进行地基加固。试对桩的布置、桩体强度、复合地基承载力进行设计计算。

任务 11.1　高压喷射注浆法概述

11.1.1 高压喷射注浆法的概念

高压喷射注浆法又称旋喷法，20 世纪 70 年代初期兴起于日本。它是利用钻机将带有喷嘴的注浆管钻至土层的预定位置后，以 20MPa 左右的高压将加固用浆液(一般为水泥浆)从喷嘴喷射出用来冲击土层，土层在高压喷射流的冲击力、离心力和重力等作用下与浆液搅拌混合，待浆液凝固后，便在土中形成一个固结体。

11.1.2 高压喷射注浆法的分类

1. 按喷射方向和形成固结体的形状分类

高压喷射注浆法按喷射方向和形成固结体的形状，可分为旋转喷射(简称旋喷)、定向喷射(简称定喷)和摆动喷射(简称摆喷)3 种，如图 11.1 所示。旋喷时喷嘴边喷边旋转和提升，固结体呈圆柱状，主要用于加固地基；定喷时喷嘴边喷边提升，固结体呈壁状；摆喷时固结体呈扇状墙。定喷和摆喷常用于基坑防渗和边坡稳定等工程。

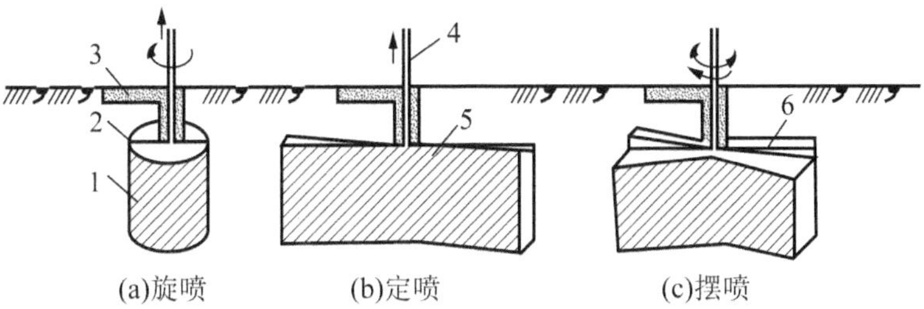

图 11.1　高压喷射注浆法的 3 种形式

1—桩；2—射流；3—冒浆；4—喷射注浆；5—板；6—墙

2. 按工艺类型分类

高压喷射注浆法按工艺类型分类，可分为单管法、二重管法和三重管法 3 种。

1) 单管法

单管法是利用钻机把安装在注浆管(单管)底部侧面的特殊喷嘴，钻入土层设计深度后，用高压泥浆泵等高压发生装置，以20MPa左右的压力，把水泥浆从喷嘴喷射出用来冲击破坏土体，同时借助注浆管的旋转和提升运动，使水泥浆与从土体上崩落下来的土搅拌混合，经过一定时间的凝固，便在土中形成了圆柱状的固结体，直径为0.4～1.0m，如图11.2所示。这种方法在日本被称为CCP工法。

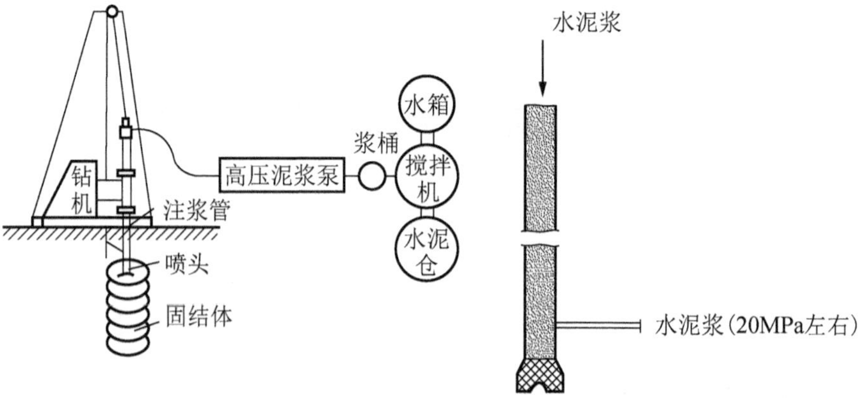

图11.2　单管法高压喷射注浆示意

2) 二重管法

二重管法使用双通道的二重管钻至土层设计深度后，在管底部侧面的一个同轴双重喷嘴中，同时喷射出高压水泥浆和空气两种介质的喷射流用来冲击破坏土体，即以高压泥浆泵等高压发生装置喷射出20MPa左右压力的水泥浆，从内喷嘴中喷出，并用0.7MPa左右的压力把压缩空气从外喷嘴中喷出。在高压水泥浆和外环气流的共同作用下，破坏土体的能量显著增加，喷嘴边喷射边旋转和提升，最后在土体中形成圆柱状固结体，直径约0.6～1.5m，如图11.3所示。这种方法在日本被称为JSG工法。

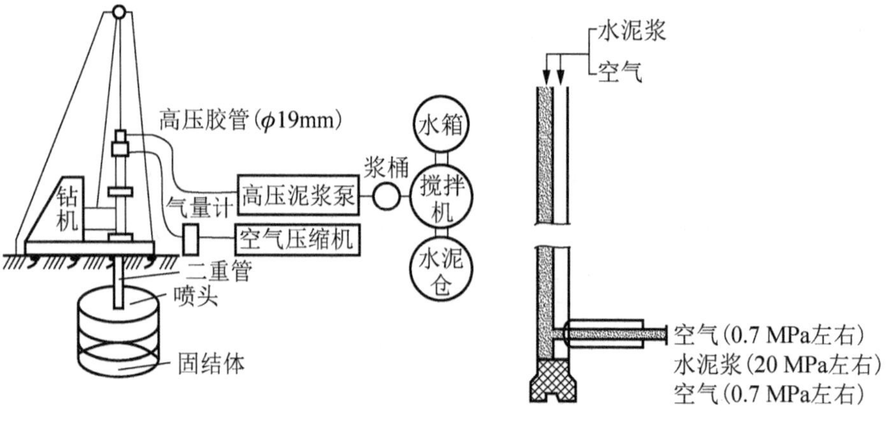

图11.3　二重管法高压喷射注浆示意

3) 三重管法

三重管法分别使用输送水、空气、水泥浆三种介质的三重管，在以高压水泵产生的20MPa左右的高压水喷射流的周围，环绕一股0.7MPa左右的圆筒状气流，以高压水喷射流和气流同轴喷射冲切土体，形成较大的空隙，再另外用泥浆泵压入压力为 2～5MPa 的水泥浆填充空隙，喷嘴做旋转和提升运动，最后在土体中凝固形成直径较大的圆柱状固结体，直径约 0.8～2m，如图 11.4 所示。这种方法在日本被称为 CJP 工法。

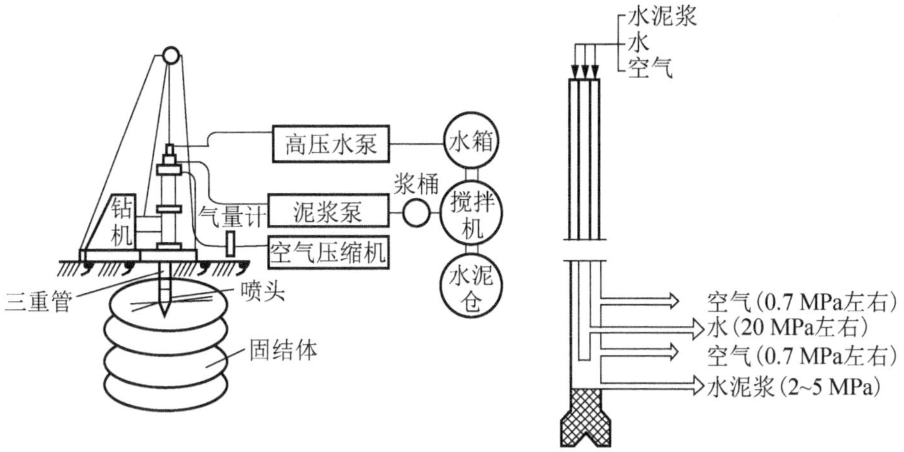

图 11.4　三重管法高压喷射注浆示意

上述几种方法由于喷射流的结构和喷射的介质不同，有效处理长度也不同，其中以三重管法的有效处理长度最长，二重管法次之，单管法最短。结合工程特点，旋喷注浆可采用单管法、二重管法和三重管法。定喷和摆喷注浆常用二重管法和三重管法。

3. 高压喷射注浆法的优点

高压喷射注浆法的优点如下。

(1) 适用范围较广。该法既可用于工程新建之前，又可用于工程竣工后的托换工程，而且能保证施工时已有建(构)筑物的正常使用。

(2) 施工简便。施工时只需在土层中钻一小孔，便可在土体中喷射形成较大直径的固结体，故而可贴近已有建(构)筑物，成型灵活。

(3) 可控制固结体形状。在施工中调整旋喷速度、提升速度、喷射压力或喷嘴直径，可使固结体形成设计所需要的形状。

(4) 可垂直、水平和倾斜喷射。在地面施工中常采用垂直喷射，在地下工程等施工中可采用水平和倾斜喷射。

(5) 耐久性较好。由于能得到稳定的加固效果和较好的耐久性，故可用于永久性工程。

(6) 材料来源广。以水泥为主体的浆液，在地下水流速较大、土的含水率较高等情况下，可掺加适量外掺剂，以达到速凝、高强、抗冻、耐腐蚀和浆液不沉淀等效果。

(7) 设备灵活。高压喷射注浆全套设备结构紧凑、体积小，机动灵活，可在狭窄和低矮的空间施工。

4. 高压喷射注浆法的适用范围

1) 土质适用条件

高压喷射注浆法主要适用于软弱土层，如淤泥、淤泥质土、黏性土、粉土、黄土、砂土、素填土等地基。对于含有较多大粒径块石、大量植物根茎或有较高有机质的土层，以及地下水流速过大和有涌水的工程，应根据现场试验结果确定其适应性。

2) 工程适用范围

高压喷射注浆法采用不同的施工工艺和浆液配方，可以使固结体的直径、强度和渗透系数适应多种不同的工程目的和要求。

(1) 可提高地基强度和地基承载力，加固地基，以减少建(构)筑物的沉降和不均匀沉降。

(2) 可形成挡土围堰保护邻近建(构)筑物(图 11.5)，可保护地下工程设施(图 11.6)及防止基坑底部隆起(图 11.7)。

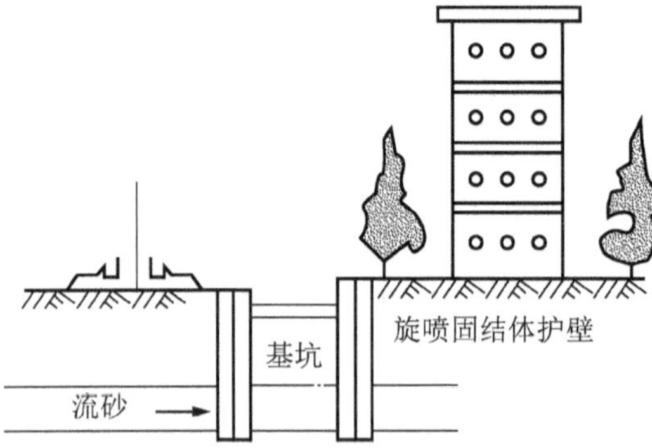

图 11.5　保护邻近建(构)筑物

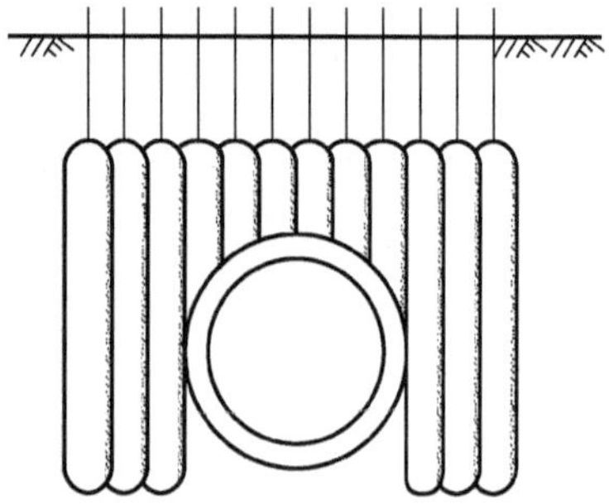

图 11.6　保护地下工程设施

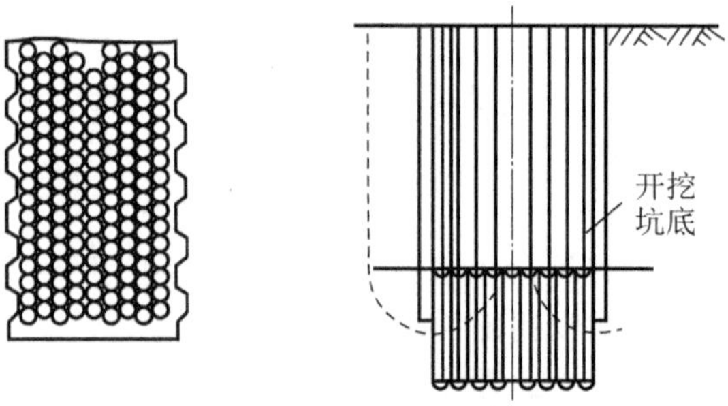

图 11.7　防止基坑底部隆起

(3) 增大土的黏聚力和摩擦力，防止小型塌方滑坡，如图 11.8 所示。

(4) 用于防渗帷幕工程，如图 11.9～图 11.11 所示。

(5) 防止地基土液化，增强设备基础下地基土的抗振动性能。

(6) 降低土的含水率，防止路基翻浆冒泥和地基冻胀。

(7) 其他用途，如防止地下管道漏水、漏气等。

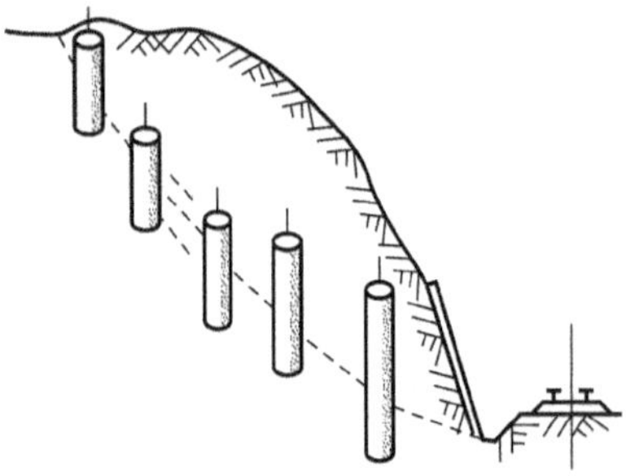

图 11.8　防止小型塌方滑坡

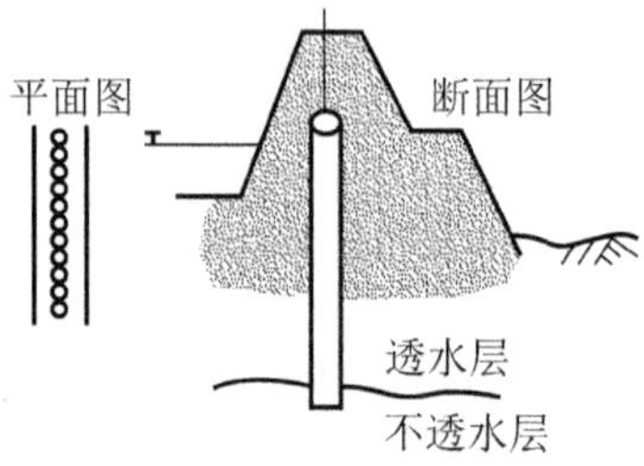

图 11.9　基坝防渗

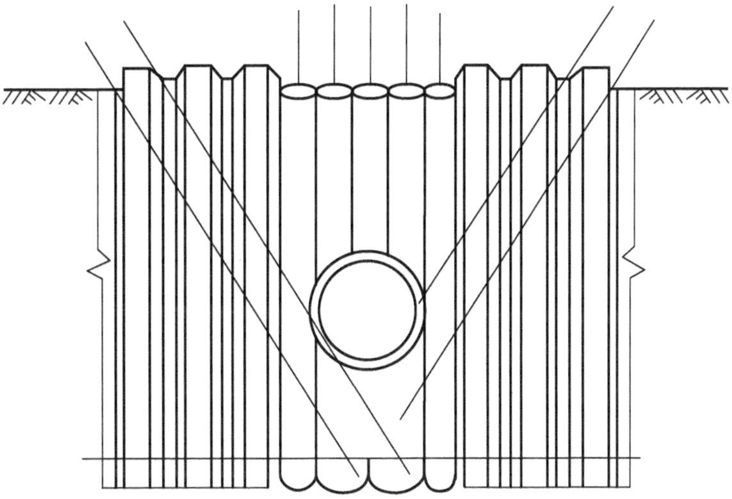

图 11.10　地下连续墙补缺

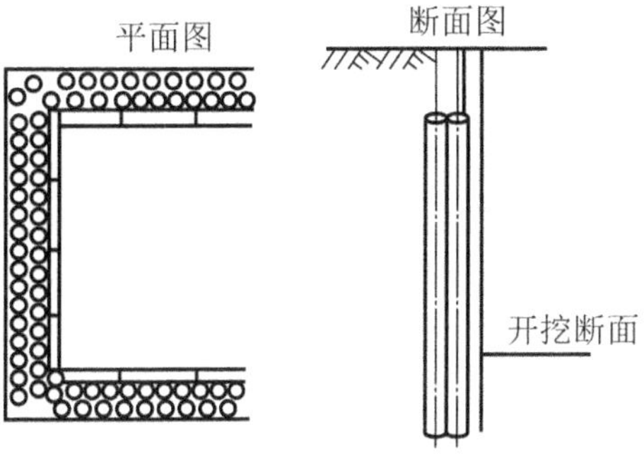

图 11.11　防止涌砂冒水

11.1.3 高压喷射注浆法的加固原理

1. 高压喷射流性质

通过高压发生装置，高压喷射流获得巨大能量后，从一定形状的喷嘴中以很高的速度连续喷射出来，形成能量高度集中的一股液流。在高压高速条件下，喷射流具有很大的功率。

2. 高压喷射流构造

高压喷射流在空气中喷出时的构造如图 11.12 所示，它大体由三个区域组成，即保持出口压力的初期区域 A、紊流发达的主要区域 B 和喷射流变成不连续喷射流的终期区域 C。

在初期区域 A 中，喷射出口处速度分布是均匀的，轴向动压是常数，保持均匀速度的部分向前面逐渐减小，当到达某一位置后，断面上的速度分布不再均匀。速度分布保持均匀的部分称为喷射核(E 区段)，喷射核末端扩散宽度稍有增加、轴向动压有所减小的过渡部分称为迁移区域(D 区段)。

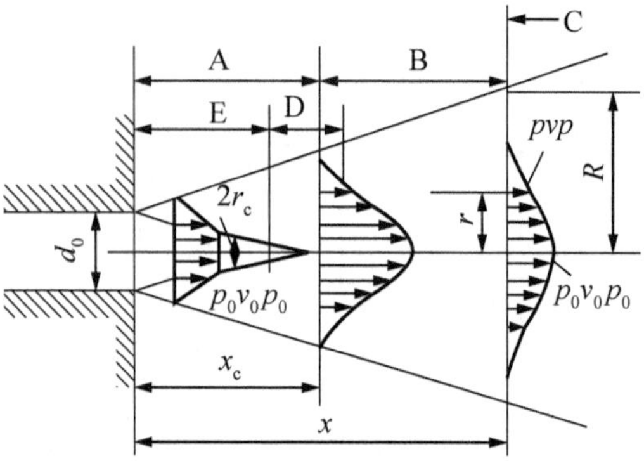

图 11.12　高压喷射流在空气中喷出时的构造

主要区域 B 在初期区域 A 之后，在此区域内，轴向动压陡然减弱，喷射扩散宽度与喷射距离的平方根成正比，扩散率为常数，喷射流的混合搅拌在这一部分进行。

在主要区域 B 后为终期区域 C，到此区域喷射流能量衰减很大，末端呈雾化状态，该区域的喷射能量较小。

喷射加固的有效长度为初期区域长度和主要区域长度之和。有效喷射长度越大，则搅拌土的距离越大，喷射固结体的直径也越大。

3. 地基加固原理

1) 高压喷射流的压力衰减

根据理论计算，高压喷射流在空气中和水中喷射得到的压力与距离的关系曲线如图 11.13 所示。

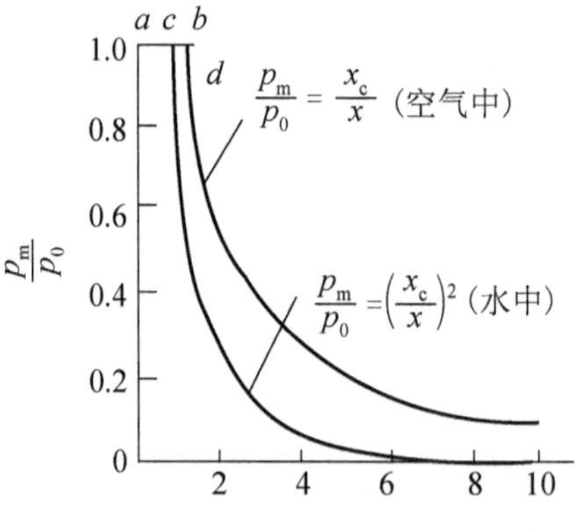

图 11.13　喷射流在中心轴上的压力分布曲线

喷射流在空气中喷射水时，压力 p_m 满足以下关系。

$$\frac{p_m}{p_0}=\frac{x_c}{x} \tag{11-1}$$

喷射流在水中喷射水时，压力 p_m 满足以下关系。

$$\frac{p_m}{p_0}=\left(\frac{x_c}{x}\right)^2 \tag{11-2}$$

式中　p_m ——喷射流中心轴上距喷嘴 x 距离处的压力(kPa)；

p_0——喷嘴出口的压力(kPa)；

x_c——初期区域的长度(m)；

x——喷射流中心轴距喷嘴的距离(m)。

据试验结果可知，在空气中喷射时：

$$x_c = (70 \sim 100)d_0$$

在水中喷射时：

$$x_c = (6 \sim 6.5)d_0$$

式中 d_0——喷嘴的直径(m)。

当压力为10～40MPa的喷射流在介质中喷射时，压力的衰减规律也可近似地用式(11-3)表达。

$$p_m = Kd_0^{\frac{1}{2}}\frac{p_0}{x^n} \tag{11-3}$$

式中 K，n——经验系数，适用于 $x_c = (50 \sim 300)d_0$。

2) 水、浆、气同轴喷射流的构造

二重管的浆、气同轴喷射流和三重管的水、浆、气同轴喷射流都是在射流的外围同轴喷射的圆筒状气流，其基本构造相同，现以后者为例加以分析。

(1) 在初期区域 A 内，高压喷射水流的速度保持喷嘴出口处的速度，但因喷射水流与空气流相撞及喷嘴内部表面不够光滑，所以从喷嘴中射出的水流较紊乱，在高压喷射水流中形成气泡；在本区域末端，气泡与喷射水流的宽度相同。

(2) 在迁移区域 D 内，高压喷射水流与空气开始混合，出现较多的气泡。

(3) 在主要区域 B 内，高压喷射水流衰减，内部含有大量气泡，气泡逐渐分裂破坏成为不连续的细水滴状，同轴喷射流的宽度迅速扩大。

水、浆、气同轴喷射流的初期区域的长度 x_c 可由以下经验公式表示。

$$x_c \approx 0.048v_0 \tag{11-4}$$

式中 v_0——初期流速(m/s)。

3) 高压喷射流对土体的破坏作用

破坏土体结构强度的最主要因素是喷射动压力。根据动量定律，高压喷射流在空气中喷射时对土的破坏力为

$$F = \rho Q v_m \tag{11-5}$$

式中 F——高压喷射流的破坏力(kg · m/s²)；

ρ——喷射流介质的密度(kg/m³)；

Q——流量(m³/s)，$Q = v_m A$；

v_m——喷射流的平均速度(m/s)；

A——喷嘴截面积(m²)。

即

$$F = \rho A v_m^2 \tag{11-6}$$

可见破坏力与平均流速的平方成正比。所以在喷嘴截面积一定的条件下，为了得到更

大的破坏力，就需要增加平均流速，也就是需要增加旋喷压力。一般要求高压脉冲泵的工作压力在 20MPa 以上，这样可使射流像刚体一样冲击破坏土体，使土与浆液充分搅拌混合，凝固成为圆柱状的固结体。

4) 水、浆、气同轴喷射流对土的破坏作用

单射流虽然具有巨大的能量，但因其压力在土中急剧衰减，因此其破坏土体的有效射程较小，使得固结体直径较小。

图 11.14 所示为不同类型喷射流中动水压力与距离的关系，表明高速空气具有防止高速水射流动压力急剧衰减的作用。因此，水、浆、气同轴喷射流对土的破坏作用增大，可使固结体直径变大。

高压喷射流在地基中的加固范围，就是以喷射距离加渗透部分和压缩部分的长度为半径的圆柱体。一部分细小土粒被喷射的浆液置换而随液流带到地面上(俗称冒浆)，其余的土粒则与浆液混合搅拌，形成了如图 11.15 所示的结构。土质不同，固结体的断面结构也有所不同。由于固结体不是等粒的单体结构，因此固结质量也不均匀，通常其中心部分的强度低于边缘部分。

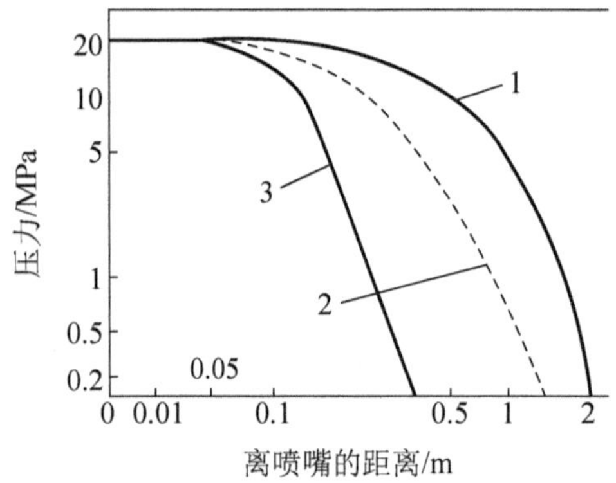

图 11.14 不同类型喷射流中动水压力与距离的关系

1—高压喷射流在空气中单独喷射；
2—水、浆、气同轴喷射流在水中喷射；
3—高压喷射流在水中单独喷射

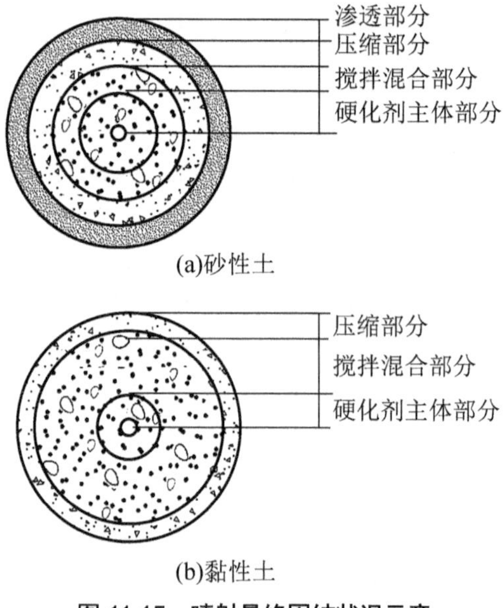

图 11.15 喷射最终固结状况示意

4. 固结体的基本性状

1) 直径或长度

旋喷固结体的直径大小与土的种类和密实程度有比较密切的关系。加固黏性土地基时，单管法旋喷注浆固结体直径一般为 0.3～0.8m，三重管法旋喷注浆固结体直径可达 0.7～1.8m，二重管法旋喷注浆固结体直径介于以上两者之间。旋喷桩的特性指标见表 11-1。定喷和摆喷的有效处理长度约为旋喷桩直径的 1.0～1.5 倍。

2) 固结体形状

固结体按喷嘴的运动规律不同而形成均匀圆柱状、非均匀圆柱状、圆盘状、板墙状、扇形壁状等，同时因土质和工艺不同而有所差异。在均质土中，旋喷的圆柱体比较匀称；

而在非匀质土或有裂隙土中，旋喷的圆柱体不匀称，甚至会在圆柱体旁长出翼片。由于喷射流脉动和提升速度不均匀，固结体的表面不平整，可能出现许多乳状突出；三重管旋喷固结体受气流影响，在粉质砂土中外表特别粗糙；在深度大时，如不采取相应措施，旋喷固结体可能上粗下细，好似胡萝卜的形状。

表 11-1 旋喷桩的特性指标

固结体性质			方法		
			单管法	二重管法	三重管法
旋喷有效直径/m	黏性土	$0<N\leqslant5$	0.5～0.8	0.8～1.2	1.2～1.8
		$5<N\leqslant10$	0.4～0.7	0.7～1.1	1.0～1.6
		$10<N<20$	0.3～0.6	0.6～0.9	0.7～1.2
	砂性土	$0<N\leqslant10$	0.6～1.0	1.0～1.4	1.5～2.0
		$10<N\leqslant20$	0.5～0.9	0.9～1.3	1.2～1.8
		$20<N<30$	0.4～0.8	0.8～1.2	0.9～1.5
单向定喷有效长度/m			1.0～2.5		
单柱垂直极限荷载/kN			500～600	1000～1200	2000
单柱水平极限荷载/kN			30～40		
最大抗压强度/MPa			砂土 10～20，黏性土 5～10，黄土 5～10，砂砾 8～20		
平均抗折强度/平均抗压强度			1/10～1/5		
干土重度/(kN/m^3)			砂土 16～20，黏性土 14～15，黄土 13～15		
渗透系数/(cm/s)			砂土 10^{-7}～10^{-5}，黏性土 10^{-7}～10^{-6}，砂砾 10^{-7}～10^{-6}		
黏聚力/MPa			砂土 0.4～0.5，黏性土 0.7～1.0		
内摩擦角/(°)			砂土 30～50，黏性土 20～30		
标准贯入锤击数 N			砂土 30～50，黏性土 20～30		
弹性波速/(km/s)	P 波		砂土 2～3，黏性土 1.5～2.0		
	S 波		砂土 1.0～1.5，黏性土 0.8～1.0		
化学稳定性			较好		

3) 质量

固结体内部土粒少并含有一定数量的气泡，因此固结体的质量较轻，小于或接近于原状土的密度。黏性土固结体比原状土轻约 10%，但砂类土固结体有可能比原状土重 10%。

4) 渗透系数

固结体内虽有一定的孔隙，但这些孔隙并不贯通，而且固结体有一层较致密的硬壳，其渗透系数达 10^{-6}cm/s 或更小，故其具有一定的防渗性能。

5) 强度

土体经过喷射后土粒重新排列，水泥等浆液含量大。由于外侧土颗粒一般直径大、数量多，浆液成分也多，因此在固结体横截面上中心强度低、外侧强度高，与土交接的边缘处有一圈坚硬的外壳。

影响固结体强度的主要因素是土质和浆材，有时使用同一浆材配方，砂土的固结强度会比软黏土的固结强度大数倍。一般在黏性土和黄土中的固结体，其抗压强度可达 5～10MPa；在砂类土和砾层中的固结体，其抗压强度可达 8～20MPa。固结体的平均抗拉强度一般为平均抗压强度的 1/10～1/5。

6) 单桩承载力

旋喷柱状固结体有较高的强度，外形凹凸不平，因此有较大的承载力。固结体直径越大，承载力越高。

任务 11.2　高压喷射注浆法设计

11.2.1 估计直径的确定

单管、二重管和三重管等的喷射方法不同，所形成的固结体的直径大小也不相同，通常根据估计直径来选用喷射注浆的种类和喷射方式。对于大型的或重要的工程，估计直径应在现场通过试验确定。在无试验资料的情况下，对小型或不太重要的工程，可参考表 11-1 的数值，并可采用矩形或梅花形布桩方式。

11.2.2 旋喷桩复合地基承载力计算

经旋喷加固的地基，一般应按复合地基设计。旋喷桩复合地基承载力特征值应通过现场的复合地基静载荷试验确定，也可按下式计算或结合当地经验确定。

$$f_{\mathrm{spk}}=\frac{1}{A_{\mathrm{e}}}[R_{\mathrm{k}}^{\mathrm{d}}+\beta f_{\mathrm{sk}}(A_{\mathrm{e}}-A_{\mathrm{p}})] \tag{11-7}$$

$$R_{\mathrm{k}}^{\mathrm{d}}=\eta f_{\mathrm{cu,k}}A_{\mathrm{p}} \tag{11-8}$$

$$R_{\mathrm{k}}^{\mathrm{d}}=\pi\bar{d}\sum_{i=1}^{n}h_i q_{\mathrm{s}i}+A_{\mathrm{p}}q_{\mathrm{p}} \tag{11-9}$$

式中　f_{spk}——复合地基承载力特征值(kPa)；

A_{e}——每根桩承担的处理面积(m^2)；

β——桩间天然地基土承载力折减系数，根据试验确定，无试验资料时可取 0.2～0.6，当不考虑桩间软土的作用时可取 0；

f_{sk}——桩间天然地基土承载力特征值(kPa)；

A_{p}——单桩的平均截面积(m^2)；

$R_{\mathrm{k}}^{\mathrm{d}}$——单桩竖向承载力特征值(kN)，通过现场静载荷试验确定，或按式(11-8)和式(11-9)计算，取其中的较小值；

$f_{cu,k}$ ——桩身试块(边长为 70.7mm 的立方体)无侧限抗压强度平均值(kPa)；
η ——强度折减系数，可取 0.33；
h_i ——桩身第 i 层土的厚度(m)；
q_{si} ——桩身第 i 层土的摩擦力特征值(kPa)，可采用钻孔灌注桩侧壁摩擦力标准值；
$\overline{d}$ ——桩的平均直径(m)；
n ——桩长范围内的土层数；
q_p ——桩端天然地基土的承载力特征值(kPa)，可按《建筑地基基础设计规范》(GB 50007—2011)的有关规定确定。

11.2.3 旋喷桩复合地基沉降计算

旋喷桩复合地基沉降计算值应视为桩长范围内的复合地基和下卧层的变形之和。其中复合地基的压缩模量由下式确定。

$$E_{sp}=\frac{E_s(A_e-A_p)+E_pA_p}{A_e} \tag{11-10}$$

式中 E_{sp} ——旋喷桩复合地基的压缩模量(kPa)；
E_s ——桩间土的压缩模量(kPa)，可用天然地基的压缩模量代替；
E_p ——桩体的压缩模量(kPa)，可用确定混凝土割线弹性模量的方法确定。

沉降计算应按《建筑地基基础设计规范》(GB 50007—2011)的有关规定进行。

11.2.4 旋喷浆量计算

旋喷浆量计算有两种方法，即体积法和喷量法，应取两种方法计算结果中的大值作为设计旋喷浆量。

1. 体积法

按旋喷固结体的体积计算旋喷浆量时，其计算公式为

$$Q=\frac{\pi}{4}D_e^2K_1h_1(1+\beta)+\frac{\pi}{4}D_0^2K_2h_2 \tag{11-11}$$

式中 Q ——旋喷浆量(m^3)；
D_e，D_0 ——旋喷固结体直径(m)和注浆管直径(m)；
K_1，K_2 ——填充率(0.75～0.9)和未旋喷范围内土的填充率(0.5～0.75)；
h_1，h_2 ——旋喷长度(m)和未旋喷长度(m)；
β ——损失系数，取 0.1～0.2。

2. 喷量法

按单位时间喷射的浆量及喷射持续时间计算旋喷浆量时，其计算公式为

$$Q=\frac{qH}{v}(1+\beta) \tag{11-12}$$

式中 Q ——旋喷浆量(m^3)；
q ——单位时间喷射的浆量(m^3/min)；

H——旋喷长度(m)；

v——注浆管的提升速度(m/min)；

β——损失系数，取 0.1～0.2。

根据计算出的设计旋喷浆量和设计水灰比，即可确定水泥用量。

11.2.5 防渗堵水设计

1. 旋喷防渗堵水设计

对防渗堵水工程，最好按双排或三排布孔方式布孔，以使旋喷桩相互搭接形成帷幕，如图 11.16 所示。其中当孔距为 $1.73R_0$(R_0为旋喷桩设计半径)、排距为 $1.5R_0$时最为经济。

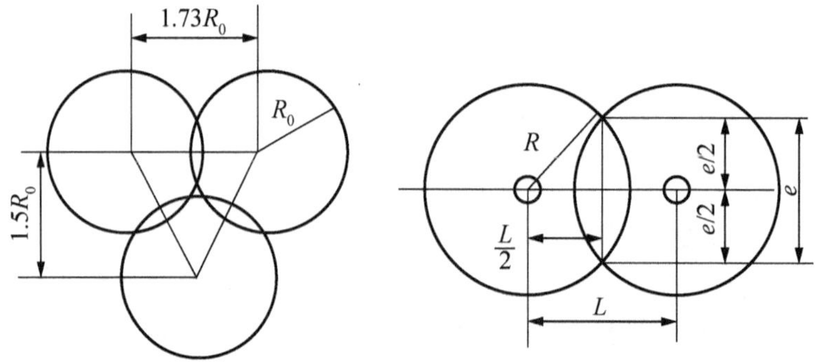

图 11.16　布孔孔距和旋喷注浆固结体搭接示意

如果要增加每排旋喷桩的交圈厚度，可适当缩小孔距，相应的计算公式为

$$e = 2\sqrt{R_0^2 - \left(\frac{L}{2}\right)^2} \tag{11-13}$$

式中　e——旋喷桩的交圈厚度(m)；

L——旋喷桩的孔距(m)。

2. 定喷和摆喷防渗堵水设计

定喷和摆喷是常用的防渗堵水方法，因为它们喷射出的板墙薄而且长，不但降低了成本，而且提高了整体的连续性。定喷防渗帷幕形式如图 11.17 所示。摆喷防渗帷幕形式如图 11.18 所示。

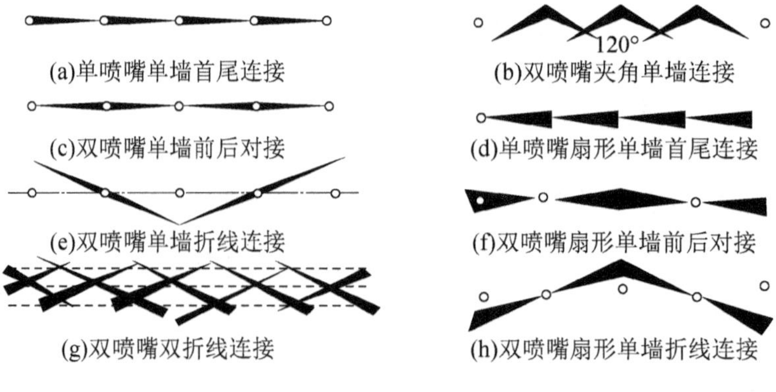

图 11.17　定喷防渗帷幕形式

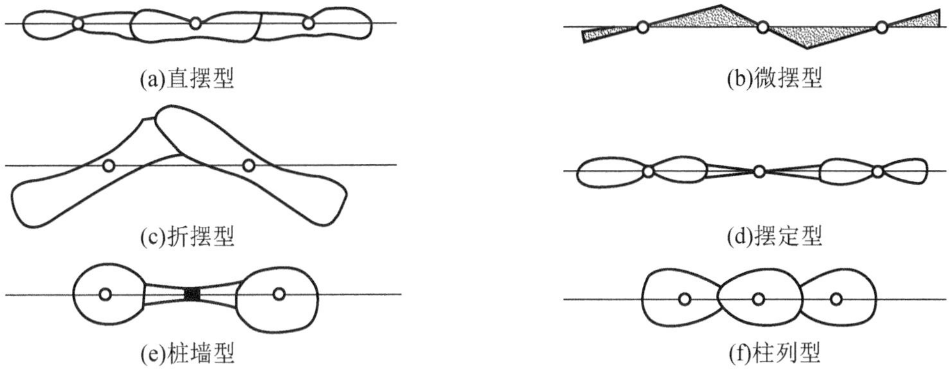

图 11.18　摆喷防渗帷幕形式

11.2.6 基坑坑内加固设计

软土深基坑工程中大量应用高压喷射注浆法进行坑内加固，其加固形式有以下几种。

1. 排列布置形式

排列布置形式有块状、格栅状、墙状、柱状几种，如图 11.19 所示。

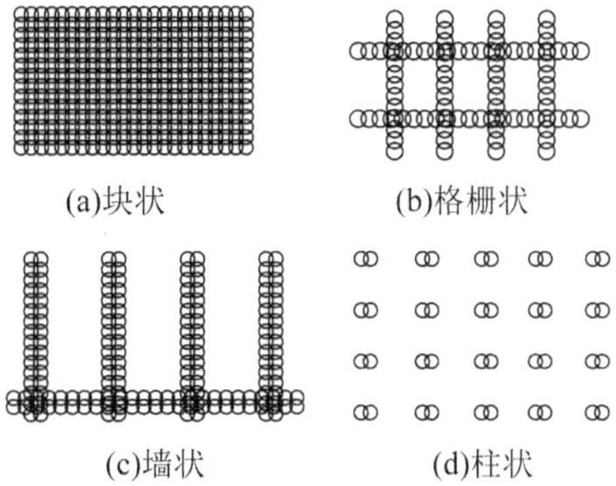

图 11.19　排列布置形式

2. 平面布置形式

平面布置形式有满堂式、中空式、格栅式、抽条式、裙边式、墩式、墙式几种，如图 11.20 所示。

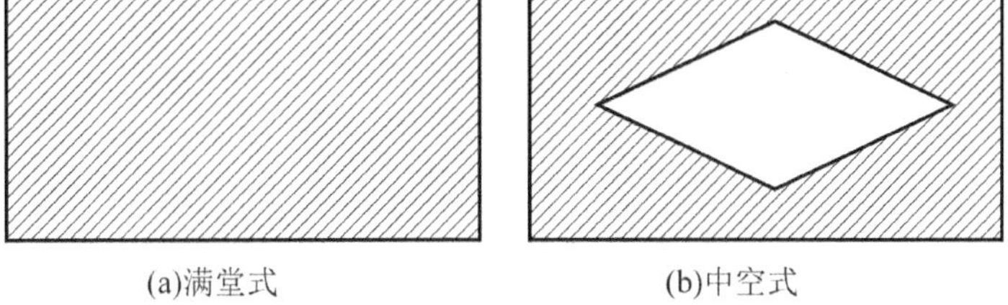

图 11.20　平面布置形式

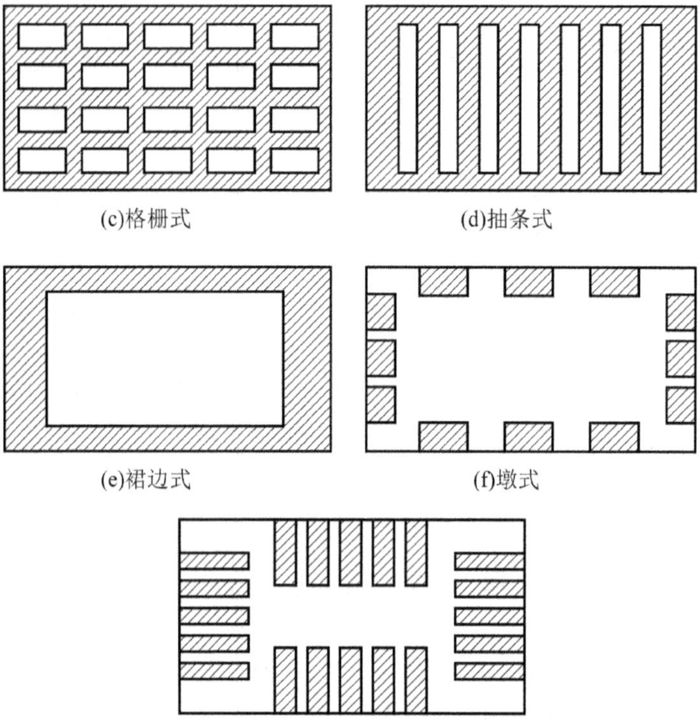

(c)格栅式 (d)抽条式

(e)裙边式 (f)墩式

(g)墙式

图 11.20 平面布置形式(续)

3. 竖向布置形式

竖向布置形式有平板式、夹层式、满坑式、阶梯式几种，如图 11.21 所示。

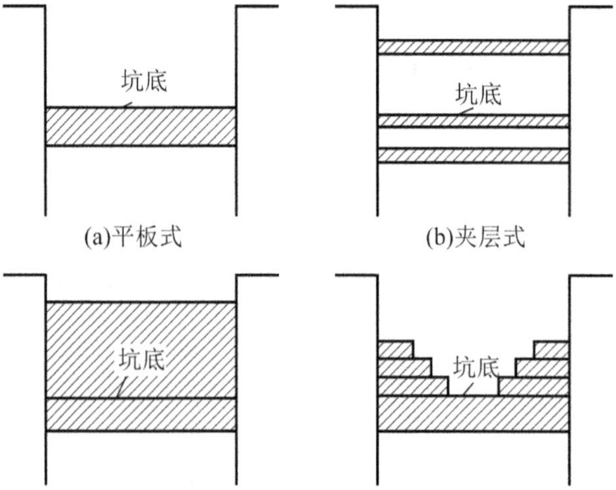

(a)平板式 (b)夹层式

(c)满坑式 (b)阶梯式

图 11.21 竖向布置形式

11.2.7 浆液材料与配方

水泥是最便宜且取材容易的浆液材料，是喷射注浆的基本浆材。目前国内只有少数工程使用过丙凝和脲醛树脂等浆液材料，故而本节只讨论水泥浆，并按其注浆目的分为以下几种类型。

(1) 普通型：一般采用 32.5 级或 42.5 级普通硅酸盐水泥浆，不掺加任何外加剂，水灰比为(1∶1)～(1.5∶1)，固结体 28d 的抗压强度最大可达 1.0～2.0MPa。一般无特殊要求的工程宜采用此型浆液。

(2) 速凝早强型：地下水活动较强烈的工程或要求早期承重的工程，需要在水泥浆中掺入氯化钙、三乙醇胺和水玻璃等速凝早强剂，其用量为水泥用量的 2%～4%，可使固结体的早期强度有较大的提高。

(3) 高强型：喷射固结体的平均抗压强度在 20MPa 以上的称为高强型。为提高固结体强度，可采用高强度等级水泥，或选用高效能的扩散剂和无机盐组成的复合配方等。此种类型的配方扩大了旋喷桩的适用范围。外加剂对抗压强度的影响见表 11-2。

表 11-2　外加剂对抗压强度的影响

<table>
<tr><th colspan="2">主剂</th><th colspan="2">外加剂</th><th colspan="4">抗压强度/MPa</th></tr>
<tr><th>名称</th><th>相对用量</th><th>名称</th><th>掺入比/%</th><th>28 天</th><th>3 月</th><th>6 月</th><th>1 年</th></tr>
<tr><td rowspan="8">52.5 级普通硅酸盐水泥</td><td rowspan="8">100</td><td>NNO</td><td>0.5</td><td rowspan="2">11.72</td><td rowspan="2">16.05</td><td rowspan="2">17.4</td><td rowspan="2">18.81</td></tr>
<tr><td>NR_3</td><td>0.05</td></tr>
<tr><td>NNO</td><td>0.50</td><td rowspan="3">13.59</td><td rowspan="3">18.62</td><td rowspan="3">22.8</td><td rowspan="3">24.68</td></tr>
<tr><td>NR_3</td><td>0.05</td></tr>
<tr><td>$NaNO_2$</td><td>1</td></tr>
<tr><td>NF</td><td>0.5</td><td rowspan="3">14.14</td><td rowspan="3">19.37</td><td rowspan="3">27.8</td><td rowspan="3">29.0</td></tr>
<tr><td>NR_3</td><td>0.05</td></tr>
<tr><td>$Na_2S_2O_3$</td><td>1</td></tr>
</table>

对以抗渗为目的的工程，最好使用“柔性材料”，可在水泥浆中掺入 10%～50%的膨润土(按与水泥质量的百分比)。矿渣水泥不能用于抗渗工程中。

(4) 填充剂型：将粉煤灰等材料作为填充剂加入水泥浆中，可以大幅度降低工程造价，而且浆液早期强度虽然较低，但后期强度增长率高，水化热低。

(5) 抗冻型：在浆液中加入抗冻剂，在土未结冻前进行注浆，可达到防治土体冻胀的作用。使用的抗冻剂有水泥-沸石粉浆液(沸石粉掺入量为水泥用量的 10%～20%)，或水泥-扩散剂 NNO 浆液(NNO 的掺入量为水泥用量的 0.5%)等。

(6) 抗渗型：在水泥浆中掺入 2%～4%的水玻璃，其抗渗性能就有明显提高。对有抗渗要求的旋喷固结体，不宜使用矿渣水泥。水玻璃模数以 2.4～3.4 为宜，波美度以 30～45 度为宜。

目前国内用得较多的外加剂及配方见表 11-3。

表 11-3　目前国内用得较多的外加剂及配方

序号	外加剂成分及百分比	浆 液 特 性
1	氯化钙 2%～4%	促凝，早强，可灌性好
2	铝酸钠 2%	促凝，强度增长慢，稠度大
3	水玻璃 2%	初凝快，终凝时间长，成本低
4	三乙醇胺 0.03%～0.05%，食盐 1%	有早强用途
5	三乙醇胺 0.03%～0.05%，食盐 1%，氯化钙 2%～3%	促凝，早强，可喷性好
6	氯化钙(或水玻璃)2%，分散剂 NNO 0.5%	促凝，早强，强度高，浆液稳定性好
7	氯化钠 1%，亚硝酸钠 0.05%，三乙醇胺 0.03%～0.05%	防腐蚀，早强，后期强度高
8	粉煤灰 25%	调节强度，节约水泥
9	粉煤灰 25%，氯化钙 2%	促凝，节约水泥
10	粉煤灰 25%，硫酸钠 1%，三乙醇胺 0.03%	促凝，早强，节约水泥，抗冻性好
11	矿渣 25%	提高固结体强度，节约水泥
12	矿渣 25%，氯化钙 2%	促凝，早强，节约水泥

高压旋喷桩试桩施工方案

任务 11.3　高压喷射注浆法施工

某地铁站附属结构高压旋喷桩专项施工方案

11.3.1 施工机具

高压喷射注浆法的施工机具，主要由钻机和高压发生装置两部分组成。由于喷射方式不同，所使用的施工机具也不相同，见表 11-4。

表 11-4　各种高压喷射注浆法主要施工机具一览表

序号	施工机具名称	型　　号	规　　格	所用的施工机具		
				单管法	二重管法	三重管法
1	高压泥浆泵	SNS-H300 水流 Y-2 型液压泵	20～50MPa	√	√	
2	高压水泵	3XB 型 3W6B	50MPa			√
		3XB 型 3W7B	20MPa			

续表

序号	施工机具名称	型　　号	规　　格	所用的施工机具		
				单管法	二重管法	三重管法
3	钻机	工程地质振动钻机		√	√	√
4	泥浆泵	BW-150 型	7MPa			√
5	真空泵					
6	空气压缩机		0.8MPa，$3m^3/min$		√	√
7	泥浆搅拌机		200L/min	√	√	√
8	单管			√		
9	二重管				√	
10	三重管					√
11	超声波传感器					
12	高压胶管		ϕ19～22mm	√	√	√

根据不同的工程要求，可按图 11.22 选择不同形式的喷头。

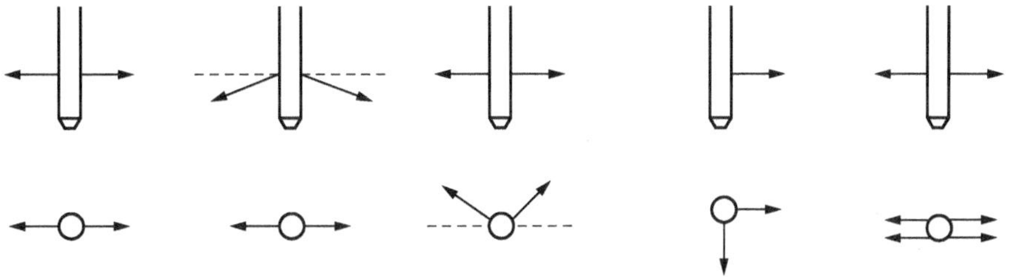

(a)水平　(b)下倾　(c)夹角　(d)90°夹角　(e)四喷嘴

图 11.22　不同形式的喷头

高压喷射注浆法技术要点

11.3.2 施工顺序

1. 钻机就位

首先将钻机安放在设计的孔位上并保持垂直。施工时旋喷管的允许倾斜度不得大于 1.5%。

2. 钻孔

单管旋喷常用 76 型旋转振动钻机，钻进深度可达 30m 以上，适用于标准贯入度小于 40 的砂土和黏性土。当遇到比较坚硬的地层时宜采用工程地质钻机。钻孔位置与设计位置的偏差不得大于 50mm。

3. 插管

将喷管插入地层预定的深度。使用 76 型旋转振动钻机钻孔时，插管与钻孔两道工序合二为一，钻孔完毕，插管作业即完成。若使用工程地质钻机，钻孔完毕需拔出岩芯管，再换上旋喷管插入到预定深度。插管过程中可边射水边插管，以防泥沙堵塞喷嘴。射水压力不宜过高，若射水压力过高(大于 1MPa)，则容易射塌孔壁。

4. 喷射作业

当喷管插入到预定深度后，立即按设计配合比搅拌浆液，开始由下而上进行喷射作业。技术人员必须时刻检查浆液初凝时间、注浆量、风量、压力、旋转提升速度等参数是否符合设计要求，随时记录并绘制作业过程曲线。当浆液初凝时间大于 20h 时，应及时停止使用该水泥浆(正常水灰比为 1∶1，初凝时间为 15h 左右)。目前国内常用的高压喷射注浆参数见表 11-5。

表 11-5　目前国内常用的高压喷射注浆参数

<table>
<tr><th colspan="3">高压喷射注浆的种类</th><th>单管法</th><th>二重管法</th><th>三重管法</th></tr>
<tr><td colspan="3">适用的土质</td><td colspan="3">砂土、黏性土、黄土、杂填土、小粒径砂砾</td></tr>
<tr><td colspan="3">浆液材料及其配方</td><td colspan="3">以水泥为主要材料，加入不同外加剂后可具有速凝、早强、抗蚀、防冻等性能，常用水灰比为 1∶1，亦可用化学材料</td></tr>
<tr><td rowspan="12">高压喷射注浆参数值</td><td rowspan="3">水</td><td>压力/MPa</td><td>—</td><td>—</td><td>20</td></tr>
<tr><td>流量/(L/min)</td><td>—</td><td>—</td><td>80～120</td></tr>
<tr><td>喷嘴孔径及个数</td><td>—</td><td>—</td><td>2～3mm
(一个或两个)</td></tr>
<tr><td rowspan="3">空气</td><td>压力/MPa</td><td>—</td><td>0.7</td><td>0.7</td></tr>
<tr><td>流量/(m³/min)</td><td>—</td><td>1～2</td><td>1～2</td></tr>
<tr><td>喷嘴间隙及个数</td><td>—</td><td>1～2mm
(一个或两个)</td><td>1～2mm
(一个或两个)</td></tr>
<tr><td rowspan="3">浆液</td><td>压力/MPa</td><td>20</td><td>20</td><td>1～3</td></tr>
<tr><td>流量/(L/min)</td><td>80～120</td><td>80～120</td><td>100～150</td></tr>
<tr><td>喷嘴孔径及个数</td><td>2～3mm
(两个)</td><td>2～3mm
(一个或两个)</td><td>10mm(两个)～
14mm(一个)</td></tr>
<tr><td colspan="2">注浆管外径/mm</td><td>42 或 45</td><td>42、50、75</td><td>75 或 90</td></tr>
<tr><td colspan="2">提升速度/(cm/min)</td><td>20～25</td><td>约 10</td><td>约 10</td></tr>
<tr><td colspan="2">旋转速度/(r/min)</td><td>约 20</td><td>约 10</td><td>约 10</td></tr>
</table>

5. 冲洗

喷射施工完毕后，应把注浆管等机具设备冲洗干净，水泥浆不得残存在管内和机具内。通常把浆液换成水在地面上喷射，以排除管内和机具内的浆液。

6. 移动机具

将钻机等机具设备移到新的孔位上。

旋喷注浆法加固地基施工案例

任务 11.4 质量检验

11.4.1 检验内容

检验内容如下。

(1) 固结体的整体性和均匀性。

(2) 固结体的有效直径。

(3) 固结体的垂直度。

(4) 固结体的强度特性(桩的轴向抗压强度及抗剪强度、水平承载力、抗渗性、抗冻性和抗酸碱性等)。

(5) 固结体的溶蚀和耐久性能。

11.4.2 检验方法

1. 开挖检验

待浆液凝固具有一定强度后(不少于 28d)，即可开挖检查固结体的垂直度和固结体的形状。

2. 钻孔取芯

在已旋喷好的固结体中钻取岩芯，将岩芯做成标准试件进行室内物理力学性能试验，鉴定其是否符合设计要求。

3. 渗透试验

进行现场渗透试验，测定其抗渗能力，一般有钻孔压力注水和钻孔抽水两种渗透试验。

4. 标准贯入试验

在旋喷固结体的中部(一般距离旋喷注浆孔中心 0.15～0.20m)进行标准贯入试验。

5. 静载荷试验

静载荷试验分垂直和水平载荷试验两种。在对旋喷固结体进行静载荷试验之前，对固结体的加载部分应进行加强处理，以防其受力不均而损坏。

工程实例一

山东省威海市威海卫大厦地基处理工程

1. 工程概况

山东省威海市威海卫大厦，地上 17 层，地下 1 层，共 18 层，设计采用现浇钢筋混凝土剪力墙结构，箱形基础。

2. 地基条件

该场地地基土层主要如下：①人工填土层，由粉质黏土、粗砂、碎石、砖瓦和炉渣组成，松散，不均匀，层厚 0.6～1.4m；②近期的滨海相沉积层，上部为中砂、砂砾和碎石透水层，下部为中等压缩性黏土，层厚约 10m；③第四系冲积层，由粉质黏土、细砂及碎石组成，上部黏土的压缩性较高，呈软塑至可塑状态，层厚约 5.4m；④基岩，为片麻岩，深 30m 以上，属于全风化带，其间有一层夹有白色高压缩性的高岭土。风化层层面由西向东倾斜，倾角为 6°；地下水埋深为 0.6～1.1m，pH 为 6.9，水力坡度为 0.30%～0.35%。各层土的物理力学性质指标见表 11-6。要求加固后大厦地基的承载力达到 250kPa，差异沉降不大于 0.5%，垂直载荷通过箱形基础均匀传至基底，不考虑弯矩及水平推力。选择用高压喷射注浆法进行地基加固。

表 11-6　各层土的物理力学性质指标

土层	土名	重度 γ/(kN/m^3)	孔隙比 e	含水率 ω/%	饱和度 ω/%	塑性指数 S_r/%	液性指数 I_P	直剪 摩擦角 φ/(°)	直剪 黏聚力 c/kPa	压缩系数 $a_{1\text{-}2}$/MPa^{-1}	压缩模量 E_0/kPa
Ⅲ$_1$，Ⅲ$_2$	中砂	19.4									
Ⅴ	砾砂	20									
Ⅳ	卵石	20									
Ⅱ$_{2\text{-}1}$	粉质黏土	20	0.622	22.2	94.1	10.5	0.63	10	18	0.35	5000
Ⅱ$_{2\text{-}2}$	粉质黏土	19.8	0.68	23.8	93.5	11.7	0.59	10	20	0.29	上层 6500，下层 10000
Ⅲ$_3$	中砂	20									11000
Ⅳ$_1$，Ⅳ$_2$	中砂	20									15000
Ⅶ	碎石土	20									29000
Ⅷ$_1$	风化层	16.9	1.34	47.3	94.1	12.4	1.93	23.0	45	0.53	5000
Ⅷ$_2$	24～27m	20									17000
	27～40m	20									26000

3. 高压喷射注浆桩设计

(1) 设计要点。

① 根据场地地质条件，对Ⅱ$_{2\text{-}1}$和Ⅱ$_{2\text{-}2}$粉质黏土层应提高其地基承载力，其余土层以控制沉降量为主，达到规范规定的沉降量不得大于 200mm 的要求。

② 根据基础形式，将旋喷桩满堂布置，桩距 2m。

③ 箱形基础底面至−7m 的中砂层不予加固，可作为应力调节层，地基加固深度为−24.5～−7m。

④ 因−24.5～−14m 天然地基承载力已满足设计要求，加固的目的只是控制沉降量，所以在该深度内可以适当减少旋喷桩桩数，并采用长短桩相结合的布桩方式。

⑤ 在建筑物基础边缘和承重量大的部位适当增加长桩。

⑥ 长桩要穿过压缩性大的高岭土，短桩要穿过Ⅱ$_{2\text{-}2}$粉质黏土层。

⑦ 作为复合地基，旋喷桩不与箱形基础直接联系。

⑧ 加固范围大于建筑物基础平面。

(2) 设计计算参数。设计荷载 $p_0 = 250\text{kPa}$；旋喷桩直径 $D = 0.8\text{m}$，面积 $A_p = 0.5\text{m}^2$；旋喷桩长度 $L_1 = 6.5 \sim 7.5\text{m}$，$L_2 = 18.5 \sim 19.5\text{m}$；旋喷桩单桩承载力为 685kN；旋喷桩桩数 $n = 439$（计算为 421）；旋喷桩面积置换率 $m_1 = 0.1444$（短桩部分），$m_2 = 0.0822$（长桩部分）；复合地基压缩模量 $E_{sp1} = 157.7\text{MPa}$（短桩部分），$E_{sp2} = 62.4\text{MPa}$（长桩部分）。

(3) 复合地基沉降量。对旋喷桩复合地基进行沉降量计算时，可以按桩长范围内复合土层及下卧层地基沉降量计算，如图 11.23 所示。

计算得到 $s_{sp1} = 0.204\text{cm}$，$s_{sp2} = 0.814\text{cm}$，$s_{sp3} = 0.6\text{cm}$，共 1.62cm。

由于施工过程中出现了一些问题，所以对复合地基设计进行了修改和补充，主要是取消了箱形基础底部的中砂应力调节层，对中砂加喷补强桩，并且增加以保证旋喷质量为目的的中心桩和静压注浆。图 11.24 所示为旋喷及静压注浆竣工图。

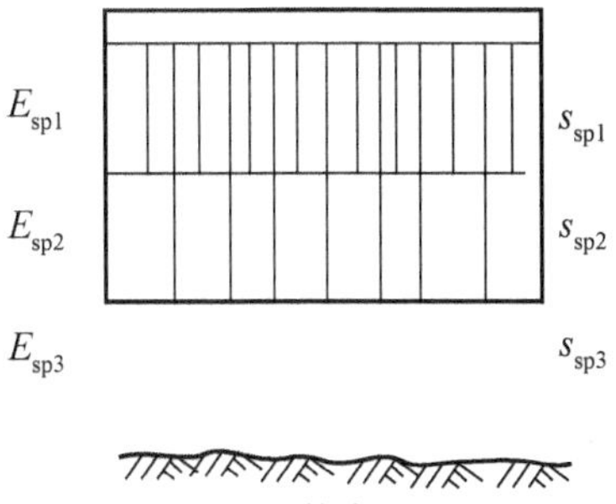

图 11.23 复合地基沉降量计算示意

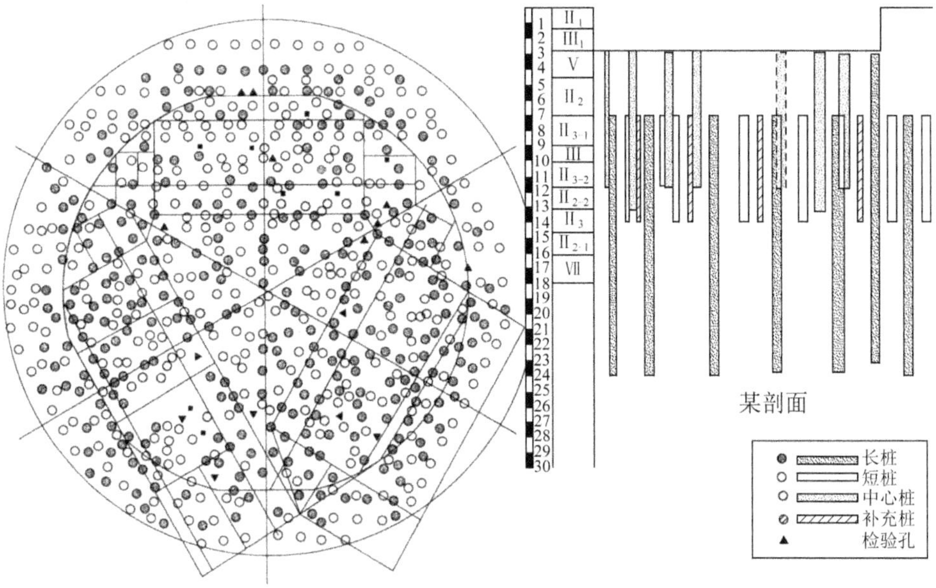

图 11.24 旋喷及静压注浆竣工图

4. 工程施工

采用单管法进行旋喷施工，旋喷参数是：旋喷压力 20MPa；喷射流量 100L/min；旋转速度 20r/min，提升速度 0.2～0.8m/min；使用 42.5 级普通硅酸盐水泥，水泥浆相对密度为 1.5。

施工第一阶段，完成了部分长、短桩旋喷施工；第二阶段完成了全部长、短桩旋喷，中心桩旋喷和静压注浆，并进行了部分质量检验工作；第三阶段完成了 260 根补强桩及其补强后的质量检验工作。

5. 加固效果

在施工初期、中期和竣工后，进行了数次多种方法的质量检验。

(1) 旁压试验结果表明，旋喷桩桩间土得到了一定程度的加固。

(2) 浅层开挖出的旋喷桩直径为 0.6～0.8m。

(3) 钻探取芯结合标准贯入试验结果表明，旋喷桩桩体连续，强度较高。旋喷桩的平均无侧限抗压强度，在黏性土中为 9.4MPa，在砂性土中为 14.79MPa。动力触探表明，局部桩头有空穴，为补强旋喷提供了资料。

(4) 根据建筑物上布设的近 50 个沉降观测点提供的沉降资料，建筑物实际下沉量仅为 8～13mm，故此决定将原设计的地上 15 层改为地上 17 层。

工程实例二

湖南省某基地同心桥老桥地基处理工程

1. 工程概况

湖南省高科技食品工业基地内部道路同心大道同心桥老桥采用天然地基上的扩大基础。为了加宽道路，在老桥侧拟建新桥。考虑新、老桥梁之间的相互影响与美观，新桥也采用扩大基础，基础外边缘与水渠边缘相距约 0.5m。

2. 地基条件

场地紧邻水渠。老桥基底标高处地层自上而下为松散至稍密砂砾石层(厚度为 1.3m，标准贯入试验击数 $N=7$)、硬塑黏土层(厚度约 7m，标准贯入试验击数 $N=5$)和泥质粉砂岩。地下水位与渠水位齐平，在砂砾石层顶面以上，属于潜水类型。地面与坑底高差约 6m。考虑到基坑排水困难、地基承载力不满足要求，新桥采用旋喷桩复合地基加固，基坑周围采用单排旋喷桩止水。

3. 旋喷桩设计

新桥采用与老桥相同的基底标高。基坑尺寸为 9.6m × 30m。

(1) 为了满足基坑排水要求，拟在基坑四周采用单排旋喷桩作为防渗体，设计直径为 1.2m，间距为 1.0m；相互搭接交圈，按式(11-13)计算得到交圈厚度为 0.66m。桩体强度 2.0MPa，平均桩长 6m，桩底深入到黏土层中。

(2) 采用旋喷桩复合地基。中部旋喷桩的设计直径为 1.2m，间距为 1.5m；横桥向两端旋喷桩的设计直径为 0.6m，间距为 0.8m。桩体强度 2.0MPa，桩位按梅花形布置，平均桩长 6m，桩底深入到黏土层中，要求复合地基的承载力特征值为 350kPa。

4. 工程施工

旋喷桩施工前，场地已开挖到砂砾石层顶面以上 0.5m。ϕ0.6m 旋喷桩施工采用单管法，喷射压力 20MPa，喷射流量 100L/min，旋转速度 20r/min，提升速度 0.2～0.8m/min，使用 42.5 级普通硅酸盐水泥，水泥浆相对密度为 1.5。ϕ1.2m 旋喷桩施工采用双管法。钻孔采用普通地质勘察回转钻机。基本施工程序为：钻机就位、钻孔、插管、喷射作业、冲洗、移动机具。

5. 加固效果

竣工后，进行了开挖观测、桩体钻芯(图 11.25)、抗压强度试验(图 11.26)、单桩和复合地基载荷试验。结果表明：桩身强度不均匀，随深度和龄期递增，在 39～45d 内为 5.12～22.5MPa，远大于 2.0MPa 的设计要求；复合地基的承载力特征值达到 590kPa，远超过 350kPa 的设计要求，这与砂卵石层中旋喷桩的端承作用有关。经验算，该复合地基能满足桥台的强度和变形要求。

图 11.25 旋喷桩芯样

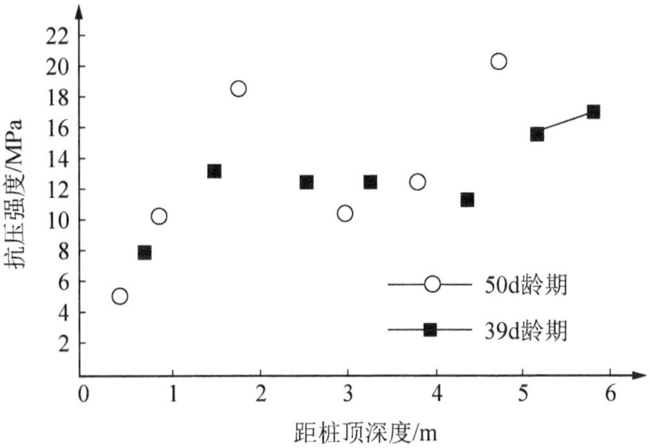

图 11.26 芯样抗压强度试验结果

工程实例三

河南省体育中心地基处理工程

1. 工程概况

河南省体育中心工程包括主体育场、综合训练馆和两栋附馆，主体育场东西看台高60m，南北看台高 30m，为框架结构，柱下为独立基础，最大单柱荷载设计值 16500kN，最小单柱荷载设计值 1870kN；附馆和综合训练馆高 20m，为框架结构，柱下为独立基础，预估荷载设计值为 3500kN。

2. 地基条件

工程场地位于郑州市北部，地貌属于黄河冲积平原，在勘探深度范围内土层自上而下共分五层：①全新统上段(Q_{4-3})黄河近期泛滥沉积的褐色至褐黄色、软塑至可塑状粉土和粉质黏土层，底板埋深 10.5m 左右；②全新统中段(Q_{4-2})静水相或缓流水相沉积形成的灰至灰黑色、可塑至软塑状粉土和粉质黏土层，层底埋深 18.5m 左右；③全新统下段(Q_{4-1})冲洪积的浅灰至褐灰色、中密至密实的粉细砂层，层底埋深 30.0m 左右；⑥第四系上更新统(Q_3)冲洪积的褐黄至褐红色、可塑至硬塑状粉质黏土和粉土层，层底埋深约 56.0m；⑤第四系中更新统(Q_2)冲洪积的褐黄色、硬塑至坚硬状态的粉质黏土、黏土层。场区地下水为潜水，稳定水位在自然地面下 4.0m。

3. 高压旋喷桩设计

由于特殊的地质条件和工程的复杂性，本工程采用了高压旋喷桩加固地基，要求处理后地基承载力标准值不低于 300kPa。高压旋喷桩设计桩径为 0.6m，设计有效桩长为 11.0m，桩距为 1.2m。

为了确定复合地基的承载力及变形特性，在复合地基施工结束后进行了 9 桩复合地基、单桩复合地基和单桩载荷试验。另对桩身取样进行了无侧限抗压强度试验，桩身无侧限抗压强度和变形模量分别为 7.7MPa 和 1.22GPa。

桩复合地基载荷试验承压板尺寸为 3.0m × 3.0m，承压板下铺 200mm 厚的砂石褥垫层，桩距 1.2m，桩径 0.6m，桩长 12m，面积置换率为 0.283，3 组 9 桩复合地基(编号分别为 2#、4#和 6#)载荷试验的 p-s 曲线如图 11.27 所示。单桩复合地基载荷试验承压板尺寸为 1.2m × 1.2m，承压板下铺 200mm 厚的砂石褥垫层，桩长 11～12m，桩径 0.6m，面积置换率为 0.196，9 组单桩复合地基(编号为 1#F～9#F)载荷试验的 p-s 曲线如图 11.28 所示。

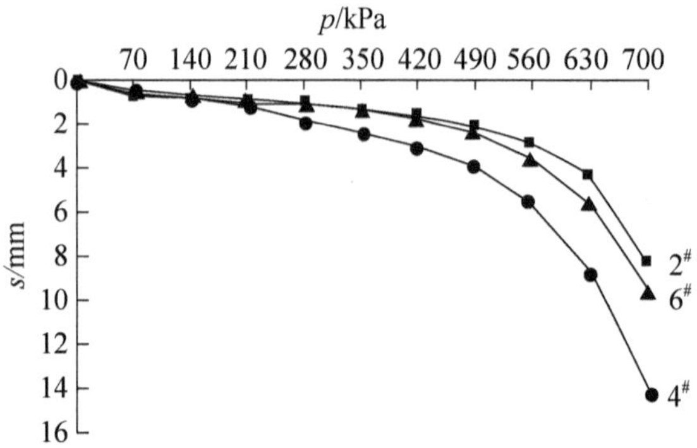

图 11.27　9 桩复合地基载荷试验的 p-s 曲线

复合地基承载力特征值的实测值和理论计算值对比，见表 11-7，从表中可见理论计算值比载荷试验实测值略大。复合地基承载力理论计算值与载荷试验实测值之间的差异随复合地基载荷试验的桩数、面积置换率而变化。从本工程的结果来看，随着复合地基载荷试验桩数和面积置换率的增加，该差异增大。

表 11-7　复合地基承载力特征值的实测值和理论计算值对比

承载力	载荷试验实测值		理论计算值	
	9 桩复合地基	单桩复合地基	$m = 0.196$	$m = 0.283$
f_{spk}/kPa	406.6	421.6	432.0	476.0

旋喷桩复合地基载荷试验时承压板下桩数不同，测得的复合地基承载力也不同，承压板下桩数越多，所得的承载力标准值越低；在相同荷载作用下，多桩复合地基的沉降量比单桩复合地基的大，旋喷桩复合地基有明显的群桩效应。

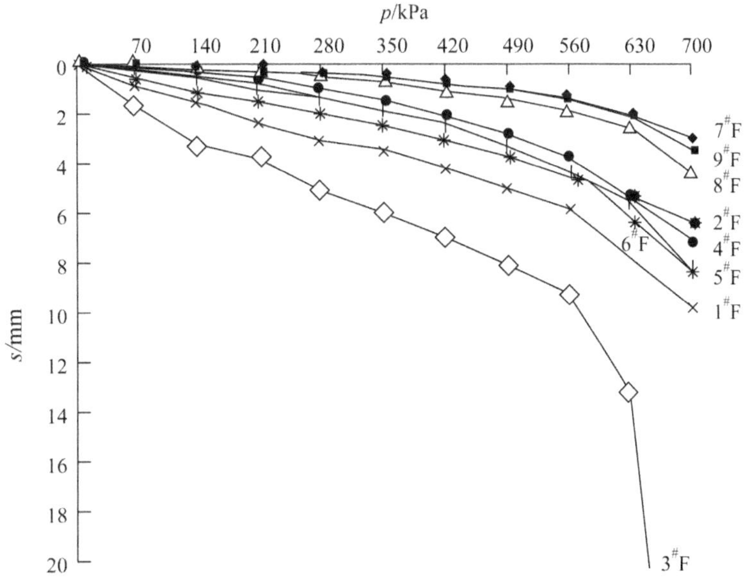

图 11.28　单桩复合地基载荷试验的 p-s 曲线

为准确掌握复合地基的沉降变化，在承台上设置了沉降观测点，从承台施工到工程完工投入使用共进行了 15 次观测，根据观测值推算出的复合地基最终沉降量如表 11-8 所示。由表 11-8 可知，高压旋喷桩的加固深度与承台宽度的比值(l/b)对复合地基沉降量的计算有较大影响，较小的 l/b 值会使沉降量计算值偏大，较大的 l/b 值会使沉降量计算值偏小。

表 11-8　复合地基最终沉降量的计算值与实测值对比

参数 ＼ 承台重 ＼ 承台尺寸	7.5m × 7.5m	2.5m × 2.5m
	16500kN	1870kN
加固深度与承台宽度的比值(l/b)	1.47	4.40
按复合地基理论计算的沉降量/mm	51.30	3.82
按分层总和法计算的沉降量/mm	141.50	46.14
实测沉降量/mm	80.00	43.00

用分层总和法计算复合土层的沉降量时，复合土层压缩模量的不同计算方法会使计算结果出现较大差异，沉降量计算值会大大低于实际值。

能力训练

一、选择题

1. 采用高压喷射注浆法加固地基时，下列(　　)是正确的。
   A. 产生冒浆为不正常，应减小灌浆压力直至不冒浆为止
   B. 产生冒浆为正常，但应控制冒浆量
   C. 产生冒浆为正常，为确保注浆质量，冒浆量越大越好
   D. 偶尔产生冒浆是正常的，但不应持久
2. 能用高压喷射注浆法而不能用深层搅拌注浆法的工程项目是(　　)。
   A. 基坑底部的加固　　B. 基坑支护
   C. 既有建筑物加固　　D. 地基液化

二、简答题

1. 试述高压喷射注浆法的加固原理。
2. 试述影响高压喷射固结体强度的因素。
3. 试述高压喷射注浆法抗渗和加固地基时的设计要点。

三、案例题

1. 某均质黏性土场地采用高压旋喷注浆法处理，桩径 0.6m，桩距 1.5m，桩长 15m，桩体抗压强度 f_{cu}=50MPa，采用等边三角形布桩，场地土层 f_{sk}=13kPa，f_{ak}=120kPa，f_{pk}=200kPa，取桩间土承载力折减系数β= 0.4。试计算单桩承载力和复合地基承载力。

2. 某地基处理工程，土层为均质粉砂土场地土层，其 f_{ak}=160kPa，f_{sk}=17kPa，f_{pk}=280kPa，采用高压旋喷注浆法处理，要求处理后的复合地基承载力为 380kPa，桩径为 0.65m，桩长 10m，桩体抗压强度平均值 $f_{cu}=4.0$MPa，采用正方形布桩，桩间土承载力折减系数β= 0.35。试计算单桩承载力，并确定桩距大小。

3. 某场地采用高压喷射注浆桩形成复合地基，要求复合地基承载力特征值达到 260kPa，桩径 0.5m，桩试块抗压强度平均值 $f_{cu}=5.0$MPa，强度折减系数 $\eta=0.33$。已知桩间土承载力特征值 $f_{ak}=130$kPa，桩间土承载力折减系数 $\beta=0.4$，采用等边三角形布桩。试计算桩距的大小。

在线答题

情境12 多桩型复合地基

学习目标

掌握多桩型复合地基的概念、类型、加固范围及其设计、质量检验方法，能灵活运用多桩型复合地基处理实际工程问题。

学习要求

知识要点	技能要点
(1) 多桩型复合地基的概念	(1) 掌握多桩型复合地基承载力及沉降计算
(2) 多桩型复合地基的类型	(2) 掌握多桩型复合地基质量检验方法
(3) 多桩型复合地基的加固范围	(3) 能灵活运用多桩型复合地基处理实际工程问题

引例

某开发公司拟建七层砖混住宅楼。场地地质情况为：①杂填土，厚4.5m，由水塘回填而成；②粉质黏土，厚4.0m，$f_k = 120\text{kPa}$，$E_s = 4.5\text{MPa}$；③细砂，未钻穿，$f_k = 160\text{kPa}$，$E_s = 6.8\text{MPa}$。试选择地基加固方案，并说明原因。

多桩型复合地基处理图

任务12.1 多桩型复合地基概述

鉴于复合地基中的三种类型桩(即散体材料桩、柔性桩和刚性桩)的承载能力和变形特性不同，且每种地基处理方法都不是万能的，各有其适用范围和优缺点，因而可将竖向增强体复合地基中三种类型桩中的两种甚至三种综合起来应用于软土地基的加固，形成多桩型复合地基，以充分发挥各桩型的优势，大幅度地提高地基承载力、减小地基沉降量，取得良好的技术效果和经济效益。

在多桩型复合地基中，可将桩身强度较高的桩称为主桩，将强度较低的桩称为次桩。多桩型复合地基可分为两类：在第一类中，主桩发挥的置换作用是复合地基承载力的主要部分，次桩起辅助作用；在第二类中，复合地基承载力的提高主要靠次桩的置换作用，主桩仅布置在节点及荷载较大的承重墙下，目的是减小沉降量。工程实践表明，对于深厚软土层上的建(构)筑物，采用第二类多桩型复合地基方法进行地基处理，减小沉降量的效果非常显著。

多桩型复合地基适用于处理不同深度存在相对硬层的正常固结土，或浅层存在欠固结土、湿陷性黄土、可液化土等特殊土，以及对地基承载力和变形要求较高的地基。

任务12.2 多桩型复合地基承载力计算

12.2.1 第一类多桩型复合地基承载力计算

在第一类多桩型复合地基中，以主桩作用为主，次桩及再次桩作用为辅。这一类复合地基多数由刚性桩、柔性桩(或散体材料桩)及土形成(如 CFG 桩和石灰桩)，或由柔性桩、散体材料桩及土形成(如石灰桩与碎石桩)，也可由两种或两种以上刚度不同的柔性桩及土形成(如深层搅拌水泥土桩和石灰桩)。

下面的计算公式是针对两种桩型复合地基的，其他情形可以类推。假设加固单元面积为 A_e，在加固单元内主桩和次桩的总截面积分别为 A'_{p1} 和 A'_{p2}，加固单元内桩间土的面积为 A_s，则主桩、次桩的面积置换率 m_1、m_2 可由下式表达。

$$\left.\begin{aligned} m_1 &= A'_{p1} / A_e \\ m_2 &= A'_{p2} / A_e \\ A_s &= A_e - A'_{p1} - A'_{p2} \end{aligned}\right\} \tag{12-1}$$

复合地基承载力系由三部分组成。

(1) 当主桩为刚性桩，次桩为强度较高的柔性桩(如深层搅拌水泥土桩)时，采用下式计算复合地基承载力。

$$f_{spk} = m_1 \frac{R_{a1}}{A_{p1}} + \beta_2 m_2 \frac{R_{a2}}{A_{p2}} + \beta(1 - m_1 - m_2) f_{sk} \tag{12-2}$$

式中　f_{spk}——复合地基承载力特征值(kPa)；

m_1，m_2——主桩、次桩的面积置换率；

R_{a1}，R_{a2}——主桩、次桩的单桩承载力特征值(kN)；

A_{p1}，A_{p2}——主桩、次桩的单桩横截面积(m^2)；

f_{sk}——桩间土承载力特征值(kPa)；

β，β_2——桩间土、次桩承载力发挥系数，一般小于 1.0，与主桩和次桩的类别、桩长及强度有关，也与桩间土及桩端土的类别及强度有关。

(2) 当主桩为刚性桩或强度较高的柔性桩，次桩为强度较低的柔性桩(如石灰桩、灰土挤密桩等)或散体材料桩(如碎石桩)时，采用下式计算复合地基承载力。

$$f_{spk} = m_1 \frac{R_{a1}}{A_{p1}} + \beta_2 m_2 f_{pk2} + \beta(1 - m_1 - m_2) f_{sk} \tag{12-3}$$

式中　f_{pk2}——次桩的桩体强度(kPa)；

其余符号含义同上。

12.2.2 第二类多桩型复合地基承载力计算

对于第二类多桩型复合地基，主桩的数量较少，仅布置在节点或荷载较大处，其主要目的是减小沉降量，地基承载力的提高主要依靠次桩的置换作用。

在实际工程中，可按以下两种情形考虑。

(1) 考虑主桩分担一定的荷载，根据桩的类型及地质条件采用经验参数法计算单桩承载力，扣除主桩承受的荷载后，剩余荷载即由次桩形成的复合地基承担。显然，复合地基中桩间土的强度由于次桩的加固作用而提高，在采用经验参数法计算单桩承载力时，采用规范表格中的侧摩阻参数是偏于安全的。

(2) 将主桩的承载作用作为安全储备，仅考虑次桩形成的复合地基承担上部结构荷载。此种情形即由多桩型复合地基转化为单桩型复合地基，复合地基承载力按单桩型复合地基的计算公式计算即可。

任务 12.3　多桩型复合地基沉降量计算

郑俊杰提出了多桩型复合地基的沉降量计算公式。下面以两桩型复合地基为例讨论其计算方法，该方法可方便地推广到多桩型复合地基沉降量计算中。

12.3.1 第一类多桩型复合地基沉降量计算

在第一类多桩型复合地基中，沉降量计算分两种情形考虑：第一种情形为主桩与次桩的桩长相等，第二种情形为主桩的桩长大于次桩的桩长。第一种情形在工程中应用较少。这是由于主桩比次桩的桩体强度高，因此当主桩与次桩均为柔性桩时，主桩比次桩的临界桩长要长，为提高复合地基承载力和减小沉降量，主桩比次桩的设计桩长要长一些；当主桩为刚性桩而次桩为柔性桩时，由于主桩桩身强度高，可全桩长发挥桩侧阻力作用，桩端落在好土层上可很好地发挥桩端阻力作用，因而其单桩承载力高且沉降量较小，在保证工程安全可靠的前提下，出于经济性考虑，次桩没有必要与主桩等长。

下面分别给出两种情形下多桩型复合地基的沉降计算方法。

1. 主桩与次桩桩长相等

由于主桩与次桩的桩长相等，因此加固区土层厚度即等于桩长，复合地基总沉降量 s 由加固区土层沉降量 s_1 和下卧土层沉降量 s_2 组成，即

$$s = s_1 + s_2 \tag{12-4}$$

加固区土层沉降量 s_1 可采用复合模量法计算。将多桩型复合地基中的主桩、次桩及地基土视为一复合土体，采用复合压缩模量 E_{cs} 来评价复合土体的压缩性，然后采用分层总和法计算复合地基加固区土层沉降量 s_1，其计算公式为

$$s_1 = \sum_{i=1}^{n} \frac{\Delta p_i}{E_{csi}} H_i \tag{12-5}$$

式中　Δp_i ——第 i 层复合土层上附加应力增量(kPa)；

H_i ——第 i 层复合土层的厚度(m)；

E_{csi} ——第 i 层复合土层的复合压缩模量(MPa)。

建议 E_{csi} 通过面积加权法计算，也可通过试验确定。对于两桩型复合地基，E_{csi} 按面积加权法计算的公式为

$$E_{csi} = m_1 E_{p1} + m_2 E_{p2} + (1 - m_1 - m_2) E_{si} \tag{12-6}$$

式中　m_1、m_2 ——主桩、次桩的面积置换率；

E_{p1}、E_{p2} ——主桩、次桩的桩体压缩模量(MPa)；

E_{si} ——第 i 层天然土层的压缩模量(MPa)。

多桩型复合地基加固区下卧土层沉降量 s_2 也可采用分层总和法计算。在分层总和法计算中，对于主桩与次桩桩长相等的情形，由于桩长并不是特别长，建议采用应力扩散法计算作用在下卧土层上的附加应力。

2. 主桩的桩长大于次桩的桩长

在此种情形下，当主桩和次桩为不同类型的桩时，建议采用不同的计算方法。

1) 加固区土层沉降量 s_1 的计算方法

(1) 若主桩和次桩均为柔性桩，或主桩为柔性桩而次桩为散体材料桩，加固区土层沉降量 s_1 由两部分组成，即

$$s_1 = s_1' + s_1'' \tag{12-7}$$

式中 s_1' ——次桩桩长范围内加固区土层的沉降量(mm)；

s_1'' ——次桩桩端至主桩桩端范围内加固区土层的沉降量(mm)。

s_1' 的计算可采用分层总和法，其计算公式如下。

$$s_1' = \sum_{i=1}^{n} \frac{\Delta p_i}{E_{csi}} H_i \tag{12-8}$$

式中 Δp_i ——第 i 层复合土层上附加应力增量(kPa)；

H_i——第 i 层复合土层的厚度(m)；

E_{csi} ——第 i 层复合土层的压缩模量(MPa)。

复合压缩模量 E_{csi} 按式(12-6)的面积加权法计算。

s_1'' 也可采用分层总和法计算，但其中复合土层压缩模量 E_{csj} 应采用下式计算。

$$E_{csj} = m_1 E_{p1} + (1 - m_1) E_{sj} \tag{12-9}$$

(2) 若主桩为刚性桩，次桩为柔性桩，则复合地基加固区土层沉降量 s_1 也由两部分组成，即

$$s_1 = s_1' + s_1'' = \sum_{i=1}^{n_1} \frac{\Delta p_i}{E_{csi}} H_i + \sum_{j=n_1+1}^{n_2} \frac{\Delta \sigma_{sj}}{E_{csj}} H_j \tag{12-10}$$

式中 s_1' ——柔性桩桩长范围内加固区土层的沉降量(mm)；

s_1'' ——柔性桩桩端至刚性桩桩端范围内加固区土层的沉降量(mm)；

n_1 ——柔性桩桩长范围内土的分层数；

n_2 ——整个加固区范围内土的分层数；

Δp_i ——第 i 层复合土层上的附加应力增量(kPa)；

E_{csi} ——第 i 层复合土层的复合压缩模量(MPa)，用式(12-6)计算；

$\Delta \sigma_{sj}$ ——扣除刚性桩承担荷载后，柔性桩和桩间土应力 σ_s 在加固区第 j 层土上产生的平均附加应力(kPa)；

E_{csj} ——第 j 层复合土层的复合压缩模量(MPa)，用式(12-9)计算；

H_i ——加固区第 i 层土的分层厚度(m)；

H_j ——加固区第 j 层土的分层厚度(m)。

2) 加固区下卧土层沉降量 s_2 的计算方法

由于在第一类多桩型复合地基中，主桩的面积置换率较大，主桩起主要的置换作用，

且由于主桩较长，宜采用实体基础法计算作用在下卧土层上的附加应力，采用分层总和法计算下卧土层的沉降量 s_2。

12.3.2 第二类多桩型复合地基沉降量计算

在第二类多桩型复合地基中，由于主桩的面积置换率很小，其置换作用也较小，绝大部分荷载由次桩及桩间土承担，而主桩仅布置在节点或荷载较大处，因此其沉降量计算方法与第一类多桩型复合地基的沉降量计算方法有较大区别，下面建议采用两种计算方法。

(1) 第一种计算方法：采用复合模量法计算加固区土层的沉降量 s_1，采用改进的 Geddes 法计算下卧土层的沉降量 s_2。

(2) 第二种计算方法：采用工程中的实用简化计算方法，即将总荷载扣除桩体承受的荷载后的剩余荷载作用在复合地基加固区上，其加固区土层和下卧土层上的附加应力计算方法与天然地基中的应力计算方法相同。复合地基加固区土层的复合压缩模量可用式(12-6)计算，也可采用下式计算。

$$E_{csi} = m_2 E_{p2} + (1 - m_2) E_{si} \tag{12-11}$$

显然，采用式(12-6)计算比采用式(12-11)计算会得到偏小的沉降量。

任务 12.4 质量检验

12.4.1 多桩型复合地基中的单桩检验

对于多桩型复合地基中的单桩桩身质量，可依照各类桩的检验方法分别进行检验，如刚性桩可采用低应变动力检测法检验桩身完整性，石灰桩可采用静力触探或轻便动力触探检验桩身强度和成桩质量，碎石桩可采用重型动力触探检验成桩质量。

12.4.2 多桩型复合地基承载力检验

1. 直接法

对于一般的复合地基加固效果检验，《建筑地基处理技术规范》(JGJ 79—2012)规定采用复合地基载荷试验。若为单桩复合地基载荷试验，可采用圆形或方形承压板，其面积为单根桩承担的处理面积；多桩型复合地基载荷试验可采用方形或矩形承压板，其尺寸按实际桩数所承担的处理面积确定。

多桩型复合地基的静载荷试验不同于单一桩型复合地基(如 4 桩复合地基或 9 桩复合地

基)载荷试验。多桩型复合地基通常存在对称性，当在承压板中心加载时，一般不会出现偏心现象。但在实际的静载荷试验过程中却常常出现偏心现象，为保证荷载不偏心，也可根据设计时的单桩承载力来确定荷载中心位置。

在确定多桩型复合地基承载力特征值时，当 *p-s* 曲线上极限荷载能确定，而其值不小于对应比例界限的 2 倍时，可取比例界限为多桩型复合地基承载力特征值；当其值小于对应比例界限的 2 倍时，可取极限荷载的 1/2 为多桩型复合地基承载力特征值。

当 *p-s* 曲线为平缓的光滑曲线时，可按相对变形值确定：若属第一类多桩型复合地基，以主桩复合地基的沉降比(规范规定值)确定；若属第二类多桩型复合地基，宜以次桩复合地基的沉降比确定。例如，若在黏性土地基中采用 CFG 桩与石灰桩形成第一类多桩型复合地基，其沉降比(*s*/*b* 或 *s*/*d*)宜取 0.01；若采用 CFG 桩与深层搅拌水泥土桩形成第二类多桩型复合地基，则沉降比(*s*/*b* 或 *s*/*d*)宜取 0.06。

2. 间接法

除直接对多桩型复合地基进行静载荷试验检验外，也可采用间接法得到多桩型复合地基的承载力。

所谓间接法，就是分别对主桩或次桩进行单桩或复合地基静载荷试验，然后利用多桩型复合地基的承载力计算公式得出结果。

对于 CFG 桩与石灰桩形成的多桩型复合地基，对 CFG 桩可进行单桩静载荷试验，对石灰桩复合地基可进行单桩或多桩复合地基载荷试验(注意承压板的尺寸)，然后按下式进行承载力计算。

$$f_{spk} = m_1 \frac{R_a}{A_p} + f_{ck} \tag{12-12}$$

式中 f_{spk}——多桩型复合地基承载力特征值(kPa)；

m_1——CFG 桩面积置换率；

R_a——CFG 桩单桩竖向承载力特征值(kN)；

A_p——CFG 桩(主桩)单桩横截面积(m^2)；

f_{ck}——石灰桩(次桩)和桩间土的承载力之和(kPa)。

f_{ck} 由下式计算。

$$f_{ck} = m_2 f_{pk} + (1 - m_1 - m_2) f_{sk} \tag{12-13}$$

式中 m_2——石灰桩(次桩)面积置换率；

f_{pk}——石灰桩(次桩)的桩体强度(kPa)；

f_{sk}——桩间土承载力特征值(kPa)。

工程实例一

深层搅拌水泥土桩与石灰桩联合加固杂填土

某开发公司拟建七层砖混住宅楼，场地地质情况为：①杂填土，厚 4.5m，由水塘回填而成；②粉质黏土，厚 4.0m，$f_k = 120$kPa，$E_s = 4.5$MPa；③细砂，未钻穿，$f_k = 160$kPa，$E_s = 6.8$MPa。需要进行地基处理。

为此首先进行了水泥粉喷桩复合地基、沉管灌注桩、开挖换填砂石三种方案的比选。水泥粉喷桩在杂填土中难以成桩，不易取得理想的加固效果；沉管灌注桩造价较高，且施工的振动和噪声会对四周紧邻的建筑物产生不良影响，也不宜采用；开挖换填砂石则造价较高，且垂直开挖5m基坑会对相邻建筑物的安全构成威胁。

鉴于深层搅拌水泥土桩(浆喷法)加固杂填土成桩效果较好，且石灰桩具有较强的膨胀挤密桩间土的作用，最后考虑采用深层搅拌水泥土桩与石灰桩形成多元复合地基，其中主桩(深层搅拌水泥土桩)起主要置换作用，次桩(石灰桩)起辅助作用，挤密杂填土。此多桩型复合地基属于第一类多桩型复合地基。

本工程设计深层搅拌水泥土桩桩径500mm，桩长5.5m，单桩竖向承载力100kN；石灰桩桩径300mm，桩长4.0m；深层搅拌水泥土桩240根，石灰桩286根。要求复合地基承载力达180kPa。

施工工期15d。施工完成后，进行了三组复合地基静载荷试验，得出复合地基承载力为218kPa，满足设计要求。

该住宅楼竣工后一年，最大沉降量12mm，最大不均匀沉降0.8‰。此外，该方案比沉管灌注桩方案和开挖换填砂石方案节约造价约30%。

工程实例二

水泥粉喷桩与粉煤灰混凝土桩联合加固深厚软土

某学院拟建七层住宅楼，场地地质情况如下：①杂填土，厚2.0~3.6m；②淤泥，厚2.2~4.6m，$f_k=60$kPa，$E_s=2.2$MPa；③黏土，厚1.5~3.6m，$f_k=195$kPa，$E_s=8.0$MPa；④黏土，厚1.7~3.0m，$f_k=145$kPa，$E_s=5.6$MPa；⑤黏土，厚8.1~9.8m，$f_k=90$kPa，$E_s=3.5$MPa；⑥黏土，厚度未揭穿，$f_k=150$kPa，$E_s=6.0$MPa。

设计人员首先考虑采用沉管灌注桩基础，但由于施工振动和噪声的影响难以实施。于是决定采用水泥粉喷桩加固软土形成复合地基，但水泥粉喷桩处理后的复合地基承载力难以得到很大的提高，而且加固区以下存在软弱下卧土层，势必导致建筑物的沉降量较大。

经过充分的比较论证，最后决定采用多桩型复合地基方案，即采用粉煤灰混凝土桩、水泥粉喷桩与土体形成多桩型复合地基。设计水泥粉喷桩的桩径500mm，桩长6m，单桩竖向承载力设计值80kN；粉煤灰混凝土桩的桩径350mm，桩长16m，单桩竖向承载力设计值250kN；复合地基承载力要求达到150kPa。共布置水泥粉喷桩916根，粉煤灰混凝土桩151根。

此多桩型复合地基属于第二类多桩型复合地基，即以次桩(水泥粉喷桩)的置换作用为主，主桩(粉煤灰混凝土桩)作为辅助桩，用于减小沉降量。

施工后，9组单桩及复合地基静载荷试验表明，地基承载力满足设计要求。该住宅楼竣工半年后，最大沉降量为22mm，最大不均匀沉降为1.3‰。该方案比沉管灌注桩和水泥粉喷桩复合地基方案节约造价约30%。

能力训练

一、简答题

1. 多桩型复合地基的定义是什么？
2. 多桩型复合地基有何优点？
3. 两类多桩型复合地基的承载力和沉降量分别如何计算？
4. 如何对多桩型复合地基进行质量检验？

二、案例题

某建筑场地各层地质条件如下：①杂填土，厚度1.0～1.5m，主要为天然腐殖土；②淤泥质土，厚度2.0～3.0m，流塑状态，地基承载力特征值40kPa；③粉质黏土，厚度4.0～6.0m，可塑至硬塑状态，地基承载力特征值120kPa；④细砂，厚度2.0～4.0m，中等密实，地基承载力特征值150kPa；⑤卵石层，未钻透，密实，地基承载力特征值280kPa。

该建筑场地地下水位较高，水位在天然地表以下1.5m。建筑采用筏板基础，基础埋深5m，结构设计要求地基承载力特征值不小于280kPa。试选择地基加固方案，并说明原因。

在线答题

情境13 微型桩法

学习目标

掌握微型桩的概念、加固范围、树根桩的特点，掌握树根桩的设计、施工和质量检验方法，能灵活运用微型桩处理实际工程问题。

学习要求

知识要点	技能要点
(1) 微型桩的概念 (2) 微型桩的加固范围 (3) 树根桩的特点	(1) 掌握树根桩的设计计算方法 (2) 掌握树根桩的施工和质量检验方法 (3) 能灵活运用微型桩处理实际工程问题

引例

某洗衣机厂搪瓷车间为单层两跨排架结构，两跨跨度均为 12m，柱距为 4m。边柱下为毛石条形基础，中柱下为钢筋混凝土单独基础，基底标高均为-1.15m。该车间原为金工车间，后改为搪瓷车间，室内南侧距边柱纵轴 0.1m 处设有一条宽 0.5m、深 1.0m 的暖气沟，沟内设有自来水管，车间内距暖气沟 0.5m 处设有一酸洗生产线。地基持力层为非自重湿陷性黄土，厚度为 1.1～3.7m，湿陷系数为 0.041，起始湿陷压力为 114kPa，其饱和土地基承载力标准值为 105kPa。由于厂房设计时不知道该持力层为湿陷性黄土，故地基承载力取值较大(f_k = 180kPa)，而实际基底压力高达 206kPa。暖气沟内自来水管受酸腐蚀破裂，水由暖气沟渗入地基后，产生了较大的不均匀沉降(经观测，柱下基础最大不均匀沉降量为 135mm，其中沿纵向每 8m 的局部倾斜值分别为 0.005、0.0031、0.0036、0.0047)，均超过规范设计要求，造成柱及墙体严重开裂和倾斜，厂房处于极度危险的状态。在施工场地极为狭小(一宽度仅为 1m 的狭长走道)的情况下，综合考虑安全、快速、经济与生产等因素，需要在不停产的情况下做地基加固处理。

任务 13.1 微型桩法概述

微型桩图

1. 微型桩的概念

微型桩是小直径的桩，桩体主要由压力灌注的水泥浆、水泥砂浆或细石混凝土与加筋材料组成，依据其受力要求，加筋材料可为钢筋、钢棒、钢管或型钢等。微型桩可以竖直或倾斜、成排或交叉网状配置。微型桩法适用于既有建筑地基加固或新建建筑地基处理。

2. 微型桩的分类

按桩型和施工工艺，微型桩可分为树根桩、微型预制桩和微型注浆钢管桩等。

(1) 树根桩为微型桩的一种，是一种小直径的钻孔灌注桩，即在地基中设置的直径 100～300mm、长径比大于 30，采用螺旋钻成孔、强配筋和就地压力注浆工艺成桩的钻孔灌注桩。树根桩是由意大利 Fondedile 公司的 Lizzi 在 20 世纪 30 年代发明的一项专利技术，由于其成桩后形状如同“树根”而得名。树根桩可以是垂直或倾斜的单根，也可以成排设置，如果将树根桩布置成三维结构的网状体系，则称为网状结构的树根桩。

树根桩法主要用于基础的托换和地基土的加固，近年来，其应用范围已拓展到岩土边坡的稳定性加固、作为地下工程的挡土墙或高耸建(构)筑物的抗交替荷载基础、深基坑开挖的支护及城市改扩建工程的基础加固等方面。

树根桩法适用于在淤泥、淤泥质土、黏性土、粉土、砂土、碎石土及人工填土等地基土上既有建筑物的修复和加层、古建筑的整修、地下铁道的穿越、桥梁工程等各类地基的处理与基础加固，以及边坡稳定性的增强等。

(2) 微型预制桩包括微型预制混凝土方桩、预应力混凝土管桩、钢管桩和型桩等；施工方法包括静压法、打入法和植入法，也包括传统的锚杆静压法和坑式静压法等。微型预制桩法适用于淤泥、淤泥质土、黏性土、粉土、砂土和人工填土等地基的加固处理。近年来的工程实践中，有许多采用静压微型预制桩形成复合地基应用于高层建筑的成功实例。鉴于静压法施工质量容易保证，且经济性较好，静压微型预制桩复合地基加固方法得到了较快的推广应用。微型预制桩的施工质量控制，应重点注意保证打桩、开挖过程中桩身不产生开裂、破坏和倾斜。对以钢管、型钢作为桩身材料的微型预制桩，还应考虑其耐久性。

(3) 微型注浆钢管桩是在静压钢管桩技术基础上发展起来的一种新的桩型。微型注浆钢管桩法适用于淤泥质土、黏性土、粉土、砂土和人工填土等地基的加固处理。近年来微型注浆钢管桩法常用于新建工程的桩基或复合地基施工质量事故的处理，具有施工灵活、质量可靠的特点。基坑工程中，微型注浆钢管桩大量应用于复合土钉的超前支护，其施工方法包括传统的锚杆静压法和坑式静压法。对新建工程，微型注浆钢管桩一般采用钻机或洛阳铲成孔，然后植入钢管再封孔注浆；采用封孔注浆施工时，应具有足够的封孔长度，以保证灌浆压力的形成。

3. 软土地基微型桩法设计施工应符合的规定

(1) 应选择较好的土层作为桩端持力层，进入持力层深度不宜小于 5 倍桩径或边长。

(2) 对不排水抗剪强度小于 10kPa 的土层，应进行试验性施工，并应采用护筒或永久套管包裹水泥浆、砂浆或混凝土。

(3) 应采取间隔施工、控制灌浆压力和速度等措施，减小微型桩施工期间的地基附加变形，控制基础不均匀沉降及总沉降量。

(4) 在成孔、注浆或压桩施工过程中，应监测相邻建筑和边坡的变形。

下面主要介绍树根桩法的特点、设计与施工，并给出一些树根桩法加固地基的工程实例。

任务 13.2 树根桩法的特点

树根桩法的基本特点如下。

(1) 由于使用小型钻机，所需施工场地较小，在平面尺寸为 1.0m × 1.5m 及净空高度为 2.5m 时即可施工，可保证工厂继续生产，公用设施继续使用。

(2) 施工时噪声和振动小，对被托换的建筑物安全影响较小。

(3) 因桩孔小，对基础和地基土几乎不产生应力。

(4) 所有操作都在地面上进行，施工较为方便，且没有从基础下面开挖的危险，无须临时支撑结构，避免了大量的改建和修复工作。

(5) 桩、承台和墙身连成一体，托换后结构整体性好。

(6) 可用于黏性土、粉土、砂土、碎石土及人工填土等各种不同地基的土质条件，适用地基土范围较广。

(7) 竣工后不会损伤既有建筑物的外貌，这对修复古建筑尤为重要。

任务 13.3 树根桩法设计

树根桩法加固地基的设计计算与其在地基加固中的效果有关。树根桩法设计应符合以下规定。

(1) 树根桩的直径宜为 150～300mm。

(2) 桩长不宜超过 30m，应根据加固要求和地质情况确定。

(3) 桩的布置可采用直桩型或网状结构斜桩型。

(4) 树根桩的单桩竖向承载力可通过单桩载荷试验确定，当无试验资料时，也可以按照《建筑地基基础设计规范》(GB 50007—2011)的有关规定估算。

① 当树根桩作为承重桩时，应按摩擦桩设计，并按下式计算其单桩竖向极限承载力。

$$Q_{uk} = Q_{sk} + Q_{pk} = u\sum q_{sik} l_i + q_{pk} A_p \tag{13-1}$$

式中 Q_{uk} ——单桩竖向极限承载力特征值(kN)；

Q_{sk} ——单桩总极限桩侧阻力特征值(kN)；

Q_{pk} ——单桩总极限桩端阻力特征值(kN)；

u ——桩身周长(m)；

q_{sik} ——桩侧第 i 层土的极限侧阻力特征值(kPa)；

l_i ——桩穿越第 i 层土的厚度(m)；

q_{pk} ——极限桩端阻力特征值(kPa)；

A_p ——桩端截面积(m^2)。

在确定树根桩单桩竖向极限承载力时，还应考虑既有建筑物的地基变形条件和桩身材料的强度要求。如果树根桩的桩长比较大，还要考虑有效桩长的影响。

② 当树根桩作为复合地基时，复合地基承载力可按下式估算。

$$f_{spk} = m\frac{R_a}{A_p} + \beta(1-m)f_{sk} \tag{13-2}$$

式中 f_{spk} ——复合地基承载力特征值(kPa)；

m ——面积置换率，$m=\dfrac{d^2}{d_e^2}$，其中 d 为桩身平均直径(m)，d_e 为一根桩分担的处理地基面积的等效圆直径(m)；

R_a——单桩竖向承载力特征值(kN)，可通过现场载荷试验确定；

β——桩间土承载力折减系数，按地区经验取值，当无地区经验时，可取 0.75～0.95，天然地基承载力较高时取较大值；

f_{sk}——处理后桩间土承载力特征值(kPa)，按地区经验取值，当无地区经验时，可取天然地基承载力特征值。

(5) 树根桩桩身混凝土强度等级应不小于 C25，灌注材料可用水泥浆、水泥砂浆、细石混凝土或其他灌浆料，也可用碎石或细石充填再灌注水泥浆或水泥砂浆。钢筋笼外径宜小于设计桩径 40～60mm。树根桩主筋不应少于 3 根，钢筋直径不应小于 12mm，且宜通长配筋。对于软弱地基，主要承受竖向荷载时的钢筋长度不得小于1/2 桩长，主要承受水平荷载时应全长配筋。

(6) 设计树根桩时，还应对既有建筑物的基础进行有关承载力验算。当不满足上述要求时，应先对原基础进行加固或增设新的桩承台。

(7) 对于树根桩挡土结构(树根桩与土形成挡土结构，承受水平荷载)，不仅要考虑整体稳定性，还应验算树根桩复合土体内部的强度和稳定性。

(8) 水泥浆、水泥砂浆和混凝土保护层的厚度规定，参照了国内外其他技术标准对水下钢材设置保护层的相关规定。增加一定腐蚀厚度的做法已成为与设置保护层方法并行选择的方法，可根据设计施工条件、经济性等综合确定。

欧洲标准(BS EN14199：2005)关于土中微型桩用钢材由于腐蚀造成的损失厚度取值，见表 13-1。

表 13-1　土中微型桩用钢材的损失厚度　　单位：mm

设计使用年限	5 年	25 年	50 年	75 年	100 年
原状土 (砂土、淤泥、黏土、片岩)	0.00	0.30	0.60	0.90	1.20
受污染土体和工业地基	0.15	0.75	1.50	2.25	3.00
有腐蚀性土体 (沼泽、湿地、泥炭)	0.20	1.00	1.75	2.50	3.25
非挤压无腐蚀性土体 (黏土、片岩、砂土、淤泥)	0.18	0.70	1.20	1.70	2.20
非挤压有腐蚀性土体 (灰渣、矿渣)	0.50	2.00	3.25	4.50	5.75

(9) 当存在高渗透性土体或存在地下洞室可能导致胶凝材料流失，以及施工和使用过程中可能出现桩孔变形和移位，造成微型桩失稳与扭曲时，应采取土层加固等技术措施。

(10) 树根桩采用的灌注材料应符合下列规定。

① 具有较好的和易性、可塑性、黏聚性、流动性和自密实性。

② 当采用管送混凝土或砂浆时，应选用圆形骨料，骨料的最大粒径不应大于纵向钢筋净距的 1/4，且不应大于 15mm。

③ 对水下浇筑混凝土的配合比，水泥含量不应小于 375kg/m³，水灰比宜小于 0.6。

④ 水泥浆的制配应符合《建筑地基处理技术规范》(JGJ 79—2012)第 9.4.4 条的规定，水泥宜采用普通硅酸盐水泥，水灰比不宜大于 0.55。

对于网状结构的树根桩，其断面设计是个复杂的问题，因为在网状结构内，单根树根桩可能要求承担拉应力、压应力和弯曲应力。桩的尺寸、排列方式、桩长和桩距等设计参数，国外都是根据本国的实践经验制定的，如日本和西欧各国均沿用本国的计算方法。

基础托换时，微型桩的典型布置形式如图 13.1 所示。

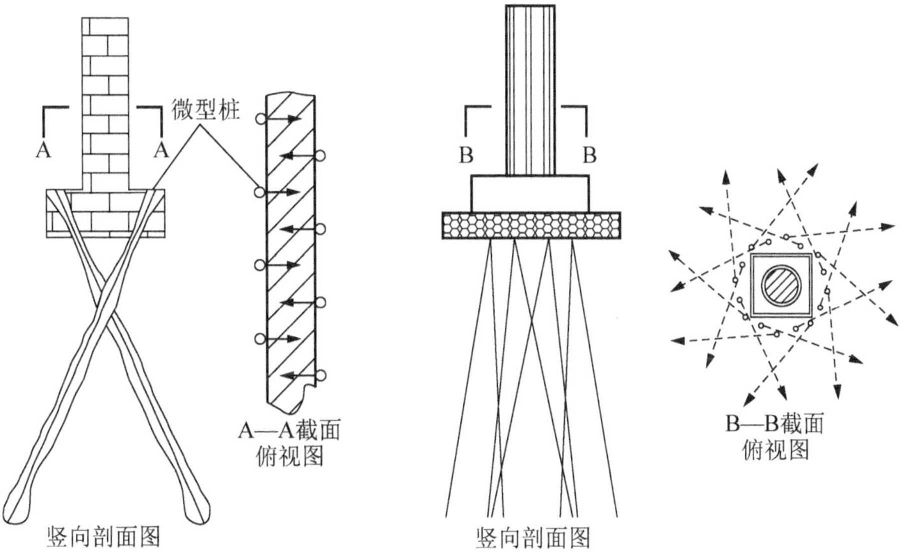

(a)平面布置微型桩　　(b)网状布置微型桩

图 13.1　微型桩的典型布置形式

任务 13.4　树根桩法施工

1. 施工机械

树根桩的成孔方法，主要有依靠旋转成孔、冲击钻成孔、泥浆护壁套管成孔及人工洛阳铲成孔几种。国内一般采用经工程地质钻机或采矿钻机改造而成的钻孔机械，对于松散土层，采用平底钻头；对于黏土层，采用尖底钻头；对于含有大量砖瓦的杂填土层，采用耙式钻头；对于混凝土、硬土或冻土层，则采用刃口焊有硬质合金刀头的尖底钻头。压力注浆设备，主要采用 BW-150 型和 BW-250 型泥浆泵。

2. 施工工序

树根桩成孔分干钻法和湿钻法两种。干钻法采用压缩空气冷却钻头，施工设备较为复杂，国内较少使用。目前国内主要采用湿钻法成孔，即在钻进过程中，通过水或泥浆的循环，在冷却钻头、排除渣土的同时，使水与土搅拌混合成泥浆，起到护壁的作用。其具体施工工序如下。

(1) 钻机定位。根据施工设计要求、钻孔孔径和场地施工条件选择钻机和钻头，按照设计钻孔倾角和方位，调整钻机的方向和立轴的角度，要求桩位偏差不得超过 20mm，直桩的垂直度偏差不超过 1%，斜桩的倾斜度则按设计要求做相应调整。

(2) 成孔。钻机钻进成孔时，液压压力应控制在 1.5～2.5MPa，配套供水压力为 0.1～0.3MPa，钻速一般控制在 220r/min，最大推进距离一般为 500mm/次，钻孔直径一般为 150～300mm。直桩桩孔钻进时，除地表有较厚的杂填土层外，一般不用套管护壁，或仅在钻孔处设套管，但应高出地面 100mm，以防止孔口土方坍落。当穿过杂填土地层时，应设置套管护壁，钻斜孔时，外层套管应随钻孔延伸。当钻孔穿过淤泥、淤泥质土(包括夹薄层粉砂)时，钻进速度要放慢，应在孔壁糊一层泥皮以保护桩孔。

钻进时，要使用和树根桩设计直径相同的钻头，钻孔深度比设计桩长大 0.5～1.0m 为宜。为提高树根桩的承载力，可采用扩孔钻进法达到设计标高。在钻至卵石层或其他易坍塌土层时，可向中空钻杆内注水泥浆，浆液将从钻头排出而实施钻孔护壁。

(3) 清孔。钻进至设计标高后应清孔，此时应始终观察泥浆溢出的情况，控制水压力的大小，直至孔口溢出清水为止。

(4) 吊放钢筋笼和埋设注浆管。成孔后，向桩孔内投放钢筋笼或型钢，钢筋笼的外径应小于设计桩径 40～50mm。施工时分节吊放，分节间的钢筋搭接必须错开，焊接长度不小于 10 倍钢筋直径(单面焊)。同时放入 1～2 根外径为 20～25mm 的白铁皮注浆管，注浆管管口距孔底为 150～300mm。

(5) 灌填骨料。灌填前应清洗骨料，骨料以采用 5～25mm 的细碎石料为宜，计量后缓慢投入孔口填料斗内，并轻摇钢筋笼促使石料下沉和密实，直至填满桩孔，而且在填灌过程中应始终清孔。

(6) 浆液配置和注浆成桩。根据设计要求，浆液可配制成纯水泥浆、水泥砂浆或细石混凝土浆液。通常浆液采用 42.5 级或 52.5 级普通硅酸盐水泥，为了提高水泥浆的流动性和早期强度，可适量加入减水剂和早强剂。纯水泥浆的水灰比一般为 0.4～0.5，水泥砂浆的配合比一般采用水泥：砂：水 =1.0：0.3：0.4。为了提高桩体的承载力，可采用二次注浆成桩工艺。采用二次注浆成桩工艺时，注浆管一般做成花管形状，在管底口以上 1.0m 范围内的注浆管上设置直径 8mm 的孔眼和纵向间距为 100mm 的四排注浆孔，并用一层聚氯乙烯封住，以防一次注浆时浆液进入管内。采用二次注浆时，第二次注浆压力必须在 1.5MPa 以上，并在第一次水泥浆初凝后进行。

从开始注浆起，对注浆管要进行不定时地上下松动。在注浆结束后要立即上拔注浆管，每拔出 1m 必须补浆一次，直至拔出为止。

由于压浆过程中会引起振动，使桩顶部石子有一定数量的沉落，故在整个压浆过程中，应将石子逐渐灌入至桩顶。直到浆液在孔口冒出后，方可停止压浆，并且压浆的额定注浆量应不超过桩身体积的 3 倍；当注浆量达到额定注浆量时应停止注浆。为防止出现穿孔和浆液沿砂层大量流失，注浆时可采用跳孔施工或间歇施工等措施。

(7) 浇筑承台。当树根桩用于承重、支护或托换时，为使各根桩能联系成整体并加强整体刚度，通常都应浇筑承台，并凿开树根桩桩顶混凝土，露出钢筋，将钢筋锚入所浇筑的承台内。当托换的基础为钢筋混凝土基础时，应将树根桩的主筋和原基础主筋焊接在一起，并宜在原基础顶面上将混凝土凿毛后，浇筑一层与原基础强度相同的混凝土。采用斜向树根桩时，应采取防止钢筋笼端部插入孔壁土体中的措施。

3. 施工规定

树根桩法施工应符合下列规定。

(1) 桩位允许偏差宜为±20mm，桩身垂直度允许偏差应为±1%。

(2) 钻机成孔可采用天然泥浆护壁，遇粉细砂层易塌孔时应加套管。

(3) 树根桩钢筋笼宜整根吊放。分节吊放时，钢筋搭接焊缝长度双面焊不得小于 5 倍钢筋直径，单面焊不得小于 10 倍钢筋直径。施工时，应缩短吊放和焊接时间。钢筋笼应采用悬挂或支撑的方法，确保注浆或浇筑混凝土时的位置和高度。在斜桩中组装钢筋笼时，应采用可靠的支撑和定位方法。

(4) 灌注施工时，应采用间隔施工、间歇施工或添加速凝剂等措施，以防止相邻桩孔移位和窜孔。

(5) 当地下水流速较大可能导致水泥浆、水泥砂浆或混凝土流失而影响注浆质量时，应采用永久套管、护筒和其他保护措施。

(6) 在风化或有裂隙发育的岩层中灌注水泥浆时，为避免水泥浆向周围岩体流失，应进行桩孔测试和预注浆。

(7) 当通过水下注浆管、带孔钻杆或管状承重构件浇筑混凝土或水泥砂浆时，水下注浆管或带孔钻杆的末端应埋入泥浆中。浇筑过程应连续进行，直到顶端溢出浆体的黏稠度与注入浆体一致为止。

(8) 通过临时套管灌注水泥浆时，钢筋的放置应在临时套管拔出之前完成，套管拔出过程中应每隔 2m 施加注浆压力。采用管材作为承重构件时，可通过其底部进行灌注。

(9) 当采用碎石或细石充填再注浆工艺时，填料应经清洗，投入量不应小于计算桩孔体积的 0.9 倍，填灌时应同时用注浆管注水清孔。第一次注浆时，注浆压力宜为 0.3～1.0MPa，由孔底使浆液逐渐上升，直至浆液溢出孔口方可停止注浆。当第一次注浆浆液初凝时，方可进行第二次及多次注浆，第二次注浆时，注浆压力宜为 2～4MPa。注浆过程结束后，注浆管中应充满水泥浆并维持注浆压力一定时间。拔除注浆管后应立即在桩顶填充碎石，并在 1～2m 范围内补充注浆。

任务 13.5 质量检验

质量检验要求如下。

(1) 微型桩的施工验收，应提供施工过程有关参数，原材料的力学性能检验报告，试件留置数量及制作养护办法，混凝土和砂浆等抗压强度试验报告，型钢、钢管和钢筋笼制作质量检查报告。施工完成后，尚应进行桩顶标高和桩位偏差等检验。

(2) 微型桩的桩位施工允许偏差，对独立基础、条形基础的边桩沿垂直轴线方向应为±1/6 桩径，沿轴线方向应为±1/4 桩径，对其他位置的桩应为±1/2 桩径；桩身的垂直度允许偏差为±1%。

(3) 桩身完整性宜采用低应变动力试验进行检验，检验桩数不得少于总桩数的 10%，且不得少于 10 根。每个柱下承台的抽检桩数不应少于 1 根。

(4) 微型桩的竖向承载力检验应采用静载荷试验，检验桩数不得少于总桩数的 1%，且不得少于 3 根。

工程实例一

树根桩在控制地基沉降中的应用

济南洗衣机厂搪瓷车间建于 1969 年，为单层两跨排架结构，两跨跨度均为 12m，柱距 4m。边柱下为毛石条形基础，中柱下为钢筋混凝土单独基础，基底标高均为-1.15m。该车间原为金工车间，后改为搪瓷车间，室内南侧距边柱纵轴 0.1m 处设有一条宽 0.5m、深 1.0m 的暖气沟，沟内设有自来水管，车间内距暖气沟 0.5m 处设有一酸洗生产线。地基持力层为非自重湿陷性黄土，厚度 1.1～3.7m，湿陷系数 0.041，起始湿陷压力为 114kPa，其饱和土地基承载力标准值为 105kPa。由于厂房设计时不知道该持力层为湿陷性黄土，故地基承载力取值较大(f_k = 180kPa)，而实际基底压力高达 206kPa。暖气沟内自来水管受酸腐蚀破裂，水由暖气沟渗入地基后，产生了较大的不均匀沉降(经观测，柱下基础最大不均匀沉降量为 135mm，其中沿纵向每 8m 的局部倾斜值分别为 0.005、0.0031、0.0036、0.0047)，均超过规范设计要求，造成柱及墙体严重开裂和倾斜，厂房处于极度危险的状态。在施工场地极为狭小(一宽度仅为 1m 的狭长走道)的情况下，综合考虑安全、快速、经济与生产等因素，在不停产的情况下，采用树根桩对原基础进行了托换，保证了厂房的安全。

工程实例二

树根桩法用于既有建筑物的增层与改造

济南铁路客运站既有候车室建于 1958 年，为二层建筑，平面呈 L 形，层高均为 5.6m，总建筑面积为 4501.91m^2。主体结构为钢筋混凝土内框架，外砌承重砖墙。柱下采用 C10 块石混凝土刚性单独基础，埋深 3.2m；砖墙下为浆砌条形基础，埋深 2.7m。现进行客运站改建，因功能需要，在其 3.3m 和 9.9m 高度处进行室内增层，变成局部四层建筑物。在本次改造时，将原来的内框架结构改为框架结构。由于增层使原有柱的内力增大，原有地基基础不能满足要求，因而采用树根桩法对原基础进行托换处理。根据柱子所增加的荷载大小不同，选用两种长度不同的桩：桩长 7.0m，桩端作用在含姜石的粉质黏土层上；桩长 11.0m，桩端作用在全风化闪长岩上。整个工程共用 154 根树根桩对原地基基础进行了托换，满足了上部结构的改造要求。

树根桩基础加固技术应用在此的目的，一是提高基础的承载力，以满足上部结构增层与改造的需要；二是防止增层引起进一步的沉降，以满足对上部结构沉降量的限制。

工程实例三

树根桩法在建筑基桩加固中的应用

1. 工程概况

山东省潍坊市某企业综合楼，结构层为 24 层，采用框架-核心筒结构。基础形式为桩筏基础，设计桩径 700mm，桩长 35m，单桩竖向承载力特征值为 2750kN。施工结束后，在对该工程桩基项目进行的桩身完整性低应变动力检测中，发现 218 号桩时域信号在 19m 左右存在明显的缺陷反射，为Ⅲ类桩(缺陷桩)，对单桩竖向承载力有较大影响，需要做加固处理。

2. 加固方案的选择

由于本工程桩基施工已全部完成，对该缺陷桩的加固要在深度 12m 的基坑底部进行，现场不具备大型机械施工的场地条件。该桩虽然受桩身缺陷影响，承载力有所下降，但尚有大约一半的承载力可以利用。对其加固时，如果采用同样规格的桩，要在桩周边对称位置补上两根，这样处理并不经济，而且补桩后基础刚度也不均匀。

树根桩直径一般为 100～300mm，可在 1.5m×2.5m 的狭小场地施工，满足本工程桩基加固的施工条件。出于以上考虑，对该缺陷桩拟采用树根桩法进行加固。

3. 加固效果

综合考虑桩身承载力和桩周土对桩的支承力，设计树根桩单桩竖向承载力特征值为 400kN。本工程共布置了 4 根树根桩，在施工完成后，通过建设主管部门组织工程验收，发现满足加固设计要求。

总结本工程实例，可发现树根桩法加固具有如下优点。

(1) 树根桩直径小，适合在桩距较小的平面空间内布桩，有利于减小工程桩基的群桩效应。

(2) 树根桩单桩承载力低，加固桩基布桩数量灵活，可以充分利用原缺陷桩基的承载力，做到经济合理。

(3) 树根桩适用的场地地层地质条件广，施工灵活，施工周期短，可实现对桩基的快速加固处理。

能力训练

一、选择题

1. 树根桩的成孔方法，主要有依靠旋转成孔、冲击钻成孔、泥浆护壁套管成孔和人工洛阳铲成孔几种。对于混凝土、硬土或冻土层，最适宜采用的钻头为(　　)。

A. 平底钻头　　B. 一般尖底钻头

C. 耙式钻头　　D. 刃口焊有硬质合金刀头的尖底钻头

2. 树根桩适用于(　　)地基上既有建筑物的修复和加固。

A. 淤泥　　B. 淤泥质土

C. 砂土　　D. 人工填土

3. 根据设计要求，树根桩施工浆液可配制成(　　)。

A. 纯水泥浆　　B. 水泥砂浆

C. 细石混凝土浆液　　D. 粗骨料混凝土浆液

二、简答题

1. 简述树根桩的施工工艺。
2. 树根桩有何优点?
3. 试阐明单根树根桩和网状结构树根桩是如何进行设计的。
4. 树根桩适用于何种工程中?

在线答题

情境14 灌 浆 法

学习目标

掌握灌浆法的概念、灌浆理论、加固原理、灌浆法处理对象及灌浆材料；掌握灌浆法的设计、施工和质量检验方法；能灵活运用灌浆法处理实际工程问题。

学习要求

知识要点	技能要点
(1) 灌浆法的概念	(1) 掌握灌浆法的设计方法
(2) 灌浆理论及加固原理	(2) 掌握灌浆法的施工和质量检验方法
(3) 灌浆法处理对象及灌浆材料	(3) 能灵活运用灌浆法处理实际工程问题

引例

北汽福田汽车股份有限公司潍坊多功能汽车厂涂装车间，房屋基础为独立柱基，设备基础为筏板基础。由于基础产生不均匀沉降，拟用灌浆法进行地基加固处理，试对灌浆参数做设计计算。

任务 14.1　灌浆法概述

灌浆的实质

14.1.1 灌浆法的概念

灌浆法的实质是用气压、液压或电化学原理，把某些能固化的浆液注入天然的和人为的裂缝或孔隙中，赶走土体颗粒间或岩石裂隙中的水、气后并占据其位置，硬化后形成一个结构新、强度大、防水性能高、化学稳定性良好的固结体，以改善各种介质的物理力学特性。

14.1.2 灌浆理论

在地基处理中，灌浆工艺所依据的理论主要可归纳为以下四类。

(1) 渗透灌浆理论：在灌浆压力作用下，浆液克服各种阻力渗入孔隙和裂隙中，压力越大，吸浆量及浆液扩散距离就越大。这种理论假定在灌浆过程中地层结构不受扰动和破坏，所用的灌浆压力相对较小，适用于中砂以上的砂土和有裂隙的岩石中。图 14.1 所示为渗透灌浆法示意。

(2) 劈裂灌浆理论：在灌浆压力作用下，浆液克服地层的初始应力和抗拉强度，引起岩石或土体结构的破坏和扰动，使地层中原有的孔隙和裂隙扩张，或形成新的孔隙和裂隙，从而使低透水性地层的可灌性和浆液扩散距离增大。其所用的灌浆压力相对较大。图 14.2 所示为劈裂灌浆法示意。

(3) 压密灌浆理论：通过钻孔向土层中压入浓浆，随着土体的压密和浆液的挤入，将在压浆点周围形成灯泡状空间，并因浆液的挤压作用而产生辐射状的上抬力，从而引起地层局部隆起。许多工程利用这一原理纠正了地面建筑物的不均匀沉降。图 14.3 所示为压密灌浆法示意。

(4) 电化学灌浆理论：当在黏土中插入金属电极并通以直流电后，就会在土中引起电渗、电泳和离子交换作用，促使通电区域的含水率降低，从而在土中形成渗浆通道。若在通电时向土中灌注硅酸盐浆液，就能在通道上形成硅胶，并与土颗粒胶结成具有一定力学强度的固结体。

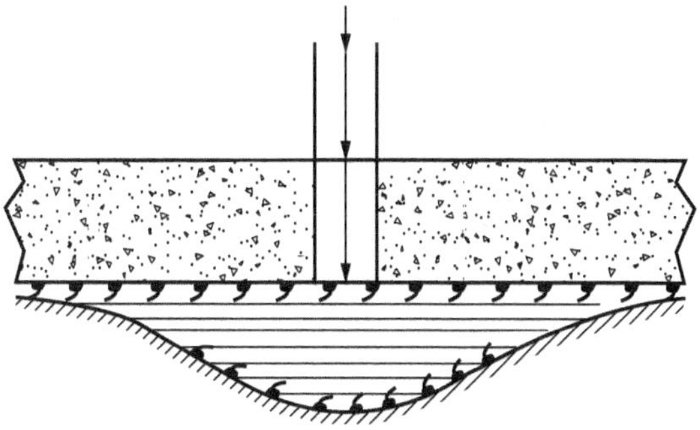

图 14.1　渗透灌浆法示意

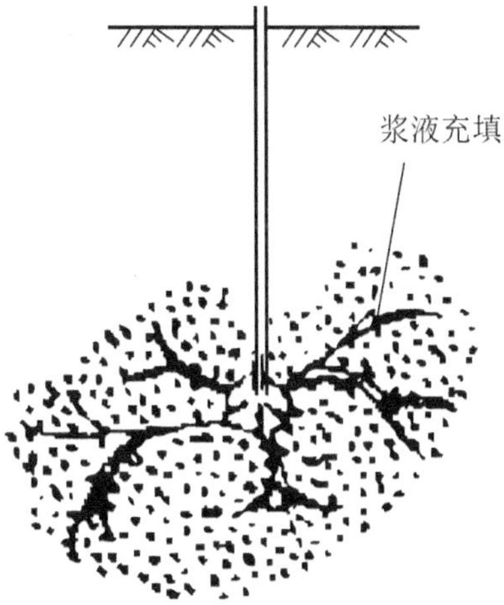

图 14.2　劈裂灌浆法示意

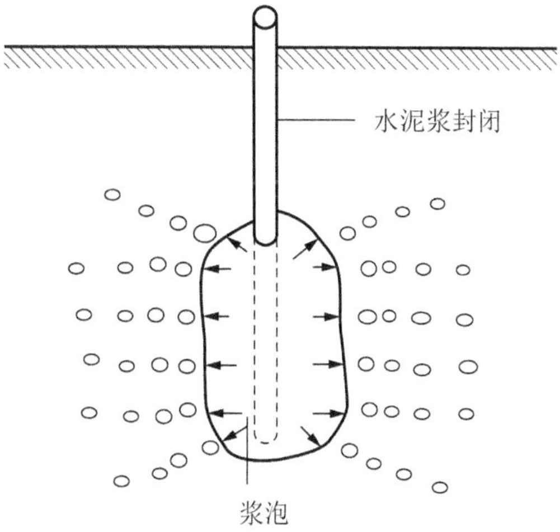

图 14.3　压密灌浆法示意

14.1.3 渗透灌浆及劈裂灌浆加固原理

1. 球形扩散

Maag(1938 年)首先推导出浆液在砂层中的渗透公式，其假设条件为：①被灌砂土为均质和各向同性的；②浆液为牛顿体；③采用填压法灌浆，浆液从灌浆管底端注入地层；④浆液在地层中呈球状扩散。

该理论的灌浆时间 t 和浆液扩散半径 r 的关系如图 14.4 所示，其计算公式为

$$t=\frac{r^3\beta n}{3kh_1r_0} \tag{14-1}$$

$$r=\sqrt[3]{\frac{3kh_1r_0t}{\beta n}} \tag{14-2}$$

式中　r_0——灌浆管半径；

β——浆液黏度与水的黏度比；

k ——砂土渗透系数；

h_1 ——灌浆压力，又称水头；

n ——砂土孔隙率。

Maag 公式较简单，对黏度随时间变化不大的浆液能给出渗入性的初步轮廓。

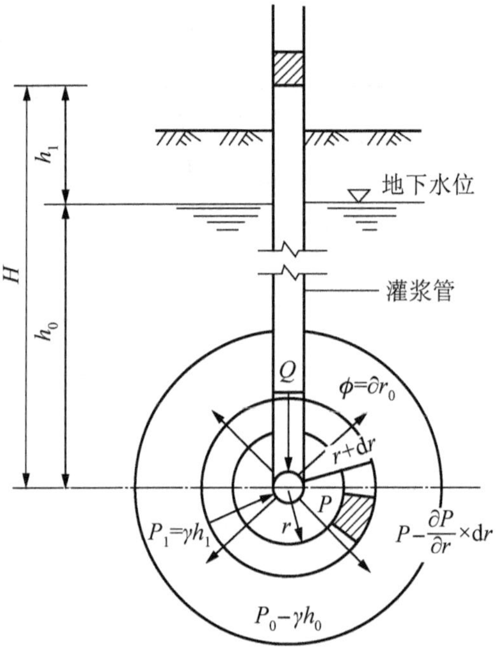

图 14.4　灌浆球形扩散半径示意

2. 柱形扩散

当牛顿体做柱形扩散时，如图 14.5 所示，其计算公式为

$$t=\frac{r^2\beta n\ln\frac{r}{r_0}}{2kh_1} \tag{14-3}$$

$$r=\sqrt{\frac{2kh_1t}{\beta n\ln\frac{r}{r_0}}} \tag{14-4}$$

式中　r ——浆液扩散半径；

r_0 ——灌浆管半径；

β ——浆液黏度与水的黏度比；

k ——砂土渗透系数；

h_1 ——灌浆压力，即水头；

n ——砂土孔隙率。

3. 袖套管理论计算

假定浆液在砂砾石中做紊流运动，则该理论的灌浆时间 t 和浆液扩散半径 r 的关系式如下。

$$r = 2\sqrt{\frac{t}{n}\sqrt{\frac{k\upsilon h_1 r_0}{d_e}}} \tag{14-5}$$

式中　d_e——被灌土体的有效粒径；

　　υ——浆液运动黏滞系数；

其余符号含义同上。

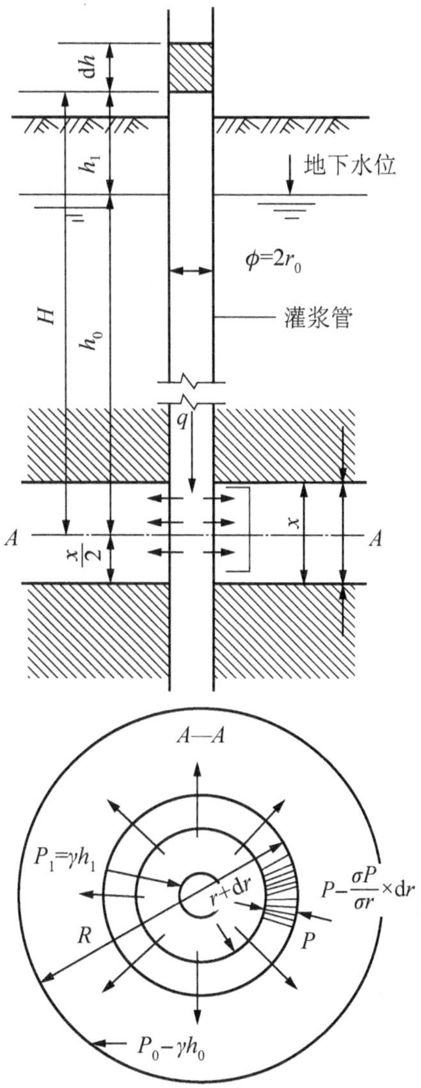

图 14.5　灌浆柱形扩散半径示意

4. 劈裂灌浆(沿垂直于小主应力的平面上发生劈裂)

此种方法适用于砂和砂砾土层，可按照有效应力的摩尔-库仑屈服准则进行计算，设地层各向同性，一旦材料满足下式则将发生破坏。

$$\frac{\sigma_1' + \sigma_3'}{2} \cdot \sin\phi' = \frac{\sigma_1' - \sigma_3'}{2} - \cos\phi' \cdot c' \tag{14-6}$$

地层中由于灌浆压力的作用，将使砂或砂砾土的有效应力减小，当灌浆压力 P_c 达到下式标准时就会导致地层破坏。

$$P_c = \frac{(\gamma h - \gamma_w h_w)(1+K)}{2} - \frac{(\gamma h - \gamma_w h_w)(1-K)}{2\sin\phi'} + c' \cdot \cot\phi' \tag{14-7}$$

式中　h_w ——灌浆段深度；

K ——大小主应力比。

随着孔隙水压力增加，有效应力减小至与破坏包线相切，表明砂或砂砾土开始劈裂，如图 14.6 所示。

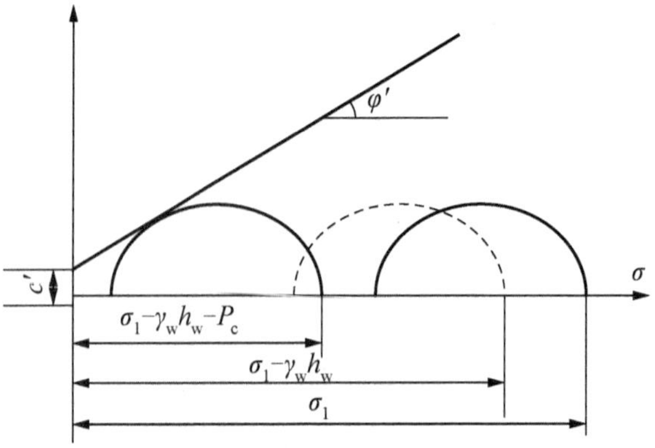

图 14.6　应力图示

14.1.4　灌浆法处理对象

灌浆法适用的处理对象如下。

(1) 坝基：砂基、砂砾石地基、喀斯特溶洞及断层软弱夹层等。

(2) 楼基：一般地基及振动基础等，包括对已有建筑物的修补。

(3) 道路基础：公路、铁道和飞机场路道等。

(4) 地下建筑：输水隧洞、矿井巷道、地下铁道和地下厂房等。

(5) 其他：如预填骨料灌浆、后拉锚杆灌浆及灌注桩后灌浆等。

灌浆法的应用

14.1.5　近期发展

灌浆法的应用领域越来越广，除坝基防渗加固外，在其他土木工程如道桥、矿井、文物保护、市政、地铁和地下厂房中也占有相当重要的地位；其浆材品种越来越多，浆材性能和应用问题的研究也越来越深入。

劈裂灌浆技术已取得明显发展，尤其在软土地基中，该技术越来越多地用作提高地基承载力和消除建筑物沉降的手段。

我国和一些比较发达的国家，电子计算机监测系统已较普遍地在灌浆法施工中用来收集和处理诸如灌浆压力、浆液稠度和耗浆量等重要参数，以提高工效和灌浆技术水平，实践没有止境①，通过不断实践，不断进行理论创新。

① 党的二十大报告第二条开辟马克思主义中国化时代化新境界“实践没有止境，理论创新也没有止境”。

灌浆材料
具有的特性

任务14.2 灌 浆 材 料

灌浆工程中所用的浆液是由主剂、溶剂及各种附加剂混合而成，通常所说的灌浆材料是指浆液中所用的主剂。图 14.7 所示为灌浆材料分类。

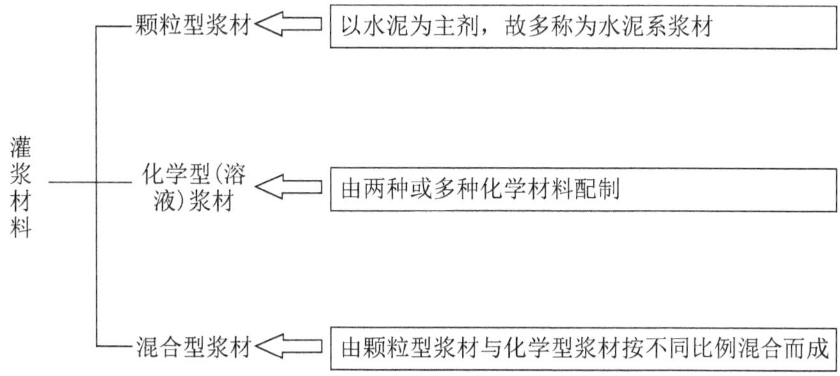

图 14.7 灌浆材料分类

14.2.1 颗粒型浆材

1. 颗粒型浆材的类型

颗粒型浆材的基本材料有水泥、黏土、粉煤灰和水，各成分作用如下。

(1) 水泥：为普通硅酸盐水泥、矿渣水泥、火山灰水泥、抗硫酸盐水泥，是浆材的核心成分。

(2) 黏土：具有吸收水分(蒙脱石)和形成胶凝结构的能力，常用于提高水泥浆的稳定性，防止沉淀和析水。

(3) 粉煤灰：用于节约水泥、降低成本和消化三废材料(废水、废气、废渣)，具有较高的经济效益和社会意义。

(4) 水：把固态水泥变成悬浮液，以供灌浆，使水泥颗粒发生水解和水化反应，同时使化合物形成晶体并相互结合成网状结构，从而让水泥浆逐渐形成具有一定力学强度的结石。

2. 颗粒型浆材的主要性质

(1) 分散度：一般分散度越高，可灌性就越好，其可影响浆液的物理力学性能。

(2) 沉淀析水性：沉淀析水性是影响灌浆质量的有害因素。在灌浆过程中，颗粒的沉淀分层会引起机具管路和地层孔隙的堵塞，可能造成灌浆过程过早结束。灌浆结束后，颗粒沉淀分层将使浆液的密度在垂直方向上发生变化，使灌浆体的均匀性降低；浆液的析水将使结石率降低，在灌浆体中形成孔隙。浆液水灰比是影响析水性的主要因素。

(3) 凝结性：分为两个阶段，一是初期阶段，浆液的流动性减少到不可泵送的程度；二是后期阶段，凝结后的浆液随时间而变硬。水泥浆的初凝时间为 2～4h，黏土水泥浆和粉煤灰水泥浆则更慢。

(4) 收缩性：潮湿养护的浆液不仅不会收缩，还可能略有膨胀，而干燥养护的浆液则可能发生收缩，进而产生微细裂缝，影响灌浆效果。

(5) 黏度：黏度是度量流体黏滞性大小的物理量。一般浆液水灰比越大，黏度越小；材料的细度越高，黏度越大。

(6) 强度和渗透性：影响结石强度的因素包括浆液的起始水灰比、结石的孔隙率、水泥的品种及掺合料等，其中以浆液的起始水灰比最为重要。不管是纯水泥浆还是黏土水泥浆和粉煤灰水泥浆，结石的渗透性都很小。

14.2.2 化学型(溶液)浆材

1. 丙烯酰胺类浆材

丙烯酰胺类浆材，常称丙凝浆材。丙凝浆材的标准配方见表 14-1。

表 14-1　丙凝浆材的标准配方

试剂名称	代号	作用	浓度	试剂名称	代号	作用	浓度
丙烯酰胺	A	主剂	9.5%	β-二甲氨基丙腈	DAP	促进剂	0.4%
N，*N*-亚甲基双丙烯酰胺	M	交联剂	0.5%	铁氰化钾	KFe	缓凝剂	0.01%
过硫酸铵	AP	引发剂	0.5%				

丙凝浆材的特点如下。

(1) 属于真溶液，可灌性非常好。

(2) 可精确控制浆液从制备到凝结所需的时间，且不受水、空气的影响。

(3) 浆液的黏度在凝结前保持不变，可使浆液在灌浆过程中维持相同的渗入性。

(4) 浆液凝固后，凝胶本身基本上不透水，耐久性和稳定性好，可用于永久性灌浆工程。

(5) 浆液能在很低的浓度下凝结(目前标准浓度是 10%)，故其成本相对较低。

(6) 浆液能用一次注入法灌浆，故其施工操作比较简单。

2. 聚氨酯类浆材

聚氨酯是采用多异氰酸酯和聚醚树脂等作为主要原料再掺入外加剂配制而成的。聚氨酯类浆材灌入土层后，遇水即反应生成聚氨酯泡沫体，起加固地基和防渗堵漏等作用。聚氨酯类浆材分类见表 14-2。

表 14-2　聚氨酯类浆材分类

类　别	性　能
水溶性聚氨酯	能与水以各种比例混溶，并与水反应生成含水胶凝体
非水溶性聚氨酯	只能溶于有机溶剂

聚氨酯类浆材的特点如下。

(1) 浆液黏度低，可灌性好，结石强度高，可与水泥灌浆相结合，形成高标准防渗帷幕。

(2) 浆液遇水即反应，可用于动水条件下堵漏。

(3) 安全可靠，不污染环境。

(4) 耐久性好。

(5) 操作简便，经济效益高。

目前土木工程中多用非水溶性聚氨酯，其中又以二步法的制浆方法最好，即把主剂先合成为聚氨酯低聚物，然后再把预聚体和外加剂按需要配成浆液。常见外加剂类型及作用如下。

(1) 增塑剂：用以降低大分子之间的相互作用力，提高浆液的可灌性。常用的有邻苯二甲酸二丁酯等。

(2) 稀释剂：用以降低预聚体或浆液的黏度，提高浆液的可灌性。常用的有丙酮和二甲苯等，其中以丙酮的稀释效果最好。

(3) 表面活性剂：用于提高泡沫的稳定性和改善泡沫的结构。一般采用聚山梨酯和硅油等。

(4) 催化剂：用以加速浆液与水的反应速度，控制发泡时间。常用的有三乙醇胺和三乙胺等。

业界经过多年的研究与实践，得出了几种比较有效的聚氨酯类浆材配方，见表 14-3。聚氨酯类浆材性能指标见表 14-4。

表 14-3　聚氨酯类浆材配方

编号	预聚体类型	材料质量比					
		预聚体	邻苯二甲酸二丁酯(增塑剂)	丙酮(稀释剂)	聚山梨酯、硅油(表面活性剂)	三乙醇胺(催化剂)	三乙胺(催化剂)
SK-1	PT-10	100	20～30	10～30	0.5～0.75	0.5～2	—
SK-3	TT-1/TM-1	100	10	10	0.5～0.75	—	0.2～4
SK-4	TT-1/TP-2	100	10	10	0.5～0.75	—	0.2～4

表 14-4　聚氨酯类浆材性能指标

编号	相对密度	黏度/(Pa·s)	固结体	
			屈服强度/(9.8×10^4Pa)	弹性模量/(9.8×10^4Pa)
SK-1	1.12	2×10^{-2}	160	4550
SK-3	1.14	1.6×10^{-1}	100	2870
SK-4	1.15	1.7×10^{-1}	100	2962

SK-1 浆液的黏度较低，其固结体的强度较高，抗渗性能好，并有良好的二次扩散性能，适用于砂层及软弱夹层的防渗和加固处理；SK-3、SK-4 浆液的特点是弹性较好，对于变形具有较好的适用性。SK-1、SK-3、SK-4 浆液遇水后黏度迅速增长，不会被水稀释或冲走，故特别适用于动水条件下的防水堵漏。

3. 硅酸盐类浆材

硅酸盐(水玻璃)灌浆开始于 1887 年，是一种古老的灌浆技术，具有价格低廉、渗入性较高、无毒等优点，国内外至今仍广泛应用于地基、大坝、隧道、桥墩、矿井等建筑工程中。

硅酸盐类浆材以含水硅酸钠(水玻璃 $Na_2O \cdot nSiO_2$)为主剂，另外加入胶凝剂以形成凝胶。硅酸盐类浆材的主要性能见表 14-5。

表 14-5　硅酸盐类浆材的主要性能

胶凝剂名称	浆液黏度 /(10^{-3}Pa · s)	胶凝时间	固结体抗压强度 /(9.8×10^4Pa)	灌浆方法
氯化钙	100	瞬时	小于 30	双液法
铝酸钠	5～10	数分钟至几十分钟	小于 30	单液法
碳酸氢钠	2～5	数秒钟至几十分钟	3～5	单液法
磷酸	3～5	数秒钟至几十分钟	3～5	单液法
氟硅酸	3～5	几秒钟至几十分钟	20～40	单液法或双液法
乙二醛	2～4	几秒钟至几十分钟	小于 20	单液法或双液法
高锰酸钾	2～3	几秒钟至几小时	2～3	单液法或双液法

注：① 双液法是指两种胶凝剂和主剂必须在不同的灌浆管或不同时间内分别灌注；单液法是指胶凝剂与主剂能在灌浆前先混合注入同一钻孔内。

② 双液法中两种化学剂的反应几乎同时发生，而单液法中浆液的凝结时间更长，黏度增长速度慢；单液法的有效扩散半径比双液法大，但其强度一般比双液法低。

4. 几种改性浆材

(1) 超细水泥。

常用的水泥由于颗粒较粗，一般只能灌注砾石或直径大于 0.3mm 的孔隙。为提高水泥的可灌性，日本率先用干磨法制成 d_{50} 为 4μm 的 MC 超细水泥，可灌入渗透系数为 10^{-3}cm/s 的中细砂层中，后由中国水利水电科学研究院研制出水平相当的 SK 超细水泥，近期由浙江大学等单位研制出 d_{50} 为 3～4μm 的 CX 超细水泥。

(2) 无毒丙凝浆材。

丙凝浆材虽然可灌性好，但对神经系统有毒害，对空气和地下水有污染。1980 年美国研制出了 AC-400 浆材，1982 年中国水利水电科学研究院研制出了 AC-MS 浆材，这类浆材的毒性仅为丙凝浆材的 1%，但特性和功能与丙凝浆材类似。

(3) 酸性水玻璃。

国内外从 20 世纪 70 年代后期开展了酸性水玻璃的研究，这种水玻璃能在中性区域内胶凝，凝胶体没有碱溶出，在潮湿地层中可看成是永久性浆材。

(4) 改性环氧树脂。

环氧树脂浆液的黏度大、可灌性小、憎水性强(吸水能力小)、与潮湿裂隙黏结能力差，采用在其中掺入糠醛、丙酮和水溶性甘油环氧树脂等方法，可形成低黏度、高亲水性并能在低温下固化的改性环氧树脂。

(5) 水玻璃水泥浆。

水玻璃水泥浆由水玻璃溶液与水泥浆混合而成，具有早强、高强、浆液结石率高等特点。

5. 水泥浆附加剂

为改善水泥浆性质，以适应不同的灌浆目的和自然条件，可在水泥浆中掺入不同的附加剂。常用的附加剂类型见表 14-6。

表 14-6 常用的附加剂类型

名称	试剂	用量(占水泥质量百分比)/%	说明	名称	试剂	用量(占水泥质量百分比)/%	说明
速凝剂	氯化钙	1～2	加速凝结硬化	流动剂	木质素磺酸钙	0.2～0.3	
	硅酸钠	0.5～3	加速凝结		去垢剂	0.05	产生空气
	铝酸钠			加气剂	松香树脂	0.1～0.2	产生约 10%的空气
缓凝剂	木质素磺酸钙	0.2～0.5	增加流动性	膨胀剂	铝粉	0.005～0.02	约膨胀 15%
	酒石酸	0.1～0.5			饱和盐水	30～60	约膨胀 1%
	磷酸氢二钠	0.5～2		防析水剂	纤维素	0.2～0.3	
					硫酸铝	约 20	产生空气

任务 14.3 灌浆法设计

14.3.1 设计内容

灌浆法设计包括如下基本内容。

(1) 灌浆标准：通过灌浆要求达到的效果和质量指标。

(2) 施工范围：包括灌浆深度、长度和宽度。

(3) 灌浆材料：包括浆材种类和浆液配方。

(4) 浆液影响半径：浆液在设计压力下所能达到的有效扩散距离。

(5) 钻孔布置：根据浆液影响半径和灌浆体设计厚度，确定合理的孔距、排距、孔数和排数。

(6) 灌浆压力：规定不同地区和不同深度的允许最大灌浆压力。

(7) 灌浆效果评估：用各种方法和手段检测灌浆效果。

14.3.2 灌浆方法的选择

施工中一般把灌浆方法的选择放在首要位置，具体灌浆方法的选择参见表 14-7，其选择与下列因素有关。

(1) 灌浆目的：是加固还是防渗，用于提高承载力还是减小变形。

(2) 地质条件：地层构造、土类及土性、地下水位、地震级别等。

(3) 工程性质：是永久工程还是临时工程，属于重要建筑还是一般建筑。

表 14-7　根据不同对象和目的的灌浆方法选择

灌浆对象	适用的灌浆理论	适用的灌浆方法	常用灌浆材料	
			防渗灌浆	加固灌浆
卵砾石	渗透灌浆	袖阀管法最好，也可用自上而下分段钻灌法	黏土水泥浆或粉煤灰水泥浆	水泥浆或硅粉水泥浆
砂及粉细砂	渗透灌浆或劈裂灌浆	袖阀管法最好，也可用自上而下分段钻灌法	酸性水玻璃、丙凝、单宁水泥浆材料	酸性水玻璃、单宁水泥浆或硅粉水泥浆
黏性土	劈裂灌浆或压密灌浆	袖阀管法最好，也可用自上而下分段钻灌法	黏土水泥浆或粉煤灰水泥浆	水泥浆、硅粉水泥浆、水玻璃水泥浆
岩层	渗透灌浆或劈裂灌浆	小口径、孔口封闭、自上而下分段钻灌法	水泥浆或粉煤灰水泥浆	水泥浆或硅粉水泥浆
断层破碎带	渗透灌浆或劈裂灌浆	小口径、孔口封闭、自上而下分段钻灌法	水泥浆或先灌水泥浆后灌化学型浆材	水泥浆或先灌水泥浆后灌改性环氧树脂或聚氨酯类浆材
混凝土内微细裂缝	渗透灌浆	小口径、孔口封闭、自上而下分段钻灌法	改性环氧树脂或聚氨酯类浆材	改性环氧树脂浆材
动水封堵	—	采用水泥水玻璃等快凝材料，必要时在浆液中掺入砂等粗料。在流速特别大的情况下，尚可采取特殊措施，如在水中预填石块或级配砂石后再灌浆		

在国内外工程实践中，常采用联合灌浆工艺，包括不同浆材及不同灌浆方法的联合，以适应某些特殊地质条件和专门灌浆目的的需要。各种浆材的适用范围见表 14-8。

表 14-8　各种浆材的适用范围

浆材			加固作用(C)/防渗作用(I)								
水泥			C	■	■						
膨润土/水泥			I	■	■	■	■				
反絮凝膨润土			I				■	■			
铬木质素凝胶			C					■	■		
硅胶	加固	浓浆	C				■	■			
		低黏度	C					■	■		
	防渗	浓浆	I					■	■		
		极稀	I					■	■		
树脂	丙凝		I						■	■	■
	苯酚		C						■	■	■
土的特性	起始渗透性/(m/s)			1	10^{-1}	10^{-2}	10^{-3}	10^{-4}	10^{-5}	10^{-6}	

注：表中阴影部分为适用范围。

14.3.3 灌浆材料的选择

灌浆材料的选择详见表 14-9 和表 14-10。

表 14-9　按土质不同对灌浆材料的选择

土质名称		灌浆材料	土质名称	灌浆材料
黏性土和粉土	粉土	水泥灌浆材料及水玻璃悬浊型浆液	砂砾	水玻璃悬浊型浆液(大孔隙)、渗透性溶液型浆液(小孔隙)
	黏土			
	黏质粉土			
砂质土	砂	渗透性溶液型浆液(但在预处理时，使用水玻璃悬浊型浆液)	层界面	水泥灌浆材料及水玻璃悬浊型浆液
	粉砂			

表 14-10　按灌浆目的不同对灌浆材料的选择

项　　目			基　本　条　件
改良目的	堵水灌浆		渗透性好、黏度低的浆液(作为预灌浆使用悬浊型)
	加固地基	渗透灌浆	渗透性好、有一定强度，即黏度低的溶液型浆液
		脉状灌浆	凝胶时间短的均质凝胶，强度大的悬浊型浆液
		渗透灌浆和脉状灌浆并用	均质凝胶强度大且渗透性好的浆液
	防止涌水灌浆		凝胶时间不受地下水稀释而延缓的浆液、瞬时凝固的浆液(溶液或悬浊型的)，使用双层管

续表

项目		基本条件
综合灌浆	预处理灌浆	凝胶时间短，均质凝胶强度比较大的悬浊型浆液
	正式灌浆	和预处理材料性质相似的渗透性好的浆液
特殊地基处理灌浆		对酸性、碱性地基，泥炭应事前进行试验校核后选择灌浆材料
其他灌浆		研究环境保护(针对毒性、地下水污染、水质污染等)措施

14.3.4 防渗标准

防渗标准越高，表明灌浆后地基的渗透性越低，灌浆质量越好，地下水流速也越低，地基发生管涌破坏的可能性就越小，但造价也越高。因此，防渗标准不应是绝对的，每个灌浆工程都应根据自己的特点，通过技术经济比较确定一个相对合理的指标。

对砂和砂砾石层，防渗标准多用渗透系数 k 表示。对比较重要的防渗工程，k 需降低至 10^{-4}～10^{-5}cm/s；对临时性工程或允许出现较大渗漏量而又不致发生渗透破坏的地层，也有采用 10^{-3}cm/s 数量级的实例。

在岩石地基中，防渗标准国内外多用 Lu 作为评价准则：在 1MPa 水压力作用下，每分钟压入每米长孔段 1L 水，即为 1Lu。

从总的趋势看，国内外灌浆帷幕的防渗标准倾向于逐渐放宽，《混凝土重力坝设计规范》(NB/T 35026—2014)规定：坝高大于 100m，防渗标准取 1～3Lu；坝高为 50～100m，取 3～5Lu；坝高 50m 以下，取 5Lu。

14.3.5 浆液扩散半径的确定

浆液扩散半径 r 是一个重要参数，对灌浆工程量及造价有重要的影响。r 值可按理论公式计算(球形扩散、柱形扩散、袖套管法等)，当地质条件复杂或计算参数不易选准时，应通过现场灌浆试验确定。在没有试验资料时，可按土的渗透系数参照表 14-11 选择浆液扩散半径。

表 14-11　按土的渗透系数选择浆液扩散半径

砂土(双液硅化法)		粉土(单液硅化法)		黄土(单液硅化法)	
渗透系数/(m/d)	加固半径/m	渗透系数/(m/d)	加固半径/m	渗透系数/(m/d)	加固半径/m
2～10	0.3～0.4	0.3～0.5	0.3～0.4	0.1～0.3	0.3～0.4
10～20	0.4～0.6	0.5～1.0	0.4～0.6	0.3～0.5	0.4～0.6
20～50	0.6～0.8	1.0～2.0	0.6～0.8	0.5～1.0	0.6～0.9
50～80	0.8～1.0	2.0～5.0	0.8～1.0	1.0～2.0	0.9～1.0

扩散半径并非最远距离，而是符合设计要求的扩散距离；确定扩散半径，要择取多数条件下可达到的数值，而不是取平均值。

14.3.6 灌浆孔的布置

灌浆孔的布置

灌浆孔的布置是根据浆液的灌浆有效范围应相互重叠，使被加固土体在平面和深度范围内连成一个整体的原则确定的。

1. 单排孔的布置

假定浆液扩散半径 r 已知，浆液呈圆球状扩散，如图 14.8 所示，则两圆必须相交才能形成一定的厚度 b，其计算公式为

$$b = 2\sqrt{r^2 - [(l-r) + \frac{r-(l-r)}{2}]^2} = 2\sqrt{r^2 - \frac{l^2}{4}} \tag{14-8}$$

$$l = 2\sqrt{r^2 - \frac{b^2}{4}} \tag{14-9}$$

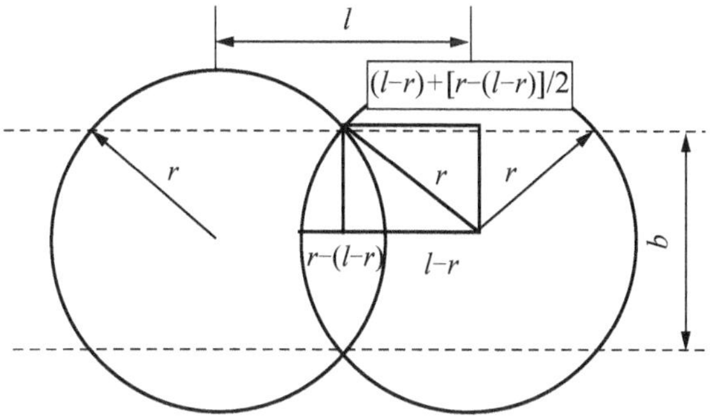

图 14.8 单排孔布置示意

l 值越小，b 值越大，当 $l = 0$ 时，$b = 2r$，这是 b 的最大值，但 $l = 0$ 没有实际意义(等于重合)；反之，l 值越大，b 值越小，当 $l = 2r$ 时，两圆相切，$b = 0$。故孔距 l 必须在 r 与 $2r$ 之间选择。

2. 多排孔的布置

多排孔布置的原则是要充分发挥灌浆孔的潜力，以获得最大的灌浆体厚度。但不同的设计方法将得出不同的结果。

(1) 排距 $R > r + \frac{b}{2}$。此时两排孔不能紧密搭接，在灌浆体中将留下“窗口”，如图 14.9 所示。

(2) 排距 $R < r + \frac{b}{2}$。此时两排孔搭接过多，将造成浪费，如图 14.10 所示。

(3) 排距 $R = r + \frac{b}{2}$。此时两排孔正好紧密搭接，最大限度地发挥了各灌浆孔的作用，是一种最优设计，如图 14.11 所示。此时最优排距 R_m 和最优厚度 B_m 的计算公式如下。

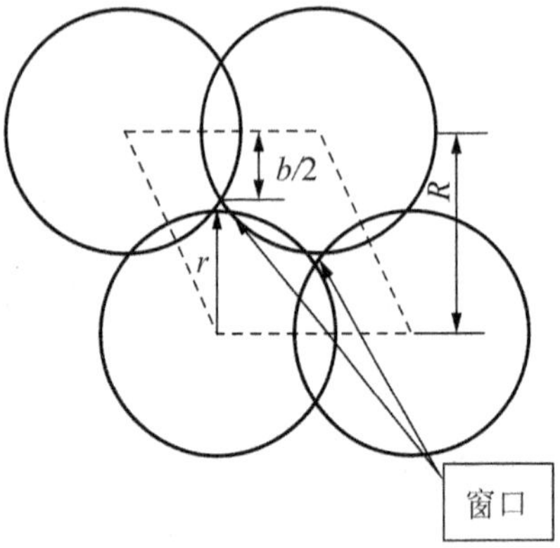

图 14.9　多排孔布置情形一

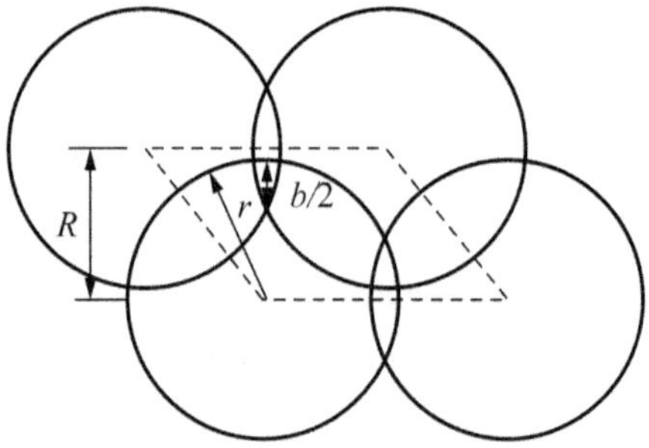

图 14.10　多排孔布置情形二

① 两排孔时：

$$R_{\mathrm{m}}=r+\frac{b}{2}=r+\sqrt{r^2-\frac{l^2}{4}} \tag{14-10}$$

$$B_{\mathrm{m}}=2r+b=2\left(r+\sqrt{r^2-\frac{l^2}{4}}\right) \tag{14-11}$$

② 三排孔时：

$$R_{\mathrm{m}}=r+\frac{b}{2}=r+\sqrt{r^2-\frac{l^2}{4}} \tag{14-12}$$

$$B_{\mathrm{m}}=2r+2b=2\left(r+2\sqrt{r^2-\frac{l^2}{4}}\right) \tag{14-13}$$

③ 五排孔时：

$$R_{\mathrm{m}}=r+\frac{b}{2}=r+\sqrt{r^2-\frac{l^2}{4}} \tag{14-14}$$

$$B_{\mathrm{m}}=4r+3b=4\left(r+1.5\sqrt{r^2-\frac{l^2}{4}}\right) \tag{14-15}$$

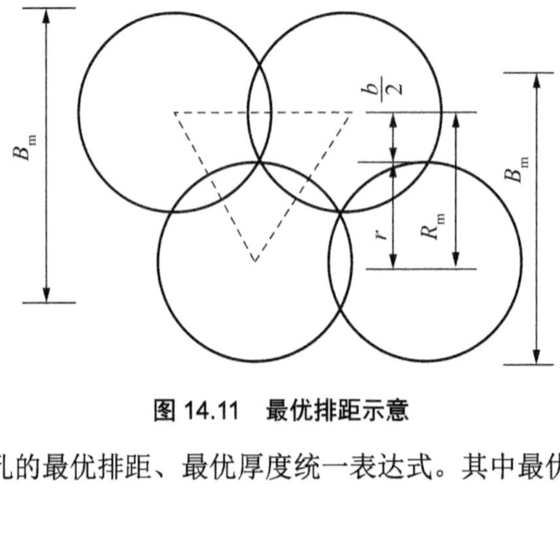

图 14.11　最优排距示意

综上可得出多排孔的最优排距、最优厚度统一表达式。其中最优排距为

$$R_{\mathrm{m}}=r+\frac{b}{2}=r+\sqrt{r^2-\frac{l^2}{4}} \tag{14-16}$$

最优厚度统一表达式如下。

① 奇数排时：

$$B_{\mathrm{m}}=(n-1)\left[r+\frac{n+1}{n-1}\cdot\frac{b}{2}\right]=(n-1)\left[r+\frac{n+1}{n-1}\cdot\sqrt{r^2-\frac{l^2}{4}}\right] \tag{14-17}$$

② 偶数排时：

$$B_{\mathrm{m}}=n\left(r+\frac{b}{2}\right)=n\left(r+\sqrt{r^2-\frac{l^2}{4}}\right) \tag{14-18}$$

式中　n——灌浆孔排数。

其余符号含义见图示。

在设计工作中常遇到 n 排孔厚度不够、$n+1$ 排孔厚度又偏大的情况，必要时可通过放大孔距来调整，但也应对钻孔费用和浆材费用进行比较，以确定合理的孔距。

14.3.7 容许灌浆压力的确定

由于浆液的扩散能力与灌浆压力大小密切相关，故高灌浆压力能使钻孔数减少、使一些微细孔隙张开，有助于提高可灌性，还能在充填物中造成劈裂灌浆，使软弱材料的密度、强度和不透水性得以改善，并有助于排出浆液中多余的水分，使浆液结石的强度提高。

当灌浆压力超过地层的压力和强度时，有可能导致地基及其上部结构破坏，故一般以不使地层结构破坏或仅发生局部和少量破坏来作为确定地基容许灌浆压力的基本原则。

进行灌浆试验时，一般是用逐步提高压力的方法求得灌浆压力与灌浆量的关系曲线，如图 14.12 所示。

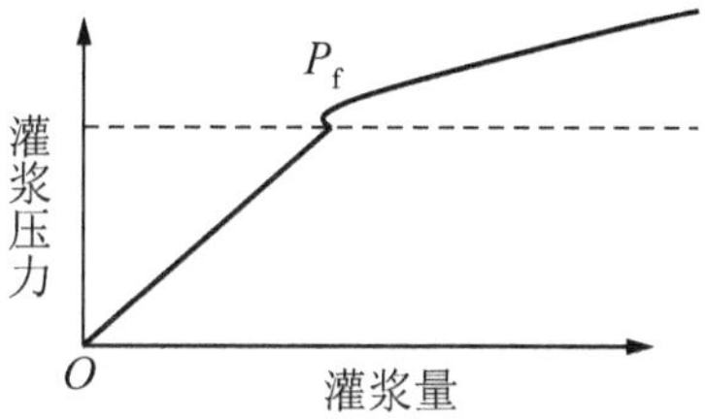

图 14.12　灌浆压力与灌浆量的关系曲线

当压力升至某一数值(P_f)而灌浆量突然增大时，表明地层结构已发生破坏或孔隙尺寸已被扩大，因而可把此时的压力值作为地基容许灌浆压力值。

当缺乏试验资料，或在进行现场灌浆试验前需要预定一个试验压力时，可按理论公式或经验值确定，然后在灌浆过程中根据具体情况再做适当调整。

对砂砾地基进行灌浆时，其容许灌浆压力可采用以下公式计算。

$$[P_{\mathrm{e}}]=c(0.75T+Kh\lambda) \tag{14-19}$$

或

$$[P_{\mathrm{e}}]=\beta\gamma T+cKh\lambda \tag{14-20}$$

式中 $[P_e]$ ——容许灌浆压力(10^5Pa)；

c ——与灌浆期次有关的系数，第一序孔取 1，第二序孔取 1.25，第三序孔取 1.5；

T ——地基覆盖层厚度(m)；

K ——与灌浆方式有关的系数，自上而下灌浆时取 0.5，自下而上灌浆时取 0.6；

λ ——与地层性质有关的系数，可在 0.5～1.5 之间取值，结构松、渗透性强的取低值，反之取高值；

h ——地面至灌浆段的深度(m)；

β ——系数，在 1～3 范围内取值；

γ ——地表面以上覆盖层的重度(kN/m^3)。

14.3.8 灌浆量

灌浆量 Q 按下式计算。

$$Q = 1000KVn \tag{14-21}$$

式中 V ——灌浆对象的土量(m^3)；

n ——土的孔隙率(%)；

K ——经验系数，对软土、黏性土、细砂取 0.3～0.5，对中砂、粗砂取 0.5～0.7，对砾砂取 0.7～1.0，对湿陷性黄土取 0.5～0.8。

任务 14.4 灌浆法施工

水泥浆液灌浆法介绍

14.4.1 水泥浆液灌浆法

选择灌浆方法时，要考虑介质的类型和浆液的凝胶时间。土体灌浆一般吸浆量较大，可采用纯压式灌浆；而裂隙岩体在注水泥浆时，吸浆量一般较小，可采用循环式灌浆。双液化学灌浆时，浆液凝胶时间不同，混合的方法也不同：凝胶时间较长时，两种浆液在罐内混合后采用单泵注入，称为单枪注射；凝胶时间中等(2～5min)时，两种浆液用双泵在孔口混合后注入，称为 1.5 枪注射；凝胶时间较短时，两种浆液用双泵泵入在孔底混合后注入，称为双枪注射。

1. 施工方法分类

1) 花管灌浆法

花管灌浆法是在灌浆管前端的一段管上打许多直径为 2～5mm 的小孔，使浆液从小孔中水平地喷到地层里。钻杆灌浆时，浆液从钻杆底端向地层注入，但如果地层的可注性差，压力急剧上升，就会向地层中的松软区域串浆，有时还会从钻杆周围涌到地表。与钻杆灌浆法相比，由于花管灌浆法向灌浆管喷出的断面积明显增大，因此大大减少了压力急剧上升和浆液涌到地表层的可能性。

花管灌浆法的施工步骤如下。

花管灌浆法的施工步骤

(1) 钻机和灌浆设备就位。

(2) 钻孔，必要时进行泥浆护壁钻孔。

(3) 钻孔完毕及时灌入封闭泥浆，插入灌浆花管至设计位置。对于松散地层，可以利用振动法将灌浆花管压入土层中。

(4) 待封闭泥浆凝固后，按设计要求开泵进行灌浆，直至达到灌浆结束标准为止。

(5) 灌浆结束后，用清水冲洗灌浆设备管路中的残留浆液。

花管灌浆法可用于砂砾层的渗透灌浆，也可用于土体的水泥-水玻璃双液劈裂灌浆，与灌浆塞组合，还可用于孔壁较好的裂隙岩体灌浆。

2) 袖阀管法

袖阀管法为法国 Soletanche 公司首创，故又称为 Soletanche 法。该法于 20 世纪 50 年代在国际土木工程界得到广泛的应用，国内于 20 世纪 80 年代末逐渐将其用于砂砾层渗透灌浆、软土层劈裂灌浆(SRF 工法)和深层(超过 30m)土体劈裂灌浆。

袖阀管法的施工步骤如下。

(1) 钻孔。通常都用优质泥浆如膨润土浆进行护壁，很少用套管护壁。

(2) 插入袖阀管。为使套壳料的厚度均匀，应设法使袖阀管位于钻孔的中心。

(3) 浇筑套壳料。用套壳料置换孔内泥浆，浇筑时应避免套壳料进入袖阀管内，并严防孔内泥浆混入套壳料中。

(4) 灌浆。待套壳料具有一定强度后，在袖阀管内放入双塞的灌浆管后即可进行灌浆。

袖阀管法的主要优点为：①可根据需要灌注任何一个灌注段，还可进行重复灌浆；②可使用较高的灌浆压力，冒浆和串浆的可能性较小；③钻孔和灌浆作业可分开，设备利用率高。

其缺点主要有两个：一是袖阀管被具有一定强度的套壳料胶结，难于拔出重复利用，费管材；二是每个灌浆段长度固定为 33～50cm，不能根据地层的实际情况进行调整。

3) 循环灌浆法

对吸浆率小的裂隙岩体，在灌注水泥浆液或黏土水泥浆液时可采用循环灌浆法，将过剩浆液从孔中返回到灌浆泵再继续循环灌入。我国水电部门的防渗帷幕灌浆多采用循环灌浆工艺。循环灌浆法的工序为：钻孔→钻孔冲洗→压水试验→灌浆→全孔终了封孔。

4) 岩溶灌浆法

岩溶灌浆法是针对岩溶具有较大的缝、隙、洞等通道，出现所谓的“灌不住”现象(即在水的流速大到足以冲走浆液最大颗粒的情况下，不能产生浆液颗粒沉淀堵塞作用)而研究的一种特殊的灌浆工艺。

一般岩溶灌浆法，可以在浆液中掺加粗料，促使浆液产生沉积推移作用，堵塞流水通道。但是当通道水流速度很大时，只靠浆液中掺加粗料的办法很难实现封堵目的，原因是目前灌浆设备只允许掺加直径不大于5mm的砾料。级配反滤灌浆法较好地解决了该问题，方法是先通过钻孔充填砾、砂、卵石级配料，堵塞漏水通道，减小水流速度，形成反滤条件，然后注入水泥浆形成防渗凝结体。

2. 施工注意事项

(1) 根据灌浆形式和机具不同，钻孔直径宜为70～100mm，孔位偏差不得大于50mm，垂直度偏差控制在1%以内。灌浆孔设计有角度要求时，应预先调节钻杆角度，倾角偏差应在控制范围内。

(2) 当孔钻至设计深度后，必须通过钻杆注入封闭泥浆，直到孔口溢出泥浆方可提杆。当提杆到中间深度时，应再次注入封闭泥浆，最后完全提出钻杆。封闭泥浆的7d无侧限抗压强度宜为0.3～0.5MPa。

(3) 灌浆压力一般与加固深度的覆盖压力、建(构)筑物的荷载、浆液黏度、灌注速度和灌浆量等因素有关。灌浆过程中压力是变化的，初始压力小，最终压力高，在一般情况下每加深1m压力增加20～50kPa。

(4) 若进行第二次灌浆，如果浆液的黏度较小，不宜采用自行密封式密封圈装置，宜采用两端用水加压的膨胀密封型灌浆芯管。

(5) 灌浆完后要及时拔管，若不及时拔管，浆液会将管子凝住而造成拔管困难。拔管时宜采用拔管机。用塑料阀管灌浆时，灌浆芯管每次上拔高度应为330mm；用花管灌浆时，花管每次上拔或下钻高度宜为500mm。拔出管后，应及时刷洗灌浆管，以保持通畅洁净。拔出管后在土中留下的孔洞，应用水泥砂浆或土料填塞。

(6) 灌浆的流量一般为7～10L/min。对充填型灌浆，流量可适当加大，但也不宜大于20L/min。

(7) 在满足强度要求的前提下，可用磨细粉煤灰或粗灰部分代替水泥，其掺入量应通过试验确定，一般掺入量约为水泥质量的20%～50%。灌浆所用的水泥宜用32.5级或42.5级普通硅酸盐水泥，水泥浆的水灰比可取0.6～2.0，常用的水灰比为1.0。

(8) 为了改善浆液性能，可在水泥浆液拌制时加入如下外加剂。

① 加速浆液凝固的水玻璃，其模数应为3.0～3.3，水玻璃掺入量应通过试验确定，一般为水泥质量的0.5%～3%。

② 提高浆液扩散能力和可泵性的表面活性剂(或减水剂)，如三乙醇胺等，其掺入量为水泥质量的0.3%～0.5%。

浆液必须经过搅拌机充分搅拌均匀后，才能开始灌注，并应在灌注过程中不停地缓慢搅拌，在泵送前应经过筛网过滤。

(9) 冒浆处理。土层的上部压力小，下部压力大，浆液就会有上冒的趋势。灌浆深度大时，上冒不明显；而灌浆深度浅时，浆液上冒的趋势就会增大，甚至会溢到地面上来。此时可采用间歇灌浆法，即让一定数量的浆液注入上层孔隙大的土中后暂停工作，让浆液凝固，几次反复，就可把上冒的通道堵死；或者加快浆液的凝固时间，使浆液压出灌浆管后能尽快凝固。工程实践表明，需加固的土层之上，应有不少于1m厚的土层，否则应采取措施防止浆液上冒。

14.4.2 单液硅化法

1. 施工步骤

(1) 压力灌注溶液的施工步骤，应符合下列要求。

① 向土中打入灌注管和灌注溶液，应自基础底面标高起向下分层进行，达到设计深度后，将管拔出，清洗干净后可继续使用。

② 加固既有建筑物地基时，在基础侧向先施工外排，后施工内排。

③ 灌注溶液的压力值由小逐渐增大，但最大压力不宜超过 200kPa。

(2) 溶液自渗的施工步骤，应符合下列要求。

① 在基础侧向，将设计布置的灌注孔分批或全部打(或钻)至设计深度。

② 将配好的硅酸钠溶液注满各灌注孔，浆液宜高于基础底面标高 0.5m，使溶液自行渗入土中。

③ 在溶液自渗过程中，每隔 2～3h 向孔内添加一次溶液，防止孔内溶液渗干。

2. 施工注意事项

(1) 施工中应经常检查各灌注孔的加固深度、注入土中的溶液量、溶液的浓度及有无沉淀现象。采用压力灌注时，应经常检查在灌注过程中浆液有无从灌注孔冒出地面，如发现溶液冒出地面，应立即停止灌注，采取有效措施处理后再继续。

(2) 设计溶液量全部注入土中后，所有灌注孔宜采用 2∶8 灰土分层回填夯实。

(3) 采用单液硅化法加固既有建(构)筑物或设备基础的地基时，在灌注硅酸钠溶液过程中，应进行沉降观测，当发现建(构)筑物或设备基础的沉降突然增大或出现异常情况时，应立即停止灌注，待查明原因并采用有效措施处理后再继续。

14.4.3 碱液法

1. 成孔

碱液法灌注孔可用洛阳铲、螺旋钻成孔或用带有尖端的钢管打入土中成孔，孔径为 60～110mm，孔中填入粒径为 20～40mm 的石子，直到注液管下端标高处，再将内径 20mm 的注液管插入孔中，管底以上 300mm 高度内填入粒径为 2～5mm 的小石子，其上用 2∶8 灰土分层回填夯实。

2. 浆液配制

碱液可用固体氢氧化钠或液体氢氧化钠配制，加固 $1m^3$ 黄土需要氢氧化钠量约为干土质量的 3%，即 35～45g。碱液浓度不应低于 90g/L，常用浓度为 90～100g/L。双液加固时，氯化钙溶液的浓度为 50～80g/L。

配制碱液时，应先放水，然后放入氢氧化钠或浓碱液。溶液加碱量可按以下公式计算。

(1) 采用固体氢氧化钠配制浓度为 M 的碱液时，每 $1m^3$ 水中加入固体氢氧化钠的质量为

$$G_s=1000M/P \tag{14-22}$$

式中 G_s ——每 $1m^3$ 碱液中加入的固体氢氧化钠质量(kg)；

M ——配制碱液的浓度(g/L)，计算时将 g 换算为 kg；

P——固体氢氧化钠中氢氧化钠的质量分数(%)。

(2) 采用液体氢氧化钠配制 1m³ 浓度为 M 的碱液时，加入的液体氢氧化钠体积 V_1 为

$$V_1=\frac{1000M}{d_N N} \tag{14-23}$$

相应的加水体积 V_2 为

$$V_2=1000\left(1-\frac{M}{d_N N}\right) \tag{14-24}$$

式中 V_1——液体氢氧化钠的体积(L)；

V_2——加水的体积(L)；

d_N——液体氢氧化钠的相对密度；

N——液体氢氧化钠的质量分数。

3. 施工注意事项

(1) 碱液法加固施工，应合理安排灌注顺序，控制灌注温度和灌注速度。宜间隔 1～2 孔灌注，并分段施工，相邻两孔的灌注间隔时间不宜少于 3d，同时灌注孔距不应小于 3m。施工时，应在盛溶液桶中将碱液加热到 90℃以上才能进行灌注，灌注过程中桶内溶液温度应保持不低于 80℃。灌注碱液的速度宜为 2～5L/min。

(2) 当采用双液加固时，应先灌注氢氧化钠溶液，间隔 8～12h 后，再灌注氯化钙溶液，后者用量为前者的 1/4～1/2。

(3) 施工中应防止污染水源，并注意安全操作。

灌浆效果检验方法

任务 14.5 质量检验

14.5.1 水泥浆液灌浆法

灌浆质量与灌浆效果的概念不完全等同。灌浆质量一般是指灌浆施工是否严格按照设计和施工规范进行，如灌浆材料的品种规格、浆液的性能、钻孔角度、灌浆压力等都应符合规范要求，否则应根据具体情况采取适当的补充措施；而灌浆效果是指灌浆后能将地基土的物理性能改善到什么程度。

灌浆质量高，并不等于灌浆效果好。因此，在设计和施工中，除应明确规定某些质量标准外，还应规定所要达到的灌浆效果及检验方法。

灌浆效果的检验，通常在灌浆结束后 28d 方可进行，其方法如下。

(1) 统计计算灌浆量。可利用灌浆过程中的流量和压力自动记录曲线进行分析，从而判断灌浆效果。

(2) 利用静力触探试验测试加固前后土力学指标的变化，以了解加固效果。

(3) 在现场进行抽水试验，测定加固土体的渗透系数。

(4) 采用现场静载荷试验，测定加固土体的承载力和变形模量。

(5) 采用钻孔弹性波试验，测定加固土体的动弹性模量和切线模量。

(6) 采用标准贯入试验或轻便动力触探试验等，测定加固土体的力学性能，并可直接得到灌浆前后原位土的强度，从而进行对比。

(7) 进行室内试验，通过对加固前后土的物理力学指标的对比，判定加固效果。

(8) 采用 γ 射线密度计法。这属于物理探测方法中的一种，是在现场测定土的密度，用以说明灌浆效果。

(9) 试验电阻率法。将灌浆前后对土测定的电阻率进行比较，根据电阻率差说明土体孔隙中浆液的存在情况。

在以上方法中，静力触探试验和动力触探试验最为简易实用。检查点一般为灌浆孔数的 2%～5%，如检查点的不合格率等于或大于 20%，或虽小于 20%但检查点的平均值达不到设计要求，在确认设计原则正确后，应对不合格的灌浆区实施重复灌浆。

14.5.2 单液硅化法

硅酸钠溶液灌注完毕，应在 7～10d 后对加固的地基土进行检验。单液硅化法处理后的地基在竣工验收时，承载力及均匀性应采用动力触探试验或其他原位测试检验。必要时，应在加固土的全部深度内，每隔 1m 取土样进行室内试验，测定其压缩性和湿陷性。

地基加固结束后，应对加固地基的建(构)筑物或设备基础进行沉降观测，直至沉降稳定。观测时间不应少于半年。

14.5.3 碱液法

碱液法加固施工应做好记录，检查碱液浓度及每孔灌浆量是否符合设计要求。碱液法加固地基的竣工验收，应在施工完毕 28d 后进行，可通过开挖或钻孔取样，对加固土体进行无侧限抗压强度试验和水稳性试验。取样部位应在加固土体中部，试块数不少于 3 个，28d 龄期的无侧限抗压强度平均值不得低于设计值的 90%；将试块泡在水中时，应无崩解。当需要查明加固土体的外形和整体性时，可对有代表性加固土体进行开挖，测量其有效加固半径和加固深度。

施工中每间隔 1～3d，应对既有建筑物的附加沉降进行观测。加固地基经检验后应继续进行沉降观测，时间不应少于半年，按加固前后沉降观测结果或用触探法检测加固前后土中阻力的变化来确定加固质量。

14.5.4 灌浆效果检验

地基灌浆最重要的效果检验方法是在灌浆体内钻孔，并通过钻孔进行不同的测试工作。

(1) 灌浆结束后，通过在灌浆体内钻孔，用压水、注水或抽水等方法测定地基的流量及渗透系数，不合格者需进行补浆。

(2) 通过钻孔，从灌浆体内取出原状样品，送实验室进行必要的试验研究(考察样品密度、结石性质、浆液的充填率及剩余孔隙率、无侧限抗压强度及抗剪强度、渗透性及长期渗流稳定性、变形模量和蠕变性等)。

(3) 建筑物投入运行后，通过钻孔网观测灌浆体上下游的水位和渗流量。

(4) 分析地层的耗浆量情况。

(5) 用现场测得的弹性纵波速度和动弹性模量来确定加固灌浆的效果。

工程实例一

北汽福田多功能汽车厂涂装车间地基处理工程

1. 工程概况

北汽福田汽车股份有限公司潍坊多功能汽车厂涂装车间，房屋基础为独立柱基，设备基础为筏板基础，由于基础产生不均匀沉降，需要对该地基进行加固处理。

2. 地基条件

该场地基础持力层为粉质黏土，承载力特征值 $f_{ak}=150\text{kPa}$，第四层为强风化安山质玄武岩，承载力特征值 $f_{ak}=200\text{kPa}$。基础用 C30 级防水混凝土，抗渗等级为 P6，垫层采用 C15；保护层厚度为顶板 20mm，侧壁底板 40mm；筏板高 750mm，基础下部有 500mm 碎石垫层。拟采用压力灌浆方案加固地基。

3. 压力灌浆方案的选择与设计

进行压力灌浆施工时首先要解决的问题是灌浆方案的选择，即选择灌浆方法和灌浆材料，同时还应考虑工程本身性质、工程地质条件等各方面因素。依据工程实践经验，选择灌浆方案一般应遵循以下原则。

(1) 一般应采用水泥浆或水泥粉煤灰浆液对软弱地基进行加固。

(2) 如有硬壳层存在于软弱土层的上部，应将此软弱土层作为封压层；当无这种硬壳层或没发育时，可在地表做一厚约 0.5m 的黏土垫层来作为封压层，或在地基碾实后形成封压层。

(3) 如软弱土层上部有较多的砂砾层，应自上而下采用分段式灌浆；如软弱土层上部砂砾层较少或没有砂砾层，应自下而上采用分段式灌浆。

本工程选择上述自下而上的灌浆方式进行施工。

1) 方案概述

根据现场实际情况，设备基础沉降主要是由于下部土质松软及原定处理方案不合理，致使基础出现不均匀沉降。通过现场勘察发现，主要问题为结构北侧沉降，加固处理以基础北侧为主，南侧基础适当加固。同时垫层下 500mm 厚碎石垫层的缝隙也需进行压浆处理，对该建筑整体地基范围内从基础侧面进行自下而上的分段灌浆加固处理。采用花管灌浆法对地基土进行加固，用长度为 6m 的灌浆花管钻孔深入基岩中，从侧面自下向上分段灌浆。

2) 灌浆参数选用

(1) 灌浆压力：应通过现场试验确定，综合考虑覆盖土压、浆液种类、地质条件等因素的影响。参照砂砾石土地基灌浆工程经验，建议此地段灌浆压力选用 0.4～1.0MPa。

(2) 灌浆顺序：应按跳孔间隔灌浆方式进行。

(3) 浆液参数：灌浆材料为纯水泥浆，其中掺加早强减水剂和微膨胀剂，水灰比为 1∶1，水泥采用 32.5 级普通硅酸盐水泥。

(4) 灌浆量：在一般情况下，理论上注入的浆量应填充到颗粒之间的孔隙中，或沿层理或裂隙劈裂式注入。

每孔(段)浆液注入量可按下式计算。

$$Q = \pi AHR^2\beta n = ASHn\beta = qH \tag{14-25}$$

式中 Q——每孔段灌浆量(m^3)；

A——浆液损耗系数，取 1.15～1.30；

H——灌浆孔深(m)；

R——浆液有效扩散半径(m)；

β——浆液充填系数；

S——浆液扩散面积(m^2)；

n——孔隙率；

q——等效截面积。

根据已知数据计算后，每延米灌浆量为 0.8m^3。

(5) 灌浆孔间距及灌浆流量：灌浆孔交错布置，灌浆孔间距取为 1.2m，灌浆流量为 10～15L/min。

(6) 灌浆花管开孔参数：灌浆花管采用ϕ25mm 镀锌钢管。

4. 工程施工

施工基本工序为：测放孔位→成孔→花管制作及安放→灌浆→清洗工程设备。

(1) 测放孔位。根据设计孔位在灌浆范围内准确定位，定出灌浆孔位并将其标记出来。

(2) 成孔。灌浆孔施工时，选用孔径为 130mm 的 XY-100 型钻机成孔。为防止发生不均匀沉降，将其状态固定。

(3) 花管制作及安放。花管的配置由孔深决定，并根据设计要求制作，成孔后灌浆花管下入至孔底，将孔口管封闭。

(4) 灌浆。首先选择灌浆材料，采用水灰比为 1∶1 的纯水泥浆，掺入早强减水剂和微膨胀剂，水泥为 32.5 级普通硅酸盐水泥，灌浆压力定为 0.4～1.0MPa。灌浆次序是先对边缘帷幕孔进行施工，接着对加固孔进行施工，当灌浆量达到设计要求时，终止灌浆。为了确保灌浆工程质量，边缘帷幕孔孔距一般为灌浆孔孔距的 1/2。当灌浆流量小于 0.4L/min 或地面出现大量冒浆时，稳定 30min 后即可完成灌浆。灌浆时，每组应间隔 2～3 孔隔孔跳打跳注。

(5) 清洗工程设备。如不需要连续施工，灌浆完成后务必及时清洗浆泵、管路等。如连续施工，可视具体情况不进行该项操作。

灌浆工程属于地下隐蔽工程，为确保灌浆工程质量，要严格按照要求进行施工。由于操作设备可能会对结构地面造成损坏，所以在灌浆施工过程中应在地面铺设塑料薄膜或其他防护材料，防止对地面有过大损坏。同时由于该建筑已经建成，在施工操作过程中，应保证已安装好的设备不受影响或出现损坏，故而应对设备采取必要的防护措施，如施工时尽量减小振动、尽量避免触碰设备装置等，具体应根据施工时的现场实际情况，对设备进行防护。

5. 加固效果

质量检验从以下两方面来进行。

(1) 沉降观测。为全面检验灌浆效果，观测需要在开工前进行一次，完成室外与室内灌浆工程后各进行一次，待全部工程完工一个月后再进行一次。

(2) 灌浆质量检验。按照前述规范及设计要求，在灌浆结束 28d 后进行质量检验，灌浆孔检验点按灌浆孔数的 5%进行，检验点合格率大于 80%(若小于或等于 80%，对不合格的灌浆区域应重新灌浆)。质量检验的具体方法有开挖法、钻芯法、载荷试验法、变形观测法等，本工程采用了开挖法，并采用了钻芯法和载荷试验法来验证地基灌浆加固质量。试验数据表明达到了预定目标。

工程实例二

本溪八盘岭隧道地基处理工程

1. 工程概况

本溪八盘岭隧道有长 410m 的断层带，其中 250m 由 F_6、F_7 两条区域性断裂层组成。隧道地表附近有许多村庄和工矿企业，其生活用水和工业用水均依赖分布于 F_6、F_7 含水层低谷一带的三眼泉水，建设单位不能漏打，以免因此造成巨大的经济损失。

2. 地基条件

由于受东西向主压应力的作用，该地岩体挤压破碎严重，多呈碎石状镶嵌结构。断层破碎带内构造、节理和石灰岩溶裂隙水富集，涌水量达 10000m^3/d，局部有股流甚至有突水发生。地表水与地下水连通性好，两断层均在地表露头，出露地貌为低谷带，汇水面积大。地下水位高于铁路路肩设计标高 137m，给施工造成很大困难。

3. 灌浆参数设计

该断层处理的关键问题是止水，不能因开挖而影响这一地域的地下水径流的平衡条件。在进行了大量试验的基础上，考虑对该处进行灌浆加固处理，按照灌浆扩散半径、段长、固结强度等设计要求及现场施工条件，确定了基准浆液配合比及基本水灰比、水玻璃浓度及水泥浆与水玻璃的体积比，编制了现场操作的浆液配制和便于现场调整浆液浓度的调整表。

灌浆有效范围为开挖轮廓线外 4m(塌方地段为 5m)，灌浆段长 20m，灌浆方式为无涌水情况下全孔一次压入式，有涌水情况下为前进式，灌浆压力为 4～5MPa，浆液流量为 60～120L/min，止浆岩盘 3～4m，水灰比为(0.75～1)∶1，水玻璃浓度为 25～35°Bé，水泥浆与水玻璃体积比为 1∶0.5。沿开挖轮廓线单排辐射布孔，孔底成双层重叠，涌水地段则拱部双排布孔。钻孔采用瑞典阿特拉斯公司的 H174、H178 型液压钻孔车，灌浆采用锦西灌浆泵厂的 2TGZ-60/210、2TGZ-120/60 双液灌浆泵，配套机具包括自制搅拌桶、三通混合器、橡胶止浆塞等。

水泥-水玻璃双液浆现场配合比试验原料，包括强度等级为 42.5 级和 52.5 级的普通硅酸盐水泥，出厂浓度 45°Bé、模数 2.75 的水玻璃及磷酸氢二钠缓凝剂。试验目的是分析双液浆的水灰比、水泥浆与水玻璃体积比、水玻璃浓度、缓凝剂掺入量、水泥品种等因素之间的内在联系及其对双液浆凝胶时间、抗压强度等的影响。

八盘岭隧道断层破碎带岩石破碎严重，含水率大，设计要求一次灌浆段长 20m，每孔灌浆扩散半径为 4m，浆液凝胶时间为 3min，在含水地段为 1～2min。考虑双液浆在岩体中的扩散，拟采用掺缓凝剂的方法延长凝胶时间，并根据涌水量、岩体孔隙率等进行了试验设计。试验结果表明：①水泥浆浓度与凝结时间呈直线关系，水泥浆越浓，水玻璃越稀，反应越快；②双液浆的水灰比小、水玻璃浓度高、浆液比大，凝胶后很快进入初凝，反之则凝胶与凝结时差将逐渐拉大，浆体也由硬塑状态逐渐变为软塑状态。

4. 灌浆施工

灌浆孔沿开挖轮廓线呈单排辐射状布置，如图 14.13 所示，孔底成双层重叠，掌子面中间的灌浆孔可填补正面可能形成的灌浆死角，以防止开挖时正面突水。对围岩特别破碎且涌水量较大的地段，拱部双排布孔。

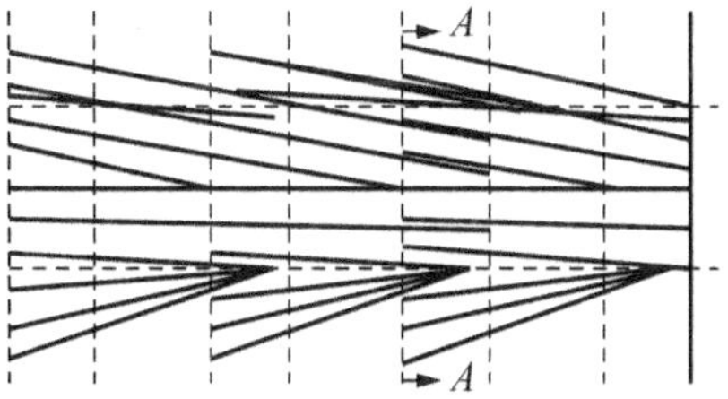

(a)立面图

(b)A—A剖面图

图 14.13 深孔全封闭灌浆孔设计图

一般灌浆前应先做压水试验，以冲洗岩石裂隙，扩大浆液通路，增加浆液充填的密实性，同时还可核实岩层的渗透性。但对于含水断层破碎带，则不宜压清水，而是直接压注水泥浆液，再注双液浆。对于塌方地段，因空隙大、水量也大，可直接压注双液浆。

每孔灌浆，原则上在灌浆终压达到设计规定，而进浆量达到设计的 80%时结束灌浆。

5. 灌浆效果

在断层长、有高压水、水量大且不准排放的条件下，本工程全封闭灌浆止水达到了预期的效果。隧道开挖轮廓线外的固结止水帷幕厚度达 4～5m，7d 的固结强度平均达 5.6MPa，堵水率达 90%以上。由于围岩固结后整体性好，取消了原设计的超前小管棚、钢支撑及钢格栅，断层带施工速度创造了单月成洞 26.5m 的纪录。

工程实例三

广州市地铁隧道地基处理工程

1. 工程概况

广州市地铁隧道在 YDK13 + 969.1～YDK13 + 020 段和 ZDK13 + 969.1～ZDK13 + 030

段穿越饱和含水砂层，对此考虑采用超细水泥和普通水泥浆材联合加固该含水砂层。

2. 地基条件

隧道上覆土层厚 8～16.2m，土层分布依次如下：混凝土路面，厚 0.15～0.35m；杂填土，厚 0.5～3.3m；砂层，厚 5.3～9.9m。土层厚度变化较大，中粗、细砂交互出现，地基土的天然重度$\gamma = 19 \sim 21\text{kN/m}^3$，天然含水率 $w = 19\% \sim 21\%$，孔隙率 $n = 35\% \sim 40\%$。地下水位于地表下 2.03～2.84m，砂土的渗透系数为 2.5×10^{-2}cm/s，且地下水与珠江有水力联系。

3. 灌浆材料

本加固工程主要选取两类浆材：一类是普通水泥-水玻璃双液浆，另一类是超细水泥-水玻璃双液浆。水泥采用 52.5 级普通硅酸盐水泥，超细水泥颗粒直径在 20μm 以下；水玻璃模数为 2.7，浓度为 51°Bé。在砂层中灌浆时，一般采用下式确定砂层的可注比。

$$N = D_{15}/d_{85} \geqslant 10 \sim 15 \tag{14-26}$$

式中 N——可注比；

D_{15}——小于某粒径土颗粒累计含量为 15%时所对应的粒径，对该砂类土 D_{15} = 0.289mm；

d_{85}——灌浆材料中小于某粒径颗粒累计含量为 85%时所对应的粒径，对超细水泥 d_{85} = 12.9μm。

根据砂层 D_{15} 和超细水泥 d_{85}，计算得砂层的可注比 N = 22.4。由计算结果可知，采用超细水泥-水玻璃浆材是可行的。

4. 灌浆设计

(1) 灌浆孔布置。灌浆加固时，拱顶加固厚度为开挖轮廓线以上 2.5～3.0m，两侧加固厚度为开挖轮廓线以外 2.0m。根据浆液在砂层中的扩散距离，设计灌浆孔排距为 1.0m，孔间距为 1.35m；为避开地下电缆沟，在靠近拓业大厦一侧的两排灌浆孔的孔间距为 0.9m。灌浆孔布置方案如图 14.14 所示。

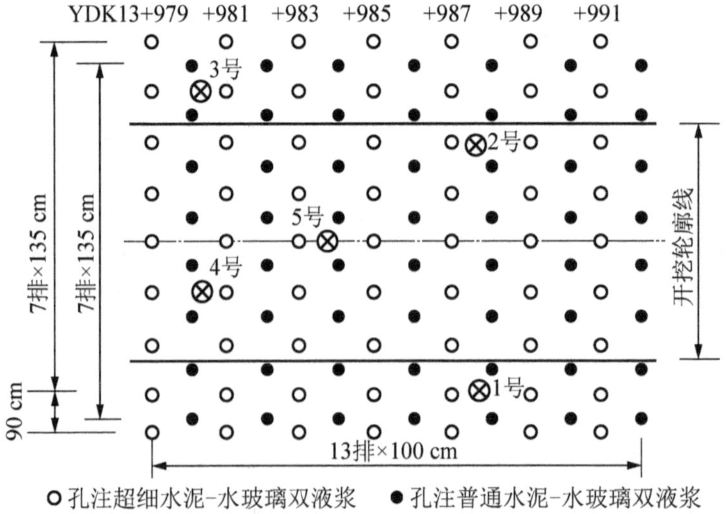

图 14.14 灌浆孔布置方案

(2) 浆液流量。浆液流量与灌浆材料种类、灌浆机械特点、砂层的可注性等因素有关。经现场试验，确定浆液流量为 30～40L/min。

(3) 凝胶时间。由于是在动水条件下灌浆，要求浆液的凝胶时间不宜太长，否则会因地下水的稀释而难以达到预期的加固效果；为达到理想的扩散效果，浆液的凝胶时间也不宜太短。根据试验，确定浆液的凝胶时间为 35～55s。

(4) 灌浆终压。灌浆压力的确定应使灌浆液达到设计的扩散距离为前提，不宜选择过高的灌浆压力。由于在灌浆加固范围内有 3 条地下管线，为防止地表隆起过大，造成管线断裂，在灌浆施工中采用的灌浆压力为 1.2MPa，施工时地表最大隆起为 47.9mm。

(5) 浆液配合比。根据灌浆加固要求，经试验确定浆液配合比及性能如下：超细水泥-水玻璃双液浆的水灰比取 2：1(质量比)，水泥浆与水玻璃之比取 1：1(体积比)，凝胶时间为 35s；普通水泥-水玻璃双液浆的水灰比取 1：1(质量比)，水泥浆与水玻璃之比取 1：1(体积比)，凝胶时间为 55s。

(6) 浆液扩散半径。根据室内试验，确定现场浆液扩散半径为 0.8m。

5. 灌浆施工

(1) 钻孔：采用工程地质钻机ϕ110mm 钻头钻孔，在砂层中套管护壁，用水冲法钻进。钻孔深度以钻进泥质砂岩 0.6m 为止。

(2) 下灌浆管：灌浆管采用塑料单向阀管，其作用一是保证浆液按规定的要求进行分段灌浆，二是保证浆液只能从阀管中喷出，防止地层中的砂及浆液逆流入灌浆管中。塑料单向阀管为每节 0.33mm、内径 56mm 的硬质塑料管，内壁光滑，接头有螺扣，端头有斜口，在阀管首尾相接时应保证接头部位光滑，使灌浆芯管在管内上下移动方便无阻；其外壁有加强筋，以提高其抗折强度。塑料单向阀管有 A、B 两种，A 种管上未开灌浆孔，而 B 种管有孔部位外侧紧套着爆破压力为 4.5MPa 的橡胶套，覆盖住灌浆孔，保证地层中砂土不能进入灌浆管，并且保证浆液单向运动。

根据灌浆加固设计和地质条件，在灌浆部位下 B 管，其余部位下 A 管，孔底加盖。将连接好的灌浆管下入灌浆孔中，确保灌浆管下到孔底，然后在灌浆管中加满水，利用重力作用使浆管不浮起，然后缓慢提起套管。在套管拔出后进行封孔作业，在孔底至地面以下 1m 之间用砂填充，地面以下 1m 段及孔口用速凝水泥砂浆填充封堵。

(3) 灌浆作业：采用日产 HPV-50 型双液灌浆泵进行灌浆作业，采用带止塞的芯管自下而上分段灌浆，灌浆段长为 0.6m。为确保灌浆质量、防止串浆，经试验研究，确定在灌浆施工中采取钻一孔注一孔的施工方法。在钻-注平行作业施工时，其间距应在 6m 以上，以防串浆。施工结果表明灌浆效果良好。

6. 灌浆效果检查

(1) 检查孔的布置。根据梅花形布孔原则，每相邻 3 个孔中心位置是灌浆加固的薄弱环节，为全面检查该段灌浆效果，在该段范围内共布设了 5 个检查孔：一个位于隧道中心线(5 号)，两个位于隧道开挖断面内(2 号、4 号)，另外两个位于隧道开挖断面外(1 号、3 号)，其布置见图 14.14。

(2) 检查孔取样情况。由于水泥-水玻璃浆材是脆性浆材，取样难度较大，开始时检查孔取样采用ϕ127mm套管，干钻取样。因无法取得岩芯，改用双重管水冲法取样，但取样率也极低。最后改用ϕ89mm单管干钻，采用海绵作垫层，用水冲法取样，效果较好。以岩芯提取率和岩芯固结效果好坏占岩芯长度的百分率作为评价灌浆效果的指标，5个检查孔的技术数据统计见表14-12。

表14-12　5个检查孔的技术数据统计

检查孔号	钻孔长度/m	岩芯长度/m	岩芯提取率/%	优良段长度/m	岩芯加固优良率/%
1	3.35	1.60	47.8	1.30	81.3
2	4.75	4.40	92.5	4.25	96.6
3	5.45	4.21	77.2	2.95	71.5
4	5.53	3.58	64.7	3.03	84.6
5	4.70	2.95	62.8	2.20	74.6

(3) 注水试验。在5个检查孔中，由于3号和5号有塌孔而未做注水试验，其余3个检查孔都进行了注水试验，其结果见表14-13。

表14-13　注水试验结果

检查孔号	检查段范围/m	渗透系数/(cm/s)	渗透系数降低幅度
1	5.935～9.2	5.28×10^{-4}	两个数量级
2	5.96～10.4	1.56×10^{-4}	两个数量级
3	5.82～11	3.70×10^{-4}	两个数量级

(4) 灌浆效果检验。通过灌浆施工情况和5个检查孔的取芯、注水试验，结合开挖检测状况，证明本次应用普通水泥-玻璃双液浆和超细水泥-水玻璃双液浆灌浆是成功的，其效果良好。

能力训练

一、选择题

1. 下列(　　)不属于化学加固方法。

A. 电渗法　　B. 粉喷桩法

C. 深层搅拌水泥土桩法　　D. 高压喷射注浆法

2. 灌浆法加固地基的施工中，评价浆液稠度的指标通常是浆液的(　　)。

A. 浓度　　B. 黏度　　C. 渗透系数　　D. 坍落度

3. 根据灌浆原理，灌浆法加固地基可分为(　　)。(多选题)

A. 压密灌浆　　B. 劈裂灌浆　　C. 渗透灌浆　　D. 压力灌浆

4. 一港湾淤泥质黏土层厚3m左右，经开山和造地填土厚8m左右，填土层内块石大小不一，个别边长超过 2m。现拟在填土层上建 45 层住宅，在下述地基处理方法中，采用(　　)比较合理。

A. 灌浆法　　B. 预压法　　C. 强夯法　　D. 振冲法

二、简答题

1. 什么是灌浆法？灌浆法有哪些作用？
2. 灌浆法可应用于哪些工程领域？
3. 灌浆材料有哪些？
4. 灌浆法可分为哪些类型？
5. 灌浆法有哪些设计步骤？
6. 灌浆法有哪些施工方法？
7. 如何进行灌浆处理后的质量与效果检验？

在线答题

情境15 加 筋 法

学习目标

掌握加筋土挡墙的概念、加固原理、破坏原理、设计要点及施工要求；掌握土工合成材料的种类、特性、功能，以及土工合成材料的设计要点及施工要求；掌握土钉的类型、特点、适用性及加固原理，掌握土钉与加筋土挡墙及土钉与土层锚钉的异同点；了解其他加筋法的概念、状态标准及计算理论。

学习要求

知识要点	技能要点
(1) 加筋土挡墙的概念、加固原理及破坏原理	(1) 掌握加筋土挡墙的设计要点及施工要求
(2) 土工合成材料的种类、特性和功能	(2) 掌握土工合成材料的设计要点及施工要求
(3) 土钉的类型、特点、适用性及加固原理	(3) 掌握土钉与加筋土挡墙及土钉与土层锚杆的异同点

引例

西包公路故邑段地基属湿陷性黄土，工程地质分区为第二区。由于西包公路是国道，西安、延安均按二级标准予以改造提高，而故邑段尚未改造，远不能适应增长了的交通量的要求。鉴于上述情况，经过几种方案的比较，决定采用以黄土为填料的加筋土挡墙，按标准修复故邑段。试对加筋土挡墙做设计计算。

任务 15.1 加筋土挡墙

加筋土挡墙

15.1.1 加筋土挡墙概述

加筋土挡墙是由填土、填土中布置的一定量的拉筋及直立的墙面板三部分组成的一个整体的复合结构。这种结构内部存在着墙面土压力、拉筋的拉力及填料与拉筋间的摩擦力等相互作用的内力，这些内力相互平衡，保证了该复合结构的内部稳定。加筋土挡墙这一复合结构类似于重力式挡墙，还要求能抵抗加筋体后面填土所产生的侧压力，即保证加筋土挡墙的外部稳定，从而使整个复合结构稳定。与其他结构一样，在加筋土结构外部稳定性验算中，还包括地基承载力的稳定验算。

法国工程师 Henri Vidal 于 1963 年首次提出了土的加筋方法与设计理论，并于 1965 年在法国普拉聂尔斯成功建成了世界上第一座加筋土挡墙。1978 年、1979 年、1984 年和 1988 年分别在澳大利亚的悉尼、美国的匹兹堡、法国的巴黎和日本的福冈召开了多次相关专题的国际会议，法国、英国、美国、日本和德国等已制定了加筋土工程的规范、条例和技术指南。

20 世纪 70 年代末，加筋土技术在我国开始应用，于 1979 年在云南田坝矿区储煤场修建了加筋土挡墙。1982 年在武汉召开了全国加筋土学术研究会，1983 年在太原召开了全国公路加筋土技术经验交流会，其后又先后多次召开了全国性会议。我国已据此编制了《公路路基施工技术规范》(JTG F10—2006)。目前我国最高的高速公路加筋土挡墙为云南楚大高速公路 1 号墙，高达 43.75m；最高的城市道路加筋土挡墙为重庆巫山县集仙路挡墙，高达 60m；最长的加筋土挡墙则是重庆沿长江的滨江公路驳岸墙，总长达到 5.5km。加筋土挡墙技术现已广泛用于路基、桥梁、驳岸、码头、储煤仓、槽道和堆料场等工程中。

加筋土挡墙具有以下特点。

(1) 它允许完成很高的垂直填土，从而可减少占地面积，这对不利于放坡的地区、城市道路及土地珍贵的地区而言有着巨大的经济意义。这是其最大的特点。

(2) 充分利用材料性能，特别是土与拉筋共同作用，使挡墙结构轻型化，其所用混凝土体积相当于重力式挡墙的 3%～5%。由于加筋土挡墙面板薄、基础尺寸小，当挡墙高度超过 5m 时，加筋土挡墙的造价与重力式挡墙相比可降低 40%～60%，墙越高，经济效益越佳，与其他形式的钢筋混凝土挡墙相比，加筋土挡墙在造价上的优势更加显著。

(3) 面板、筋带可在工厂中定型制造加工，构件全部预制，实现了工厂化生产，不但保证了质量，而且降低了原材料损耗。

(4) 由于构件较轻，施工简便、快速，除需配置压实机械外，不需配置其他机械，施工易于掌握，且能节省劳力和缩短工期。

(5) 加筋土挡墙由各构件相互拼装而成，具有柔性结构的性能，可承受较大的地基变形，因而适用于软土地基。

(6) 加筋土挡墙这一复合结构的整体性较好，它所特有的柔性能够很好地吸收地震能量，具有良好的抗震性能。

(7) 面板的形式可根据需要选择，拼装完成后其造型美观，适合城市道路的支挡工程。

加筋土挡墙主要适用于公路挡墙和公路梁(板)式桥台等构筑物，下面主要介绍公路加筋土挡墙的内容。

15.1.2 加筋土挡墙的加固原理

加筋土复合体中的拉应力通过土与加筋材料间的界面剪切作用传递到相邻的拉筋上，而加筋材料间的土体自身仅承受压应力及剪切应力，从而使加筋土体成为具有一定自承约束的复合结构。加筋土的工作原理可以用黏聚力理论来描述，该理论是由简单的筋土摩擦加固原理转化而来的(Vidal，1966)。法国的 LCPC 实验室首先提出了张拉破坏条件的加筋土工作原理的系统模型(Schlosser et al.，1973)，同期英国南安普敦的 NSW 技术学院(Hausmann，1976)提出了另一模型(Sigma Model)，该模型既可以考虑加筋材料的张拉破坏，也可以考虑加筋材料与填土接触面的边界破坏。迄今为止，加筋土工作原理的系统模型仍以 Sigma Model 最为简单、全面和合理。Sigma Model 属于加筋土黏聚力理论的范畴，该模型首先提出了加筋土的两种破坏模式，并且从原理上阐述了加筋土的破坏模式与应力水平、筋带用量、张拉特性及筋土间剪切特征等的相关性。

根据静力平衡原理，采用理想砂性土(黏聚力 $c=0$，内摩擦角为 φ)作填料，可以推得加筋土的 τ_f - σ 关系曲线是一条明显的折线。对于某一特定的加筋土，高应力水平时的破坏模式为张拉破坏，此时加筋土的预约力是由加筋材料的张拉特性确定的，且达到其最大值 $\sigma_{r,\max}$。在 Sigma Model 中很容易推出以下表达式。

$$\sigma_r = \sigma_{r,\max} = \rho_1 \frac{T_{ult}}{F_m} \tag{15-1}$$

式中 σ_r ——加筋土的预约力；

$\sigma_{r,\max}$ ——加筋土的预约力最大值；

T_{ult} ——加筋材料的极限张拉强度(力)；

F_m ——加筋材料设计张拉力的分项修正系数；

ρ_1 ——综合系数。

在 Sigma Model 中，加筋土处于低应力水平破坏时易出现筋土间的边界锚固破坏，此时加筋材料尚未达到其张拉破坏状态，但筋材与填土接触面的摩擦锚固已到达临界状态，这时的预约力与应力水平有关，具体表达式为

$$\sigma_r=\rho_2\sigma_1\tan\delta<\sigma_{r,max} \tag{15-2}$$

式中 σ_1——加筋材料与土接触面的法向应力，在水平布筋时即为垂直向大主应力；

$\tan\delta$——筋土间的似摩擦系数；

ρ_2——综合系数。

假设 A 为试样横截面积，S 为破裂面切过的筋材所贡献的稳定力，α 为破裂面与大主应力面的夹角，则式(15-1)、式(15-2)可证明如下。

$$S+\sigma_3 A\tan\alpha=\sigma_1 A\tan(\alpha-\varphi) \tag{15-3}$$

将 $\alpha=45°+\varphi/2$ 代入式(15-3)得

$$\sigma_3=\sigma_1\tan^2(45°-\varphi/2)-\frac{S}{A\tan\alpha} \tag{15-4}$$

与土的传统极限平衡理论相对照，可以得到加筋土的预约力为

$$\sigma_r=\frac{S}{A\tan\alpha} \tag{15-5}$$

当试样的破坏为张拉破坏，即筋带被拉断时，假定筋带的布置间距为 h，则有

$$S=\frac{A\tan\alpha}{h}\cdot\frac{T_{ult}}{F_m} \tag{15-6}$$

代入式(15-5)得

$$\sigma_r=\frac{T_{ult}}{hF_m}=\rho_1\frac{T_{ult}}{F_m} \tag{15-7}$$

即表达式(15-1)得证。同样，当试样为接触面边界破坏，即筋带被拔出破坏时，则有

$$S=\mu\frac{A\tan\alpha}{h}l_a\sigma_1\tan\delta \tag{15-8}$$

式中 μ——加筋材料的断面周长；

l_a——加筋材料锚固区域内的平均长度。

由此可得

$$\sigma_r=\frac{\mu l_a}{h}\sigma_1\tan\delta=\rho_2\sigma_1\tan\delta \tag{15-9}$$

即表达式(15-2)得证。

根据式(15-1)和式(15-2)可以得出，高应力水平对应的张拉破坏，加筋土的强度增长表现为复合体黏聚力的增加，即

$$\sigma_3=\sigma_1\tan^2(45°-\varphi/2)-\rho_1 T_{ult}/F_m=\sigma_1\tan^2(45°-\varphi/2)-2c_r\sqrt{K_a}$$

所以有

$$c_r=\frac{\rho_1 T_{ult}/F_m}{2\sqrt{K_a}} \tag{15-10}$$

式中 K_a——填土的主动土压力系数，$K_a=\tan^2(45°-\varphi/2)$。

而低应力水平对应的边界破坏，加筋土的强度增长表现为复合体内摩擦角的增加，即

$$\sigma_3=\sigma_1\tan^2\left(45°-\frac{\varphi}{2}\right)-\rho_2\sigma_1\tan\delta=\sigma_1\left(K_a-F\right)$$

$$=\sigma_1\tan^2\left(45°-\frac{\varphi_r}{2}\right)=\sigma_1\frac{1-\sin\varphi_r}{1+\sin\varphi_r}$$

所以有

$$\frac{1-\sin\varphi_r}{1+\sin\varphi_r}=K_a-F \tag{15-11}$$

即

$$\sin\varphi_r=\frac{K_a-F-1}{F-K_a-1},\quad \varphi_r=\arcsin\left(\frac{K_a-F-1}{F-K_a-1}\right)>\varphi \tag{15-12}$$

式中 $F=\rho_2\tan\delta$。

Sigma Model 应用于加筋土时简单、合理，目前采用这一模型或建立在该模型基础上的设计方法仍是十分有效和流行的。

15.1.3 加筋土挡墙的破坏原理

加筋土挡墙的整体稳定性，取决于加筋土挡墙的内部和外部的稳定性。

(1) 加筋土挡墙的内部稳定性丧失，可能产生拉筋拔出破坏、拉筋断裂、面板与拉筋间接头破坏、面板断裂、贯穿回填土破坏、沿拉筋表面破坏等情形，如图 15.1 所示。

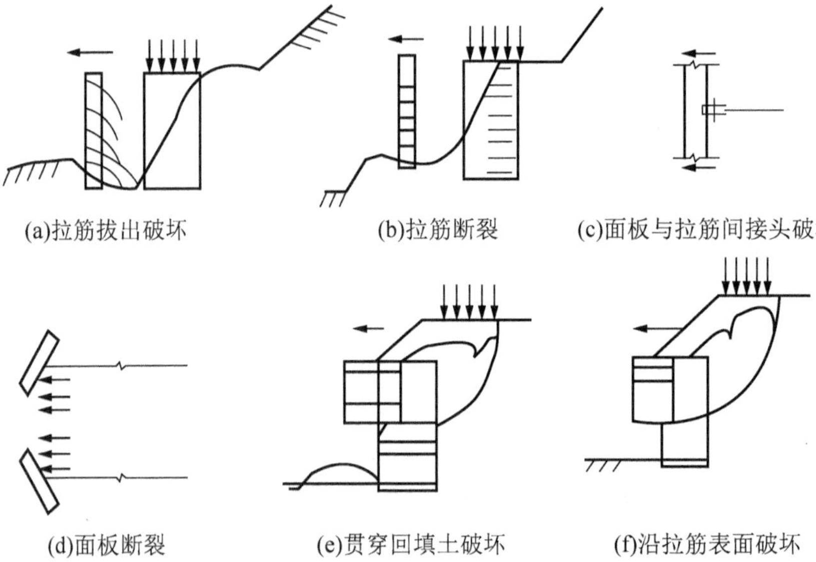

图 15.1 加筋土挡墙内部可能产生的破坏形式

(2) 加筋土挡墙的外部稳定性丧失，可能产生土坡整体失稳、滑动破坏、倾覆破坏、承载力破坏等情形，如图 15.2 所示。

从加筋土挡墙内部结构分析可知，由于土压力的作用，土体中产生了一个破裂面，破裂面的滑动楔体达到极限状态。在土中埋设拉筋后，趋于滑动的楔体，通过面板和土与拉

筋间的摩擦作用产生将拉筋拔出的倾向，因此这部分的水平分力τ的方向指向墙外；滑动楔体后面的土体则由于拉筋和土体间的摩擦作用把拉筋锚固在土中，从而阻止拉筋被拔出，这一部分的水平分力是指向土体的。两个水平方向分力的交点，就是拉筋的最大应力点。将每根拉筋的最大应力点连接成一曲线，该曲线把加筋土挡墙分成了两个区域，各拉筋最大应力点连线左边的土体称为主动区(或活动区)，右边的土体称为被动区(或锚固区、稳定区)，如图 15.3 所示。

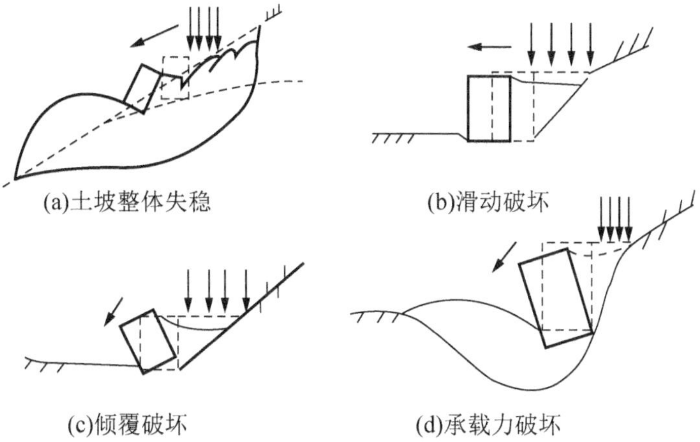

图 15.2　加筋土挡墙外部可能产生的破坏形式

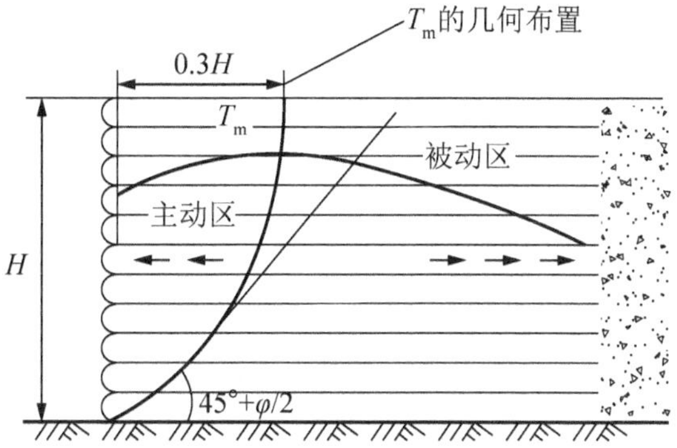

图 15.3　加筋土挡墙内部结构受力分析

通过大量的室内模型试验和野外实测资料分析，发现两个区域的分界线离开墙面的最大距离为 0.3H。然而 Mitchell 和 Villet(1987)认为，对于延伸性较大的土工合成材料，其破裂面接近朗肯理论的破裂面。当然加筋土两个区域的分界线的形式还要受到下列因素的影响：①结构的几何形状；②作用在结构上的外力；③地基的变形；④土与拉筋间的摩擦力。

15.1.4 加筋土挡墙的设计和结构计算

加筋土挡墙的设计

1. 加筋土挡墙的形式

根据结构形式的不同，加筋土挡墙可分为路肩式挡墙和路堤式挡墙，如图 15.4 所示。

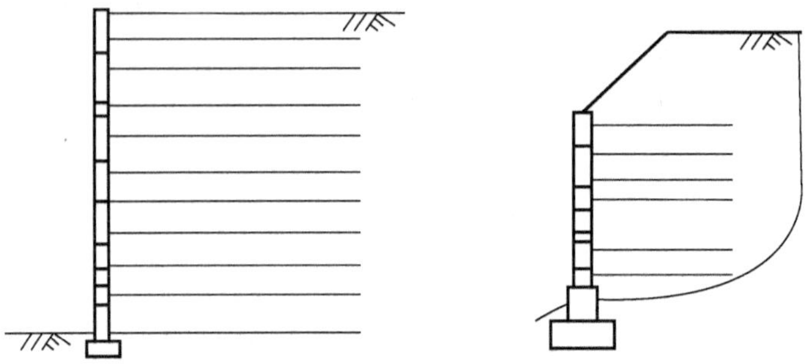

(a)路肩式挡墙　　(b)路堤式挡墙

图 15.4　加筋土挡墙的形式一(单面加筋土挡墙)

根据拉筋不同的配置方法，加筋土挡墙可分为单面加筋土挡墙(图 15.4)、双面分离式加筋土挡墙[图 15.5(a)]、双面交错式加筋土挡墙[图 15.5(b)]及台阶式加筋土挡墙[图 15.5(c)]。

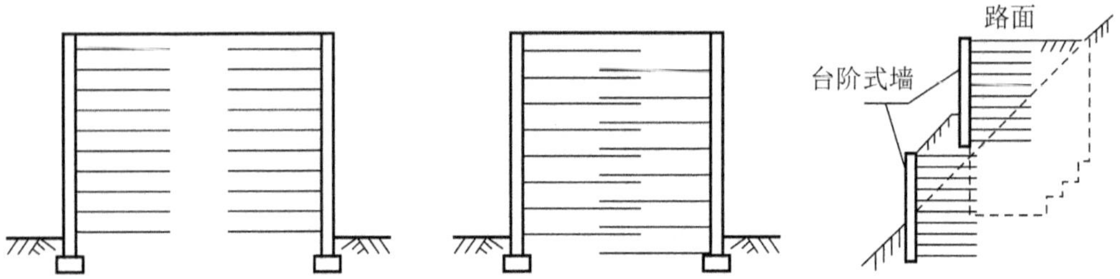

(a)双面分离式加筋土挡墙　　(b)双面交错式加筋土挡墙　　(c)台阶式加筋土挡墙

图 15.5　加筋土挡墙的形式二

2. 加筋土挡墙的荷载

结构计算时，应考虑可能同时出现的作用荷载，再选择荷载组合。加筋土挡墙可选择下列荷载组合。

(1) 组合Ⅰ：基本可变荷载(平板挂车或履带车除外)的一种或几种与永久荷载的一种或几种相组合。

(2) 组合Ⅱ：平板挂车或履带车与结构重力、土的重力及土侧压力中的一种或几种组合。

(3) 组合Ⅲ：在进行施工阶段验算时，根据可能出现的施工荷载(如结构重力、脚手架、材料机具、人群)进行组合；构件吊装时，构件重力应乘以动力系数 1.2 或 0.85，并可视构件具体情况做适当增减。

(4) 组合Ⅳ：结构重力、土的重力及土侧压力的一种或几种与地震力相组合。

3. 面板

面板一般采用混凝土预制构件，其强度等级不应低于 C18，厚度不应小于 80mm。面板设计应满足坚固、美观、运输方便和易于安装等要求，通常可选用十字形、槽形、六角形、L 形和矩形等形状。面板上的拉筋结点，可采用预埋钢拉环、钢板锚头或预留穿筋孔等形式。钢拉环应采用直径不小于 10mm 的 HPB300 钢筋，钢板锚头应采用厚度不小于 3mm 的钢板，露于混凝土外部的钢拉环和钢板锚头应做防锈处理，土工聚合物和钢拉环的接触面应做隔离处理。面板四周应设企口和相互连接装置。当采用插销连接装置时，插销直径不应小于 10mm。

混凝土面板要求耐腐蚀且本身是刚性的，但在各个砌块间应留有充分的孔隙，也可在接缝间安装树脂软木(或在施工时采用临时楔块，墙体完工后抽掉楔块而留下孔隙)，以适应必要的变形。

面板一般情况下应排列为错接式。由于各面板间的孔隙都能排水，故排水性能良好。但内侧必须设置反滤层，以防填土流失，反滤层可使用砂夹砾石或土工聚合物。

4. 拉筋

拉筋应采用抗拉强度高、伸长率小、耐腐蚀和柔韧性好的材料，同时要求加工、接长及与面板的连接简单，如镀锌扁钢带、钢筋混凝土带、聚丙烯土工聚合物带等。高速公路和一级公路上的加筋土工程，应采用钢带或钢筋混凝土带，钢带和钢筋混凝土带的接长及与面板的连接，可通过焊接或螺栓连接，且节点应做防锈处理。

加筋土挡墙内拉筋一般应水平布设并垂直于面板，当一个节点有两条以上拉筋时，应扇状分开。当相邻墙面的内夹角小于 90° 时，宜将不能垂直布设的拉筋逐渐斜放，必要时角隅处应增设加强拉筋。

5. 填土

加筋土挡墙后填土一般应满足易压实、能与拉筋产生足够的摩擦力及水稳定性好等要求。一般要求填土的塑性指数小于 6，内摩擦角大于 34°，且粒径小于 0.015mm 的细颗粒质量小于 15%。应优先采用有一定级配的砾类土或砂类土，也可采用碎石土、黄土、低液限黏性土及满足要求的工业废渣，高液限黏性土及其他特殊土应在采取可靠技术措施后采用，而腐殖质土、冻结土、白垩土及硅藻土等应禁止使用。

加筋土挡墙后填土压实度应满足表 15-1 的规定。

表 15-1 加筋土挡墙后填土压实度要求

填土范围	路槽底面以下深度/cm	压实度/%	
		高速公路、一级公路	二、三、四级公路
距面板 1.0m 以外	0～30	≥95	≥93
	>30	>90	>90
距面板 1.0m 以内	全面墙高	≥90	≥85

注：① 表列压实度的确定按《公路土工试验规程》(JTG E40—2007)重型击实试验标准。对于三、四级公路，允许采用轻型击实试验。

② 特殊干旱或特殊潮湿地区，表内压实度可减少 2%～3%。

③ 加筋体上填土按《公路路基设计规范》(JTG D30—2015)执行。

6. 加筋土挡墙的构造设计

加筋土挡墙的构造设计要点如下。

(1) 加筋土挡墙的平面线型可采用直线、折线和曲线。相邻墙面的内夹角不宜小于 70°。

(2) 加筋土挡墙的剖面一般应采用矩形形式，如图 15.6(a)所示。受地形、地质条件限制时，也可采用如图 15.6(b)和图 15.6(c)所示的形式。其断面尺寸由计算确定。

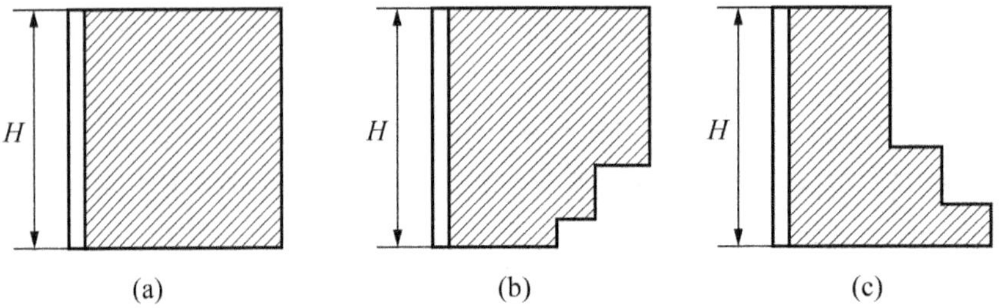

图 15.6　加筋土挡墙的剖面形式

(3) 加筋土挡墙面板下部应设宽度不小于 0.3m、厚度不小于 0.2m 的混凝土基础，但属下列情况之一者可不设：①面板筑于石砌圬工或混凝土之上；②地基为基岩。加筋土挡墙面板基础底面的埋置深度，对于一般土质地基应不小于 0.6m。

(4) 对设置在斜坡上的加筋土挡墙，应在墙脚设置宽度不小于 1m 的护脚，以防止前沿土体在加筋土体水平推力作用下发生剪切破坏，导致加筋土挡墙丧失稳定性，如图 15.7 所示。

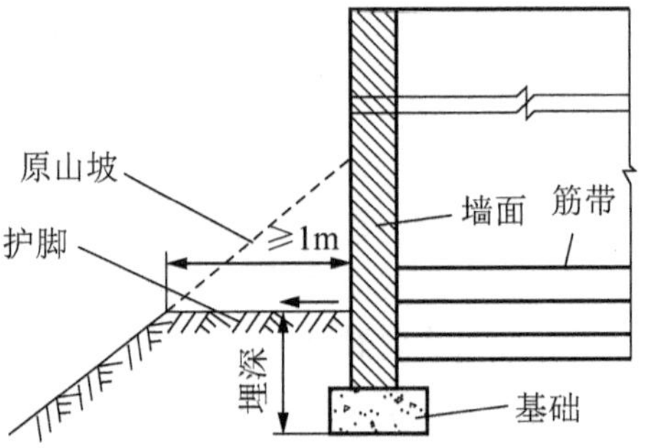

图 15.7　加筋土挡墙护脚横断面图

(5) 加筋土挡墙应根据地形、地质、墙高等条件设置沉降缝，其间距对土质地基为 10～30m，岩石地基可适当增大。沉降缝宽度一般为 10～20mm，可采用沥青板、软木板或沥青麻絮等填塞。

(6) 加筋土挡墙墙顶一般均需设置帽石，可以预制，也可以就地浇筑。帽石的分段应与墙体的沉降缝在同一位置处。

7. 加筋土挡墙的结构计算

加筋土挡墙的结构计算一般从加筋土挡墙的内部稳定性和外部稳定性两方面考虑。

1) 加筋土挡墙的内部稳定性计算

加筋土挡墙的内部稳定性考量是指阻止由于拉筋被拉断或筋土间摩擦力不足(即在锚固区内拉筋的锚固长度不足而导致土体发生滑动)，而使加筋土挡墙整体结构遭到破坏，因此在设计时必须考虑拉筋的强度和锚固长度(也称拉筋的有效长度)。但拉筋的拉力计算理论国内外尚未取得统一，现有的理论多达十几种，比较有代表性的理论可归纳成两类：整体结构理论(复合材料)和锚固结构理论。与此相应的计算理论，前者有正应力分布法(包括均匀分布法、梯形分布法和梅氏分布法)、弹性分布法、能量法和有限元法，后者有朗肯法、斯氏法、库仑合力法、库仑力矩法和滑裂楔体法等。不同的计算理论其计算结果有所差异，以下仅介绍朗肯法。

(1) 土压力计算。如图 15.8 所示，土体中产生一个与水平面的夹角为$\theta = 45° + \varphi / 2$的破裂面，土的自重应力和主动土压力随土体深度的增加而增大。

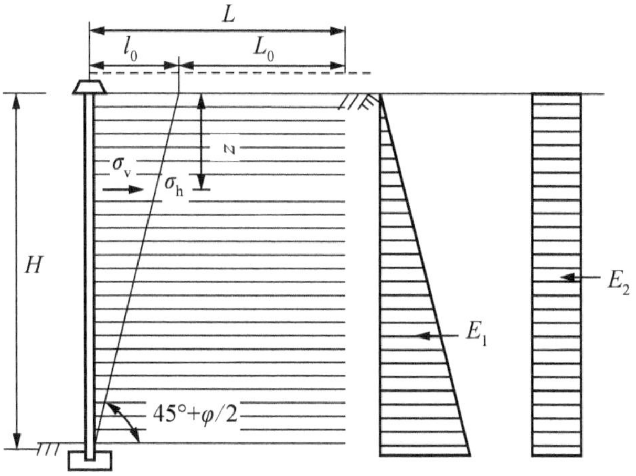

图 15.8　加筋土挡墙计算简图

土的自重应力为

$$\sigma_z = \gamma z \tag{15-13}$$

主动土压力为

$$\sigma_a = K_a \gamma z \tag{15-14}$$

式中　γ——加筋土挡墙后填土的重度(kN/m³)；

K_a——填土的主动土压力系数，$K_a = \tan^2(45° - \varphi / 2)$。

当加筋土挡墙结构上存在超载(如车辆荷载等)时，可把超载换算成等代的土层厚度h_e进行计算，h_e的计算可按相应的现有规范进行。

土的自重引起的土侧压力为

$$E_1 = \frac{1}{2}\gamma H^2 K_a B \tag{15-15}$$

车辆荷载等引起的土侧压力为

$$E_2 = \gamma h_e H K_a B \tag{15-16}$$

故总的水平土压力为

$$E = E_1 + E_2 = \frac{1}{2}\gamma H(H + 2h_e)K_a B \tag{15-17}$$

式中　B——加筋土挡墙的荷载分布宽度(m)。

(2) 拉筋所受拉力计算。当土体的主动土压力充分作用时，每根拉筋除了通过摩擦作用阻止部分填土产生水平位移外，还能拉紧一定范围的面板，使得土体内的拉筋能和主动土压力保持平衡。因此，每根拉筋所受的拉力随深度的增加而增大，最下一根拉筋的拉力最大，该值为

$$T_1 = \gamma(H + h_e)K_a s_x s_y \tag{15-18}$$

式中　T_1——拉筋所受的最大拉力(kN)；

s_x，s_y ——拉筋的水平间距和垂直间距(m)。

(3) 拉筋的截面积计算。拉筋的截面积为

$$A=\frac{T_1\times10^3}{K[\sigma_L]} \tag{15-19}$$

式中 A ——拉筋的截面积(mm^2)；

K ——拉筋的容许应力提高系数，见表 15-2；

$[\sigma_L]$ ——拉筋的容许应力(MPa)，见表 15-3 和表 15-4。

表 15-2 拉筋的容许应力提高系数 K

荷载组合	材料类别	
	钢带、钢筋、混凝土	聚丙烯土工聚合物带
组合Ⅰ	1.00	1.00
组合Ⅱ	1.25	1.30
组合Ⅲ	1.30	1.30
组合Ⅳ	1.50	2.00

表 15-3 扁钢和钢筋的容许应力 单位：MPa

材料名称	容许应力$[\sigma_L]$
扁钢(Q235)	135
HPB 300 钢筋	135

表 15-4 混凝土的容许应力 单位：MPa

混凝土强度等级	C13	C18	C23	C28
轴心受压应力$[\sigma_a]$	5.50	7.00	9.00	10.50
拉应力(主拉应力)$[\sigma_L]$	0.35	0.45	0.55	0.60
弯曲拉应力$[\sigma_{WL}]$	0.55	0.77	0.30	0.90

计算拉筋截面尺寸时，在实际工程中还应考虑拉筋防锈蚀所需增加的尺寸。表 15-5 所示为钢带防锈蚀厚度。

表 15-5 钢带防锈蚀厚度 单位：mm

工程分类	无水工程	浸淡水工程	浸海水工程
非镀锌	1.5	2.0	2.5
镀锌	0.5	0.75	—

(4) 拉筋的长度计算。每根拉筋在工作时还有被拔出的可能，因此尚需计算拉筋抵抗被拔出的锚固长度 L_0。由于单位面积上覆土压力为 $\gamma(H+h_e)$，拉筋在锚固区内的摩擦面积

为 $2L_0 b$(b 为筋体宽度)，故在锚固区内由于摩擦作用导致拉筋产生的抵抗力 T_b 为

$$T_b = 2L_0 b\gamma(H + h_e) f' \tag{15-20}$$

在同一深度处拉筋抗拔稳定系数 K_b 为

$$K_b = \frac{T_b}{T_1} = \frac{2L_0 bf'}{K_a s_x s_y} \tag{15-21}$$

式中 K_b——拉筋抗拔稳定系数，见表 15-6；

f'——拉筋与填料间的似摩擦系数，见表 15-7。

从公式中可看出，拉筋抗拔稳定系数只与锚固长度 L_0 有关，而与深度无关。

表 15-6 稳定系数

荷载组合	拉筋抗拔稳定系数 K_b	基底滑移稳定系数 K_e	倾覆稳定系数 K_0	整体滑动稳定系数
组合 I	2.0	1.3	1.5	1.25
组合 II	1.7	1.3	1.3	1.25
组合 III	1.6	1.2	1.2	1.25
组合 IV	1.2	1.1	1.2	1.10

表 15-7 填料的设计参数

填料类型	重度/($kN \cdot m^3$)	计算内摩擦角/(°)	似摩擦系数
中低液限黏性土	18～21	25～40	0.25～0.4
砂性土	18～21	25	0.35～0.45
砾碎石类土	19～22	35～40	0.4～0.5

注：①黏性土计算内摩擦角为换算内摩擦角。

②似摩擦系数为填料与筋带间的摩擦系数。

③有肋钢带、钢筋混凝土带的似摩擦系数可提高 0.1。

④墙高大于 12m 的加筋土挡墙计算内摩擦角和似摩擦系数采用低值。

由式(15-21)可得到拉筋的锚固长度为

$$L_0 = \frac{K_b K_a s_x s_y}{2bf'} \tag{15-22}$$

(5) 拉筋的总长度计算。拉筋的总长度(第一根拉筋位置)可按下式求得。

$$L = l_0 + L_0 = H\tan(45° - \varphi/2) + \frac{K_b K_a s_x s_y}{2bf'} \tag{15-23}$$

拉筋的长度一般可通过以上计算确定，根据不同的结构形式还需要满足构造要求，如图 15.9 所示。

通常用于挡土墙、桥台和水坝的拉筋长度 $L \geqslant 0.7H$；在承台反坡填土的加筋土挡墙及双面交错式加筋土挡墙中，其底部的拉筋长度 $L \geqslant 0.6H$；筑在斜坡上的挡土墙中的拉筋，在确保外部稳定的条件下，其底部的拉筋长度可缩短到 $L \geqslant 0.5H$，但顶部的拉筋长度仍应满足 $L \geqslant 0.7H$。

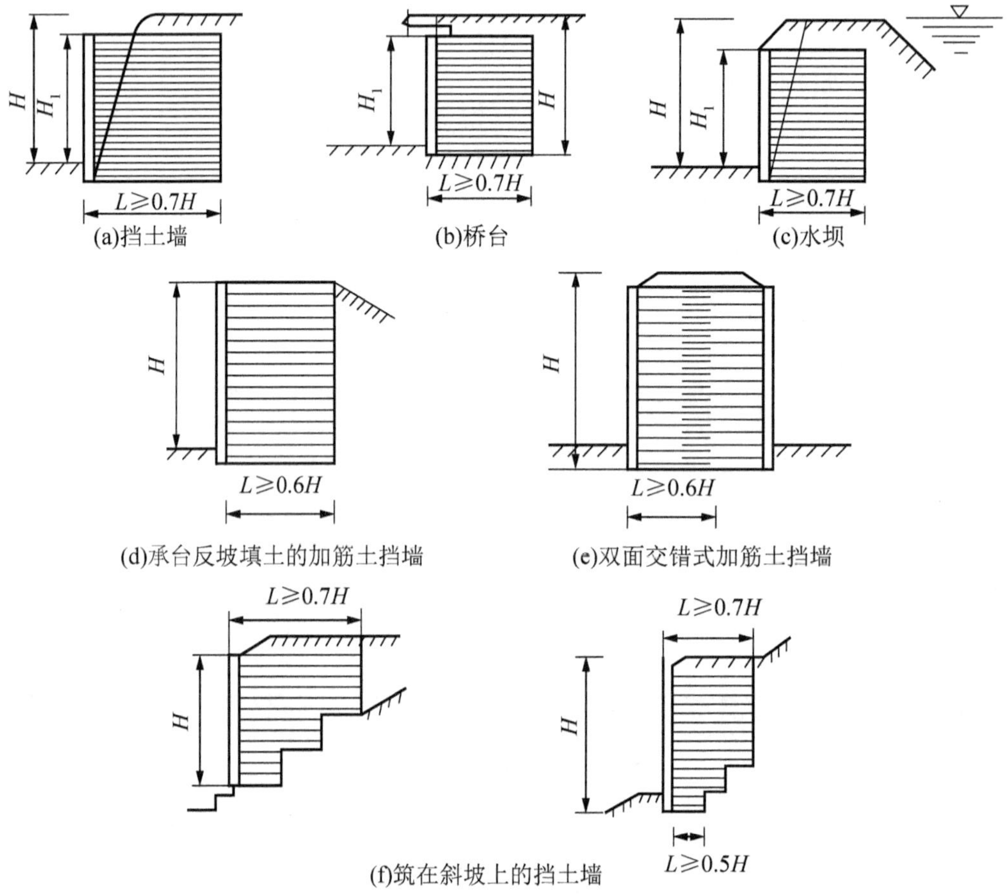

图 15.9　拉筋的构造要求

另外，拉筋长度的实际采用值通常可按以下情况确定：①墙高小于 3.0m 时，可设计为等长拉筋；②墙高大于 3.0m 时，可考虑变换拉筋长度，但一般同等长度拉筋变换的高度不应小于 2.0m，如图 15.10 所示；③相邻拉筋的变换长度不得小于 0.5m。

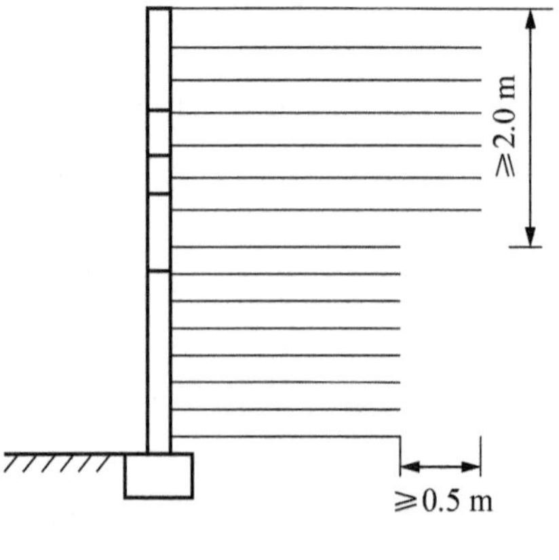

图 15.10　变换拉筋长度布置时的构造示意

2) 加筋土挡墙的外部稳定性计算

加筋土挡墙的外部稳定性考量包括加筋土挡墙地基承载力、基底抗滑稳定性、抗倾覆稳定性和整体抗滑稳定性等的验算。验算时可将拉筋末端的连线与墙面板间视为整体结构，其他与一般重力式挡墙的计算方法相同。

15.1.5 加筋土挡墙的施工工艺

1. 基础施工

进行基础开挖时，基槽(坑)底面尺寸一般应大于基础外缘 0.3m。对未风化的岩石应将岩面凿成水平台阶，台阶宽度不宜小于 0.5m，台阶长度除满足面板安装需要外，高宽比不宜大于 1∶2。当基槽(坑)底土质为碎石土、砂性土或黏性土时，均应整平夯实。对风化岩石和特殊土地基，应按有关规定处理。在地基上浇筑或放置预制基础时，基础一定要平整，以使面板能够直立。

2. 面板安装

混凝土面板可在预制厂或工地附近场地预制后，运到施工场地安装。安装时应防止插销孔破裂、变形及边角碰坏。面板安装可用人工或机械吊装就位，安装时单块面板一般可内倾 1/200～1/100 作为填料压实时面板外倾的预留度。为防止在填土时面板向内外倾斜，在面板外侧可用斜撑撑住，以保持面板的垂直度，直到面板稳定后方可将斜撑拆除。为防止相邻面板错位，宜用夹木螺栓或斜撑固定。水平及倾斜的误差应逐层调整，不得将误差累积后再进行总调整。

3. 拉筋铺设

铺设拉筋时，应把拉筋垂直墙面平放在已经压实的填土上，如填土与拉筋间不密贴而产生空隙，应用砂垫平以防止拉筋断裂。钢筋混凝土带或钢带与面板拉环的连接，以及钢筋混凝土带间的钢筋连接或钢带接长，可采用焊接、扣环连接或螺栓连接；聚丙烯土工聚合物带与面板连接时，一般可将聚丙烯土工聚合物带的一端从面板预埋拉环或预留孔中穿过，折回与另一端对齐，聚丙烯土工聚合物带可采用单孔穿过、上下穿过或左右环合并穿过，并且需绑扎以防抽动。无论采用何种方法，均应避免聚丙烯土工聚合物带在环(孔)上绕成死结。

4. 填土的铺筑和压实

加筋土填料应根据拉筋竖向间距进行分层铺垫和压实，每层的填土厚度应根据上下两层拉筋的间距和碾压机具统筹考虑后确定。钢筋混凝土拉筋顶面以上填土，一次铺筑厚度应不小于 200mm。当用机械铺筑时，铺筑机械距面板应不小于 1.5m，在距面板 1.5m 范围内应用人工铺筑。铺筑填土时，为了防止面板受到土压力后向外倾斜，铺筑应从远离面板的拉筋端部开始逐步向面板方向进行，机械运行方向应与拉筋垂直，并不得在未覆盖填土的拉筋上行驶或停车。

碾压前应进行压实试验，根据碾压机械和填土性质确定填土分层铺筑厚度、碾压遍数，以指导施工。每层填土铺填完毕应及时碾压，碾压时一般应先轻后重，且不得使用羊足碾。压实作业应先从拉筋中部开始，并平行面板方向逐步驶向尾部，而后再向面板方向进行碾压(严禁平行于拉筋方向碾压)。用黏土作填土时，雨季施工应采取排水和遮盖措施。加筋土填料的压实度可按表 15-1 中的规定进行。

土工合成材料

任务 15.2　土工合成材料

15.2.1 土工合成材料概述

土工合成材料是土木工程中应用的合成材料的总称。作为一种新型的土木工程材料，它是以人工合成的聚合物(如塑料、化纤、合成橡胶等)为原料制成的各种类型的产品，可置于土体内部、表面或各种土体之间，发挥加强或保护土体的作用。

土工合成材料的出现，虽然已有 100 年左右的历史，但应用于土木工程中则是从 20 世纪 30 年代末才开始的。首先是将塑料薄膜作为防渗材料应用于水利工程，到 20 世纪 50 年代末，土工合成材料开始应用于海岸护坡工程。到 70 年代，由于无纺型土工织物的推广，土工合成材料以很快的速度发展起来，从而在岩土工程学科中形成了一个重要的分支。我国于 20 世纪 60 年代中期将有纺型土工织物应用于河道、涵闸及防治路基翻浆冒泥等工程；80 年代中期，土工合成材料在我国水利、铁路、公路、军工、港口、建筑、矿山、冶金和电力等部门逐渐推广，截至 1988 年上半年，使用土工合成材料的工程已达 500 多项。从 1997 年开始，在宏大的长江口深水航道治理工程的一期工程中，土工织物总的用量达 $8.11\times10^6\ m^2$，其用量之大是少见的，在该工程中，采用土工织物护底结构已成为实施这一宏伟工程的唯一选择。在全国范围内，成立了土工合成材料技术协作网暨中国水力发电工程学会土工合成材料专业委员会，并于 1986 年、1989 年、1992 年分别在天津、辽宁沈阳和江苏仪征召开了三届土工合成材料学术会议。

15.2.2 土工合成材料的种类

《土工合成材料应用技术规范》(GB/T 50290—2014)将土工合成材料分为土工织物、土工膜、土工特种材料和土工复合材料等类型。

1. 土工织物

土工织物为透水性土工合成材料，按制造方法，分为有纺型土工织物、无纺型土工织物和编织型土工织物。

(1) 有纺型土工织物由相互正交的纤维织成，与通常的棉毛织品相似，其特点是孔径均匀，沿经纬线方向的强度大而斜交方向的强度低，拉断的伸长率较低。

(2) 无纺型土工织物又称无纺布，织物中纤维(连续长丝)的排列是不规则的，与通常的毛毯相似。制造时是先将聚合物原料经过熔融挤压、喷丝、直接铺平成网，然后使网丝联结，联结的方法有热压处理法、针刺机械处理法和化学黏结处理法等不同的处理方法。

① 热压处理法：将纤维加热的同时施加压力，使之部分融化，从而黏结在一起。

② 针刺机械处理法：用特制的带有刺状的针，经上下往返穿刺纤维薄层，使纤维彼此缠绕起来。这种成型的土工织物较厚，通常为 2～5mm，其土工纤维抗拉强度各方向一致，与有纺型土工织物相比抗拉强度略低，延伸率较大，孔径不均匀。

③ 化学黏结处理法：制造时在纤维薄层中加入某些化学物质，使之黏结在一起。

(3) 编织型土工织物由单股或多股线带编织而成，与通常编织的毛衣相似。

土工织物突出的优点是质量轻、整体连续性好(可做成较大面积的整体)、施工方便、抗拉强度较高、耐腐蚀和抗微生物侵蚀性好。其缺点是如未经特殊处理，抗紫外线能力较低。土工织物的性能与其聚合物原料、土工织物的种类及加工制造方法密切相关。

2. 土工膜

土工膜是以聚氯乙烯、聚乙烯、氯化聚乙烯或异丁橡胶等为原料制成的透水性极低的薄膜或薄片，可由工厂预制或现场制作，分为加筋土工膜和不加筋土工膜两大类。预制不加筋土工膜采用挤出、压延等方法制造，厚度常为 0.25～4mm，加筋的可达 10mm。土工膜的幅宽为 1.5～10m。加筋土工膜是组合产品，加筋有利于提高膜的强度和保护膜不受外界机械破坏。

大量工程实践表明，土工膜有良好的不透水性、弹性和适应变形的能力，能承受不同的施工条件和工作应力，也具有良好的耐老化性能。

3. 土工特种材料

(1) 土工格栅：由聚乙烯或聚丙烯通过打孔、单向或双向拉伸扩孔制成，孔格为尺寸 10～100mm 的圆形、椭圆形、方形或长方形格栅。双轴格栅的加工程序如图 15.11 所示。

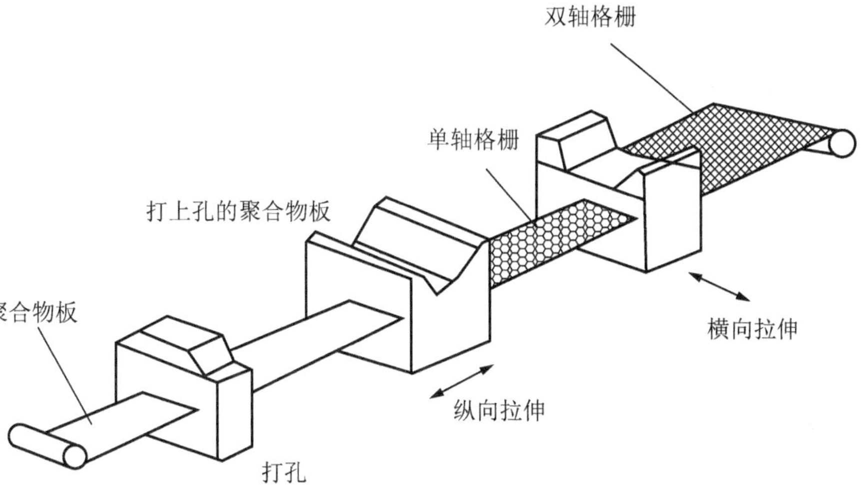

图 15.11 双轴格栅的加工程序

土工格栅是一种应用较多的土工合成材料，常用作加筋土结构的筋材或土工复合材料的筋材等。在国内外工程中大量采用土工格栅加筋路基路面。土工格栅可分为塑料类和玻璃纤维类两种。

(2) 土工膜袋：是一种双层的由聚合化纤织物制成的连续(或单独)袋状材料，可以代替模板。用高压泵将混凝土或砂浆灌入膜袋中，最后可形成板状或其他形状的结构，用于护坡或其他地基处理工程。

(3) 土工网：由两组平行的压制条带或细丝按一定角度交叉(一般为 60°～90°)，并在交点处加热黏结而成的平面制品。条带一般宽 1～5mm，透孔尺寸从几毫米到几厘米不等。

(4) 土工垫和土工格室：都是由合成材料特制的三维结构，前者多为长丝结合而成的三维透水聚合物网垫，后者为由土工织物、土工膜或土工格栅、条带聚合物构成的蜂窝状或网格状三维结构；常用于防冲蚀和保土工程，刚度大、侧限能力高的多用于地基加筋垫层或支挡结构。土工垫通常由黑色聚乙烯制成，厚度为 15～20mm。

4. 土工复合材料

土工织物、土工膜和某些土工特种材料中的两种或两种以上的材料，可采用不同方法复合成为土工复合材料，如复合土工膜、复合排水板等。

(1) 复合土工膜：常规应用的有一布一膜、二布一膜或三布二膜等。复合用无纺布一般比较薄，主要起保护膜的作用。也有的用较厚型的无纺布复合，起双重作用，膜的一面起防渗作用，而无纺布的一面起排水作用。

(2) 复合排水板：一种复合型的土工合成材料，由芯板和透水滤布两部分组成。芯板多为成型的硬塑料薄板，为瓦楞形或十字形，主要原料为聚氯乙烯或聚丙烯；透水滤布多为薄型无纺型土工织物，主要原料为涤纶或丙纶，透水滤布包在芯板外面，在芯板与透水滤布间形成纵向排水沟槽。复合排水板可用于软弱地基排水固结处理、路基纵横向排水、建筑地下排水管道排水、积水井排水、支挡结构的墙后排水、隧道排水和堤坝排水等。

15.2.3 土工合成材料的特性

1. 物理特性

(1) 相对密度：指原材料的相对密度(未掺入其他原料)，丙烯为 0.91，聚乙烯为 0.92～0.95，聚酯为 1.22～1.38，聚乙烯醇为 1.26～1.32，聚酰胺为 1.05～1.14。

(2) 单位面积质量：指 $1m^2$ 土工织物的质量，由称量法确定。常用土工织物的单位面积质量为 $100～1200g/m^2$。由于材料质量不完全均匀，通常要求测试试样不少于 10 块，采用其平均值。单位面积质量的大小对土工合成材料的强度和平面导水能力有一定的影响。

(3) 厚度：指压力为 2kPa 时其底面到顶面的垂直距离，由厚度测定仪测定。通常要求测试试样不少于 10 块，取其平均值。土工织物表面蓬松，一般厚度为 0.1～5mm，最厚可达十几毫米；土工膜一般为 0.25～0.75mm，最厚可达 2～4mm；土工格栅的厚度随部位的不同而异，其肋厚一般为 0.5～5mm。厚度对土工合成材料的水力学性质(如孔隙率和渗透性)有显著影响。

2. 力学特性

(1) 压缩性：土工织物厚度 t 随法向压力 p 变化的性质为该材料的压缩性，可用 t-p 关系曲线表示。厚度与渗透性有关，故也可求得土工织物在不同法向压力下的渗透系数。

(2) 抗拉强度：指试样拉伸至断裂时单位宽度所受的力(N/m)。试样的伸长率是指拉伸时长度增量ΔL与原长度L的比值，以%表示。试验采用拉伸仪，根据拉伸试样的宽度，可分为窄条拉伸试验(宽 50mm、长 100mm)和宽条拉伸试验(宽 200mm、长 100mm)，窄条的拉伸率为(10±2)mm/min，宽条的拉伸率为(50±5)mm/min。根据由拉伸试验所得的拉应力-伸长率曲线，可求得材料的三种拉伸模量(初始模量、偏移模量和割线模量)。

常用的无纺型土工织物的抗拉强度为 10～30kN/m，高强度的为 30～100kN/m；最常用的编织型土工织物的抗拉强度为 20～50kN/m，高强度的为 50～100kN/m，特高强度的(包括带状物)为 100～1000kN/m；一般土工格栅的抗拉强度为 30～200kN/m，高强度的为 200～400kN/m。

(3) 撕裂强度：反映了土工合成材料抗撕裂的能力，可采用梯形(试样)法、舌形(试样)法和落锤法等进行测试，其中最常用的测试方法为梯形(试样)法。试样数要求不少于 5 个，求其平均值。撕裂强度是评价土工合成材料的指标之一，一般不直接用于设计。

(4) 握持强度：施工时握住土工合成材料往往仅限于数点，施力未及全幅度，为模拟此种受力状态，可进行握持拉伸试验，通过握持拉伸试验所测的土工合成材料的强度，即为握持强度。握持强度也是一种抗拉强度，反映了土工合成材料分散集中荷载的能力。其试验方法与条带拉伸试验类似。

(5) 顶破强度：反映了土工合成材料抵抗垂直于其平面的法向压力的能力。与刺破试验相比，顶破试验的压力作用面积相对较大。顶破时土工合成材料呈双向拉伸破坏状态。目前有 3 种测定顶破强度的方法：①液压顶破试验；②圆球顶破试验；③CBR 顶破试验。

(6) 刺破强度：反映了土工合成材料抵抗带有棱角的块石或树干刺破的能力。其试验方法与圆球顶破试验相似，只是以金属杆代替圆球。

(7) 穿透强度：反映具有尖角的石块或锐利物掉落在土工合成材料上时，土工合成材料抵御掉落物穿透作用的能力。穿透强度常采用落锤穿透试验进行测定。

(8) 摩擦系数：该指标是核算加筋土体稳定性的重要数据，反映了土工合成材料与土接触界面上的摩擦强度。摩擦系数可采用直接剪切摩擦试验或抗拔摩擦试验进行测定。

3. 水理特性

(1) 孔隙率：指土工织物中的孔隙体积与织物的总体积之比，以%表示。根据土工织物的单位面积质量m、厚度t和材料相对密度G，其计算公式为

$$n=1-\frac{m}{G\rho_{\mathrm{w}}t} \tag{15-24}$$

式中 ρ_{w}——水的密度(g/cm^3)。

孔隙率的大小影响土工织物的渗透性和压缩性。

(2) 开孔面积率：指土工织物平面的总开孔面积与土工织物总面积的比值，以%表示。一般产品的开孔面积率为 4%～8%，最大可达 30%以上。

开孔面积率的大小影响土工织物的透水性和淤堵性。

(3) 等效孔径：土工织物有不同大小的开孔，孔径尺寸用符号“O”表示。无纺型土工织物为 0.05～0.5mm，编织型土工织物为 0.1～1.0mm，土工垫为 5～10mm，土工格栅及土工网为 5～100mm。等效孔径O_{e}表示土工织物的最大表观孔径(AOS)，即它容许通过土粒的最大粒径。各国采用的标准不同，我国采用$O_{\mathrm{e}}=O_{95}$，即土工织物中有 95%的孔径比O_{95}小。等效孔径和表观孔径含义相同，差别在于前者是以毫米表示孔径，后者则是用与等效

孔径最接近的美国标准筛的筛号表示。

等效孔径是用土工织物作为反滤层时选料的重要指标。

(4) 垂直渗透系数：指垂直于土工织物平面方向上的渗透系数，以 cm/s 表示。测定方法类似于土工试验中土的渗透系数的测定方法。由于透过织物的水流常常是紊流，故设计中该性能常改用透水率(ψ)表示，其计算公式为

$$\psi=\frac{k_{\mathrm{v}}}{t}=\frac{q}{\Delta hA} \tag{15-25}$$

即在单位水头Δh作用下，流过单位面积A的渗流量为q。透水率ψ与土工织物厚度t相乘即得渗透系数k_{v}。无纺型土工织物的透水率$\psi=0.02\sim2.2\mathrm{s}^{-1}$，垂直渗透系数$k_{\mathrm{v}}=8\times10^{-4}\sim2.3\times10^{-1}\mathrm{cm/s}$。

垂直渗透系数是土工织物用作反滤层或排水层时的重要设计指标。

(5) 水平渗透系数：土工合成材料用作排水材料时，水在土工合成材料内部沿平面方向流动，土工合成材料内部孔隙输导水流的性能可用土工合成材料平面的水平渗透系数或导水率(为土工合成材料水平渗透系数k_{h}与土工合成材料厚度t的乘积)来表示。通过改变加载和水力梯度，可测出在不同压力及水力条件下土工合成材料平面的导流特征。该性能在设计中常改用导水率θ来表示，其计算公式为

$$\theta=k_{\mathrm{h}}t=\frac{ql}{\Delta hb} \tag{15-26}$$

式中　θ——导水率($\mathrm{cm^2/s}$)；

l——沿水流方向的试样长度(cm)；

b——试样宽度(cm)。

通常土工织物的水平渗透系数为$8\times10^{-4}\sim5\times10^{-1}\mathrm{cm/s}$，无纺型土工织物的水平渗透系数为$4\times10^{-3}\sim5\times10^{-1}\mathrm{cm/s}$，土工膜的水平渗透系数为$1\times10^{-11}\sim1\times10^{-10}\mathrm{cm/s}$。

4. 耐久性

耐久性可反映材料在长期应用和不同环境条件中工作的性状变化。

(1) 抗老化。老化是指高分子材料在加工、储存和使用过程中，由于受内外因素的影响，其性能逐渐变坏的现象。老化是不可逆的化学变化，主要有以下表现。

① 外观变化：发黏、变硬、变脆等。

② 物理化学变化：相对密度、导热性、熔点、耐热性和耐寒性等发生变化。

③ 力学性能的变化：抗拉强度、抗剪强度、抗弯强度、伸长率及弹性等发生变化。

④ 电性能变化：绝缘电阻、介电常数等发生变化。

产生老化的外界因素可分为物理、化学和生物因素，主要有太阳光、氧气、臭氧、热、水分、工业有害气体、机械应力、高能辐射的影响及微生物的破坏等，其中最重要的是太阳光紫外线辐射的影响。试验表明，埋在土中的土工合成材料，其老化速度比暴晒在太阳下的慢得多。

高分子聚合材料中，聚丙烯、聚酰胺老化最快，聚乙烯、聚氯乙烯次之，聚酯、聚丙烯腈最慢。浅色材料较深色材料老化得快，薄的材料较厚的材料老化得快。

(2) 徐变性。徐变是指材料在长期恒载作用下持续伸长的现象。高分子聚合物一般都有明显的徐变性。工程中的土工合成材料皆置于土内，受到侧限压力，徐变量要比无侧限时小得多。徐变性的大小对材料的强度取值有一定的影响。

15.2.4 土工合成材料的主要功能

不同的土工合成材料，其功能不尽相同，但一种材料往往兼有多种功能。土工合成材料应用在工程上，其作用主要包括对两种不同材料起隔离作用、发挥渗透排水作用、利用其强度起加筋作用和利用网孔渗透起反滤作用，具体见表 15-8。除此以外，还有防渗和防护作用。

表 15-8 不同应用领域中土工合成材料基本功能相对重要性

应用类型	功能			
	隔离作用	排水作用	加筋作用	反滤作用
无护面道路	A	C	B	B
海、河护岸	A	C	B	A
粒状填土区	A	C	B	D
挡土墙排水	C	A	D	C
用于土工膜下	D	A	B	D
近水平排水	C	A	B	D
堤坝桩基	B	D	A	D
堤坝基础加筋	B	C	A	D
加筋土挡墙	D	D	A	D
岩石崩落网	D	C	A	D
密封水力填充	B	C	A	A
防冲	D	C	B	A
柔性模板	C	C	C	A
排水沟	B	C	D	A

注：A 代表主要功能(控制功能)，B、C、D 代表次要、一般、不很重要的功能。

1. 隔离作用

将土工合成材料放在两种不同的材料之间，或用在一种材料的不同粒径之间，或用在地基与基础之间，可使其隔离开来，当出现外载作用时，可使其不相互混杂或流失，能保持材料的整体结构和功能。

一般在修筑道路时，路基、路床顺次施工，道路修筑完毕即开始运营。由于荷载压力和雨水的作用，路基、路床材料和一般材料会混合在一起，这虽然是局部现象，但会使原设计的路基强度降低，排水和过滤功能减弱。为了防止这种现象发生，可将土工合成材料设置在两种不同特性的材料之间，不使其混杂，但又能保持统一的作用。在道路工程中，铺设土工合成材料后可起到渗透膜的作用，防止软弱土层侵入路基的碎石中；若未铺设土工合成材料，导致软弱土层侵入路基的碎石中，则会引起翻浆冒泥，使路基、路床设计厚度减小，最终导致道路破坏。土工合成材料用于地基加固方面，可将新筑基础和原有地基分开，既能提高地基承载力，又有利于排水和加速土体固结。土工合成材料用于材料的储存和堆放，可避免材料的损失和劣化，对于废料还可起到防止污染的作用。起隔离作用的土工合成材料，其渗透性应大于所隔离土的渗透性，在承受动荷载作用时，土工合成材料还应有足够的耐磨性。当被隔离材料或土层间无水流作用时，也可用不透水土工膜。

2. 排水作用

土工合成材料中的某些类型，如无纺型土工织物是良好的导水材料，将其置于土体内能将土中水积聚到织物内部，沿织物平面形成排水通道，将水排出土体外。

具有一定厚度的土工合成材料具有良好的三维透水特性，利用这种特性除了可用来透水反滤外，还可使水经过土工合成材料的平面迅速沿水平方向排走，构成水平排水层。图 15.12(a)所示为土工合成材料与其他排水材料(塑料排水板)共同构成排水系统，可加速填筑土体的排水固结过程；图 15.12(b)所示为填土内采用塑料排水板排水的示意图；图 15.12(c)所示为在挡土墙填土之前，将土工合成材料置于挡土墙后再填土，这样既可使水排出，又不会把土颗粒带走，以免使墙体沉陷；图 15.12(d)所示为降低均质坝坝体内浸润线，在坝体内用土工合成材料做排水体。

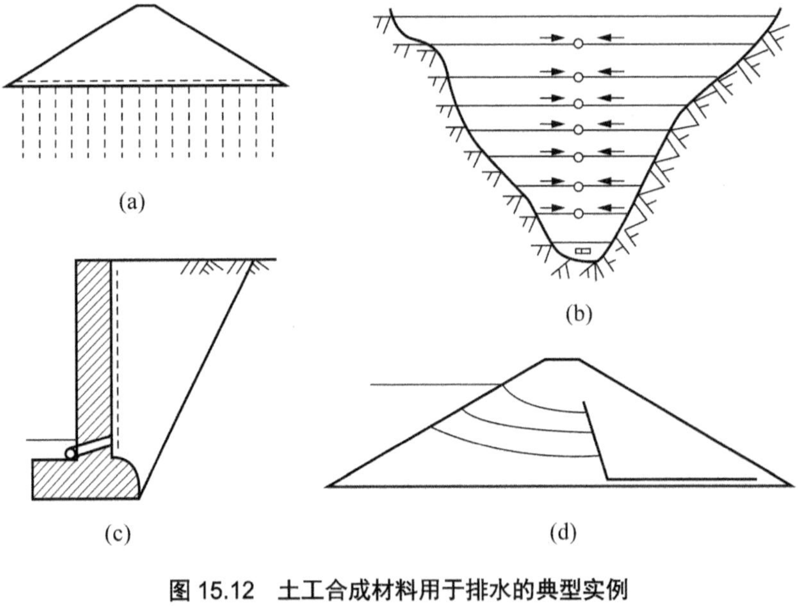

图 15.12　土工合成材料用于排水的典型实例

3. 加筋作用

当土工合成材料用作土体加筋时，其基本作用是给土体提供抗拉强度，改善土工结构的整体受力条件，提高地基的承载力，增强上部结构的稳定性，主要应用于土坡、堤坝、地基和挡土墙中。

(1) 用于加固土坡和堤坝。高强度的土工合成材料在路堤工程中有几种可能的加筋用途：①可使边坡变陡，节省占地面积；②防止滑动圆弧通过路堤和地基土；③防止路堤下面因承载力不足而破坏；④跨越可能的沉陷区等。如图 15.13 所示，土工合成材料的“包裹”作用阻止了土体的变形，从而使土体的强度及土坡的稳定性得以增强。

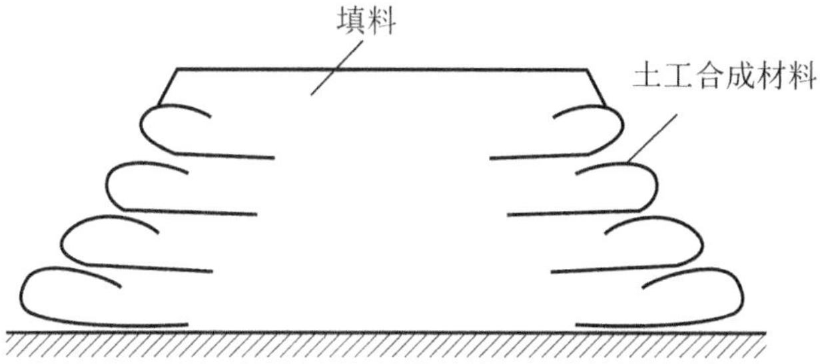

图 15.13　土工合成材料加固路堤

(2) 用于加固地基。由于土工合成材料有较高的强度和韧性等力学性能，且能紧贴于地基表面，这使其上部施加的荷载能均匀分布到地基中。当地基可能产生冲切破坏时，铺设的土工合成材料将阻止破坏面的出现，从而提高地基承载力。当土工合成材料受集中荷载作用时，在较大的荷载作用下，高模量的土工合成材料受力后将产生垂直分力，抵消部分荷载。当很软的地基加荷后，可能产生很大的变形，根据国内新港修筑防波堤的经验，沉入软土中的体积竟等于防波堤的原设计断面。由于软土地基的塑性流动，铺填土周围的地基会向侧面隆起。如将土工合成材料铺设在软土地基的表面，由于其承受拉力和土的摩擦作用，增大了侧向限制，阻止软土的侧向挤出，从而能减小地基变形并增强地基的稳定性。在沼泽地、泥炭土和软黏土上建筑临时道路是土工合成材料最重要的应用场合之一。

(3) 用于加筋土挡墙。在挡土结构的土体中，每隔一定距离铺设起加固作用的土工合成材料，该土工合成材料可作为拉筋起到加筋作用。作为短期或临时性的挡墙，可只用土工合成材料包裹土、砂来填筑，但这种包裹式土工合成材料墙面的形状常常是畸形的，外观难看。对于长期使用的挡墙，往往采用混凝土面板。

土工合成材料作为拉筋时一般要求有一定的刚度，新发展的土工格栅能很好地与土相结合。与金属筋材相比，土工合成材料不会因腐蚀而失效，所以它能在桥台、挡墙、海岸和码头等支挡结构的应用中获得成功。

4. 反滤作用

土工织物(有纺型或无纺型土工织物)具有良好的透水或透气性能，当水流沿土工织物平面法向流过时，可有效阻止土颗粒不被水流带走，起到反滤作用，防止土体破坏，保证土体的稳定。

在渗流出口区铺设土工合成材料作为反滤层，这和传统的砂砾石滤层一样，均可提高被保护土体的抗渗强度。对此国内外都曾进行过广泛的研究。

多数土工合成材料在单向渗流的情况下，在紧贴土工合成材料的土体中会有细颗粒逐渐向滤层移动，同时还会有部分细颗粒通过土工合成材料被带走，遗留下较粗的颗粒，从而与滤层相邻一定厚度的土层逐渐形成一个反滤带和一个骨架网，阻止土颗粒继续流失，最后趋于稳定平衡。土工合成材料可铺放在上游面的块石护坡下面，起反滤和隔离作用；也可铺放在下游排水体周围起反滤作用，以防止管涌；还可铺放在均匀土坝的坝体内，起竖向排水作用，以有效降低均质坝的坝体浸润线，提高下游坝体的稳定性，渗流水沿土工合成材料进入水平排水体，最后排至坝体外。具有这种反滤作用的土工合成材料，要求在纵向有较大的渗透系数。

5. 防渗与防护作用

采用土工膜或复合土工膜，可防止水或其他液体渗漏，以保护环境和保证工程结构的安全稳定。作为防渗材料，土工合成材料已广泛应用于堤、坝、水库工程中，可代替黏土心墙、防渗斜墙，并且能起到防止库底渗漏的作用。

土工合成材料能够将比较集中的应力扩散或分解，防止土体受外力作用破坏，主要应用于护岸、护底、海岸防潮、河道整治及道路坡面防护等方面。

15.2.5 土工合成材料的设计计算

在实际工程中应用的土工合成材料，不论作用的主次，都是以上几种主要作用的综合。虽然隔离作用不一定伴随反滤作用，但反滤作用经常伴随隔离作用。因而在设计时，应根据不同的工程应用对象，综合考虑对土工合成材料的要求进行选料。

1. 作为反滤层时的设计

一般在反滤层设计时，既要求其有足够的透水性，又要求能有效防止土颗粒被带走，通常采用无纺型和有纺型土工织物，而土工织物作为反滤层，同样必须满足这两种基本要求。此外，反滤层应具有避免被保护土体的细小颗粒随着渗流水被带到织物内部孔隙中或被截留在织物表面而造成其渗透性能降低的能力。

实际上，土工合成材料作为反滤层的效果，受到材料的特性、所保护土的性质和地下水条件的影响。所以，在进行土工合成材料反滤层设计时，应根据反滤层所处的环境条件，将土工合成材料和所保护土体的物理力学性质结合起来考虑。

对任何一个土工合成材料反滤层，在使用初期渗流开始时，土工合成材料背面的土颗粒逐渐与之贴近，其中细颗粒小于土工合成材料孔隙的，必然穿过土工聚合物被排除，而土中大于土工合成材料孔隙的颗粒就紧贴靠近土工合成材料，自动调整为过滤层，直至无土颗粒能通过土工合成材料边界为止。此时靠近土工合成材料的土体透水性增大，而土工合成材料的透水性会减小，最后土工合成材料和邻近土体共同构成了反滤层。这一过程往往需要几个月的时间才能完成。对级配不好的土料，因其本身不能成为滤料，所以“排水和挡土”得依靠土工合成材料。当渗流量很大时，就有大量细颗粒通过土工合成材料排出，有可能在土工合成材料表面形成泥皮，出现局部堵塞。因此，宜在土工合成材料与被保护土层间铺设 150mm 厚的砂垫层，以免土工合成材料的孔隙被堵塞。

土工合成材料作为反滤层时设计的两个主要因素是土工合成材料的有效孔径和透水性能，但目前尚没有统一的标准。按符合一定标准和级配的砂砾料构成的传统反滤层，其目前广泛采用的滤料要求如下。

(1) 防止管涌时，要求为

$$D_{15\mathrm{f}} < 5D_{85\mathrm{b}} \tag{15-27}$$

(2) 保证透水性时，要求为

$$D_{15\mathrm{f}} > D_{15\mathrm{b}} \tag{15-28}$$

(3) 保证均匀性时，要求为

$$D_{50\mathrm{f}} < 25D_{50\mathrm{b}}\ \text{(对级配不良的反滤层)} \tag{15-29}$$

或

$$D_{50f} < D_{50b}(\text{对级配良好的反滤层}) \tag{15-30}$$

式中　D_{15f}，D_{50f}——表示相应于颗粒粒径分布曲线上百分数 p 分别为 15%、50%时的颗粒粒径(mm)，下角标“f”表示反滤层土；

D_{85b}，D_{15b}，D_{50b}——表示相应于颗粒粒径分布曲线上百分数 p 分别为 85%、15%、50%时的颗粒粒径(mm)，下角标“b”表示被保护土。

2. 作为加筋时的设计

1) 地基加固

在软弱路基基底与填土间铺以土工合成材料是常用的浅层处理方法之一，若土工合成材料为多层，则应在层间填以中砂、粗砂以增加摩擦力。由于这种土工合成材料具有较高的延伸率，故可使上部负荷扩散，提高原地基承载力，并使填土增加稳定性。此外，铺设土工合成材料后施工机械行驶方便，工程竣工后还能起排水作用，加速沉降和固结。

如将具有一定刚度和抗拉力的土工合成材料铺设于软土地基表面，再在其上填筑粗颗粒土(砂土或砾土)，将在作用荷载的正下方产生沉降，其周边地基产生侧向变形和部分隆起，如图 15.14 所示。土工合成材料受拉，而作用在土工合成材料与地基土间的抗剪阻力就能相对约束地基的位移，同时作用在土工合成材料上的拉力也能起到支承荷载的作用。设计时，其地基极限承载力 p_{s+c} 的计算公式如下。

$$p_{s+c} = Q_c' = \alpha c N_c + \frac{2p}{b}\sin\theta + \beta\frac{p}{r}N_q \tag{15-31}$$

式中　α、β——基础的形状系数，一般取 $\alpha=1$，$\beta=0.5$；

c——土的黏聚力(kPa)；

N_c、N_q——与内摩擦角有关的承载力系数，一般取 $N_c=5.3$，$N_q=1.4$；

p——土工合成材料的抗拉强度(N/m)；

b——基础宽度(m)；

θ——基础边缘土工合成材料的倾斜角，一般为 10°～17°；

r——假想圆的半径，一般取 3m 或为软土层厚度的 1/2，但不能大于 5m。

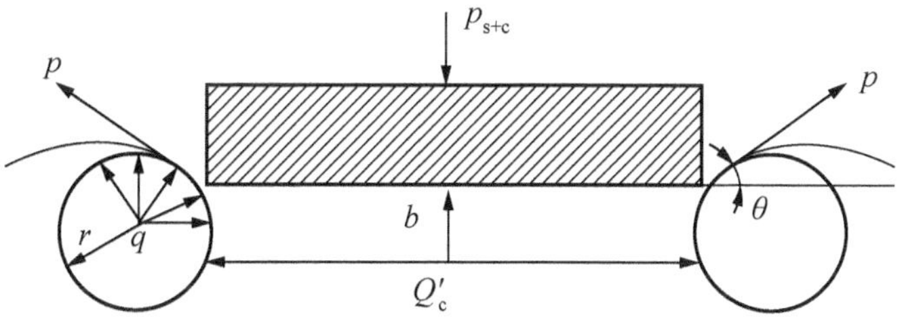

图 15.14　土工合成材料加固地基的承载力计算简图

式(15-31)右边第一项是没有土工合成材料时，原天然地基的极限承载力；第二项是在荷载作用下，由于地基的沉降使土工合成材料发生变形而承受拉力的效果；第三项是土工合成材料阻止隆起而产生的平衡镇压作用的效果(是以假设近似半径为 r 的圆求得，图 15.14 中的 q 是塑性流动时地基的反力)。实际上，第二项和第三项均为由于铺设土工合成材料而提高的地基承载力。

2) 路堤加固

土工合成材料用来增加填土稳定性时，其铺垫方式有两种：一种是在路基底与填土间铺设，另一种是在堤身内填土层间铺设。分析计算时，采用瑞典法和荷兰法两种计算方法。

(1) 瑞典法的计算模型是假定土工合成材料的拉应力总是保持在原来铺设方向，由于土工合成材料产生拉力，这就增加了两个稳定力矩，如图 15.15 所示。

首先按常规方法找到最危险圆弧滑动面的参数，以及相应的最小安全系数 $K_{\min}$，然后再加入有土工合成材料这一因素。当仍按原最危险圆弧滑动时，要撕裂土工合成材料就要克服土工合成材料的总抗拉强度 S，以及在填土内沿垂直方向开裂而产生的抗力 $S\tan\varphi_1$ (φ_1 为填土的内摩擦角)。如以滑弧圆心 O 为力矩中心，前者的力臂为 a，后者的力臂为 b，则原最小安全系数为

$$K_{\min} = M_{抗} / M_{滑} \tag{15-32}$$

增加土工合成材料后的安全系数为

$$K' = \left(M_{抗} + M_{土工合成材料}\right) / M_{滑} \tag{15-33}$$

故所增加的安全系数为

$$\Delta K = S\left(a + b\tan\varphi_1\right) / M_{滑} \tag{15-34}$$

式中 $M_{抗}$ ——由滑动面上土体抗剪强度对滑动圆心产生的总抗滑力矩；

$M_{滑}$ ——由滑动土体的质量对滑动圆心产生的总滑动力矩；

$M_{土工合成材料}$ ——由土工合成材料的总抗拉强度对滑动圆心产生的抗滑力矩。

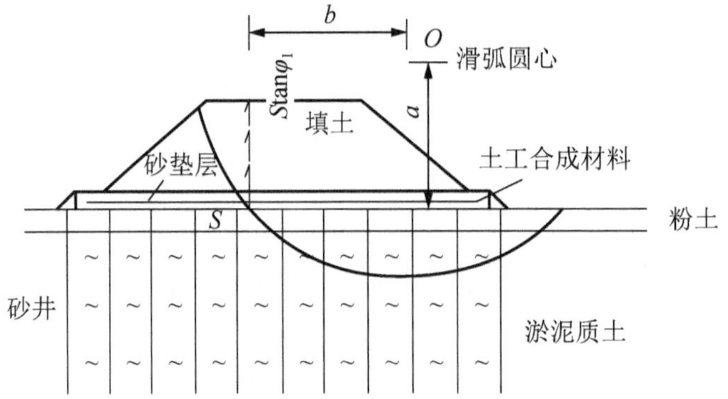

图 15.15 土工合成材料加固软土地基上路堤的稳定分析(瑞典法)

当已知土工合成材料的强度为 S 时，便可求得 ΔK。相反，当已知要求增加的 ΔK 时，也可求得所需土工合成材料的抗拉强度 S，以便选用厂家生产的土工合成材料产品。

(2) 荷兰法的计算模型是假定土工合成材料在其和滑弧切割处形成一个与滑弧相适应的扭曲，且土工合成材料的抗拉强度 S(每米宽)可认为是直接切于滑弧，如图 15.16 所示。绕滑动圆心的力矩，其臂长即等于滑弧半径 R，此时抗滑稳定安全系数为

$$K' = \frac{\sum\left(c_i l_i + Q_i \cos\alpha_i \tan\phi_1\right) + S}{\sum Q_i \sin\alpha_i} \tag{15-35}$$

式中 Q_i ——某一分条土体的重力(kN)；

c_i ——填土的黏聚力(kPa)；

l_i ——某分条滑弧的长度(m)；

α_i ——某分条与滑动面的倾斜角；

φ_1 ——土的内摩擦角。

故所增加的安全系数为

$$\Delta K = SR / M_{滑} \tag{15-36}$$

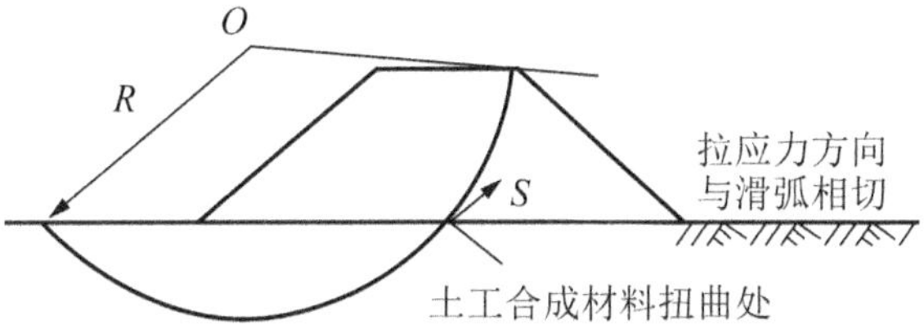

图 15.16 土工合成材料加固软土地基上路堤的稳定分析(荷兰法)

通过式(15-35)和式(15-36)即可确定所需要的 K' 值，从而推算 S 值，再用以选择土工合成材料产品的规格型号。

值得注意的是，除了应验算滑弧穿过土工合成材料的稳定性外，还应验算在土工合成材料范围以外路堤有无整体滑动的可能性，只有以上两种验算均满足要求时，才可认为路堤是稳定的。

当土工合成材料作为路堤底面垫层时，除了提高地基承载力和增加地基稳定性外，其中一个主要作用就是减少堤底的差异沉降。通常土工合成材料可与砂垫层(0.5～1.0m 厚)共同作为一层，这一层具有与路堤本身及软土地基不同的刚度，可将堤身荷载传递到软土地基中去；这一层既是软土固结时的排水面，又是路堤的柔性筏基。由此地基变形变得均匀，路基中心最终沉降量比不铺土工合成材料时要小，施工速度可加快，且能较快达到所需的固结度，提高地基承载力。另外，路堤的侧向变形也将由于设置土工合成材料而得以减小。

3) 加筋土挡墙

土工合成材料作为拉筋材料可用于建造加筋土挡墙，其设计方法参见 15.1.3 节有关内容。

15.2.6 土工合成材料的施工工艺

1. 施工方法要点

(1) 铺设土工合成材料时，应注意均匀和平整；在斜坡上施工时，应保持一定的松紧度；在护岸工程上铺设时，上坡段土工合成材料应搭接在下坡段土工合成材料之上。

(2) 对土工合成材料的局部地方，不要加过大的局部应力。如果用块石保护土工合成材料，施工时应将块石轻轻铺放，不得从高处抛掷。块石的下落高度大于 1m 时，土工合成材料很可能被击破，带棱角的重块石在 0.3m 高度下落便可能损坏土工合成材料。当块石下落的情况不可避免时，应在土工合成材料上先铺一层砂子加以保护。

(3) 土工合成材料用作反滤层时，要保证其连续性，不出现扭曲、折皱和重叠现象。

(4) 在存放和铺设过程中，应尽量避免长时间的暴晒而使材料劣化。

(5) 土工合成材料的端部要先铺填，中间后铺填；端部锚固必须精心施工。

(6) 第一层铺垫厚度应在 0.5m 以下，且要避免推土机的刮土板损坏所铺填的土工合成材料。当土工合成材料受到损坏时，应予立即修补。

(7) 当土工合成材料用作软土地基上的堤坝和路堤的加筋加固时，基底必须加以清理，亦即必须清除树根、植物及草根。基底面要求平整，尤其是水面以下的基底面，要先抛一层砂，将凹凸不平的基底面予以平整，再由潜水员下水检查其平整度。如果铺在凹凸不平基底面上的土工合成材料呈"波浪形"，当荷载作用时就会引起沉降，从而导致土工合成材料不易张拉，也就难以发挥其抗拉强度的作用。

2. 接缝连接方法

土工合成材料是按一定规格的面积和长度在工厂进行定型生产的，因此这些材料运到现场后必须进行连接。连接时可采用搭接法、缝合法、胶结法或 U 形钉连接等方法。

(1) 采用搭接法时，搭接必须保证足够的长度，一般为 0.3～1.0m，坚固和水平的路基一般为 0.3m，软弱和不平的路基则需 1m。在搭接处应尽量避免受力，以防土工合成材料移动。搭接法施工简便，但用料较多。若设计时土工织物上铺有一层砂土，则最好不采用搭接法，因砂土极易挤入两层织物间而将织物抬起。

(2) 缝合法是指用移动式缝合机将聚酰胺或涤纶线面对面缝合，可缝成单道线，也可缝成双道线。一般采用对面缝合，缝合处的强度一般可达纤维强度的 80%。缝合法节省材料，但施工费时。

(3) 胶结法是指使用合适的胶结剂将两块土工合成材料胶结在一起，最少的搭接长度为 100mm，黏结在一起的接头应停放 2h，以便增强接缝处的强度。施工时可将胶结剂很好地涂于下层的土工合成材料上，该土工合成材料放在一个坚固的木板上，用刮刀把胶结剂刮匀，再放上第二块土工合成材料与其搭接，最后在其上进行滚碾，使两层土工合成材料紧密地压在一起。这种连接可使接缝处强度与土工合成材料的原强度相同。

(4) 采用 U 形钉连接时，U 形钉应能防锈。U 形钉连接的强度低于缝合法或胶结法。

土钉

任务 15.3 土　钉

15.3.1 土钉概述

土钉是将拉筋插入土体内部，并在坡面上喷射混凝土，从而形成土体加固区带，其结构类似于重力式挡墙，用以提高边坡的稳定性，适用于开挖支护和天然边坡加固，是一项实用有效的原位岩土加筋技术。工程中常用钢筋做拉筋，其尺寸小，全长度与土黏结。

现代土钉技术已有 40 多年的历史。1972 年，法国著名的承包商 Bouygues 在凡尔赛附近铁道拓宽线路的切坡中首次应用了土钉技术，其后土钉技术作为稳定边坡与深基坑开挖的支护技术在法国得到了广泛应用。德国、美国在 20 世纪 70 年代中期开始应用此项技术。我国从 80 年代开始进行土钉的试验研究和工程实践，于 1980 年在山西柳湾煤矿边坡稳定中首次应用该技术。目前，土钉这一加筋新技术在我国正逐步得到推广和应用。

15.3.2 土钉的加固原理

土钉由较小间距的加筋来加强土体，形成一个原位复合的重力式结构，用以提高整个原位土体的强度并限制其位移，这种技术实质上是“新奥法”的延伸。它结合了钢丝网喷射混凝土和岩石锚杆的特点，对边坡提供柔性支挡。

由于土体的抗剪强度较低，抗拉强度更小，因而自然边坡只能以较小的临界高度保持直立。当土坡直立高度超过临界高度，或坡面有较大超载及环境因素等的改变时，都会引起土坡的失稳，为此过去常采用支挡结构承受侧压力并限制土坡的变形发展(这属于常规的被动制约机制的支挡结构)。土钉则是在土体内增设一定长度和分布密度的锚固体，与土体牢固结合而共同工作，以弥补土体自身强度的不足，增强土坡坡体自身的稳定性，属于主动制约机制的支挡体系。国内学者通过模拟试验表明，土钉在其加固的复合土体中起着箍束骨架作用，提高了土坡的整体刚度与稳定性。土钉墙在超载作用下不会发生如天然匀质土边坡那样的突发性滑塌，它不仅延迟了塑性变形的发展阶段，而且具有明显的渐进性变形和开裂破坏。即使在土体内已出现局部剪切或张拉裂缝，并随着超载集度的增加而扩展，仍可持续很长时间而不发生整体滑塌，表明其仍具有一定的强度。

土钉的这些性状是通过土钉与土体的相互作用实现的：一方面，这体现了土钉与土界面摩阻力的发挥程度；另一方面，由于土钉与土体的刚度相差很大，所以在土钉墙进入塑性变形阶段后，土钉自身作用却逐渐增强，从而改善了复合土体的塑性变形和破坏性状。

原位试验和工程实践表明，土钉在复合土体中的作用表现在以下几个方面。

(1) 土钉在其加固的复合土体中起着箍束骨架作用，具体取决于土钉本身的刚度和强度，以及它在土体内分布的空间组合方式。土钉具有制约土体变形的作用，并使复合土体构成一个整体。

(2) 土钉与土体共同承担外荷载和土体自重应力，在土体进入塑性状态后，应力逐渐向土钉转移。当土体开裂时，土钉分担作用更为突出，此时土钉会出现弯剪、拉剪等复合应力，从而导致土钉体中浆体碎裂、钢筋屈服。所以复合土体塑性变形的延迟、渐进性开裂变形的出现，与土钉分担作用密切相关。

(3) 土钉起着应力传递与扩散作用，使得土体部分的应变水平比相同荷载条件下的天然土边坡的应变水平降低了很多，从而推迟了开裂域的形成和发展。

(4) 与土钉相连的钢筋网喷射混凝土面板也是发挥土钉有效作用的重要组成部分。坡面膨胀变形是开挖卸荷、土体侧向位移、塑性变形和开裂发展的必然结果，限制坡面膨胀能起到削弱内部塑性变形、加强边界约束的作用，这在开裂变形阶段尤为重要。面板提供的约束取决于土钉表面与土的摩阻力，当复合土体开裂域扩大并连成片时，摩阻力仅由开裂区域后的稳定复合土体提供。

(5) 在地层中常有裂隙发育，当向土钉孔中进行压力注浆时，会使浆液顺着裂隙扩渗，形成网状胶结。当采用一次压力注浆工艺时，对宽度为 1～2mm 的裂隙，注浆可扩成 5mm 的浆脉，这必然会增强土钉与周围土体的黏结和整体作用。

与加筋土挡墙内拉筋与土的相互作用类似，土钉与土间摩阻力的发挥主要是由于土钉与土间的相对位移产生的。在土钉加筋的边坡内，同样存在着主动区和被动区，如图 15.17 所示。主动区和被动区内土体与土钉间的摩阻力发展方向正好相反，而被动区内土钉可起到锚固作用。

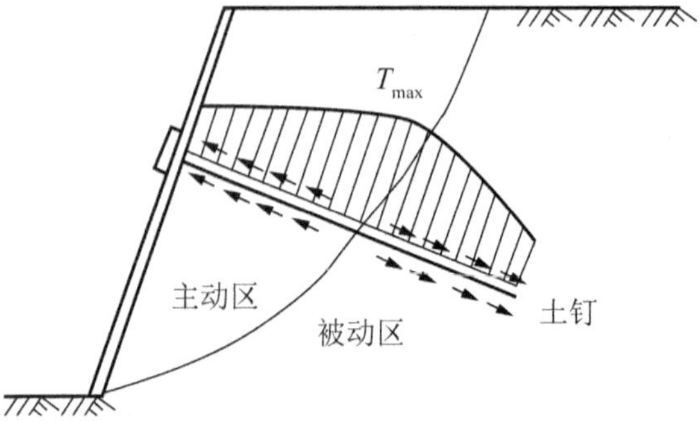

图 15.17　土体与土钉间的相互作用

15.3.3 土钉的类型、特点及适用性

土钉施工工艺

按施工方法，土钉可分钻孔注浆型土钉、打入型土钉和射入型土钉三类。

土钉作为一种施工技术，具有如下特点。

(1) 形成的土钉墙复合体，显著提高了边坡整体稳定性和承受坡顶超载的能力。

(2) 施工简单，施工效率高。设置土钉采用的钻孔机械及喷射混凝土设备都属可移动的小型机械，操作灵活，所需场地小。此类机械的振动小、噪声低，在城区施工具有明显的优越性。土钉施工速度快，施工开挖容易成型，在开挖过程中较易适应不同的土层条件和施工程序。

(3) 对场地邻近建筑物影响小。由于土钉采用小台阶逐段开挖施工方式，且在开挖成形后及时设置土钉与面层结构，使土钉与周围土体牢固黏合，面层与挖方坡面紧密结合，因而对土坡的土体扰动较小。土钉一般都是快速施工，可适应开挖过程中土质条件的局部变化，易于使土坡得到稳定。

(4) 经济效益好。据西欧各国统计资料，开挖深度在 10m 以内的基坑，土钉方案比土层锚杆方案可节约投资 10%～30%。在美国，土钉开挖专利报告指出可节省投资 30%左右。在我国，据 9 项土钉工程的经济分析统计，认为可节约投资 30%～50%。

土钉适用于地下水位低于土坡开挖段或经过降水使地下水位低于开挖层的情况。为了保证土钉的施工，土层在分阶段开挖时应能保持自立稳定。为此，土钉适用于有一定黏结性的杂填土、黏性土、粉土、黄土类土及弱胶结的砂土边坡。此外，当采用喷射混凝土面层或坡面浅层注浆等稳定坡面措施能够保证每一切坡台阶的自立稳定时，也可采用土钉支挡体系作为稳定边坡的方法。

15.3.4 土钉与加筋土挡墙的比较

1. 主要相同之处

(1) 加筋体(拉筋或土钉)均处于无预应力状态，只有在土体产生位移后，才能发挥其作用。

(2) 加筋体抗力都是由加筋体与土之间产生的界面摩阻力提供的，加筋土体内部本身处于稳定状态，它们承受着其后面外部土体的推力，类似于重力式挡墙的作用。

(3) 面层(加筋土挡墙面板为预制构件，土钉面层是现场喷射混凝土)都较薄，在支撑结构的整体稳定中不起主要作用。

2. 主要不同之处

(1) 虽然竣工后两种结构外观相似，但其施工程序却截然不同。土钉是“自上而下”分步施工[图 15.18(a)]，而加筋土挡墙则是“自下而上”施工[图 15.18(b)]。这对筋体应力分布有很大影响，施工期间尤甚。

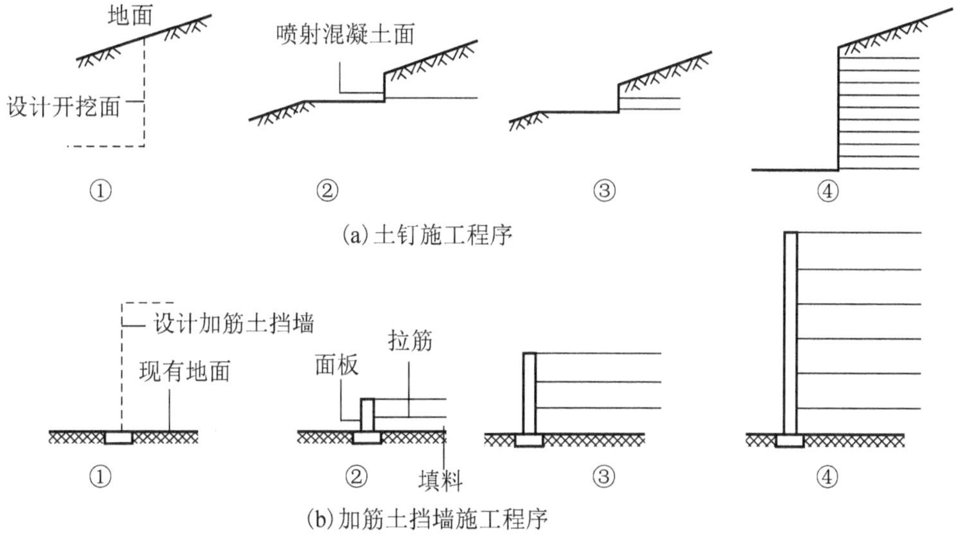

图 15.18 土钉与加筋土挡墙施工程序比较

(2) 土钉是一种原位加筋技术，是用来改良天然土层的，不像加筋土挡墙那样，能够预先确定和控制加筋土填土的性质。

(3) 土钉通常使用灌浆技术，使筋体与其周围土层黏结起来，荷载通过浆体传递给土层。在加筋土挡墙中，摩擦力直接产生于筋条和土层之间。

(4) 土钉既可水平布置，也可倾斜布置，当其垂直于潜在滑裂面设置时，将会充分地发挥其抗力，而加筋土挡墙内的拉筋一般为水平设置(或以很小的角度倾斜布置)。

15.3.5 土钉与土层锚杆的比较

表面上，当用于边坡加固和开挖支护时，土钉和土层锚杆间有一些相似之处。的确，人们很想将土钉仅仅当作一种“被动式”的小尺寸土层锚杆。尽管如此，两者间仍有较多的功能差别，如下所述。

(1) 土层锚杆在安装后一般进行张拉，因此在运行时能理想地防止结构发生各种位移。相比之下，土钉则不予张拉，只有发生少量(虽然非常小)位移后才可发挥作用。

(2) 土钉长度(一般为 3～10m)的绝大部分和土层相接触，而土层锚杆多通过在锚杆末端固定的部分传递荷载，其直接后果是两者在支挡土体自重时产生的应力分布不同。

(3) 土钉的安装密度很高(一般每 0.5～5.0m^2 一根)，因此单筋破坏的后果不严重。另外，土钉的施工精度要求不高，它们是以相互作用的方式形成一个整体。土层锚杆的设置密度比土钉要小一些。

(4) 因土层锚杆承受荷载很大，在锚杆的顶部需安装适当的承载装置，以减小出现穿过挡土结构面而发生“刺入”破坏的可能性。土钉则不需要安装坚固的承载装置，其顶部承担的荷载小，可由安装于喷射混凝土表面的钢垫来承担。

(5) 土层锚杆往往较长(一般 15～45m)，因此需要用大型设备来安装。土层锚杆体系常用于大型挡土结构，如地下连续墙和钻孔灌注桩挡墙，这些结构本身也需要大型施工设备。

任务 15.4 其他加筋处理方法

在工程实践中，除上述加筋应用方式外，还有边坡加筋法、软弱地基加筋法等其他加筋处理方式。现就边坡加筋法及软弱地基加筋法加以介绍。

15.4.1 边坡加筋法

1. 概述

边坡加筋是为了修建比常规坡度更陡的土坡，使其仍具有要求的安全系数，以节约占地和减少填筑土方量。边坡加筋可使坡度达到 1∶1 或更陡，这样必然导致地基承受的应力增大，因此修建陡坡的地基要好，其承载力安全系数应不低于 1.2。

边坡加筋还可以用来改善靠近边坡部分的压实条件。通常在修建土堤时，机械在碾压靠近边坡部分的填土时容易失稳，需要辅以人工夯实或超填修坡，既浪费工时又不易保证质量。如果在靠边坡部分按一定间距水平铺设筋材，借筋材与填土的相互作用提高承载力，使机械能有效地进行碾压作业，则边坡部分的填筑质量可以得到保证。

关于加筋陡坡的设计，一般对其稳定性评价仍采用传统的土坡稳定分析法，认为边坡的破坏类型可能有两种：一种是部分坡土沿某圆弧发生转动式下滑，另一种是部分坡土以楔体形式沿某一组合平面产生移动式位移。

加筋土坡与不加筋土坡的区别，在于前者的稳定性要受筋材的控制。当土坡土体要发生位移时，筋材能在一定程度上遏制土体的继续位移，从而提高土坡的稳定性。传统的土坡稳定分析是分别求出由滑动土体的质量对滑动圆心产生的总滑动力矩 $M_{滑}$ 和由滑动面上土体抗剪强度对同一圆心产生的总抗滑力矩 $M_{抗}$，然后求出稳定安全系数，即 $K = M_{抗} / M_{滑}$，据以评价土坡的稳定性。当 K 大于所规定的数值时，土坡满足稳定性要求。对于加筋土坡，由于筋材的拉力而产生附加的抗滑力矩 $\Delta M_{抗}$，因此，只要以 $\left(M_{抗} + \Delta M_{抗}\right)$ 代替非加筋土坡分析中的 $M_{抗}$，即可求得相应的稳定安全系数。

对于移动式失稳的加筋土坡的稳定性分析，可遵循土力学中的楔体分析法，将由筋材拉力引起的附加抗力考虑进总抗力之中即可。

对于借助平铺筋材以改善机械压实条件，通过验算主要解决通行碾压机械要采用的筋材强度及筋材的布置。这些问题可按土力学中的楔体极限平衡法给出解答。

边坡加筋法不但要求保证土坡的整体稳定(即外部稳定)，而且要求筋材发挥其加筋作用，主要应满足以下要求。

(1) 筋材有足够的抗拉强度，不会在承受的拉力下断裂。

(2) 筋材与周围土体间有足够的摩阻力(握裹力)，不会因所承受的拉力而被拔出。

关于土坡加筋法的填料和筋材的一般要求，可参阅相关内容。

2. 状态标准

对加筋边坡的状态要求，主要是抗滑稳定性，滑动可能发生在加筋体之外，也可能发生在加筋体之内。应根据加筋边坡破坏后果的严重程度选定合适的稳定安全系数，一般取0.7～0.8，对破坏后果严重者可选取较大的稳定安全系数。

另外一个状态标准，是对变形敏感的建筑，设计者须保证发挥的土工剪切抗力和筋材拉抗力应在支承建筑物所容许的限度之内。这一状态标准仅适用于承载道路的边坡及其他对位移敏感的建筑。

3. 设计所需基本资料

进行加筋土坡设计，应具备下列资料。

(1) 设计断面，如图 15.19 所示。

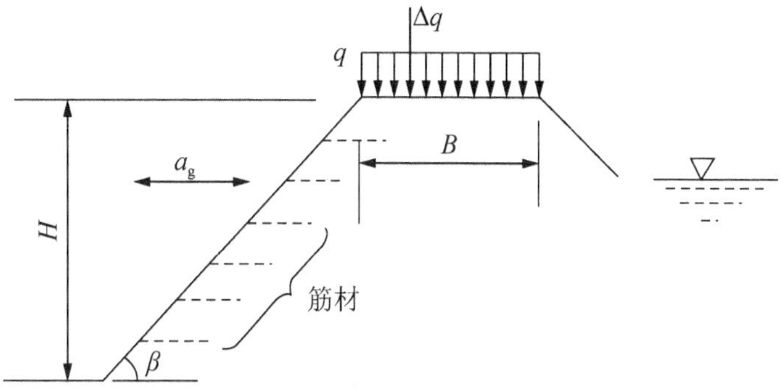

图 15.19 设计断面

断面图中 H 为填土高度，B 为坡顶宽度，β 为坡角；另外应标出地下水位。

(2) 荷载，除填土自重外，尚需给出坡顶超载 q、临时活荷载 Δq、地震荷载 a_g 及碾压机械重力等。

(3) 地基土和填料特性参数，包括：①状态参数，如土的重度 γ、含水率 ω、相对密度 G_s、最大干重度 γ_{max}、最优含水率 ω_{op} 等；②强度参数，如内摩擦角 φ、黏聚力 c；③变形参数，如压缩系数 a_v、体积压缩系数 m_v、压缩指数 C_c、固结系数 C_v、压缩曲线等。

(4) 筋材的有关特性参数。

(5) 稳定安全系数要求。

4. 实用设计方法

加筋陡堤实用设计方法如下。

(1) 设计步骤。首先按不加筋情况核算土坡的稳定安全系数，如不能满足规定要求，则开始按加筋土坡设计；继而估算为满足稳定要求筋材需要提供的拉力，确定筋材的布置形式和数量，校核土坡的内部稳定性和外部稳定性；最后定出筋材的铺设长度。有必要时，还要核算加筋土坡的局部稳定性。

(2) 未加筋土坡的稳定分析。可按传统的稳定分析方法计算其稳定安全系数，计算公式为

$$K=\frac{R\sum\left[c_i l_i+\left(W_i-u_i b_i\right)\cos\alpha_i\cdot\tan\varphi\right]}{R\sum W_i\sin\alpha_i} \tag{15-37}$$

15.4.2 软弱地基加筋法

1. 概述

实际工程中也常会遇到强度很低、压缩性高的地基土，在这种软弱地基上建造堤坝有时不能安全地填筑到要求的高度。解决这一难题的传统方法因地而异，包括多种措施，如缓慢填筑、分期施工、填轻质填料、堤坝两侧增筑反压护道(即提供抗滑平衡重)、地基换土，或在地基中设置排水砂井、塑料排水板等。这些方法虽然在一定情况下也能奏效，但也常会出现不尽如人意的问题，如拖长工期、增加工程占地或额外要求专用设备等。采用土工合成材料加筋法，具有省工、省时、省地和省钱的优点。

软弱地基加筋法就是在填筑堤坝之前先在软弱地基表面铺设砂垫层，在砂垫层间平铺一层或多层土工合成材料如土工织物、土工格栅，有时为增大砂垫层刚度，也可铺设土工格室等。土工合成材料既与砂垫层共同提供了软土排水面，又使填土保持整体性，能均化应力分布、提高地基承载力、增大填筑高度且施工简便。软弱地基加筋法有时可能与其他措施如碎石桩法或垂直排水法等综合应用。

国内外已有大量工程成功应用了软弱地基加筋法。我国铁路三茂线上最早采用了这种方法。另如秦山核电站的护厂海堤全长 1.8km，高 9m，地基为 15～30m 厚的高灵敏度、高压缩性饱和软黏土，地表 2m 以内土的不排水强度只有 20～30kPa，采用聚丙烯机编土工织物结合反压平台，成功地建成了防浪堤。

2. 状态标准

软弱地基加筋法通常考虑两个状态标准，即适度的稳定性和可接受的总沉降及差异沉降。

在堤底与地基界面上铺设加筋材料，可用于增大安全度、降低差异沉降和限制路堤侧移，然而实践证明界面加筋对总沉降影响很小，因为它不能显著地改变路堤作用于地基的垂直应力，只是对不均匀地基条件，界面加筋可以较显著地减小差异沉降。

软弱地基上路堤的相对稳定性是根据其稳定安全系数 K 来评价的。对路堤破坏后果影响小时，K 可采用较低值；对路堤破坏后果严重(如灾难性的)时，应采用较高值。稳定安全系数的确定是以土的强度指标为基础的。

3. 计算理论

软弱地基上铺设底筋，再在其上填筑堤坝，本应视为土-筋共同作用体系，采用有限元法分析其变形及稳定性较为合理，但运算中需要涉及土、加筋材料及土-筋界面的本构关系，其模型和有关参数不易准确确定，加上运算复杂，因而至今实际工程设计中基本上并未采用有限元法，而是沿用极限平衡法，计算模式则根据堤坝的破坏形式来建立。不同地基条件的堤坝失稳可以归纳为以下几种情况。

(1) 由于地表铺设了底筋，底筋与其上填土界面形成了一薄弱面。如果界面的抗剪强度不足，在填土主动土压力的作用下，部分堤坝有可能沿底筋面产生侧向移动而失稳。

(2) 如果地基是一软弱土薄层，下卧硬层，可能发生软弱土薄层连同部分堤土侧向外移或软弱土被侧向挤出。

(3) 当地基为软弱土厚层时，可能发生部分堤坝体连同地基的转动式滑动破坏。一种情况是由于加筋材料强度不足，在滑动面处被拉断；另一种情况是土体中的加筋材料因其与土间的握裹力不足而被拔出，致使加筋失效。

(4) 高压缩性软土地基还会由于强度低、承载力不足，造成底筋及其上堤体作为整体产生过度下沉而破坏。

以上各种可能的破坏形式，为建立计算理论提供了相应依据。

4. 设计要求

(1) 基本资料。

① 堤坝尺寸，如高度、长度、顶宽及边坡等。

② 荷载，如超载、交通荷载和可能的动荷载。

③ 地基土的工程性质，如土层剖面、各层土的重度、含水率、排水与不排水强度、固结参数及当地地下水位和变幅。

④ 堤坝填土性质，如级配、击实曲线及抗剪强度。

⑤ 地基土和填土的化学成分，用于评价其对加筋材料的影响。

(2) 稳定安全系数。

① 提高地基承载力，$K \geqslant 2$。

② 用于竣工时的抗深层滑动，$K \geqslant 1.2$。

③ 用于长期稳定，$K \geqslant 1.5$。

④ 有动载作用时，$K \geqslant 1.1$。

⑤ 竣工后的最大容许沉降根据工程要求规定。

(3) 加筋材料：可选用机织型土工织物、土工格栅，必要时也可采用土工格室，一般根据设计和施工条件确定。软弱地基土体强度在工程竣工后随时间逐渐提高，稳定安全系数也不断提高，所以加筋材料的蠕变性及持久性并不是十分重要的。

工程实例一

西包公路故邑段加筋土挡墙地基处理工程

1. 工程概况

黄帝陵故邑加筋土挡墙位于黄帝陵南 10km 的西包公路 176km + 400m 处，该处地基土属湿陷性黄土，工程地质分区为第二区。由于受大陆性季风气候的影响，该地年辐射量为 $5.02\times10^6 kJ/m^2$，年平均气温为 9℃，年降水多集中在夏季，占年降雨量的 50%左右。西包公路在该段的交通量为 4000～4500 车次/昼夜，是西安通往陕北老区、内蒙古的主要干线。

在黄土高原，土桥是跨越黄土冲沟的一种特殊高填土构造物。1983 年 10 月 13 日，故邑段土桥边坡失稳垮塌，垮塌面大约长 40m，高 30m。为了维持通车，当时用 15m 高的多层草袋装土护脚，反压加固，以单车道勉强解决了冬季的临时通车问题；次年 4 月又架设了战备钢桥以保证交通畅通，直至 11 月 15 日，加筋土挡墙完成后钢桥才拆除。

由于是国道，西安段均、延安段均按二级标准予以改造提高，而故邑段尚未改造，原设计方案中，平、纵、横指标都低，远不能适应增长了的交通量的要求。鉴于上述情况，经几种方案比较，认为加筋土结构适应性强，能经受不同环境、不同气候等因素的影响，技术处理有较大的优越性，且经济效益较好，故而决定采用以黄土为填料的加筋土挡墙，按标准修复故邑段。

2. 工程设计

1) 设计参数

挡墙由墙面板、筋带、填料和锚杆组成，墙高 35.5m。墙面板为 40cm × 150cm、40cm × 100cm 的槽形板，钢筋混凝土强度等级为 C20；筋带采用聚丙烯筋带，每根钢带的极限抗拉强度为 4.0kN，设计容许变形为 2%，相应的设计容许拉力为 0.75kN；填料为黄土，设计的夯实填土综合内摩擦角为 40°，填料与筋带间的摩擦系数 $f=0.4$；地基容许承载力为 F_{st} = 600kPa；设计荷载按《公路工程技术标准》(JTG B01—2014)规定，取汽-20、挂-100 级荷载标准。

2) 设计验算

(1) 内部稳定性验算。

① 筋带强度验算。先计算筋带上承受的荷载。假设挡墙背面作用的土压力服从库仑–朗肯理论，筋带在土内为水平布置，其垂直间距和水平间距分别为 S_v、S_b，则第 i 层筋带所承受的拉力为

$$T_i = K_a(h)\gamma h_i S_v S_b \tag{15-38}$$

式中 $K_a(h)$——随土面以下深度h变化的主动土压力系数；

γ——填土重度(kN/m^3)。

为保证筋带不被拉断，取

$$T_i \leqslant \sigma_t btn\frac{1}{F_{st}} = T_a \tag{15-39}$$

式中 σ_t——筋带的抗拉强度(kPa)；

b，t——筋带的宽度与厚度(m)；

n——筋带的根数；

F_{st}——筋带的抗拉安全系数；

T_a——一根筋带的容许拉力。

则第i层需要配置的筋数为

$$n = \frac{T_i}{T_a}$$

② 筋带抗拔出验算。

握裹力T_r的计算式为

$$T_r = 2(\gamma h_i + \Delta\sigma) fbL_e \tag{15-40}$$

式中 $L_e = \dfrac{K_a F_{st}\gamma h_i S_v S_h}{2(\gamma h_i + \Delta\sigma_i) fb}$。

计算决定了加筋的长度L，即$L = L_i + L_e$。

另外还验算了局部稳定性，应用楔体平面破坏面沿墙高验算了局部滑出的可能性。根据具体特点，在施工中除了在断面上做分级台阶处理外，还设置了两层锚杆，将加筋土体锚固于稳定的老土层中。

(2) 外部稳定性验算。

① 抗倾覆稳定性。假定挡墙绕墙趾转动，把加筋土挡墙视为一般重力式挡墙，计算得到的稳定安全系数$K = 8.76$，满足稳定要求。

② 地基承载力。由于地表水的深入，地基长期处于软塑状态，承载力低。为此，该墙基础下采用梅花形布置设置了三排 4.5m 长的灰土桩进行地基处理，并挖除地表以下 1.5m 深的淤泥，用 3∶7 的灰土回填。计算得到的地基承载力为 705kPa，可满足要求。

3. 施工要点

(1) 地基处理完后，检查桩体强度，复查是否符合设计标高，然后安装混凝土预制块基础，再逐层砌筑墙面板、布置筋带，并逐层检查。

(2) 严格控制填土压实度达到设计的指标。碾压顺序应从筋带中部开始，然后走向筋带尾部，最后再返回墙面板部位；在靠近墙面板不小于 1.0m 范围内，由小型压实机械压实。

(3) 平行铺设聚丙烯筋带并拉紧，按设计的间距由墙面向填土内以辐射状均匀放置，先用少量土固定筋带，再进行回填。聚丙烯筋带是柔性材料，受力后有一个初始伸长的特点，面板砌筑时按 1∶0.01 的比例将上端内收，以抵消初始伸长度，从而避免墙体外倾。

4. 效果检验

根据观测得到的数据，随着填土高度的增加，墙面均有不同程度的水平位移，施工时墙背土压力在无荷载时其变化规律呈三角形分布，与传统的挡墙相似，但实测值远比静止土压力 $K_0\gamma H$ 小；当荷载作用于墙顶时，由于附加应力的影响对墙的上部较为显著，填土在 16～18m 时相继出现不同程度的转折。在外荷载作用下，筋带应力沿筋带向加筋土体内递减，筋带与墙面板连接处应力较大，而最大应力出现在距墙面板 2.0～2.5m 处。

由于加筋土挡墙墙面板薄，基础尺寸小，与重力式挡墙相比可节省圬工数量 95%～97%，造价降低 20%～60%，并且加筋土挡墙越高，经济效益越显著。本工程达到了预定目标。

工程实例二

英国土工格栅加筋路堤地基处理工程

1. 工程概况

在英国诺福克郡，应用 Tensar SS1 与 Tensar SS2 土工格栅修建路堤，总高度为 7.5(或 8.0)m，线路所经之处地势很低，有一片沼泽。过去在此修建的铁路曾遇到地基破坏，长期停工，预计建堤后会发生较大沉降甚至失稳。为此，这次新建路堤考虑了几种加固方案：①对路堤加筋；②在地基中埋设塑料排水板；③路堤上加超载预压。通过建试验路堤段，改变了设计思路，决定将加筋材料(采用土工织物和土工格栅，并以土工格栅为主)。放在路堤底部，包裹粗砂砾层，形成一个自由排水加筋垫层，以提高路堤底部刚度，减小侧向位移和控制竣工后地基的不均匀沉降。

2. 地基条件

整个软弱层厚约 22m，为软或很软的有机质黏土和淤泥，其中夹有泥炭层。表层土或原铁路路基填土之下为软或很软的深灰色黏土和淤泥，有许多仅 0.5m 厚的细砂间层；此层以下大约到 7m 深处为硬深棕色泥炭；再往下为极软的有机质含量高的黑灰黏土，越往下有机质含量越少，而粉粒含量则越多；沉积层底部是紧密的冰碛砂砾。

3. 设计与布置

本工程中对于较高的路堤铺设三层 Tensar SS1 土工格栅，对于较低的路堤则铺设两层，如图 15.20 所示。土工格栅的性质见表 15-9。另外，在地基中还设置了竖向塑料排水板，以加速地基的固结。

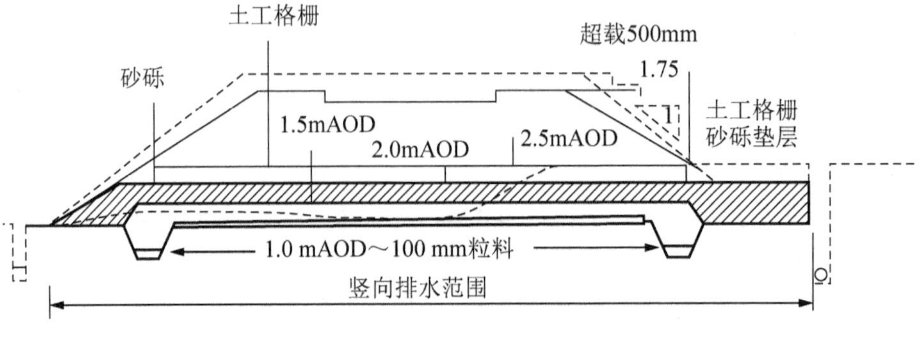

图 15.20　土工格栅在路堤剖面内的铺设位置

表 15-9 土工格栅的性质

材料	Tensar SS1	Tensar SS2
沿宽度每米抗拉强度/(kN/m^2)	20.9	36.2
沿长度每米抗拉强度/(kN/m^2)	12.6	17.0
宽度/m	3.0	3.0
长度/m	50.0	50.0
每卷自重/kN	0.3	0.47

施工时，先清理场地，然后铺 0.3m 厚的粗砂砾工作层。为改善地基土质条件和限制其侧向位移，填土两侧挖了 1m 深的坡趾沟，沟内铺格栅衬，填充粒料土，在两沟之间设置最底层的土工格栅。在最底层的土工格栅上填粒料土 500mm 厚，再铺设第二层土工格栅，并且在路堤两侧将两层格栅连接起来。对于需铺设第三层土工格栅的路段，第二、三层的竖向间距为 1m，其间为路基填土，第三层土工格栅与其下面两层不相连。

由于格栅的横向强度比纵向强度高得多，因此，铺设时应使其最大强度方向与承受最大拉应力方向一致。路堤底部的拉应力发生在边坡下面与最危险滑动圆弧相交处。为发挥土工格栅的最大强度，应采取纵向铺设方式，接头处承受较大的拉应力，要求该处的强度与土工格栅的标定强度相匹配。

接头要求可靠或采用搭接。从接头强度的试验研究得出，搭接摩擦系数对于 Tensar SS1 为 0.83，对于 Tensar SS2 为 0.78。由此推算，搭接宽度要求为 250～500mm，这很不经济。为节约材料，本工程采用交织的高强聚丙烯带，将所有的缝进行缝合，并研究了缝合方法。

4. 材料土底部垫层的施工

先用轨行挖沟机挖两侧沟槽，沟内衬以土工格栅，再填粒料土，沟两侧的土工格栅预留露头，两沟之间纵向铺土工格栅，其边缘与沟内侧土工格栅缝合，此即第一层土工格栅，其上填 500mm 厚的粒料土。接着铺设第二层土工格栅，其边缘与沟外侧露出的土工格栅缝合，缝合前将土工格栅尽量拉紧，这样就形成了底部透水垫层。然后从侧沟部位开始向中间填土并压实。当第二层土工格栅上填土高达 1m 时，铺设第三层土工格栅。往后填土按每周 1m 的速度上升，只有当孔隙水压力达临界值时，才中途停歇。

在接头处和转弯处，均特别考虑了土工格栅的合理布置，注意了以下几个方面：①使土工格栅最大强度方向与最大应力方向一致；②避免浪费；③土工格栅的切割量与缝合量；④沟内曲线处铺设的困难；⑤现场检查的可行性。

为控制施工速度和评价工程质量，埋设了测压管、测斜仪、磁性沉降计、杆式沉降计和地下水位量测仪等。

整个工程共用土工格栅 $2.3\times10^5m^2$，采用不同结合方法。格栅增加的用量分别为：搭接法增加 15%，缝合法增加 2%，搭接缝合法增加 7%。

5. 效果评估

本工程 1983 年 7 月完工后，已初步看出土工格栅加固效果十分明显，车辙深度已从以往的 200～300mm 减小到小于 50mm。其中有一处在铺土工格栅以前，地基不能承受轨行起重机，铺土工格栅填土后即能安全承载。据观测路堤在填土时的沉降量小于预计值，长期变形尚待分析。

能力训练

一、选择题

1. 下列(　　)土工合成材料不适用于土体的加筋。

A. 塑料土工格栅　　B. 塑料排水板

C. 土工带　　D. 土工格室

2. 有一分离式墙面的加筋土挡墙，墙面只起装饰和保护作用，墙高5m，整体式混凝土墙面距包裹式加筋墙体的水平距离为10m，其间充填孔隙率$n=0.4$的砂土，由于排水设施失效，10cm间隙充满了水，此时作用于每延米墙面的总水压力是(　　)kN。

A. 125　　B. 5　　C. 2.5　　D. 50

二、简答题

1. 简述加筋土的加筋原理。
2. 加筋土挡墙有哪些特点?
3. 加筋土挡墙有哪些破坏形式?
4. 试述加筋土挡墙中筋体的受力特点。
5. 试述加筋土挡墙的施工工艺流程。
6. 土工合成材料是怎样分类的?
7. 常用土工合成材料的工程特性和使用范围如何?
8. 试述常用土钉的类型、特点和适用性。

在线答题

情境16 特殊岩土地基

学习目标

掌握膨胀土地基、湿陷性黄土地基、岩溶地基和液化地基的评价和处理方法，能灵活运用这些方法解决实际工程问题。

学习要求

知识要点	技能要点
(1) 膨胀土地基的基本特征	(1) 掌握膨胀土地基的评价方法及地基处理方法
(2) 湿陷性黄土的概念	(2) 掌握湿陷性黄土地基的判定与评价方法及施工要点
(3) 岩溶的概念及分布	(3) 掌握岩溶地基的稳定性评价方法及地基处理方法
(4) 液化的概念及砂土地基液化的原因	(4) 掌握液化地基的评价方法及地基处理方法

引例

(1) 某教学楼为三层砖混结构，条形基础位于膨胀土地区。教学楼东端原为水塘回填，土质松软，施工中仅将基础稍加变动(加大加深)，未做彻底处理。地面排水沟紧靠墙脚，时有渗漏。建成使用后，教学楼东端墙角严重开裂，其底层最为显著，裂缝宽度达 10mm 以上，但由于圈梁的作用，裂缝向二楼延伸时减弱。如何进行地基处理以达到建筑物的使用要求?

(2) 某三跨连续单层工业厂房，建筑面积为 10000m^2，采用 12m × 7.8m 柱网，钢筋混凝土薄壳屋面，12m 跨腹梁。中列钢筋混凝土柱承重，独立基础；边列混凝土墙承重，条形基础。该场地位于Ⅲ级自重湿陷性黄土地区，当时对湿陷性黄土未做彻底处理。由于车间内用水量大，地下管沟因年久失修而渗漏，最后导致基础不均匀沉降，最大沉降量达 30cm 以上。边列混凝土承重墙严重开裂，最大裂缝宽度达 25mm，长度达 16m，车间被迫停产。如何进行地基处理以达到该建筑物的使用要求?

(3) 某建筑物位于岩溶地区，地基内有长 6m、宽 3m、深 4m 的溶洞。溶洞四周的岩体比较破碎，洞内有少量岩溶水及沉积物。如何进行地基处理以达到该建筑物的使用要求?

我国幅员辽阔，各地的地理位置、气象条件、地层构造和成因，以及地基土的地质特征差异很大，有一些特殊种类的地基土分布在全国各地。这些特殊地基土具有不同于一般地基土的工程地质特征，如饱和软黏土的高压缩性、杂填土的不均匀性、黄土的湿陷性、膨胀土的胀缩性、冻土的冻胀变形特性等。此外，特殊岩土地基处理还涉及岩溶地基问题等。本情境将简要介绍膨胀土地基、湿陷性黄土地基、岩溶地基和液化地基的处理方法。

任务 16.1　膨胀土地基

膨胀土一般指黏粒成分主要由亲水性矿物组成，同时具有显著的吸水膨胀和失水收缩这两种变形特性的黏性土。

16.1.1 膨胀土的基本特征

1. 膨胀土的工程地质特征

膨胀土在天然状态下处于坚硬或硬塑状态，孔隙比一般为 0.7，有的大于 1。在正常气候条件下，其天然含水率接近塑限含水率，在干旱年其含水率则大幅度降低，常常呈非饱和状态。膨胀土的含水率较低时，土的强度很高，遇水后易崩解和软化，强度会急剧降低。

(1) 结构特征：膨胀土多呈坚硬至硬塑状态，结构致密，呈棱形土块者常具有胀缩性，棱形土块越小，胀缩性越强。膨胀土裂隙有竖向、斜向和水平向三种。竖向裂隙常露出地表，干旱年可见贯通的地裂隙，地裂隙宽度不一，随深度的增加而逐渐减小。地裂隙间多充填有灰绿、灰白色黏土，裂面有蜡状光泽，有时可见土体间存在相对运动的擦痕。在风化营力作用下，浅层滑坡发育，自然条件下坡度较缓，开挖时坑壁易风化剥落，遇雨则塌方。斜向裂隙越发育，胀缩性越严重。

(2) 边坡破坏特征：膨胀土边坡滑动具有共同的特点，即浅层型、平缓型和渐近型。其滑坡发生和发展大致可分为四个阶段，即风化和裂隙进一步发育阶段，局部破坏阶段，大变形和滑动发展阶段，连续滑动与牵引式滑坡阶段。

(3) 胀缩变形特征：膨胀土胀缩变形具有季节性，裂隙同样具有季节性。旱季常出现地裂隙，长可达数十米，深可达数米，到雨季地裂隙则闭合。

2. 膨胀土的物质成分

(1) 矿物成分。

矿物成分是组成膨胀土的主要物质基础。膨胀土的矿物成分包括碎屑成分与黏土矿物两类。碎屑成分主要有石英、长石、云母，其次为方解石、硬石膏；黏土矿物主要有蒙脱石、伊利石，其次为高岭石、多水高岭石、蛭石、绿泥石等。

我国的膨胀土多以伊利石及伊利石-蒙脱石的泥层矿物为主。对于膨胀土而言，只要土中蒙脱石的含量超过 5%，就会对土的工程性质产生影响；若大于 10%，土的膨胀潜势即有明显表现；若大于 30%，则土的胀缩性及强度特性基本上全由蒙脱石控制。我国主要地区膨胀土中蒙脱石矿物的有效含量一般都大于 10%，大多为 18%～44%。

(2) 化学成分。

膨胀土的化学成分，主要有 SiO_2、Al_2O_3 和 Fe_2O_3，其次为 MgO、CaO、K_2O 和 Na_2O，而 TiO_2、MnO 和 P_2O_5 等含量则甚少。其中 SiO_2 占膨胀土化学总成分的 50%以上，Al_2O_3 一般占 15%～25%，Fe_2O_3 一般占 4%～10%，而 SiO_2、Al_2O_3 和 Fe_2O_3 三者的含量之和大多占化学总成分的 73%～86%，占绝对优势。这与我国膨胀土大多以伊利石为主、一部分以蒙脱石为主的特点基本一致。

(3) 粒度成分。

前面所述膨胀土的矿物成分、化学成分的特点决定了膨胀土的粒度成分必定以黏粒为主，其次是粉粒。试验表明，我国膨胀土中小于 0.005mm 的黏粒含量一般在 50%以上，最低在 30%以上；其次是 0.005～0.05mm 的粉粒，其含量一般为 25%～50%。

(4) 交换离子与水溶盐。

我国各种成因类型的膨胀土，其交换阳离子成分几乎都包括 K^+、Ca^{2+}、Mg^{2+} 等碱金属离子和碱土金属离子。其中以 Ca^{2+}为主，每 100g 土的交换量大多为 12.71～39.18 毫克当量，平均占交换性盐总量的 58%～81%。

此外，膨胀土中还有一定量的水溶性盐分，主要包括易溶性氯化物中的 NaCl，硫酸盐中的 Na_2SO_4 和 $MgSO_4$，重碳酸盐中的 $NaHCO_3$ 和 $Ca(HCO_3)_2$ 等。

3. 膨胀土的主要工程特性

(1) 多裂隙性。膨胀土中普遍发育有各种特定形态的裂隙，形成土体的裂隙结构，这是膨胀土区别于其他土类的重要特性之一。

膨胀土的裂隙按成因类型，可分为原生裂隙和次生裂隙。前者具有隐蔽特点，多为闭合状的显微结构；次生裂隙多由原生裂隙发育而成，有一定的继承性，但多为张开状，上宽下窄呈 V 形外貌。

膨胀土中的裂隙一般有 2 组以上，不同裂隙组合形成膨胀土的多裂隙结构体。这些裂隙结构的特征，表现在平面上大多呈一定规则的多边形分布。在空间上主要有三种裂隙，即陡倾角的垂直裂隙、缓倾角的水平裂隙及斜交裂隙，其中前两者尤为发育。这些裂隙将膨胀土体分割成一定几何形态的块体，如棱柱体、棱块体、短柱体等。

研究表明，膨胀土中的垂直裂隙通常由构造应力与土的胀缩效应产生的张力应变形成，水平裂隙大多由沉积间断与胀缩效应所形成的水平应力差形成。

(2) 超固结性。膨胀土的超固结性是指土体在地质历史过程中曾经承受过比现在上覆压力更大的荷载作用，并已达到完全或部分固结的特性，这是膨胀土的又一重要特性，但并不是说所有膨胀土都一定是超固结土。

膨胀土在地质历史过程中向超固结状态转化的因素很多，但形成超固结主要是上部卸载作用的结果。

(3) 胀缩性。膨胀土吸水后体积增大，可能会使其上部建(构)筑物隆起；膨胀土失水则体积收缩，伴随土中出现裂隙，可能造成建(构)筑物开裂与下沉。

一般认为收缩与膨胀这两个过程是可逆的，但已有研究表明，在干湿循环中的收缩量与膨胀量并不完全可逆。

(4) 崩解性。膨胀土浸水后其体积会膨胀，在无侧限条件下会发生吸水湿化。不同类型的膨胀土，其湿化崩解性是不同的，这同土的黏土矿物成分、结构、胶结性质及土的初始含水状态有关。

一般由蒙脱石组成的膨胀土，浸水后只需几分钟即可崩解。

4. 影响膨胀土胀缩变形的因素

影响膨胀土胀缩变形的因素，有内部因素和外部因素。

(1) 内部因素。

① 黏土矿物和化学成分。膨胀土中蒙脱石的含量越多，其吸水和失水的活动性越强，胀缩变形也越显著。同一种矿物，其膨胀性与其所吸附的阳离子价数有关，阳离子价数越低，则膨胀性越大，如钠蒙脱石的膨胀性要比钙蒙脱石大 3.6 倍。膨胀土的化学成分以 SiO_2、Al_2O_3 和 Fe_2O_3 为主，可用硅铝分子比 $SiO_2/(Al_2O_3+Fe_2O_3)$来反映，该比值越小，则土的胀缩变形越小；反之则越大。

② 黏粒含量。当矿物成分相同时，土的黏粒含量越大，吸水能力越强，胀缩变形也相应越大。

③ 土的孔隙比。在黏土矿物和天然含水率都相同的条件下，土的天然孔隙比越小，则浸水后膨胀量越大，收缩量越小；反之亦然。

④ 含水率的变化。影响含水率变化的因素除气象条件外，还有植物吸湿、地基土受热、地表水渗入、管道漏水及地下水位的变化等。土的含水率一有变化，就会导致土的胀缩变形，其变化规律如图 16.1 和图 16.2 所示。由图 16.1 可见，含水率越大，膨胀量越小；含水率越小，则膨胀量越大，且当含水率等于土的缩限时，膨胀量最大。由图 16.2 可见，含水率对收缩量的影响恰与上述情况相反，含水率越大，收缩量越大；含水率越小，则收缩

量越小，且当含水率等于土的缩限时，其收缩量为零。

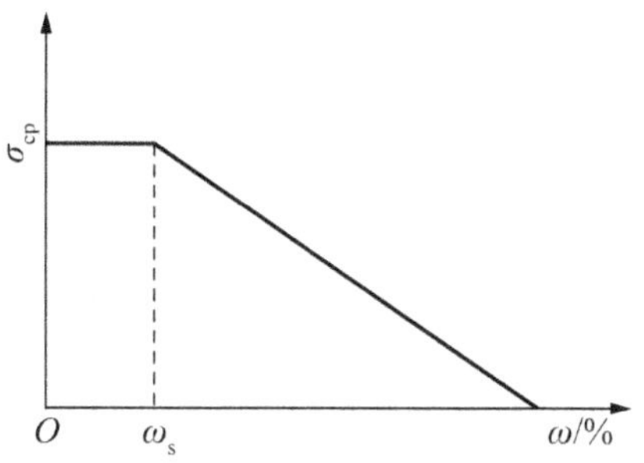

图 16.1　含水率对膨胀量的影响

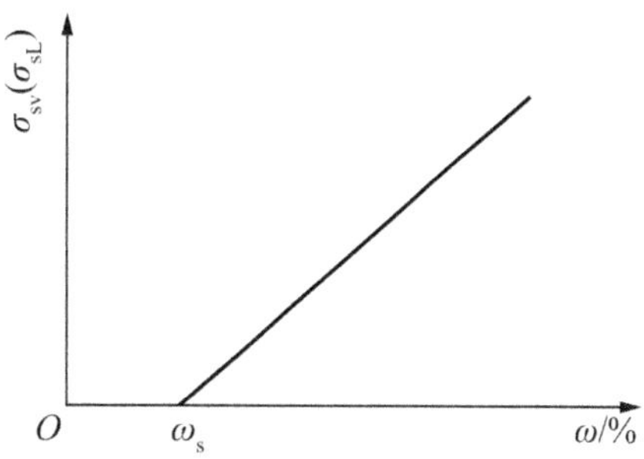

图 16.2　含水率对收缩量的影响

⑤ 土的微结构和结构强度。土的微结构是影响土的胀缩变形的一个因素，我国近年来的研究表明：面-面叠聚体是膨胀土产生胀缩的一个主要结构原因，而且曲片状、密集排列和黏胶基质的面-面叠聚体的胀缩变形要比平片状、疏松排列和黏粉基质的大。

土的结构强度越大，其限制土的胀缩变形的能力也越强。当土的结构受到破坏后，土的胀缩变形随之增大。

(2) 主要外部因素。

膨胀土的胀缩变形还与气候条件、作用压力、地形地貌、绿化、日照及室温等因素有关。

16.1.2 膨胀土主要工程特性指标及地基评价

1. 膨胀土主要工程特性指标

(1) 自由膨胀率 δ_{ef}。自由膨胀率是人工制备的烘干土在水中增大的体积与原有体积之比，用百分数表示为

$$\delta_{ef}=\frac{V_w-V_0}{V_0}\times 100\% \tag{16-1}$$

式中　V_w——土样在水中膨胀稳定后的体积(cm^3)；

V_0——土样原有的体积(cm^3)。

(2) 膨胀率 δ_{ep}。膨胀率是指原状土样在一定压力下浸水膨胀稳定后所增加的高度与原始高度之比，用百分数表示为

$$\delta_{ep}=\frac{h_w-h_0}{h_0}\times 100\% \tag{16-2}$$

式中　h_w——土样在一定压力下浸水膨胀稳定后的高度(mm)；

h_0——土样的原始高度(mm)。

(3) 收缩系数 λ_s。收缩系数是指原状土样在直线收缩阶段含水率减小 1%时竖向收缩变形的线缩率，即

$$\lambda_s=\frac{\Delta\delta_s}{\Delta w} \tag{16-3}$$

式中　$\Delta\delta_s$ ——收缩过程中与两点含水率之差相对应的竖向线缩率之差(%)；

Δw ——收缩过程中直线变化阶段两点含水率之差(%)。

(4) 膨胀力 p_c。膨胀力是指原状土样在体积不变时由于浸水膨胀而产生的最大内应力，可由压力 p 与自由膨胀率 δ_{ep} 的关系曲线确定，它等于曲线上当自由膨胀率 δ_{ep} 为零时所对应的压力。

膨胀力与土的初始密度有密切关系，初始密度越大，膨胀力也越大。原状土的膨胀力一般大于重塑土。

(5) 胀缩可逆性。胀缩可逆性是指膨胀土具有吸水膨胀、失水收缩，再吸水膨胀、再失水收缩的变形特征。对膨胀土的原状土样和压实土样进行多次反复的胀缩试验后，可见每一次膨胀和收缩后试样的高度、直径和体积都基本相同，而且每一次胀缩后的膨胀率、收缩率及胀限(即膨胀含水率)和缩限也都基本相同。这充分说明膨胀土的胀缩变形是可逆的，同时也可以这样认为：膨胀土的性质不会因为反复胀缩而进一步变化。

膨胀土的胀缩可逆性正好解释了为什么膨胀土地基有时上升、有时下沉，房屋裂缝有时张开、有时闭合。但最新研究表明，膨胀土的胀缩并不完全可逆。

膨胀土对建筑的危害

2. 膨胀土地基评价

(1) 膨胀土的判别。膨胀土的判别是解决膨胀土地基勘察、设计的首要问题。对我国大多数地区膨胀土和非膨胀土试验指标进行统计分析后认为，土中黏粒成分主要由亲水性矿物组成，自由膨胀率 $\delta_{ef}\geqslant 40\%$，一般具有上述膨胀土野外特征和建筑物开裂破坏特征，且为胀缩性能较强的黏性土，应判别为膨胀土。

(2) 膨胀土的膨胀潜势。通过上述标准判别膨胀土以后，要进一步确定膨胀土的胀缩性能强弱程度，因为不同胀缩性能的膨胀土对建(构)筑物的危害程度有明显差别。结合我国情况，用自由膨胀率作为膨胀土的判别和分类指标，能获得较好的效果。研究表明，自由膨胀率能较好地反映土中的黏土矿物成分、颗粒组成、化学成分和交换阳离子性质的基本特征。当土中的蒙脱石矿物越多，小于 0.002mm 的黏粒在土中占较多分量且吸附着较活泼的 Na^+、K^+时，土体内部积蓄的膨胀潜势就越强，自由膨胀率就越大，土体便显示出相对强烈的胀缩性。调查表明，自由膨胀率较小的膨胀土，膨胀潜势较弱，建(构)筑物损坏轻微；自由膨胀率较高的土则具有较强的膨胀潜势，将使较多建(构)筑物遭到严重破坏。《膨胀土地区建筑技术规范》(GB 50112—2013)按自由膨胀率大小划分了土的膨胀潜势强弱，以判别土的胀缩性强弱，具体见表 16-1。表 16-2 所示的综合评价方法也得到了广泛应用。

表 16-1　膨胀土的膨胀潜势分类

自由膨胀率 δ_{ef} /%	膨胀潜势
$40\leqslant\delta_{ef}<65$	弱
$65\leqslant\delta_{ef}<90$	中
$\delta_{ef}\geqslant 90$	强

表 16-2　膨胀土膨胀潜势综合评价表

膨胀土类型	野外地质特征	主要黏土矿物成分/%	黏粒含量/%	自由膨胀率/%	总线胀缩率/%
强膨胀土	灰绿、灰白等浅色黏土为主，质纯，滑腻感强，网状裂隙很发育，有光滑面及擦痕，极易风化呈细小鳞片状	以蒙脱石为主	≥50	≥80	≥4
中等膨胀土	棕红色或棕红夹灰绿、灰白色等深色黏土为主，垂直及近水平裂隙发育，有光滑面及擦痕，富含碳酸钙	蒙脱石、伊利石	35～50	60～80	2～4
弱膨胀土	棕黄色为主，土质不均，裂隙发育不等，有光滑面及擦痕，富含碳酸钙	伊利石、蒙脱石、高岭石	＜35	40～60	0.7～2

16.1.3 膨胀土地基处理

某高铁路基膨胀土处理施工

克服“世界工程癌症”膨胀土难题

1. 公路工程膨胀土地基处理

在公路路基工程中，膨胀土地基处理主要涉及以下方面：填方路基，膨胀土填料处理及路堤边坡防护；挖方路基，路床稳定和路堑边坡防护；排水措施。

针对以上相关问题，在公路工程中主要采取下列处理措施。

(1) 路床处理。一般应挖除地表或超挖 30～60mm 的膨胀土，并用改性的膨胀土或非膨胀土及时分层回填压实。

(2) 土料稳定与压实。强膨胀土不应作为路基填料，若不得已，应尽量选择膨胀潜势较弱的土料，并加以改良。改良的方法有掺石灰、水泥、砂砾石等，常用的方法是掺石灰，掺灰比一般为 6%～8%。

膨胀土作为路基填料压实时，应遵循高含水率和较高密实度的原则进行碾压，并以轻型击实标准进行压实度控制。

(3) 路基设计。

① 路基填、挖高度不得过大，一般宜选择浅路堑、低路堤，其高度不宜大于 3m，对大于 3m 的路堤必须考虑变形稳定问题，并考虑加宽路基。路堑高时，应考虑台阶式断面和坡脚稳定措施。

② 路基面横坡应较一般土质路基大些，以利于排水；路肩应较一般土质路肩适当加宽；路堤边坡可按普通黏土边坡放缓些。

③ 边沟适当加宽，并尽可能采用深沟排水。

④ 路侧不宜种树。

(4) 边坡防护。

① 路堤边坡，可采用对土质进行改性处理或非膨胀土外包封闭；对路堑边坡应进行全封闭防护，可采用浆砌片石、浆砌混凝土预制块护坡或浆砌挡土墙。

② 高等级公路的膨胀土边坡应考虑膨胀土的强度特点，进行稳定性验算。

(5) 排水措施。

① 所有路基均应设置定点的排水措施，并形成排水网系，使地表水及地下水能够畅通排泄，防止其浸入路基。

② 路肩、中央分隔带应设置与路面的不透水基层。

③ 边沟应加宽加深，并采取防渗措施；路堑边坡外侧必须设平台以保护坡脚免受浸湿，同时防止坡面剥落物堆积堵塞边沟。

④ 路堑顶部应设截水沟，防止水流冲蚀坡面与渗入坡体，截水沟的位置应视上部坡面汇水情况而定，一般应距路堑边缘 1.0～1.5m。

⑤ 对于台阶式高边坡，应在每一级平台内侧设排水沟。

⑥ 边沟、截水沟、排水沟、平台应全封闭，严防渗漏和冲刷。

2. 建筑工程膨胀土地基处理

在工业与民用建筑工程中，对膨胀土地基常采用以下处理办法。

(1) 场地选择。建筑场地应尽量选在地形条件比较简单、土质比较均匀、胀缩性较弱、便于排水且地面坡度小于 25° 的地段，应尽量避开有地裂隙、可能发生浅层滑坡及地下水位变化剧烈的地段。

(2) 总平面设计。同一建筑物地基土的分级变形量之差不宜大于 35mm，竖向设计宜保持自然地形，并按等高线布置，避免大填大挖；所有排水系统都应采取防渗措施，并远离建筑物(不小于 3m)。建筑物周围 2.5m 范围内平整后的地面坡度不宜小于 2%。要合理绿化，考虑绿化对土中含水率的影响，如在散水以外宜种植草地和绿篱，距建筑物 4m 以内宜选种蒸腾量小的树木，而高大速生的树种宜种在距建筑物 20m 以外。

(3) 建筑设计。建筑物体型应力求简单，避免曲折及高低不一，应设置沉降缝，做好散水的设计和施工。

(4) 结构设计。承重砌体可用实心砖墙，不宜采用拱结构，房屋顶层和基础顶部宜设置圈梁，砖混结构房屋的门窗等孔洞应采用钢筋混凝土过梁。

(5) 基础设计。基础埋深不宜小于 1m；三层及三层以下的砖石结构房屋极易破坏，可适当增加埋深。

(6) 地基处理。常用的处理方法有换土垫层法、砂石垫层法、土性改良法、预浸水法、打桩基法等，具体选用何种处理方法应根据地基的胀缩等级、地方材料、施工条件、建筑经验等通过综合技术经济比较后确定。下面主要介绍换土垫层法、砂石垫层法和土性改良法。

① 换土垫层法。换土可采用非膨胀性土或灰土。灰土中石灰与土的体积比可采用 2∶8 或 3∶7，换土厚度可通过变形计算确定。

② 砂石垫层法。平坦场地上Ⅰ、Ⅱ级膨胀土的地基处理，宜采用砂石垫层，垫层厚度不应小于 300mm。垫层宽度应大于地基宽度，两侧宜采用与垫层相同的材料回填，并做好防水处理。

③ 土性改良法。采用化学添加剂，如用石灰和水泥等材料来进行膨胀土的化学固化，可收到较好的效果。

任务 16.2　湿陷性黄土地基

湿陷性
黄土湿陷图

湿陷性黄土
遇水变化

湿陷性黄土是黄土的一种，凡在一定压力作用下受水浸湿后，土的结构迅速破坏，发生显著湿陷变形，强度也随之降低的天然黄土，即称为湿陷性黄土。湿陷性黄土分为自重湿陷性黄土和非自重湿陷性黄土两种。自重湿陷性黄土在上覆土层自重应力作用下，受水浸湿后即发生湿陷；在自重应力作用下受水浸湿后不发生湿陷，需要在自重应力和由外荷引起的附加应力共同作用下受水浸湿后才发生湿陷的黄土，称为非自重湿陷性黄土。湿陷性黄土地基的湿陷特性，会给结构物带来不同程度的危害，使之产生大幅度的沉降、开裂和倾斜，甚至严重影响其安全和正常使用。

16.2.1 黄土湿陷性的判定及地基评价

1. 黄土湿陷性的判定

湿陷性黄土除了具备黄土的一般特征(如呈黄色或黄褐色，粒度成分以颗粒为主，约占50%以上，具有肉眼可见的孔隙)外，还具备如下特征：呈松散多孔状态，孔隙比通常在 1.0 以上，天然剖面上具有垂直节理，含水溶性盐分较多。垂直大孔、松散多孔的结构和遇水即降低或消失的土颗粒间的加固凝聚力，是它发生湿陷的两个内部因素，而压力和水则是外部条件。

对于湿陷性黄土，现在国内外都采用湿陷系数 δ_s 值来判定其湿陷程度。δ_s 可通过室内浸水压缩试验测定，其试验操作过程为：把保持天然含水率和结构的黄土土样逐步加压，达到规定试验压力，在土样压缩稳定后进行浸水，使土样含水量接近饱和，此时土样又迅速下沉，并再次达到稳定，从而得到浸水后的土样高度 h'_p，如图 16.3 所示。由式(16-4)可得土的湿陷系数。

$$\delta_s = \frac{h_p - h'_p}{h_0} \tag{16-4}$$

式中　h_0 ——土样的原始高度(m)；

h_p ——土样在无侧向膨胀条件下，于规定试验压力 p 作用下压缩稳定后的高度(m)；

h'_p ——对在压力 p 作用下的土样进行浸水，达到湿陷稳定后的土样高度(m)。

湿陷系数为单位厚度的土层由于浸水在规定压力下所产生的湿陷量，表示了土样所代表的黄土层的湿陷程度。我国《湿陷性黄土地区建筑标准》(GB 50025—2018)按照国内各地经验采用 $\delta_s = 0.015$ 作为湿陷性黄土的界限值：$\delta_s \geqslant 0.015$ 判定为湿陷性黄土，否则为非湿陷性黄土。$0.015 \leqslant \delta_s \leqslant 0.03$ 为弱湿陷性黄土，$0.03 < \delta_s \leqslant 0.07$ 为中等湿陷性黄土，$\delta_s > 0.07$ 为强湿陷性黄土。

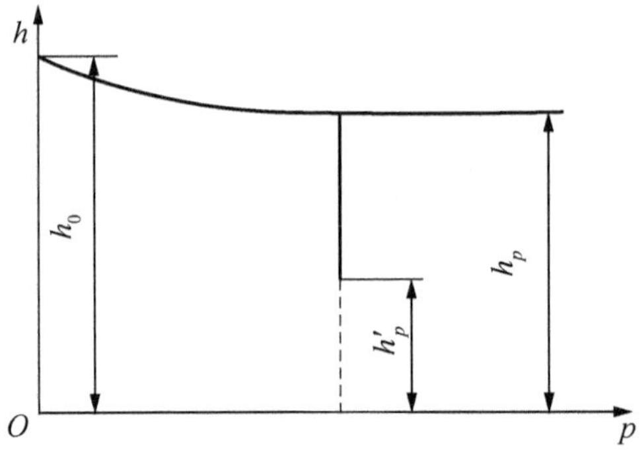

图 16.3 浸水前后土样高度

黄土的湿陷系数与试验所受的压力大小有关，《湿陷性黄土地区建筑标准》(GB 50025—2018)根据我国一般建筑物基底土的自重应力和附加应力发生的范围规定，在用上述室内浸水压缩试验确定 δ_s 时，浸水压力的取值如下：在基础底面上 10m 以内土层用 200kPa；10m 以下至非湿陷性黄土层顶面，应用其上覆土层的饱和自重应力(当大于 300kPa 时仍用 300kPa)；但当基底压力大于 300kPa 时，宜按实际压力测定。

2. 湿陷性黄土地基湿陷类型的划分

自重湿陷性黄土浸水后，在其上覆土自重应力作用下，迅速发生比较强烈的湿陷，因而要求采取较非自重湿陷性黄土地基更有效的措施，以保证桥涵等结构的安全和正常使用。《湿陷性黄土地区建筑标准》(GB 50025—2018)用自重湿陷量 Δ_{zs} (cm)来划分这两种湿陷类型的地基，其计算公式为

$$\Delta_{zs} = \beta_0 \sum_{i=1}^{n} \delta_{zsi} h_i \tag{16-5}$$

式中 β_0——根据经验因各地区土质而异的修正系数(陇西地区取 1.5，陇东、陕北地区取 1.2，关中地区取 0.7，其他地区取 0.5)；

δ_{zsi}——第 i 层地基土样在压力值等于上覆土的饱和($S_r > 85\%$)自重应力时，试验测定的自重湿陷系数(当饱和自重应力大于 300kPa 时仍用 300kPa)；

h_i——第 i 层土的厚度(m)；

n——计算总厚度内土层数。

当 $\Delta_{zs} > 7$cm 时为自重湿陷性黄土地基，当 $\Delta_{zs} \leqslant 7$cm 时为非自重湿陷性黄土地基。

用式(16-5)计算时，土层总厚度从基底算起，到全部湿陷性黄土层底面为止，其中 $\Delta_{zs} <$ 0.015 的土层(属于非自重湿陷性黄土层)不累计在内。

3. 湿陷性黄土地基湿陷等级的判定

湿陷性黄土地基的湿陷等级，即地基土受水浸湿后发生湿陷的程度，可以用地基内各土层湿陷下沉稳定后发生湿陷量的总和(总湿陷量)来衡量，该值越大，对桥涵等结构物的危害性越大，其设计、施工和处理措施要求也相应越高。

《湿陷性黄土地区建筑标准》(GB 50025—2018)规定对地基总湿陷量 Δ_s 用式(16-6)计算。

$$\Delta_s = \sum_{i=1}^{n} \beta \delta_{si} h_i \tag{16-6}$$

式中 δ_{si}——第 i 层土的湿陷系数；

h_i——第 i 层土的厚度(m)；

β——考虑地基土浸水概率、侧向挤出条件等因素的修正系数，基底以下 5m(或压缩层)深度内取 1.5，5m(或压缩层)以下对非自重湿陷性黄土地基取 0，对自重湿陷性黄土地基可按式(16-5)中的 β_0 取值；

n——计算总厚度内土层数。

规范规定，湿陷性黄土地基的湿陷等级应根据地基总湿陷量 Δ_s 和自重湿陷量 Δ_{zs} 综合确定，按表 16-3 判定。

表 16-3 湿陷性黄土地基的湿陷等级

Δ_s/cm	非自重湿陷性黄土地基	自重湿陷性黄土地基	
	$\Delta_{zs}\leqslant$7cm	7cm< $\Delta_{zs}\leqslant$35cm	Δ_{zs} >35cm
$\Delta_s\leqslant$30	I (轻微)	II (中等)	—
30 < $\Delta_s\leqslant$60	II (中等)	II 或III(中等或严重)	III(严重)
Δ_s > 60	—	III(严重)	IV(很严重)

当 Δ_s < 5cm 时，可按非湿陷性黄土地基进行设计和施工。也可在现场用野外浸水载荷试验确定黄土地基的湿陷系数、湿陷类型和湿陷等级，但工作量较大，较少采用，仅对自重湿陷性黄土地基的鉴别有较大的参考价值。

16.2.2 湿陷性黄土地基处理

湿陷性黄土隧道地基水泥土挤密桩加固施工工法

湿陷性黄土地基处理的目的是改善土的性质和结构，减小土的渗水性、压缩性，控制其湿陷性的发生，部分或全部消除湿陷性。

在黄土地区修筑建(构)筑物，应首先考虑选用非湿陷性黄土地基，因为它比较经济和可靠。如确定基础在湿陷性黄土地基上，应尽量利用非自重湿陷性黄土地基，因为这种地基的处理要求比自重湿陷性黄土地基要低。

桥梁工程中，对较高的墩、台和超静定结构，应采用刚性扩大基础、桩基础或沉井基础等形式，并将底面设置到非湿陷性土层中；对一般结构的大中桥梁、重要道路人工构造物，如属II级非自重湿陷性黄土地基或各级自重湿陷性黄土地基，也应将基础置于非湿陷性黄土层或对全部湿陷性黄土层进行处理并采取加强结构的措施；小桥涵及其附属工程和一般道路人工构造物视地基湿陷程度，可对全部湿陷性黄土层进行处理，也可消除地基的部分湿陷性或仅采取结构措施。

结构措施，如结构形式尽可能采用简支梁等对不均匀沉降不敏感的结构，加大基础刚度使受力较均匀，对长度较大和体形较复杂的结构物采用沉降缝将其分为若干独立单元等。

全部消除湿陷性的方法，即自基底处理至非湿陷性土层的顶面。部分消除湿陷性的方法，即只处理基础底面以下适当深度的土层，因这部分土层的湿陷量一般占总湿陷量的大部分，一般对非自重湿陷性黄土该深度为 1～3m，自重湿陷性黄土该深度为 2～5m。

常用的处理湿陷性黄土地基的方法有如下几种。

(1) 灰土或素土垫层法。

将基底以下湿陷性土层全部挖除或挖到预计的深度，然后用灰土(石灰与土的体积比为2∶8 或 3∶7)或素土分层夯实回填，垫层厚度及尺寸计算方法同砂砾垫层，压力扩散角 θ 对灰土采用 30°，对素土采用 22°。垫层厚度一般为 1.0～3.0m。灰土或素土垫层法消除了垫层范围内土的湿陷性，减轻或避免了地基附加应力产生的湿陷。如果将地基持力层内的湿陷性黄土部分挖除，采用垫层，可以使地基土的非自重湿陷性消除。

此法施工简易，效果显著，是一种常用的处理或部分处理地基浅层湿陷性的方法。

(2) 重锤夯实法及强夯法。

重锤夯实法及强夯法适用于 S_r≤60%的湿陷性黄土。重锤夯实法能消除浅层的湿陷性，如用 14～40kN 的重锤，落距为 2.5～4.5m，在最佳含水率情况下，可消除在 1.0～1.5m 深度内土层的湿陷性。根据国内使用记录，强夯法也能消除黄土的湿陷性，并可提高承载力，当锤重为 100～200kN，落距为 10～20m 时，锤击两遍，可消除 4～6m 深度范围内黄土的湿陷性。

重锤夯实法起吊设备简单、易于操作、施工速度快、造价低，20 世纪 60 年代曾在我国湿陷性黄土地区广泛采用，但近年来基本上已被强夯法所替代，已很少采用。

(3) 土挤密桩及灰土挤密桩法。

用打入桩、冲钻或爆扩等方法在土中成孔，然后用素土、灰土或将石灰与粉煤灰混合分层夯填桩孔而成桩，用挤密的方法破坏黄土地基的松散、大孔结构，可以消除或减轻地基的湿陷性。

此法适用于消除 5～10m 深度范围内地基土的湿陷性。

(4) 预浸水处理法。

自重湿陷性黄土地基可利用其自重湿陷的特性，先将地基充分浸水，使其在自重作用下发生湿陷，然后再修筑建(构)筑物。

预浸水适用于处理厚度大于 10m 而自重湿陷量大于 50cm 的自重湿陷性黄土场地，浸水坑的边长应不小于湿陷性土层的厚度，坑内水位不应小于 30cm，浸水时间以湿陷变形达到稳定为准。工程实践表明，这样一般可以消除地表下 5m 以内黄土的自重湿陷性和它下部土层的湿陷性，效果较好。但预浸水后，地面下 5m 以内的土层还不能消除因外荷载所引起的湿陷变形，还需按非自重湿陷性黄土地基配合采用土垫层、重锤夯实法或强夯法等措施进行处理。由于此方法耗水量大，处理时间长(约 3～6 月)，所以在推广应用上有一定的局限性。此外，也应考虑预浸水对邻近建(构)筑物和场地边坡稳定性的影响，因为其可能造成附近地表开裂、下沉等。

(5) 单液硅化法和碱液法。

单液硅化法是硅化加固法的一种，是指将硅酸钠溶液($Na_2O \cdot nSiO_2$，常称水玻璃)灌入土中，当硅酸钠溶液和含有大量水溶性盐类的土相互作用时，会产生硅胶将土颗粒胶结，提高水的稳定性，消除黄土的湿陷性，从而提高土的强度。

碱液法是将一定浓度的 NaOH 溶液加热到 90～100℃，通过有孔铁管在其自重作用下灌入土中，以加固黏性土，使土颗粒表面相互融合胶结。该法对于钙质饱和的黏性土(如湿陷性黄土)能获得较好的效果，对软土则需同时使用 $CaCl_2$ 溶液。这是因为 NaOH 溶液注入土中后，土粒表层会逐渐发生膨胀和软化，进而发生表面的相互融合胶结，但这种融合胶结是非水稳性的，只有在土粒周围存在 $Ca(OH)_2$ 和 $Mg(OH)_2$ 的条件下，才能使这种胶结构造成为强度高且具有水硬性的钙、铝硅酸盐络合物。这些络合物的生成将使土粒牢固胶结，强度大大提高，并且具有充分的水稳性。

由于黄土中 Ca^{2+}、Mg^{2+}含量一般都较高(属于 Ca^{2+}、Mg^{2+}饱和土)，故采用单液加固已足够。如果 Ca^{2+}、Mg^{2+}含量较低，则需考虑采用 NaOH 溶液与 $CaCl_2$ 溶液的双液法加固。为了提高 NaOH 溶液加固黄土的早期强度，也可适当注入一定量的 $CaCl_2$ 溶液。

单液硅化法和碱液法适用于处理地下水位以上渗透系数为 0.10～2.00m/d 的湿陷性黄土等地基。对Ⅱ级自重湿陷性黄土地基，由于碱液法在自重湿陷性黄土地区使用较少，而且加固深度不足 5m，为防止既有建(构)筑物地基产生附加沉降，当采用碱液法加固时，应通过试验确定其可行性。

采用单液硅化法和碱液法加固湿陷性黄土地基，应于施工前在拟加固的建(构)筑物附近进行单孔或多孔灌注溶液试验，以确定灌注溶液的速度、时间、数量和压力等参数。

灌注溶液试验结束后，隔 7～10d 应在试验范围的加固深度内测量加固土的半径，并取土样进行室内试验，测定加固土的压缩性和湿陷性等指标。必要时，应进行浸水载荷试验或其他原位测试，以确定加固土的承载力和湿陷性。

对酸性土和已渗入沥青、油脂及石油化合物的地基土，不宜采用单液硅化法和碱液法进行处理。

16.2.3 湿陷性黄土地基的施工要点

冲击压路机冲击碾湿陷性黄土施工

在湿陷性黄土地区进行建筑工程项目，必须合理安排施工顺序。湿陷性黄土地基上正常的施工顺序如下。

(1) 先安排场地平整并做好防洪、排水设施，再安排主要建(构)筑物的施工。当条件不具备时，也应采取分期分片的措施做出合理安排，以防地基浸水。

(2) 在建(构)筑物范围内填方整平或基坑开挖前，应对建(构)筑物及其周围 3～5m 范围内的地下坑穴进行探查和处理。

(3) 在单体建筑施工中，先做地下结构，后做上部结构；对体型复杂的建筑，先建深、重、高的部分，后建浅、轻、低的部分。

(4) 管道施工中，先做排水管道，并先完成其下游部分。有条件时，应尽量先等建(构)筑物周围的地下管道施工完毕，再施工建(构)筑物的上部结构。

任务 16.3 岩 溶 地 基

岩溶(喀斯特)是可溶性岩石在水的溶(侵)蚀作用下，产生的各种地质作用、形态和现象的总称。可溶岩包括碳酸盐类岩石，以及石膏、岩盐、芒硝等其他可溶性岩石。

岩溶在我国分布非常广泛，在广西、广东、贵州、云南、四川、山西、山东、湖南、浙江、江苏等省都有分布。岩溶地区由于有溶洞、溶蚀裂隙、暗河等存在，在岩体自重或建筑物自重作用下，可能发生地面变形、地基塌陷，影响建筑物的安全和使用。由于地下水的运动，建筑场地或地基有时会出现涌水、淹没等事故，因此在岩溶地区必须进行细致的勘察工作。

16.3.1 岩溶地基的稳定性评价

在岩溶地区常有溶洞、溶蚀裂隙、暗河等存在，应对其地基的稳定性进行评价。

1. 岩溶对地基稳定性的影响

溶洞、溶槽、石芽等岩溶形态常造成基岩面起伏较大，或者有软土分布，使地基发生不均匀下沉；在地基主要受力层范围内，若有溶洞等，在附加荷载或振动荷载作用下，溶洞顶板有可能坍塌，可使地基突然下沉；基础埋置在基岩上，其附近若有溶沟、竖向溶蚀裂隙、落水洞等，则有可能使基础下岩层沿倾向于临空面的软弱结构面产生滑动；在基岩和上覆土层内，由于岩溶地区较复杂的水文地质条件，易产生新的岩土工程问题，造成地基恶化。

2. 地基稳定性的定性评价

地基稳定性的定性评价着重分析岩溶形态及各项地质条件，并考虑建筑物荷载的影响。当场地存在下列情况之一时，可判定为未经处理不宜作为地基的不利地段：存在浅层溶洞或溶洞群，洞径大，且不稳定的场地；埋藏有漏斗、槽谷等，并覆盖有软弱土体的场地；岩溶水排泄不畅，可能暂时淹没的场地。如果是溶洞，应了解溶洞的大小、顶板的厚度及形状、岩体的结构及强度、结构面的多少及分布，研究洞内充填情况及水的活动等因素，再结合溶洞的埋深、覆盖的软弱土体的厚度、建筑物的基础形式、荷载条件等进行综合分析。

岩溶地基可按下列原则进行地基稳定性的定性评价。

(1) 当地基属下列条件之一时，对乙级、丙级建筑物可不考虑岩溶稳定性的不利影响。

① 基础底面以下土层厚度大于独立基础宽度的 3 倍或条形基础宽度的 6 倍，且不具备形成土洞或其他地面变形的条件。

② 基础底面与溶洞顶板间岩土厚度虽然小于上面所列基础宽度的倍数，但符合下列条件之一。

a. 洞隙或岩溶漏斗被密实的沉积物填满，且无被水冲蚀的可能。

b. 溶洞由基本质量等级为Ⅰ级或Ⅱ级的岩体组成，顶板间岩石厚度大于或等于洞跨。

c. 溶洞较小，基础底面尺寸大于洞的平面尺寸，并有足够的支承长度。

d. 宽度或直径小于 1m 的竖向溶蚀裂隙、落水洞近旁地段。

(2) 当不满足上述条件时，可根据溶洞大小、顶板形状、岩体结构及强度、洞内堆填及岩溶水活动等因素进行溶洞稳定性分析。当判断顶板不稳定，洞内为密实的沉积物充填且有水流活动时，可认为沉积物受力，地基作为不均匀地基进行评价。当能取得计算参数时，可将溶洞顶板视为结构自承重体系进行力学分析。

当基础近旁有洞隙和临空面时，应验算基底岩体向临空面倾覆或沿裂面滑移的可能性。当地基为石膏、岩盐等易溶岩时，应考虑溶蚀作用的不利影响。在无工程经验的地区，可按类比法进行地基稳定性的定性评价。

3. 地基稳定性的定量评价

目前地基稳定性的定量评价主要是针对溶洞的，按经验公式对溶洞顶板的稳定性进行验算，考虑完整情况等因素。下面介绍几种常用的方法。

(1) 根据溶洞顶板坍塌自行填塞溶洞所需厚度进行计算。溶洞顶板被裂隙切割呈块状、碎块状，顶板塌落后体积松胀，当塌落向上发展到一定高度时，溶洞可被松胀物自行堵塞。在没有地下水搬运的情况下，可认为溶洞空间已被支撑而不再向上扩展了。设溶洞空间体积为V_0，塌落体体积为V，则塌落高度H可由下式推导确定。

$$Vm = V_0 + V \tag{16-7}$$

即

$$V_0 = V(m-1) \tag{16-8}$$

式中　m——顶板岩石的松胀系数(岩石一般取 1.1～1.3，视塌落后块度确定；土一般取 1.05～1.1)。

设溶洞顶板为中厚灰岩，溶洞截面积为 F，洞高为H_0，假定塌落前后溶洞均为圆柱形，则可得

$$V_0 = FH_0 \tag{16-9}$$

$$V = FH \tag{16-10}$$

则自行堵塞溶洞所需的溶洞顶板安全厚度为

$$H = \frac{H_0}{m-1} \tag{16-11}$$

如高度H以上还有荷载，则还应加上荷载所需的厚度，才是溶洞顶板的安全厚度。

(2) 根据顶板裂隙分布情况，分别对其进行抗弯、抗剪验算。

① 当顶板跨中有裂缝，顶板两端支座处岩石坚固完整时，可按悬臂梁计算，计算公式为

$$M = \frac{1}{2}pl^2 \tag{16-12}$$

② 当裂隙位于支座处，而顶板较完整时，可按简支梁计算，计算公式为

$$M = \frac{1}{8}pl^2 \tag{16-13}$$

③ 当支座和顶板岩层均较完整时，可按两端固定梁计算，计算公式为

$$M = \frac{1}{12}pl^2 \tag{16-14}$$

抗弯验算要求为

$$\frac{6M}{bH^2} \leqslant \sigma \tag{16-15}$$

$$H \geqslant \sqrt{\frac{6M}{b\sigma}} \tag{16-16}$$

抗剪验算要求为

$$\frac{4f_s}{H^2} \leqslant S \tag{16-17}$$

式中　M——弯矩(kN · m)；

p——顶板所受总荷重，$p = p_1 + p_2 + p_3$；

p_1——顶板厚为 H 的岩体自重(kN/m)；

p_2——顶板上的覆土层自重(kN/m)；

p_3——顶板上的附加荷载(kN/m)；

l——溶洞跨度(m)；

σ——顶板岩体的计算抗弯强度(kPa)，石灰岩一般为允许抗压强度的 1/8；

f_s——支座处的剪力(kN)；

S——顶板岩体的计算抗剪强度(kPa)，石灰岩一般为允许抗压强度的 1/12；

b——顶板的宽度(m)；

H——顶板岩层的厚度(m)。

以上公式适用范围：顶板岩层比较完整，强度较高，层理厚，而且已知顶板厚度和裂隙切割情况。

(3) 顶板能抵抗剪切的厚度计算。按极限平衡条件计算时，计算公式为

$$F + G = UHS \tag{16-18}$$

式中　F——上部荷载传至顶板的竖向力(kN)；

G——顶板岩体自重(kN)；

U——溶洞平面的周长(m)；

H——顶板岩层的厚度(m)；

S——顶板岩体的计算抗剪强度(kPa)，石灰岩一般取其允许抗压强度的 1/2。

(4) 经验公式法。这种方法是基于隧道塌方归纳得出的，认为在松散岩层的坍塌中会形成空洞，引起围岩强度降低，在围岩应力进行重分布且空洞应力得到释放后，会在原顶板部位形成松弛带，具有平衡拱作用。经验公式为

$$h = 0.45 \times 2^{6-S} \times W \tag{16-19}$$

式中　h——垂直荷载计算高度(m)；

S——围岩级别；

W——空洞宽度影响系数，$W = 1 + i(B + 5)$；

B——溶洞宽度(m)；

i——以 B=5m 为基准，B 每增减 1m 时的围岩压力增减率(当 $B < 5$m 时取 i=0.2，当 $B > 5$m 时取 i=0.1)。

16.3.2 岩溶地基处理

岩溶地基的正确处理只能建立在对它的稳定性进行正确评价的基础上。不稳定的岩溶地基包括：①地面有石芽、溶沟、溶槽发育，基岩起伏剧烈，其间有软土分布；②有规模较大的浅层溶洞、暗河、漏斗、落水洞；③溶洞水流通路堵塞造成涌水，有可能使场地暂

时被淹没。在上述不稳定岩溶地基上进行建筑时，必须认真对待和进行处理，可根据岩溶的形态、分布、工程要求、施工条件、经济与安全等原则，因地制宜地选择处理措施。在工程实践中，岩溶地基一般有下列处理方法。

(1) 清爆换填。此方法适用于处理顶板不稳定、裂隙发育的浅埋溶洞地基，即清除覆土，爆开顶板，挖去松软沉积物，分层回填下粗上细的碎石滤水层，然后建造基础。对于无流水活动的溶洞，也可采用土夹石或黏性土等材料夯填。此外，还可根据溶洞和填充物的具体条件，采用石砌柱、灌注桩或沉井等办法进行处理。

(2) 梁、板等结构跨越。对于洞壁完整、强度较高而顶板破碎或无顶板的岩溶地基，宜采用梁、板跨越的方法进行处理。梁式结构在岩石上的支撑长度应大于梁高的 1.5 倍，也可以辅以浆砌块石。板式结构应有可靠的支撑面。

(3) 换填与跨盖等。对于洞口较小的洞隙，可挖除其中的松软沉积物，回填碎石，必要时可加跨盖。

(4) 洞底支撑。此方法适用于处理跨度较大、顶板完整但厚度较薄的溶洞地基。为了增加顶板岩体的稳定性，可用石砌柱或钢筋混凝土柱支撑洞顶。采用此方法时，应注意查明洞底桩基的稳定性。

(5) 钻孔灌浆。用于处理基础下埋藏较深的洞隙。

(6) 设置“褥垫层”。在压缩性不均匀的土岩组合地基上，可凿去局部突出的基岩，在基础与岩石接触的部位设置“褥垫层”(可采用炉渣、中砂、粗砂、土夹石等材料)，以调整地基的变形量。

(7) 调整桩距。对仅有个别溶洞或溶洞尺寸较小的地基，可适当调整建筑物的柱距，使柱基建造在完整的岩石上，以避免处理地基。

(8) 调整基础底面积。当有平片状层间夹泥或整个基底岩体都受到较强烈的溶蚀时，可进行地基变形验算，必要时可适当调整基础底面积，降低基底压力。当基底蚀余石基分布不均匀时，可适当扩大基础底面积，以防止地基不均匀沉降造成基础倾斜。

(9) 地下水排导。对建筑物或附近的地下水宜疏不宜堵，以免造成场地和地基季节性淹没。排水隧洞应进行疏导，防止水流通道被堵塞。

(10) 综合治理。由于岩溶区地貌、地质、水文条件复杂，在塌陷数量多、影响范围大的地区，采用单一的治理措施往往收不到理想的效果，因此可视具体情况，针对塌陷产生的诸多因素采用多种方法进行综合治理。

上述处理方法根据工程的具体情况，可单独使用，也可综合使用。

任务 16.4 液化地基

地震砂基
液化试验及
地基液化
模型试验

1. 砂土地基液化的原因

液化是土由固体状态变成液体状态的一种现象。当砂土或粉土受到振动时，土颗粒处于运动状态，在惯性力作用下，砂土或粉土有增密的趋势，如孔隙水来不及排出，孔隙水压力就会上升，并使有效应力减小。当有效应力下降到零时，土粒间就不再传递应力，而完全丧失抗剪强度和承载力，此时土粒处于失重状态，可随水流动，成为液态，此即“液化”现象。

地震、机器振动、打桩和爆破都可能引起土的液化，其中以地震引起的大面积液化危害最大，它可导致公路与桥梁破坏、地面下沉、房屋开裂、坝体失稳等。

砂土是否会发生液化，主要与土的性质、地震前土的应力状态、震动的特性等因素有关。

2. 砂土液化的判别

1) 初判

当饱和的砂土或粉土符合下列条件之一时，可判别为不液化或不考虑液化影响。

(1) 地质年代为第四纪晚更新世(Q_3)及其以前时。

(2) 粉土的黏粒(粒径小于 0.005mm 的颗粒)含量，对 7 度、8 度和 9 度抗震设防烈度分别不小于 10%、13%和 16%时。

(3) 采用天然地基的建筑，当上覆非液化土层厚度和地下水位深度符合下列条件之一时。

$$d_u > d_0 + d_b - 2 \tag{16-20}$$

$$d_w > d_0 + d_b - 3 \tag{16-21}$$

$$d_u + d_w > 1.5d_0 + 2d_b - 4.5 \tag{16-22}$$

式中 d_w ——地下水位深度(m)；

d_u ——上覆非液化土层厚度(m)，计算时宜将淤泥和淤泥质土层扣除；

d_b ——基础埋置深度(m)，不超过 2m 时采用 2m；

d_0 ——液化土特征深度(m)，按表 16-4 采用。

表 16-4 液化土特征深度 d_0 单位：m

饱和土类别	抗震设防烈度		
	7 度	8 度	9 度
粉土	6	7	8
砂土	7	8	9

2) 公式判别

当不符合初判要求时，需进一步进行公式判别。在地面下 15m 深度范围内的土符合下式时即为液化土。

$$N < N_{cr} \tag{16-23}$$

$$N_{cr} = N_0[0.9 + 0.1(d_s - d_w)]\sqrt{\frac{3}{\rho_c}} \tag{16-24}$$

式中 N——饱和土标准贯入锤击数实测值；

N_{cr} ——液化判别标准贯入锤击数临界值；

N_0 ——液化判别标准贯入锤击数基准值，按表 16-5 取用；

d_s ——饱和土标准贯入试验点深度(m)；

d_w ——地下水位深度(m)；

ρ_c ——黏粒含量百分率。

表 16-5　标准贯入锤击数基准值 N_0

近、远震	抗震设防烈度		
	7 度	8 度	9 度
近震	6	10	16
远震	8	12	18

3. 液化地基处理措施

地震作用下的砂土液化

应根据可液化地基危害性分析确定的地基液化等级，并按建(构)筑物、公路、桥梁的重要性，结合具体情况综合确定地基抗液化措施。《建筑抗震设计规范(2016 年版)》(GB 50011—2010)规定了液化地基的抗液化措施，当液化土层较平坦且均匀时，可按表 16-6 选用，除丁类建筑外，不宜将未经处理的液化土层作为天然地基的持力层。

表 16-6　抗液化措施

建筑类别	地基的液化等级		
	轻微	中等	严重
乙类	部分消除液化沉陷，或对基础和上部结构进行处理	全部消除液化沉陷，或部分消除液化沉陷且对基础和上部结构进行处理	全部消除液化沉陷
丙类	对基础和上部结构进行处理，也可不采取措施	对基础和上部结构进行处理，或采取更高要求的措施	全部消除液化沉陷，或部分消除液化沉陷且对基础和上部结构进行处理
丁类	可不采取措施	可不采取措施	对基础和上部结构进行处理，或采取其他经济措施

(1) 表 16-6 中所列全部消除液化沉陷的措施，应符合下列要求。

① 采用桩基时，桩端伸入液化深度以下稳定土层中的长度应按计算确定，且对碎石土，砾、粗、中砂，坚硬黏性土尚不应小于 500mm，对其他非岩石土尚不应小于 1m。

② 采用深基础时，基础底面埋入液化深度以下稳定土层中的深度不应小于 500mm。

③ 采用加密法如振冲挤密、振动挤密、砂桩挤密、强夯等方法加固时，应处理至液化深度下界，且处理后土层的标准贯入锤击数实测值应大于相应的临界值。

④ 挖除全部液化土层。

(2) 表 16-6 中所列部分消除地基液化沉陷的措施，宜符合下列要求。

① 处理深度应使处理后地基液化指数减小。当判别深度为 15m 时，地基液化指数不宜大于 4；当判别深度为 20m 时，地基液化指数不宜大于 5。对于独立基础与条形基础，处理深度尚不应小于基础底面下 5m 和基础宽度的较大值。

② 处理深度范围内，应挖除液化土层或采用加密法加固，使处理后土层的标准贯入锤击数实测值大于相应的临界值。

(3) 表 16-6 中所列关于减轻液化影响的基础和上部结构处理方面，可综合考虑采用下列措施。

① 选择合适的基础埋置深度。

② 调整基础底面积，减少基础偏心。

③ 加强基础的整体性和刚度，如采用箱基、筏基或钢筋混凝土十字交叉条形基础，加设基础圈梁、基础系梁等。

④ 减轻荷载，增强上部结构的整体刚度和均匀对称性，合理设置沉降缝，避免采用对不均匀沉降敏感的结构形式等。

⑤ 管道穿过建筑处应预留足够尺寸或采用柔性接头等。

《公路工程抗震规范》(JTG B02—2013)给出了公路抗液化措施或处理原则，具体见表 16-7。

表 16-7 公路抗液化措施或处理原则

部位		路基液化等级			备注
		轻微	中等	严重	
特大桥、大桥，立交、跨线桥		B	A	A	两侧各 50m 范围
中小桥、通道、涵洞		不处理	B	A	两侧 10～50m 范围
一般路段	堤>4m	不处理	C	A	处理至坡脚外 3m 左右
	堤≤4m	不处理	不处理	C	

注：表内措施未考虑倾斜场地的影响。A 表示全部消除液化的措施，基础应穿透液化层；B 表示基础结构和上部结构采取的构造措施，主要为减小或适应不均匀沉降的措施；C 表示部分消除液化的措施，即中心线两侧一定范围内(如 10m)不处理或只进行简单处理，而在其外侧做处理。

工程实例一

湖北孝感中学教学楼挖孔桩托换加固工程

1. 工程概况

该教学楼为三层砖混结构，条形基础位于膨胀土地区。教学楼东端原为水塘回填，土质松软，施工中仅将基础稍加变动(加大加深)，未做彻底处理。地面排水沟紧靠墙脚，时有渗漏。

建成使用后，教学楼东端墙角严重开裂，其底层最为显著，裂缝宽度达 10mm 以上，但由于圈梁的作用，裂缝向二楼延伸时减弱。

2. 挖孔桩托换设计和施工

为了教室使用安全，确定采用挖孔桩托换方案进行相关处理，如图 16.4 所示。

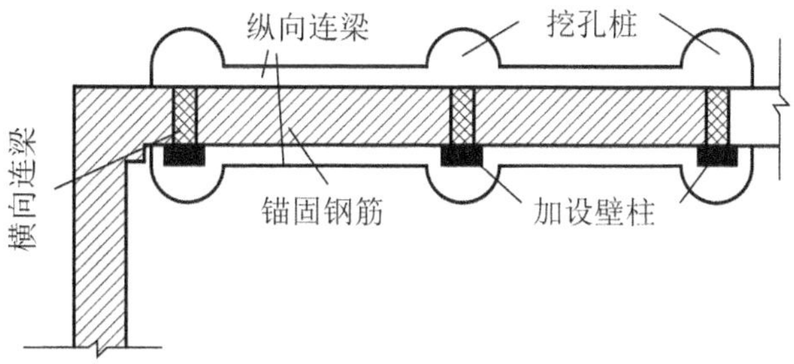

图 16.4　孝感中学教学楼挖孔桩托换加固

在东端开裂严重部位加设钢筋混凝土壁柱，并与二楼圈梁用锚固钢筋相连以支托其上荷载，再由柱传递给挖孔桩。一楼开裂墙体用环氧砂浆填塞，其自重由连梁传给挖孔桩。挖孔桩成孔直径为 1000mm，采用 1/2 红砖护壁，净桩径为 760mm。桩底按设计要求局部扩大，桩长为 6m，用 C15 混凝土灌注孔内，如图 16.5 所示。托换处理完毕后，教学楼已恢复正常使用。

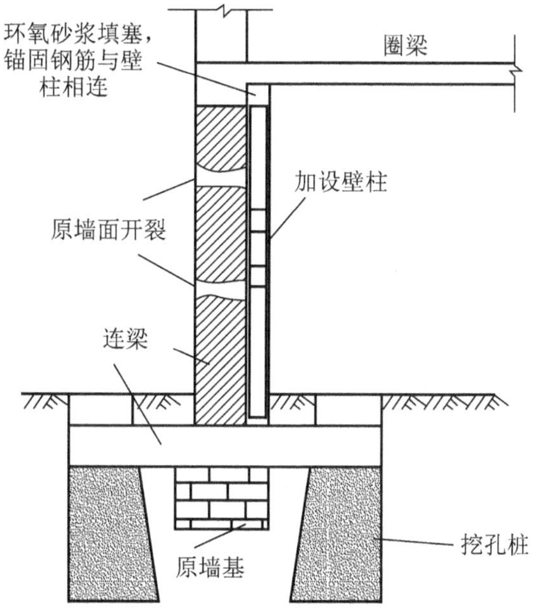

图 16.5　挖孔桩托换构造

工程实例二

在湿陷性黄土地基上采用旋喷桩加固既有厂房

1. 工程概况

兰州某三跨连续单层工业厂房，建于 20 世纪 60 年代，建筑面积 10000m^2，采用 12m × 7.8m 柱网，钢筋混凝土薄壳屋面，12m 跨腹梁。中列钢筋混凝土柱承重，独立基础；边列混凝土墙承重，条形基础。

该场地位于Ⅲ级自重湿陷性黄土地区，当时对湿陷性黄土未做彻底处理。由于车间内用水量大，地下管沟因年久失修而渗漏，最后导致基础发生不均匀沉陷，最大沉陷量达 30cm 以上。边列承重墙严重开裂，最大裂缝宽度达 25mm，长度达 16m，车间被迫停产。

2. 加固方案

为消除隐患，决定采用地基加固方法，该方案为在独立柱基上钻孔，再用单管高压喷射注浆形成的旋喷桩基础进行托换，如图 16.6 所示；另外，将砖墙承重改为柱承重，对条形基础采用高压旋喷桩、混凝土承台托换的方案，如图 16.7 所示。设计高压旋喷桩桩径为 600mm，桩端位于卵石层上，桩端扩大头直径为 800mm，桩长约 15m。

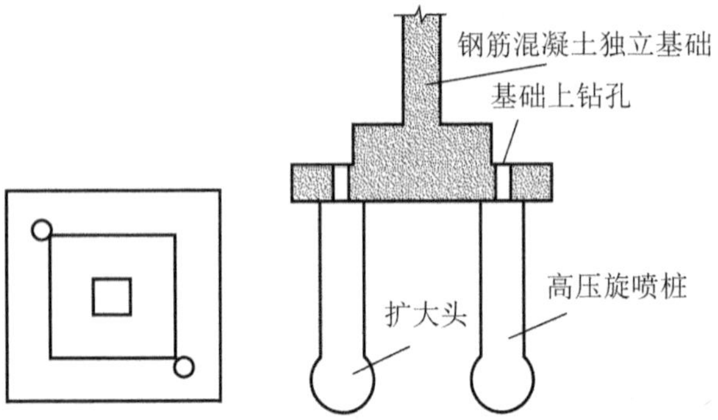

(a)平面图　(b)立面图

图 16.6　独立柱基加固方案

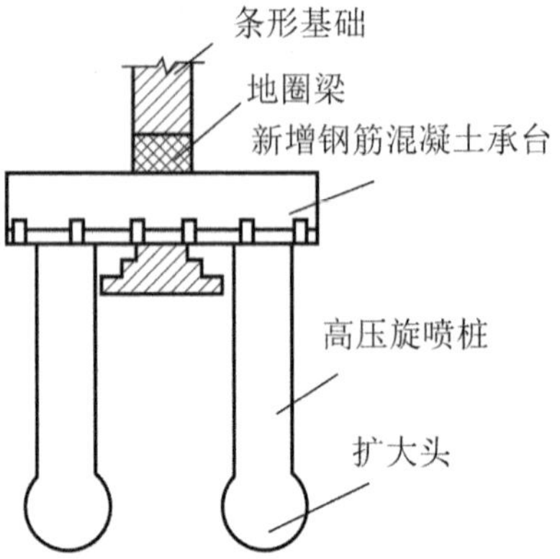

图 16.7　条形基础加固方案

扩大头采取复喷法成型(即下部 1m 桩旋喷后下降钻杆，使钻头喷嘴回到桩底重复旋喷一次高压水泥浆)，其强度为单喷法水泥土强度的 2～2.5 倍。通过两组单桩承载力试验，单桩极限承载力分别达到 1676kN 和 1225kN，已满足设计要求。

3. 施工参数及施工顺序

通过对试桩外观和桩径进行开挖检验，以及采用动测法对桩进行检验，证明旋喷桩满足设计要求，从而确认了以下施工参数：送浆压力为 23MPa，送浆速度为 62～65L/min，旋转速度为 20r/min，提升速度为 20cm/min，浆液配合比为水泥：水：氯化钠：三乙醇胺 = 1：1：0.005：0.0005。

施工开始前，根据旧房基础沉陷情况及竖向承重结构破坏程度，做好屋盖结构及梁端的支撑，避开或处理好地下电缆和上下水管沟，切断车间电源，搬迁设备。以上工作完成后，施工程序如下。

(1) 将钻机安装在设计孔位上，并保持垂直。

(2) 一般黄土用 76 型振动钻孔机成孔，遇坚硬的地层和混凝土基础时，用地质钻机钻孔。

(3) 将装有喷嘴的喷管插入预定深度，对振动钻孔机，插管和钻孔两道工序可合二为一。地质钻机钻孔完后必须拔出岩芯管，换旋喷管再插入预定深度。为防止泥沙堵塞喷嘴，加剧黄土湿陷，插管时由注水改为送压缩空气(空气压缩机排气压力为 0.8MPa)，边插管边喷射。

(4) 旋喷管插入预定深度后，即按设计配合比搅拌浆液，并按试验确定的施工参数边旋转边提升旋喷管。

4. 质量检验与加固效果

(1) 开挖检查：等浆液具有一定强度后，即可开挖检查固结体的垂直度、直径、扩大头形状等，其允许倾斜不得大于 1.5%，桩中心偏差不得大于 50mm。

(2) 旋喷桩养护 28d 后，采用动测法检验桩身质量，确定单桩承载力并检查桩身断裂情况。

(3) 桩顶嵌入承台长度不小于 50mm。

采用高压旋喷法进行基础托换，工艺简单，技术可行，可省去挖土、填方、运输的工作量，缩短工期，成本比钻孔灌注桩低 1/3 左右。若采用“拆除重建”的方案，仅拆房费用估计为 20 万～30 万元，再加重新建设费，其费用将成倍增加。

本工程采用高压旋喷桩，计划工期为 50d，基础托换与土建加固等全部计划工期为 120d。实际高压旋喷桩工期为 40d，旋喷桩累计长度约 2000m，投资约 20 万元。全部土建加固于 90d 完成，加固效果良好，提前 30d 恢复生产。

工程实例三

某建筑物岩溶地基处理

某建筑物位于岩溶地区，地基内有长 6m、宽 3m、深 4m 的溶洞。溶洞四周的岩体比较破碎，洞内有少量岩溶水及沉积物。地基处理措施如下(图 16.8)。

(1) 在基础部位挖除沉积物，用浆砌石柱做基础。

(2) 洞的一侧做排水道。

(3) 洞顶的岩体裂隙灌注水泥浆。

(4) 石柱两侧用片石灌浆充填。

(5) 柱顶用钢筋混凝土梁、板跨越。

经过上述处理后，该建筑物多年来安然无恙。

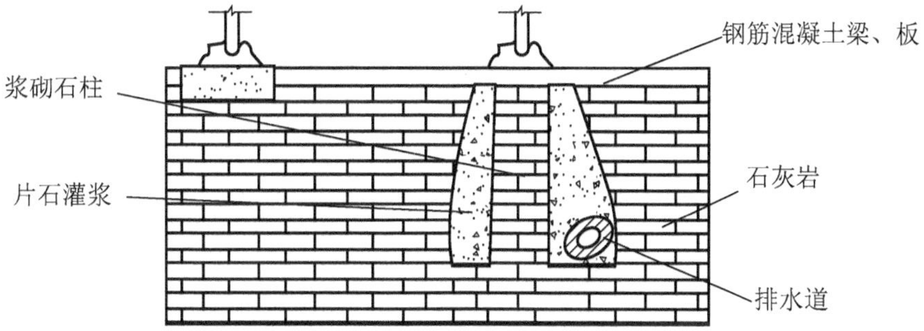

图 16.8 某建筑物下溶洞的处理

工程实例四

碎石桩处理震动液化地基

秦沈客运专线某段地基土属第四纪冲积层，土层分布情况如下：上部为砂黏土，黄褐色，硬塑，厚0~1.4m；中部为细砂，浅灰色至黄褐色，饱和，为地震液化层，厚0~6.5m；下部为细砂，浅灰色至黄褐色，饱和，厚度大于10.0m。该段地下水位较高，主要为裂隙潜水，地形平坦，不利于排水。液化地层中的砂类土天然孔隙率为0.59~0.73，黏聚力为0~13kPa，内摩擦角为20.60°~37.8°，地基液化指数在10~18之间，为中等偏严重的液化地层。设计采用干振碎石桩结合碎石垫层和双向土工格栅对液化地基进行加固处理。碎石桩桩径0.5m，桩长7.0m，桩间距1.0m，按梅花桩型布设；垫层厚50cm，中间满铺两层土工格栅。

按照设计要求，对9根碎石桩进行了静载荷试验。依据复合地基承载力基本值的确定准则($s/b=0.015$ 对应的荷载强度)，碎石桩复合地基 p-s 曲线的地基承载力基本值满足设计要求（复合地基承载力标准值150kPa)。根据《铁路工程抗震设计规范(2009年版)》(GB 50111—2006)的规定，地震烈度为7°时，$N_{63.5}>10$。从标准贯入试验结果可判断，原粉细砂土的液化土层经干振碎石桩加固处理后已属不液化的土层；原液化的砂土层由加固前的松散、稍密状态改善为中密至密实均匀状态。

能力训练

一、简答题

1. 影响膨胀土胀缩变形的因素有哪些？
2. 膨胀土主要工程特性指标有哪些？
3. 常用的公路工程膨胀土地基处理有哪些措施？
4. 有哪些常用的处理湿陷性黄土地基的方法？
5. 岩溶地基的处理措施有哪些？

二、计算题

1. 陕北某黄土场地详勘资料见表16-8。

表16-8 陕北某黄土场地详勘资料

层号	层厚/m	自重湿陷系数 δ_{zs}	湿陷系数 δ_s
1	4.0	0.024	0.032
2	5.0	0.016	0.025
3	5.0	0.008	0.021
4	2.0	0.007	0.020
5	3.0	0.006	0.018
6	8.0	0.001	0.010

拟建建筑物为丙类，基础埋深 2.5m。试按《湿陷性黄土地区建筑标准》(GB 50025—2018)确定该地基的湿陷性等级。

2. 某建筑场地为膨胀土场地，地表 1.0m 处地基土的天然含水率为 29.2%，塑限含水率为 22.0%，土层的收缩系数为 0.15，基础埋深为 1.5m，土的湿度系数为 0.7。试计算该地基土的收缩变形量。

在线答题

参考文献

代国忠，齐宏伟，2010. 地基处理[M]. 重庆：重庆大学出版社.

代国忠，吴晓枫，2014. 地基处理[M]. 2 版. 重庆：重庆大学出版社.

龚晓南，2004. 地基处理技术发展与展望[M]. 北京：中国水利水电出版社.

龚晓南，2008. 地基处理手册[M]. 3 版. 北京：中国建筑工业出版社.

龚晓南，2018. 复合地基理论及工程应用[M]. 3 版. 北京：中国建筑工业出版社.

李娜，符平，黄立维，等，2016. 基于生化原理的砂土加固技术研究进展[J]. 水利与建筑工程学报，14(1)：1-5.

林彤，2012. 地基处理[M]. 2 版. 武汉：中国地质大学出版社.

刘川顺，2004. 水利工程地基处理[M]. 武汉：武汉大学出版社.

刘松玉，等，2009. 公路地基处理[M]. 2 版. 南京：东南大学出版社.

刘松玉，朱志铎，方磊，等，2001. 高速公路液化地基处理原则与方法[J].岩土工程学报，23(2)：135-138.

刘之葵，刘宝臣，曹平，2007. 岩溶地区岩土工程技术现状评述[J]. 地下空间与工程学报，3(3)：578-582.

鹿仁德，2006. 碎石桩在震动液化地基处理中的应用技术研究[J]. 石家庄铁道学院学报，19(增刊)：1-3.

钱春香，王安辉，王欣，2015. 微生物灌浆加固土体研究进展[J]. 岩土力学，36(6)：1537-1548.

秦勤，徐建东，程华龙，等，2007. 公路工程特殊地基处理技术[M]. 合肥：合肥工业大学出版社.

侍倩，2011. 基础工程[M]. 武汉：武汉大学出版社.

王爱营，崔新壮，朱万生，2009. 公路地基处理技术与应用[M]. 济南：山东大学出版社.

魏新江，2007. 地基处理[M]. 杭州：浙江大学出版社.

武崇福，2013. 地基处理[M]. 北京：冶金工业出版社.

阎明礼，1996. 地基处理技术[M]. 北京：中国环境科学出版社.

阎明礼，张东刚，2001. CFG 桩复合地基技术及工程实践[M]. 北京：中国水利水电出版社.

《岩土注浆理论与工程实例》协作组，2001.岩土注浆理论与工程实例[M]. 北京：科学出版社.

叶观宝，高彦斌，2009. 地基处理[M]. 3 版. 北京：中国建筑工业出版社.

叶观宝，叶书麟，2004. 地基加固新技术[M]. 北京：机械工业出版社.

张永钧，叶书麟，2002. 既有建筑地基基础加固工程实例应用手册[M]. 北京：中国建筑工业出版社.

郑俊杰，2009. 地基处理技术[M]. 2 版. 武汉：华中科技大学出版社.

郑俊杰，区剑华，吴世明，等，2002. 多元复合地基的理论与实践[J]. 岩土工程学报，24(2)：208-212.

BURBANK M B，WEAVER T J，GREEN T L，et al，2011. Precipitation of calcite by indigenous microorganisms to strengthen liquefiable soils[J]. Geomicrobiology Journal，28(4): 301-312.